普通高等学校"十四五"规划风景园林专业精品教材

# 园林工程

## Landscape Engineering

（第五版）



**本书主审**　朱育帆
**本书主编**　杨至德
**本书副主编**　马雪梅
**本书编写委员会**
杨至德　马雪梅　刘米因　汤　辉
王　琳　宁　艳　郭媛媛



华中科技大学出版社
中国·武汉

## 内 容 提 要

本书主要介绍风景园林施工过程中的相关工程技术问题。全书共分7章。第1章为土方工程，主要介绍土方量计算和土方施工，以及与土方施工紧密相关的等高线读图和等高线的特性。第2章为园路及铺装工程，重点介绍园路及其铺装的分类、设计和施工方法。第3章为园林给排水工程，介绍给排水管网的布设、用水量计算和喷灌系统的设计、施工等。第4章为水景工程，主要介绍园林中常见水景湖、池、驳岸、喷泉、跌水、瀑布、小溪的施工方法和技术。第5章为假山工程，重点介绍园林假山的构建材料与施工工艺。第6章为园林施工图，包括总体规划设计施工图和园林建筑及园林小品施工图两大部分。园林建筑施工图涉及厅、堂、楼、阁、榭、舫、亭、廊、牌楼、塔等；园林小品施工图涉及花架、景墙、园路、铺装广场、园桥、汀步、园林雕塑、园凳、园桌、花坛、水池、假山石、置石等。第7章为种植工程，重点介绍常用园林植物种植养护技术与方法，如种植穴的开挖、植株的保护、大树移植及相关的工程机械等。

本书主要供工学、农学和艺术学中开设的风景园林、环境设计、城乡规划等专业的学生使用。除此之外，对全国广大园林施工人员和施工组织人员也具有重要的参考价值。

**图书在版编目(CIP)数据**

园林工程/杨至德主编. —5版. —武汉：华中科技大学出版社，2022.1 (2025.1 重印)
ISBN 978-7-5680-7700-2

Ⅰ. ①园…　Ⅱ. ①杨…　Ⅲ. ①园林-工程施工　Ⅳ. ①TU986.3

中国版本图书馆CIP数据核字(2021)第259035号

**园林工程(第五版)**　　杨至德　主编
Yuanlin Gongcheng(Di-wu Ban)

策划编辑：简晓思
责任编辑：简晓思
装帧设计：潘　群
责任监印：朱　玢
出版发行：华中科技大学出版社(中国·武汉)　电话：(027)81321913
武汉市东湖新技术开发区华工科技园　邮编：430223
录　　排：华中科技大学惠友文印中心
印　　刷：武汉科源印刷设计有限公司
开　　本：850mm×1065mm　1/16
印　　张：22.5
字　　数：491千字
版　　次：2025年1月第5版第3次印刷
定　　价：69.80元

普通高等学校“十四五”规划风景园林专业精品教材

# 总　序

《管子》一书中《权修》篇中有这样一段话：“一年之计，莫如树谷；十年之计，莫如树木；百年之计，莫如树人。一树一获者，谷也；一树十获者，木也；一树百获者，人也。”这是管仲为富国强兵而重视培养人才的名言。

“十年树木，百年树人”即源于此。它的意思是说，培养人才是国家的百年大计，既十分重要，又不是短期内可以奏效的事。“百年树人”并非指100年才能培养出人才，而是比喻培养人才的远大意义，要重视这方面的工作，并且要预先规划，长期、不间断地进行。

当前我国风景园林业发展形势迅猛，急缺大量的应用型人才。全国各地风景园林类学校以及设有风景园林专业的学校众多，但能够做到既符合当前改革形势又适用于目前教学形式的优秀教材却很少。针对这种现状，急需推出一系列切合当前教育改革需要的高质量优秀专业教材，以推动应用型本科教育办学体制和运作机制的改革，提高教育的整体水平，并且有助于加快改进应用型本科办学模式、课程体系和教学方法，形成具有多元化特色的教育体系。

这套系列教材整体导向正确，内容科学、精练，编排合理，指导性、学术性、实用性和可读性强，符合学校、学科的课程设置要求。教材以建筑学科专业指导委员会的专业培养目标为依据，注重教材的科学性、实用性、普适性，尽量满足同类专业院校的需求。教材在内容上大力补充了新知识、新技能、新工艺、新成果；注意理论教学与实践教学的搭配比例，结合目前教学课时减少的趋势适当调整了篇幅；根据教学大纲、学时、教学内容的要求，突出重点、难点，体现了建设“立体化”精品教材的宗旨。

该套教材以发展社会主义教育事业、振兴建筑类高等院校教育教学改革、促进建筑类高校教育教学质量的提高为己任，对发展我国高等建筑教育的理论与思想、办学方针与体制、教育教学内容改革等方面进行了广泛和深入的探讨，以提出新的理论、观点和主张。希望这套教材能够真实体现我们的初衷，能够真正成为精品教材，受到大家的认可。

中国工程院院士：何镜堂

# 第五版前言

根据当前风景园林工程实践过程中所存在的一些问题和各高校使用反馈意见，对《园林工程(第四版)》进行了修订。除了个别文字和语法方面的修改以外，本版主要在土方工程和植物栽培养护部分增加了一些内容。地形营造，特别是土壤选择或改良，是风景园林工程的重要组成部分。地形造出来了，有特色了，项目也就有特点了。

目前，有些园林工程项目在植物种植和植物种类选择上，还存在着不少问题，不遵循适地适树原则、栽后缺乏管理的现象都很常见。比如，在盐碱程度较重的土壤上种植松类植物，造成植物生长衰弱，甚至死亡的不良后果；还有修剪不及时、病虫害防治方法不合理；等等。

本次修订在上述方面增加了一些内容。期望未来走出校门的大学毕业生——新时代的风景园林从业者，能够尽量避免不科学的设计和管理，用严谨的专业知识武装大脑，去迎接不可预见的挑战。

编　者

2021 年 11 月

# 目　　录

# 1 土方工程

土方工程是园林建设施工的基础，无论是堆山、挖湖、筑路，还是建亭、植树、修桥，都需要在土方工程的基础上进行。

## 1.1 等高线与地形

园林场地的设计和施工，如旅游风景区、森林公园、城市公园等，一般都需要用地形图作为底图。对地形图的阅读和使用，很重要的一个方面就是要掌握等高线的有关知识。

地球表面地形起伏多变，有高山、丘陵、悬崖、峭壁，还有平原、湖泊、河流和沟渠，如何将这些不同的地貌在图纸平面上表现出来呢？科学家经过大量研究，提出了用等高线表示地形地貌的方法。

### 1.1.1 等高线的定义

用一组等间隔的水平面去截割地形面，所得截交线在水平基准面上的投影，称为等高线（见图 1-1）。

简单地说，等高线就是地面上高程相等的各点的连线。湖泊水位下降后，在湖岸上留下的浸水线，就是典型的等高线实例。

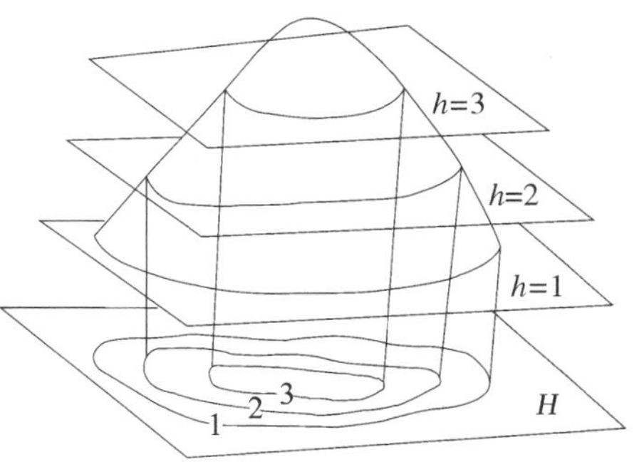

图 1-1 等高线示意

两条相邻等高线之间的水平距离，称为等高线平距。两条相邻等高线之间的高程差，称为等高线的等高距。在一幅地形图中，等高距一般是不变的，但平距会因地形的陡缓而发生变化。等高线密集，表示地形陡峭；等高线稀疏，表示地形平缓。

为了更准确地表现地形的细微变化以及查图、用图方便，一般还要将等高线进行分类标记。等高线通常可分为四类，即首曲线、计曲线、间曲线和助曲线（见图 1-2）。首曲线，用 0.1 mm 宽的细实线描绘，等高距和平距都以它为准，高程注记由零点起算。起算零点可以是黄海平均海平面，也可以是假定的高程基准面。计曲线，从首曲线开始每隔四条或三条设一条，用 0.2 mm 宽的粗实线描绘。间曲线，按二分之一等高距测绘的等高线，用细长虚线表示。间曲线可以显示出一些重要地貌的碎部特征。助曲线，按四分之一等高距测绘的等高线，用短细虚线表示。助曲线可以显示出一些重要地貌的微特征。

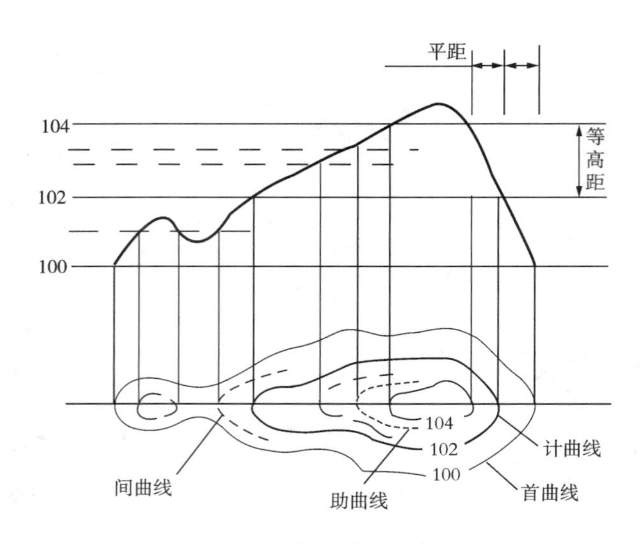


图 1-2 等高线分类标记

### 1.1.2 等高线的特性

等高线的特性可归纳为以下五点。

① 根据定义,等高线上各点的高程相同。

② 等高线是闭合曲线。有时由于图幅限制,有些等高线会断开,但若将各图幅相接,断开的等高线仍会闭合。

③ 遇河流或谷地时,等高线不直接穿过河流,而是向上游延伸,穿越河床,再向下游走出河流或谷地。

④ 等高线一般不会相交或重叠,但遇有悬崖或峭壁时会出现相交或重叠(见图 1-3)。

⑤ 表示地貌的三级特征和坡向,至少需要两条等高线。

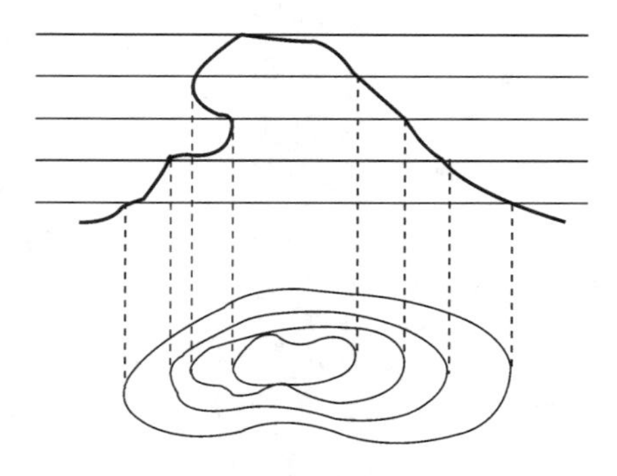

图 1-3 等高线相交

### 1.1.3 几种重要地形的等高线特征

在旅游风景区、森林公园等大范围景观的规划设计中,山丘、凹地、谷地和鞍部是很重要的地形特征，抓住了这些特征也就抓住了地貌骨架。

**1）山丘**

地面隆起而高于周围的部分称为山丘。高大者，称为高山；低矮者，称为丘陵。山体由山顶和山脊两部分组成。

山顶是山体的最高部分，可分为尖山顶、圆山顶和平山顶三种。尖山顶的等高线从山顶向山麓，由密到疏；圆山顶的等高线从山顶向山麓，由疏到密；平山顶的等高线稀疏，出现较宽的空白，向下骤然变密（见图1-4）。

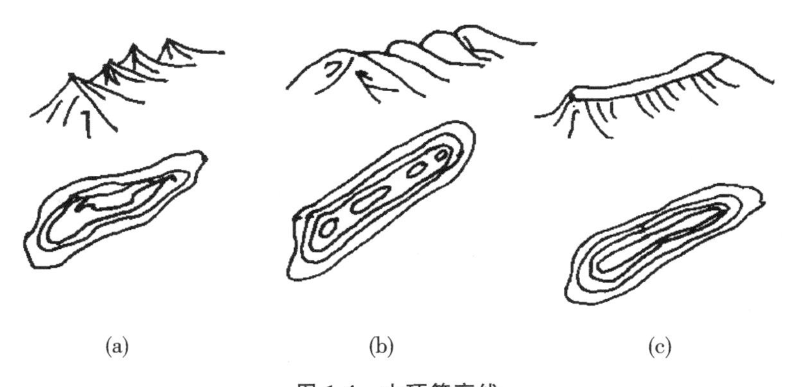


**图1-4 山顶等高线**

（a）尖山顶；（b）圆山顶；（c）平山顶

山脊是从山顶至山麓的凸起部分，依外表形态也可分为三种类型，即尖形山脊、圆形山脊和平缓形山脊。尖形山脊的等高线沿山脊延伸方向呈尖角状急弯，圆形山脊的等高线沿山脊延伸方向呈圆弧状抹弯，平缓形山脊的等高线沿山脊延伸方向呈簸箕状缓弯（见图1-5）。

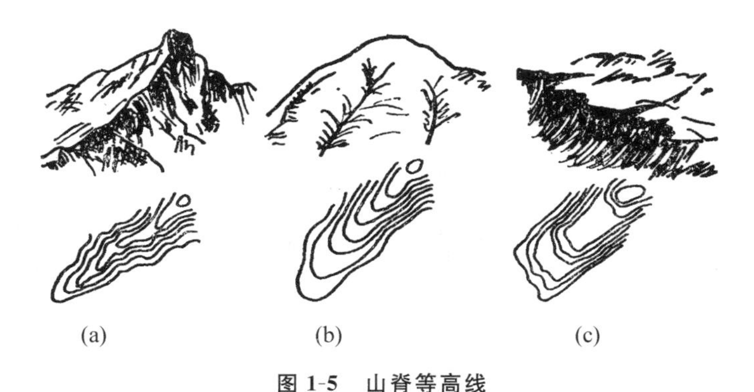


**图1-5 山脊等高线**

（a）尖形山脊；（b）圆形山脊；（c）平缓形山脊

**2）凹地和谷地**

大面积下凹的地面称为盆地，小面积下凹的地面就称为凹地。凹地的等高线形状与山顶的等高线形状相似，但高度变化方向相反。在等高线上，还常标注有示坡线。示坡线与等高线垂直,指向坡度下降方向。

谷地是两条山脊之间的低凹部分。广义上讲,谷地属于凹地,一般又称山沟。谷地的等高线与山脊的等高线相反。根据横断面形态,可将谷地分为尖形谷地、圆形谷地和槽形谷地(见图 1-6)。

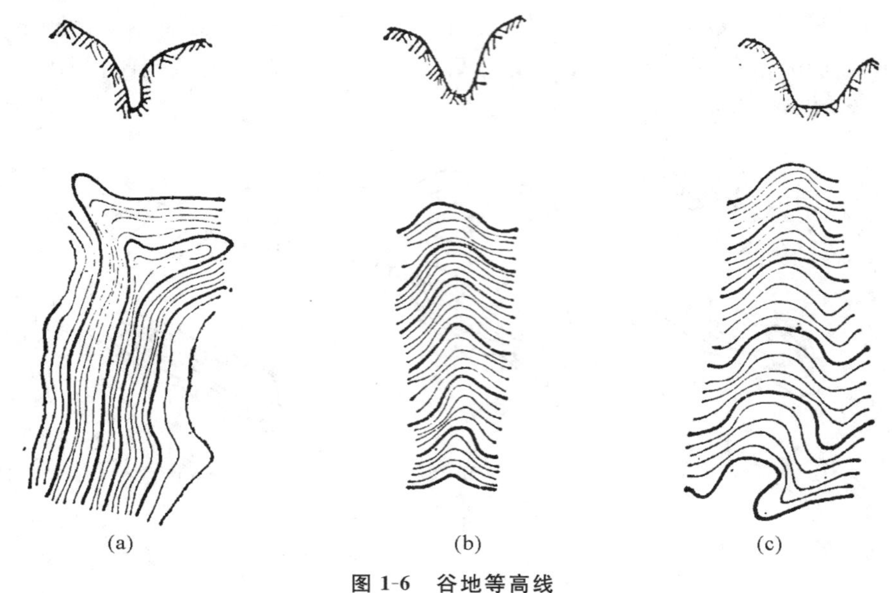


**图 1-6　谷地等高线**

(a) 尖形谷地;　(b) 圆形谷地;　(c) 槽形谷地

**3) 鞍部**

鞍部是两个相邻山顶之间的低凹部分,其等高线为两组相对的山脊与山谷的对称组合(见图 1-7)。

**图 1-7　鞍部等高线**

**4) 地形图上重要特征地形**

在地形图上,认识一些有着重要特征的地形,对正确识图很有帮助。常见重要特征地形如图 1-8 所示,图 1-9 为地形图上重要的坡面类型,图 1-10 为某村地形图(局部)。

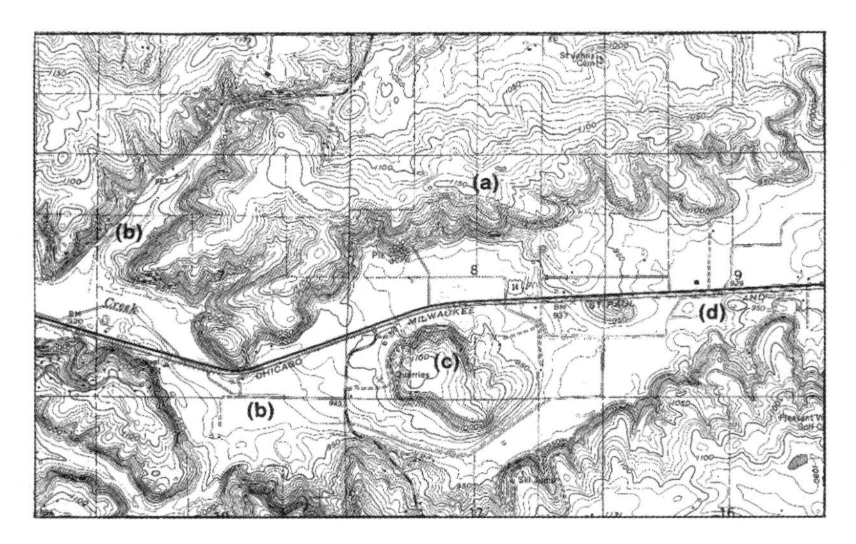


**图 1-8 重要特征地形(引自 Steven Strom etc. 2004)**

(a)山脊； (b)山谷； (c)山顶； (d)凹地

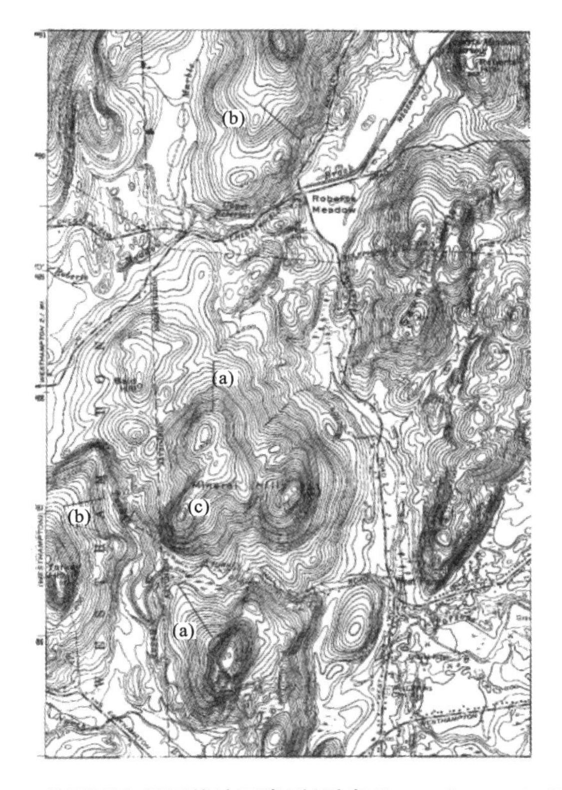


**图 1-9 地形图上重要的坡面类型(引自 Steven Strom etc. 2004)**

(a)凹坡； (b)凸坡； (c)山顶

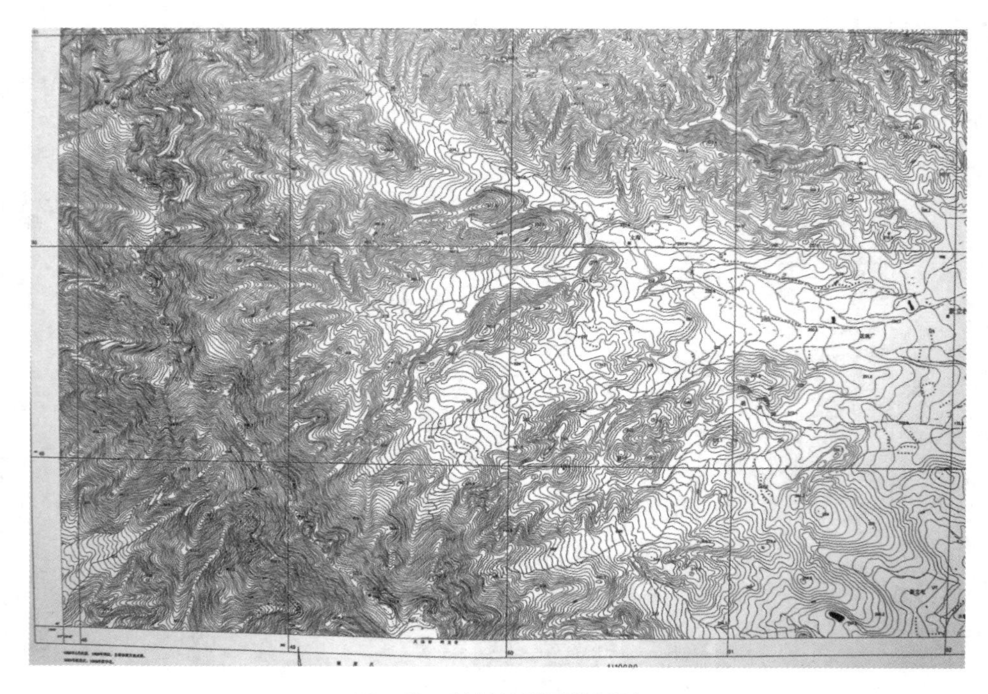

图 1-10　某村地形图(局部)

## 1.2 地面点的平面位置与距离的确定

### 1.2.1 地面点的平面位置

在地形图上，任意一点的位置可由它所在的平面直角坐标和地理坐标来确定。大比例尺地形图上，绘有直角坐标方格网。梯级分幅的 1∶10 000 和 1∶5 000 地形图上，内外图廓都刻有直角坐标格网、公里注记和地理坐标的经纬度。根据这些坐标格网和经纬度，可以确定图上任意一点的坐标。

**1) 任意一点平面直角坐标的确定**

如图 1-11 所示，要求图中 $A$ 点的平面直角坐标 $x_A$ 和 $y_A$，先求 $A$ 点所在方格西南角 $a$ 点的坐标。由图可知

$$x_a = 35.1\ \text{km},\quad y_a = 22.1\ \text{km}$$

过 $A$ 点作平行于 $x$ 轴和 $y$ 轴的直线，与方格的西边和南边分别交于 $b$、$c$ 两点。用两脚规截取 $ab$ 和 $ac$，放在图上直线比例尺读距，得

$$ab = 0.062\ \text{km},\quad ac = 0.045\ \text{km}$$

则 $A$ 点的平面直角坐标值为

$$x_A = x_a + ab = (35.1 + 0.062)\ \text{km} = 35.162\ \text{km}$$

$$y_A = y_a + ac = (22.1 + 0.045)\ \text{km} = 22.145\ \text{km}$$

**2）任意一点地理坐标的确定**

如图 1-12 所示，要求图中 $P$ 点的地理坐标。

在 $P$ 点所在的经纬线方格中（图中的虚线），可查得西南角 $R$ 点的经纬度值

$$\lambda = 120°01'$$
$$\phi = 54°43'$$

用直尺量取 $RS$ 和 $ST$ 的长度以及过 $P$ 点的两段垂线 $Pm$ 和 $Pn$ 的长度，得

$$RS = 21.5\ \text{cm}$$
$$ST = 37.4\ \text{cm}$$
$$Pm = 20.6\ \text{cm}$$
$$Pn = 12.3\ \text{cm}$$

因为

$$RS : 60'' = Pn : \Delta\lambda$$
$$ST : 60'' = Pm : \Delta\phi$$

所以

$$\Delta\lambda = \frac{60'' \times Pn}{RS} = \frac{60'' \times 12.3}{21.5} = 34.3''$$
$$\Delta\phi = \frac{60'' \times Pm}{ST} = \frac{60'' \times 20.6}{37.4} = 33.0''$$

$P$ 点的地理坐标为

$$\lambda_P = 120°01' + 34.3'' = 120°01'34.3''$$
$$\phi_P = 54°43' + 33.0'' = 54°43'33.0''$$

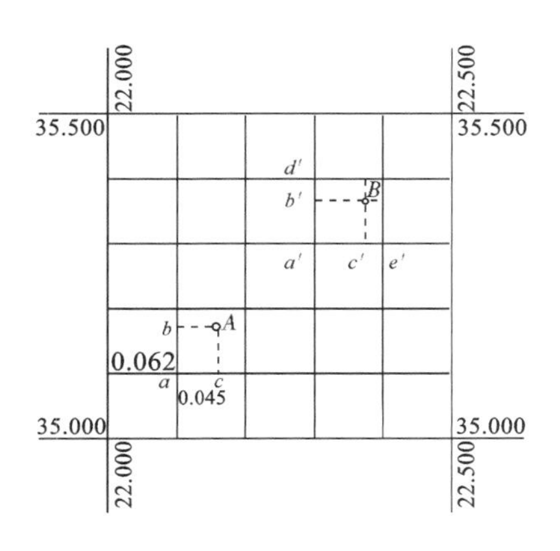


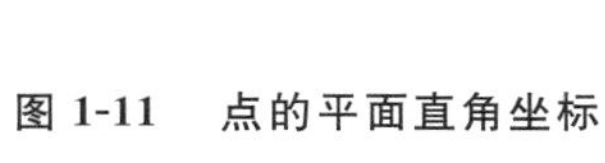
图 1-11　点的平面直角坐标

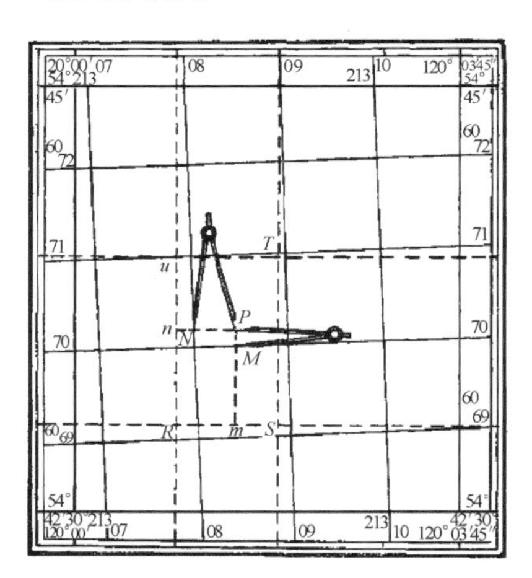


图 1-12　任意一点的地理坐标

## 1.2.2 点与点间距离的确定

**1）水平距离的计算**

在地形图上，确定两点间的水平距离，可采用两种方法：一是直线比例尺直接量取法，二是公式计算法。

(1) 直线比例尺直接量取

用两脚规在图上直接量取两点间的长度，再以此长度在直线比例尺上比值。比值时，脚规的左脚尖准确地立在零线右边某一线段分划线上，此时脚规左脚尖应落在左起第一线段内，两点间的实地距离就等于脚规两脚尖读数之和(见图 1-13)。

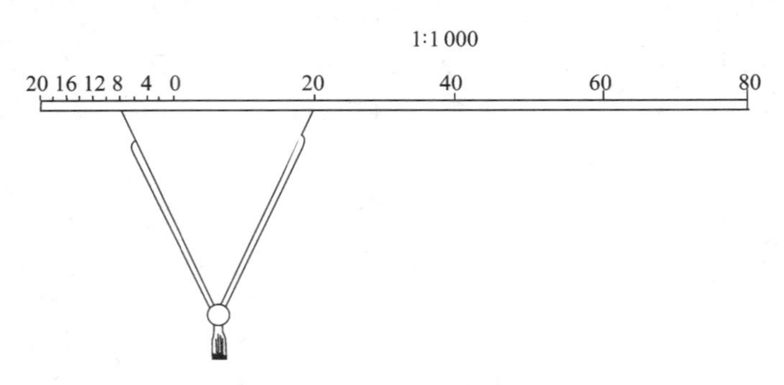


图 1-13 直线比例尺直接量取

(2) 公式计算

设地形图上有 $A$、$B$ 两点，且已知 $A$ 点的坐标为$(x_A, y_A)$，$B$ 点的坐标为$(x_B, y_B)$，则 $A$、$B$ 两点间的距离为

$$L_{AB} = \sqrt{(x_B - x_A)^2 + (y_B - y_A)^2}$$

**2) 倾斜距离的计算**

设地形图上 $A$、$B$ 两点间的水平距离为 $L_{AB}$，垂直距离为 $h$，直线 $AB$ 的倾角为 $\alpha$，则 $A$、$B$ 两点的倾斜距离为

$$T_{AB} = \sqrt{L_{AB}^2 + h^2}$$

或

$$T_{AB} = \frac{L_{AB}}{\cos\alpha}$$

**3) 曲线长度的计算**

在风景园林施工中，园路、河流等许多要素呈曲线形状，其长度的计算可采用以下两种方法。

(1) 折线近似计算

图 1-14 所示的是一条弯曲的园路。为求该园路的长度，可将其分成 $AB$、$BC$、$CD$ 三段，每段近似地按直线测量，三段长度之和即为该园路的总长度。

用折线近似计算曲线长度时，计算精度取决于曲线的弯曲强度、划分的折线线段数量等。

(2) 量距计测量

图 1-15 所示的是一种常用的量距计，其主要构成部件为小齿轮 a、刻度盘 b 和指针 c。小齿轮转动时，经过传动机构传送到指针，带动指针转动。指针所指的数字即为齿轮所经过的距离。刻度盘上每一分划值相当于 1 cm。

测量时，将量距计的齿轮放在欲测曲线的始端，沿曲线滚动，直至曲线终端。始端、终端各读数一次，两次读数之差即为图上曲线的长度，单位为 cm，再利用比例尺即可换算为实地长度。为保证精度，可重复测几次，取其算术平均值。

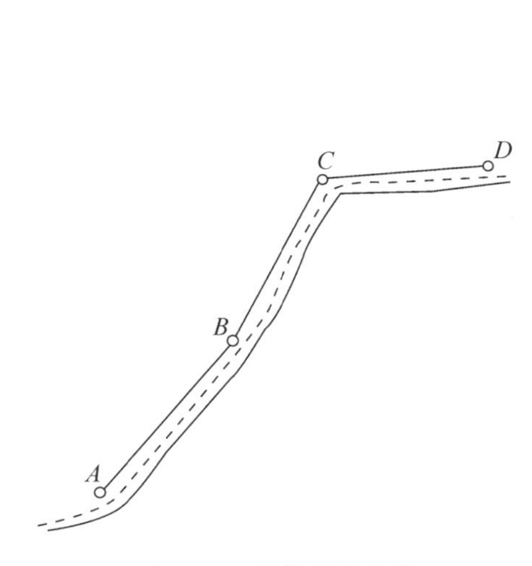


图 1-14　折线近似计算

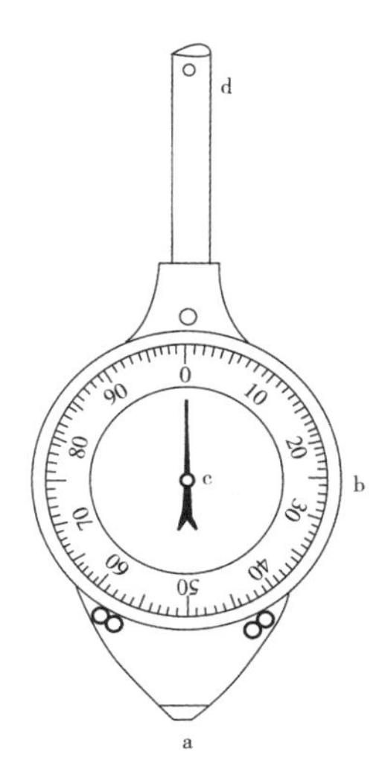


图 1-15　量距计示意图

## 1.3　地面点的高程计算

在地形图上，地面上的点有两种情况：一是点恰好位于等高线上，二是点位于两条等高线之间。位于等高线上的点，其高程就是等高线的高。而位于等高线之间的点的高程计算如下所述。

如图 1-16 所示，要求 $B$ 点的高程。过 $B$ 点作一条直线，与 40 m 和 41 m 等高线近似垂直，并相交于 $M$ 点和 $N$ 点。$M$、$N$、$B$ 三点的竖向关系如图 1-17 所示。

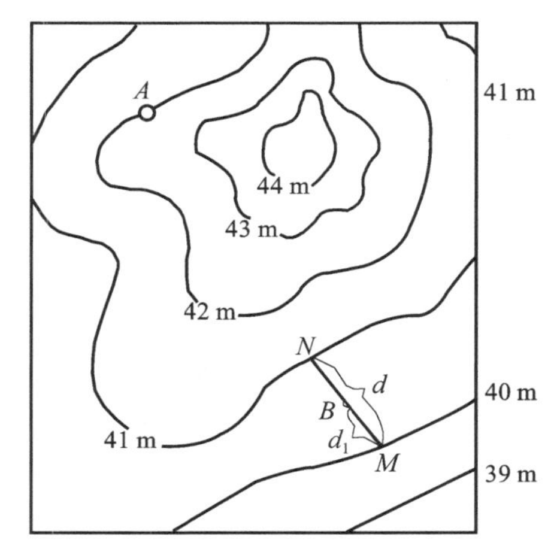


图 1-16　位于等高线之间的点的高程

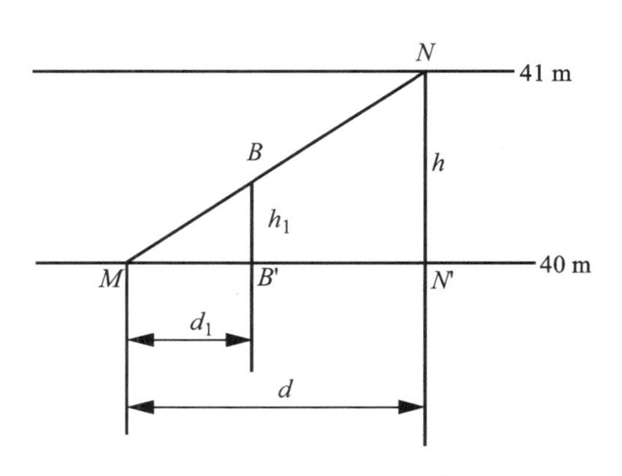


图 1-17　$M$、$N$、$B$ 三点的竖向关系

图中　$N'$—— $N$ 点在 40 m 标高水平面上的投影；

$B'$—— $B$ 点在 40 m 标高水平面上的投影；

$NN'$—— $M$、$N$ 两点间的高差，即等高距 $h$；

$MN'$—— $MN$ 的平距，$MN' = d$；

$MB'$—— $MB$ 的平距，$MB' = d_1$。

$\triangle MBB'$ 与 $\triangle MNN'$ 相似，故 $B$ 点与 $M$ 点的高差 $h_1$ 为

$$h_1 = \frac{hd_1}{d}$$

一般的，令 $B$ 点的高程为 $X$，若 $H$ 为较低一条等高线的高程，则

$$X = H + \frac{hd_1}{d}$$

若 $H$ 为较高一条等高线的高程，则

$$X = H - \frac{hd_1}{d}$$

从图 1-16 知，$H = 40$ m，$h = 1$ m，并量得 $d = 12.4$ mm，$d_1 = 5.2$ mm，则

$$X = \left(40 + \frac{1.0 \times 5.2}{12.4}\right)\text{m} = 40.42\ \text{m}$$

即 $B$ 点的高程为 40.42 m。

## 1.4　坡度计算

### 1.4.1　定义

地形图上，两点间的高差与平距之比，称为两点间的地形面坡度。

在图 1-18 中，令 $P$、$Q$ 两点间的高差为 $h$，平距为 $d$，则有

$$i = \tan\alpha = \frac{h}{d} \tag{1-1}$$

式中　$i$—— 地面坡度，以千分率(‰)或百分率(%)表示；

$\alpha$—— 地面倾角。

在图 1-18 中，有

$$h = H_Q - H_P = (40 - 30)\ \text{m} = 10\ \text{m}$$

由图上量得，$P$、$Q$ 两点间的平距

$$d = 5\ \text{cm}$$

图纸比例尺为 1∶2 000，换算为实际距离 $d = 100$ m，则

$$i = \tan\alpha = \frac{h}{d} = \frac{10}{100} = 0.10 = 10\%$$

地面倾角

$$\alpha = 5°43'$$

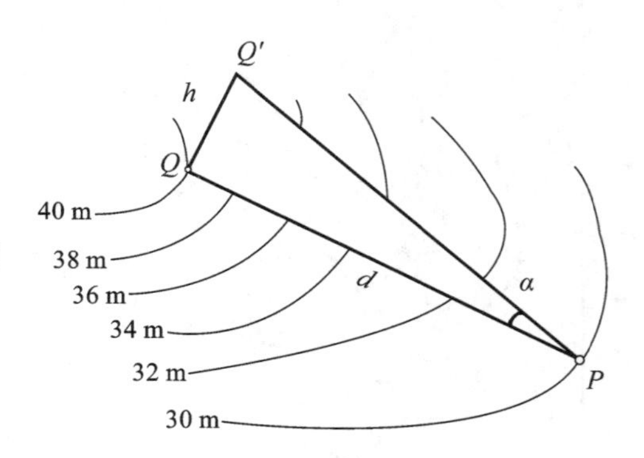


图 1-18　坡度计算

即 $P$、$Q$ 两点间的坡度为 10%。

从图 1-18 中可以看出，在 $P$、$Q$ 两点之间，有 6 条等高线，等高线的水平间距有变化，表明坡度有陡缓，所以上面所求出的只是 $P$、$Q$ 两点之间的平均坡度。当然，也可用式(1-1) 求出相邻等高线的地形坡度。

### 1.4.2　坎及坎边坡坡度

在大比例尺地形图上，坎、堤坝等有专门的标注，如图 1-19 所示，图(a) 为边坎符号，图(b) 为路堤符号，图上标有坎、堤坝等的坡顶线、坡脚线和标高，图(c) 为坡度大于 75° 时的标注，只用犬齿符号表示坡顶的位置，不绘坡脚线。

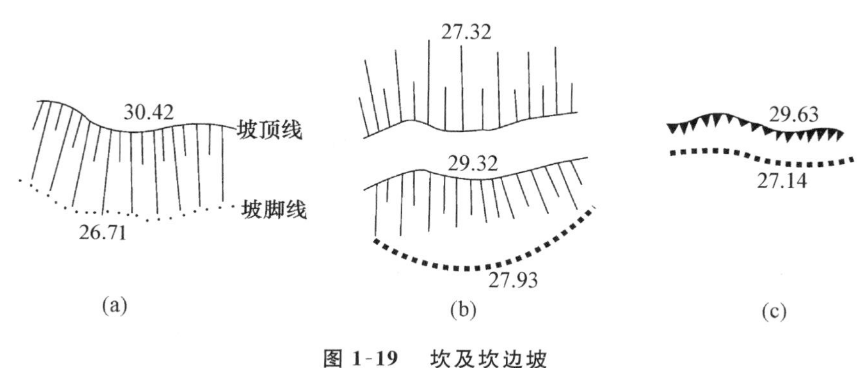


**图 1-19　坎及坎边坡**

(a) 边坎符号；(b) 路堤符号；(c) 坡度大于 75° 时的标注

凡用犬齿符号表示、没有坡脚线，即坡度大于 75° 的陡坎，不能在地形图上求出其准确数据。

对于标有坡顶线和坡脚线的坎、堤坝、土堆等，按坡顶线与坡脚线间的平距及高差计算边坡坡度。

## 1.5　面积计算

面积计算是园林规划设计和施工中不可缺少的一环。下面介绍比较常用的面积计算方法。

### 1.5.1　图上面积与实地面积

图上图形与实地图形相似。相似图形面积之比等于其相应边平方之比，即

$$\frac{p}{P}=\frac{l^2}{L^2}$$

由

$$\frac{l}{L}=\frac{1}{M}$$

则

$$\frac{p}{P}=\frac{1}{M^2}$$

$$P = pM^2 \tag{1-2}$$

式中 $P$—— 图形实地面积；

$p$—— 图形反映在地形图上的面积；

$L$—— 图形实地边长；

$l$—— 地形图上相应边长；

$M$—— 地形图比例尺的分母。

**例 1-1** 已知图上面积为 27 $cm^2$,比例尺为 1∶2 000,求实地面积。

**解** 将已知数据代入式(1-2),则

$$P = pM^2 = 27 \times 2\ 000^2\ cm^2 = 1.08 \times 10^8\ cm^2 = 10\ 800\ m^2$$

## 1.5.2 利用规则图形面积公式计算面积

如果所求面积由简单的几何图形组成,或可以近似看作简单几何图形,如三角形、正方形、长方形、梯形等,则可以用这些图形的面积公式直接计算,所需几何要素由图上直接量取。

设几何图形的面积为 $S$,则有以下计算式。

**1）正方形面积**

$$S = a^2 \tag{1-3}$$

式中 $a$—— 正方形边长。

**2）长方形面积**

$$S = ab \tag{1-4}$$

式中 $a$、$b$—— 长方形的长和宽。

**3）直角三角形面积**

$$S = \frac{bc}{2} \tag{1-5}$$

式中 $b$、$c$—— 直角三角形的两直角边。

**4）任意三角形面积**

$$S = \frac{1}{2}bh \tag{1-6}$$

$$S = \sqrt{P(P-a)(P-b)(P-c)} \tag{1-7}$$

$$P = \frac{1}{2}(a+b+c) \tag{1-8}$$

式中 $a$、$b$、$c$—— 三角形三边的边长；

$h$—— 以 $b$ 为底边的三角形的高(见图 1-20)；

$P$—— 三角形的半周长。

**5）梯形面积**

$$S = \frac{1}{2}(a+b)h \tag{1-9}$$

式中 $a$、$b$—— 梯形的上底和下底；

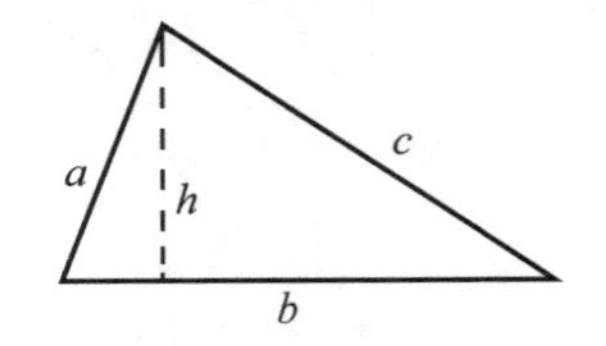

1-20 任意三角形面积计算

$h$—— 梯形的高(见图 1-21)。

**6)任意四边形面积**

$$S = \frac{1}{2}d_1 d_2 \sin\varphi \tag{1-10}$$

式中 $d_1$、$d_2$—— 四边形的两对角线长;

$\varphi$—— 四边形的两对角线夹角(见图 1-22)。

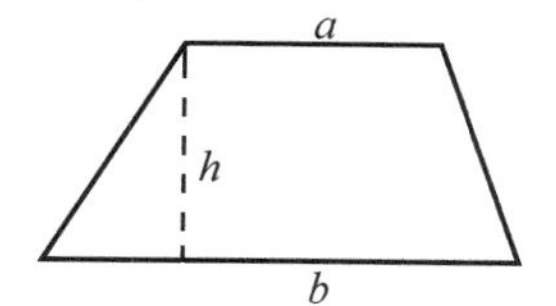


图 1-21 梯形面积计算

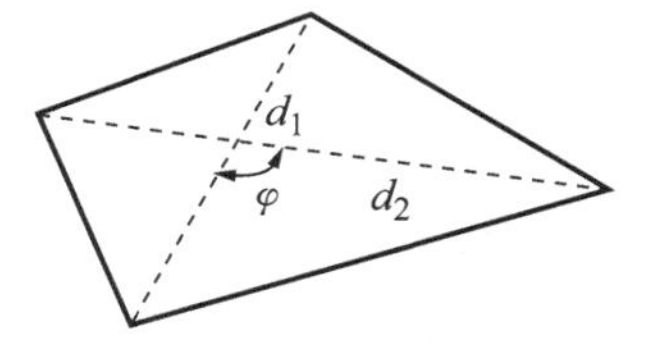


图 1-22 任意四边形面积计算

## 1.5.3 利用图形顶点坐标计算面积

如果所求图形面积可看作是规则的多边形,那么可以先求出多边形各顶点的直角坐标,然后利用坐标值计算面积。

在图 1-23 中,有一多边形 $ABCD$,各个顶点的坐标分别为 $A(x_1, y_1)$、$B(x_2, y_2)$、$C(x_3, y_3)$、$D(x_4, y_4)$,则其面积为

$$S_{ABCD} = (S_{ABB'A'} + S_{BCC'B'}) - (S_{ADD'A'} + S_{DCC'D'})$$

四边形 $ABB'A'$、$BCC'B'$、$ADD'A'$ 和 $DCC'D'$ 均为梯形,其面积分别为

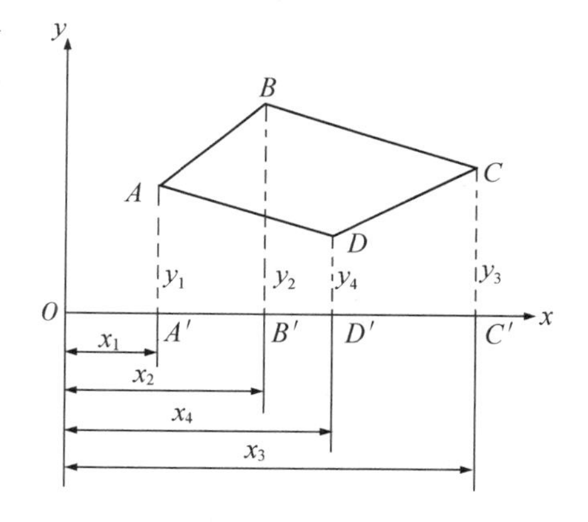


图 1-23 图形顶点坐标计算面积

$$S_{ABB'A'} = \frac{1}{2}(y_1 + y_2)(x_2 - x_1)$$

$$S_{BCC'B'} = \frac{1}{2}(y_2 + y_3)(x_3 - x_4) \qquad S_{ADD'A'} = \frac{1}{2}(y_1 + y_4)(x_4 - x_1)$$

$$S_{DCC'D'} = \frac{1}{2}(y_3 + y_4)(x_3 - x_4)$$

则

$$S_{ABCD} = \frac{1}{2}[y_1(x_2 - x_4) + y_2(x_3 - x_1) + y_3(x_4 - x_2) + y_4(x_1 - x_3)]$$

化为一般形式,则有

$$2S = y_1(x_2 - x_n) + \sum_{i=2}^{n-1} y_i(x_{i+1} - x_{i-1}) + y_n(x_1 - x_{n-1}) \tag{1-11}$$

式中 $S$—— 多边形面积;

$n$—— 多边形顶点个数。

**例 1-2** 在图 1-24 中,有一个六边形构成的场地。各顶点的坐标已知,试求其面积。

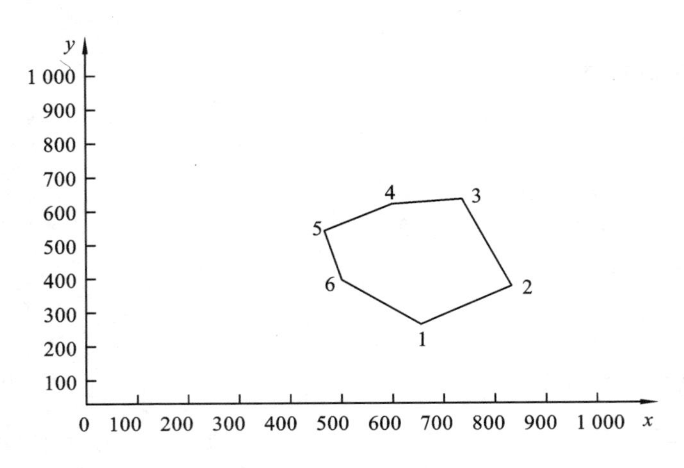


图 1-24　六边形场地

**解**　为计算方便，采用表格的形式，详细计算过程及结果见表 1-1。表中使用了两个公式，以相互核对。计算所得该六边形的总面积

$$S = \frac{1}{2} \times 172\ 580.22\ \text{m}^2 = 86\ 290.11\ \text{m}^2$$

表 1-1　面积计算表

| 点号 | 坐标值/m | | 坐标差/m | | 乘积/m² | |
|---|---|---|---|---|---|---|
| | $x_i$ | $y_i$ | $y_{i+1}-y_{i-1}$ | $x_{i-1}-x_{i+1}$ | $x_i(y_{i+1}-y_{i-1})$ | $y_i(x_{i-1}-x_{i+1})$ |
| 1 | 658.25 | 270.60 | −17.56 | −330.78 | −11 572.04 | −89 505.07 |
| 2 | 830.78 | 382.42 | +371.90 | −77.12 | +308 967.08 | −29 492.23 |
| 3 | 735.37 | 642.50 | +237.78 | +230.78 | +174 856.23 | +148 276.15 |
| 4 | 600.00 | 620.20 | −96.70 | +262.84 | −58 020.00 | +163 013.37 |
| 5 | 472.53 | 545.80 | −220.20 | +100.00 | −104 051.11 | +54 580.00 |
| 6 | 500.00 | 400.00 | −275.20 | −185.72 | −137 600.00 | −74 288.00 |
| $-\sum$ | | | −609.68 | −593.62 | −311 243.15 | −193 289.52 |
| $+\sum$ | | | +609.68 | +593.62 | +483 823.36 | +365 869.52 |
| 总和 | | | 0 | 0 | +172 580.21 | +172 580.22 |

### 1.5.4 方格网法

由曲线或其他非规则几何图形构成的面积，可以用方格网法求出。计算时，将透明方格纸放在所求图形上，数出方格个数，用下式求出面积

$$S = (N + n)d^2M^2 \tag{1-12}$$

式中　$d$——方格边长；

$M$——地形图比例尺分母。

方格计数时，先读出整数格数 $N$，然后将不足一整格的各方格合并取整数，记为

$n$,读数精度为 0.15(见图 1-25)。

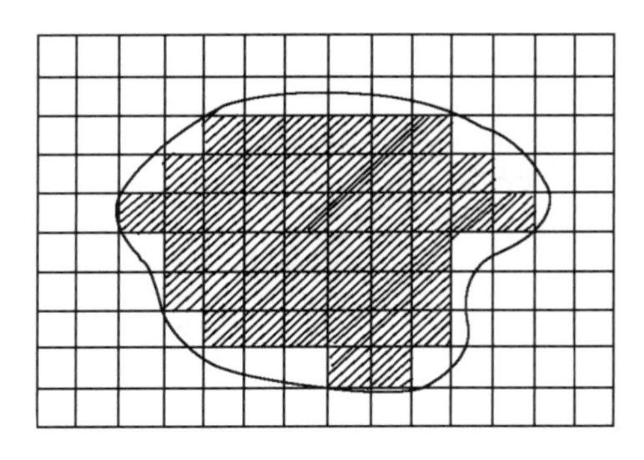

图 1-25 方格计数

**例 1-3** 已知图纸比例尺分母 $M=2\ 000$,透明方格纸边长为 5 mm,用方格网法求图 1-24 中曲线的面积。

**解** 由图 1-25 得知,整方格数 $N=46$,合并方格数 $n=12$,则所求图形面积

$$S=(46+12)\times 5^2\times 2\ 000^2\ \mathrm{mm}^2=5.8\times 10^9\ \mathrm{mm}^2=5\ 800\ \mathrm{m}^2$$

表 1-2 为不同边长的方格在不同比例尺的地形图上所代表的实地面积。利用此表可以减少计算工作量。

表 1-2 不同边长的方格在不同比例尺的地形图上所代表的实地面积

| 图纸比例尺 | 方格面积 / $\mathrm{mm}^2$ | 每个方格所代表的实地面积 / $\mathrm{m}^2$ | 图纸比例尺 | 方格面积 / $\mathrm{mm}^2$ | 每个方格所代表的实地面积 / $\mathrm{m}^2$ |
|---|---|---|---|---|---|
| 1∶500 | 1 | 0.25 | 1∶5 000 | 1 | 25 |
| | 2 | 1 | | 2 | 100 |
| | 5 | 6.25 | | 5 | 625 |
| 1∶1 000 | 1 | 1 | 1∶10 000 | 1 | 100 |
| | 2 | 4 | | 2 | 400 |
| | 5 | 25 | | 5 | 2 500 |
| 1∶2 000 | 1 | 4 | | — | — |
| | 2 | 16 | | — | — |
| | 5 | 100 | | — | — |

## 1.5.5 用求积仪测量面积

对于曲线或曲线与直线混合组成的图形,其面积可以用求积仪来测量。求积仪主要由极臂、描臂和记数仪等三部分组成(见图 1-26),其测量面积步骤如下。

① 将描针 $A$ 大致放在图中央,使极臂与描臂大致垂直,固定极点 $O$,这可防止闭合时误差过大,避免描针沿图形边界绕行时,极臂与描臂交角过大或过小,造成走直线或够不着图形某一部分的现象。

② 将描针置于图形边界上,开始读数,记为 $n_1$。注意,在图形边界上放置描针

时,要尽可能使测轮的滚动幅度最小。

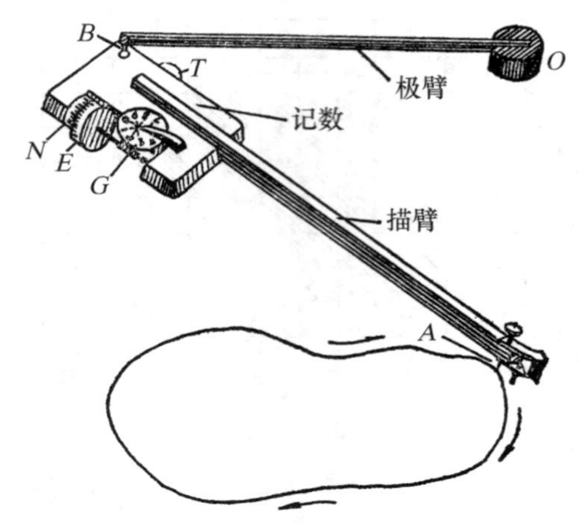


图 1-26　求积仪示意图

③　拖动描针 $A$,沿顺时针方向绕行图形边界一周,回到起点,读取第二次读数,记为 $n_2$。

④　面积计算。

极点在图形外时,用下式计算面积

$$S = C(n_2 - n_1) \tag{1-13}$$

极点在图形内时,用下式计算面积

$$S = C(n_2 - n_1) + Q \tag{1-14}$$

式中　$C$—— 求积仪第一常数,单位为 $mm^2$;

　　　$Q$—— 求积仪第二常数,单位为 $mm^2$。

$C$ 和 $Q$ 的值在使用说明书上可以查到。

为保证计算精度,至少应绕行两周,每次改变一下定极的位置,取两次测定的平均值。每次测定与平均值误差不能大于其值的 1/200。

**例 1-4**　用求积仪测定某图的面积。已知起始读数 $n_1 = 3\ 942$,终端读数 $n_2 = 4\ 783$,仪器 $C$ 值为 10 $mm^2$,图形比例尺为 1∶1 000,求图形的实地面积。

**解**　将所给数据代入公式,得图上面积为

$$S = C(n_2 - n_1) = 10 \times (4\ 783 - 3\ 942)\ \text{mm}^2 = 8\ 410\ \text{mm}^2$$

又已知图形比例尺为 1∶1 000,换算成实地面积为

$$S = 8\ 410\ \text{m}^2$$

即所求图形的实地面积为 8 410 $m^2$。

在不同比例尺的地形图上,单位读数值所对应的实地面积如表 1-3 所示。

表 1-3　不同比例尺地形图上单位读数值所对应的实地面积

| 地形图比例尺 | 1∶1 | 1∶500 | 1∶1 000 | 1∶2 000 | 1∶5 000 | 1∶10 000 |
| --- | --- | --- | --- | --- | --- | --- |
| 单位读数值 | 10 $mm^2$ | 2.5 $m^2$ | 10 $m^2$ | 40 $m^2$ | 250 $m^2$ | 1 000 $m^2$ |

## 1.6 土方体积计算

园林场地可归结为两类形体，一是台体，二是波板体。园路路基、沟渠、堤坎等挖填土石方的实体，可以看作台体，这类台体呈条带状，工程轴线大体沿水平方向延伸，故又称为卧式台体。山丘、湖泊、池塘、矿堆等也可以看作台体，这类台体多为丘状或倒丘状，故又称为立式台体。

除台体外，地形图上的其他形体大都可以看作波板体。波，是指形体在高度上的起伏变化；板，是指其面积相对广大。在园林中，若场地的土方平整，就可把整个场地看作一个波板体。

台体与波板体的划分是相对的，不是固定不变的。在较大比例尺地形图上，可以把山丘、坑穴和沟堑等视为台体，而在比例尺较小的地形图上，它们只不过是波板体的组成部分，正是它们在高度和坡度等方面的变化，才构成了波板体的起伏。在实际工作中，对于某给定场地，既要考虑对象的形态，又要考虑园林施工的精度要求。对同一地段：计算精度要求较高时，可以使用较大比例尺地形图，按台体体积计算；计算精度要求较低时，为简化计算，可以采用较小比例尺地形图，按波板体体积计算。

### 1.6.1 台体体积的计算

**1）卧式台体体积的计算**

图 1-27 所示为一带状土工结构，试求其体积。

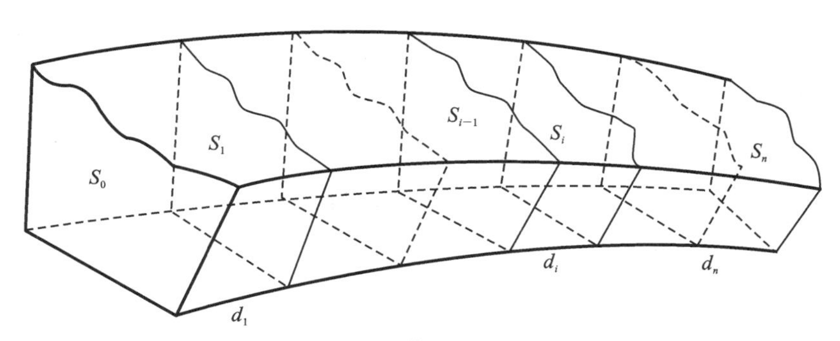


**图 1-27　带状土工结构**

一般把工程轴线当作台体的高，沿轴线按一定的间距作垂直轴线的竖向断面，则第 $i$ 段的体积为

$$V_i = \frac{d_i}{2}(S_i + S_{i-1}) \tag{1-15}$$

式中　$V_i$—— 台体第 $i$ 段的体积；

$S_i$、$S_{i-1}$—— 台体第 $i$ 个和第 $i-1$ 个断面的面积；

$d_i$——$S_i$ 和 $S_{i-1}$ 之间的水平间距。

该卧式台体的总体积为

$$V=\sum_{i=1}^{n}V_i=\sum_{i=1}^{n}\frac{d_i}{2}(S_i+S_{i-1}) \tag{1-16}$$

若各相邻断面的间距相等,则上式变为

$$V=d\sum_{i=1}^{n}\frac{1}{2}(S_i+S_{i-1})=d\left(\frac{S_0+S_n}{2}+\sum_{i=1}^{n-1}S_i\right) \tag{1-17}$$

式中 $S_0$—— 首断面的面积;

$S_n$—— 尾断面的面积。

**2) 立式台体体积的计算**

一切非条带形的台体,均可看作立式台体。如图 1-28 所示,求该台体的体积时,先求各层台体的体积 $V_i$,即

$$V_i=\frac{S_i+S_{i-1}}{2}h_i \tag{1-18}$$

式中 $V_i$—— 第 $i$ 层台体的体积;

$S_i$、$S_{i-1}$—— 第 $i$ 层台体的上、下底面积;

$h_i$——$S_i$ 与 $S_{i-1}$ 之间的垂直间距。

台体的总体积 $V$ 按下式计算

$$V=\sum_{i=1}^{n}V_i=\sum_{i=1}^{n}\frac{S_i+S_{i-1}}{2}h_i \tag{1-19}$$

当各层间距相等,且均为 $h$ 时,则上式变为

$$V=\sum_{i=1}^{n}v_i=h\left(\frac{S_0+S_n}{2}+\sum_{i=1}^{n-1}S_i\right) \tag{1-20}$$

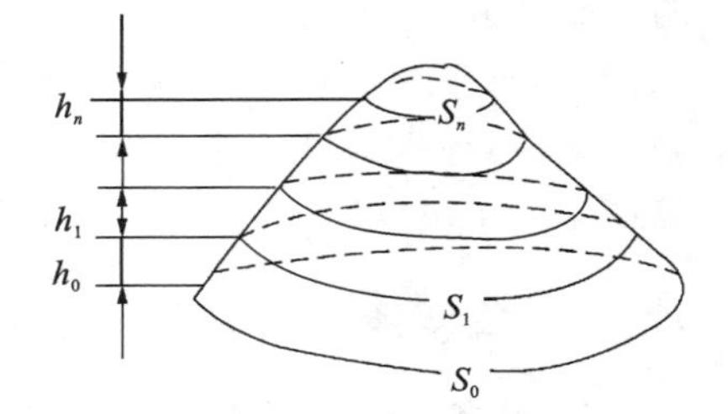


**图 1-28 立式台体**

$S_i$ 可在地形图上直接求出,各层间距就是地形图等高线的等高距。

### 1.6.2 波板体体积的计算

在园林场地平整规划设计中,需要在地形图上计算土石方的填挖量,这种计算就属于波板体体积的计算。其计算方法主要有三种,即格网法、断面法和综合法,下面主要介绍格网法和综合法。

**1) 格网法**

格网法的基本做法:用已知规格的方格纸蒙在地形图上,根据地形图的等高线求出方格上各个角点的标高,与基准高度相比较,得出施工高度,然后计算填挖方体积。挖方以“+”表示,填方以“—”表示。方格的实地边长根据地形图比例尺的大小而定,一般为 10 ～ 100 m,最常用的方格边长为 2 cm。方格边长越小,计算结果越精确,但计算量会加大,所以边长选择要合理。

用格网法计算波板体的体积,又可分为两种:一是三棱柱体法,二是四棱柱体法。

(1) 三棱柱体法

三棱柱体法将每个方格划分为两个三角形,每个三角形之下的土方构成一个三棱柱体,分别计算出各个三棱柱体的体积,求和就得出整个场地的土方量。

零线是指施工高度为零的各点的连线,既不填,也不挖。零线将三角形分为两种情况:一是全部为挖方或全部为填方;二是部分为挖方,部分为填方。

当三角形全部为挖方或全部为填方时,是截棱柱体[见图 1-29(a)],其体积为

$$V = \frac{a^2}{6}(h_1 + h_2 + h_3) \tag{1-21}$$

式中 $V$—— 挖方或填方的体积;

$h_1$、$h_2$、$h_3$—— 三角形各角点的施工高度,取绝对值;

$a$—— 方格边长。

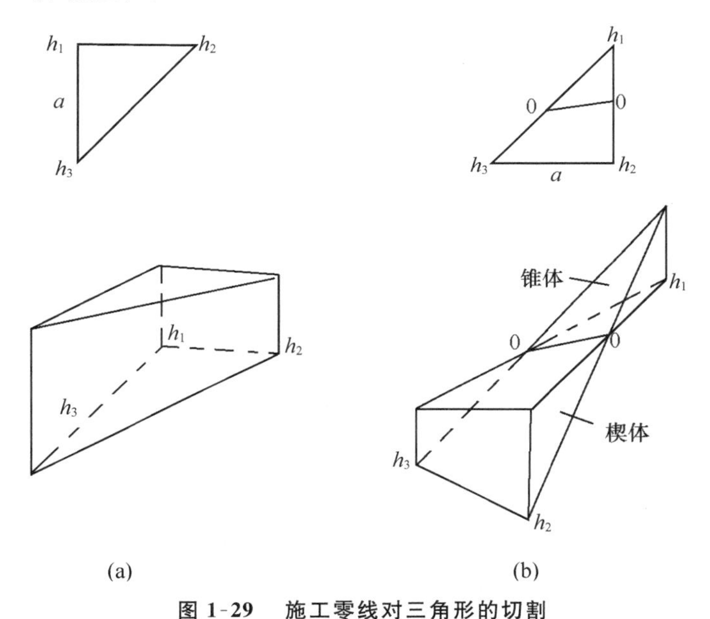


**图 1-29 施工零线对三角形的切割**

(a) 截棱柱体;(b) 底面为三角形的锥体和底面为四边形的楔体

三角形内部分为挖方、部分为填方时,施工零线将三角形划分为两个几何体:一个是底面为三角形的锥体,另一个是底面为四边形的楔体[见图 1-29(b)]。

锥体的体积按下式计算:

$$V_{锥} = \frac{a^2}{6} \times \frac{h_1^3}{(h_1 + h_2)(h_1 + h_3)} \tag{1-22}$$

楔体的体积按下式计算:

$$V_{楔} = \frac{a^2}{6}\left[\frac{h_1^3}{(h_1 + h_2)(h_1 + h_3)} - h_1 + h_2 + h_3\right] \tag{1-23}$$

式中 $V_{锥}$ —— 锥体的体积(挖方或填方);

$V_{楔}$ —— 楔体的体积(挖方或填方);

$h_1$、$h_2$、$h_3$—— 三角形各角点的施工高度,取绝对值(注意:在计算锥体体积时,$h_1$ 恒为锥体顶点的施工高度,按逆时针方向编号);

$a$—— 方格边长。

当土方全部为挖方或填方时,根据式(1-21),总土方量可简化为

$$V_{总} = \sum V = \frac{a^2}{6}\sum (h_1 + h_2 + h_3) \tag{1-24}$$

设:$\sum h_a$ 为计算中只用一次的各方格角点施工高度总和,$\sum h_b$ 为使用两次的各方格角点施工高度总和,$\sum h_c$ 为使用三次的各方格角点施工高度总和,$\sum h_d$ 为使用四次的各方格角点施工高度总和,$\sum h_e$ 为使用五次的各方格角点施工高度总和,则有

$$\sum (h_1 + h_2 + h_3) = \sum h_a + 2\sum h_b + 3\sum h_c + 4\sum h_d + 5\sum h_e \tag{1-25}$$

将式(1-25)代入式(1-24),可得场地的土方总体积为

$$V_{总} = \frac{a^2}{6}\left(\sum h_a + 2\sum h_b + 3\sum h_c + 4\sum h_d + 5\sum h_e\right) \tag{1-26}$$

**例 1-5** 现有一场地用于建设城市广场,如图 1-30 所示。方格实地边长 20 m×20 m,广场设计标高为 20 m。试用三棱柱体法计算其土方量。

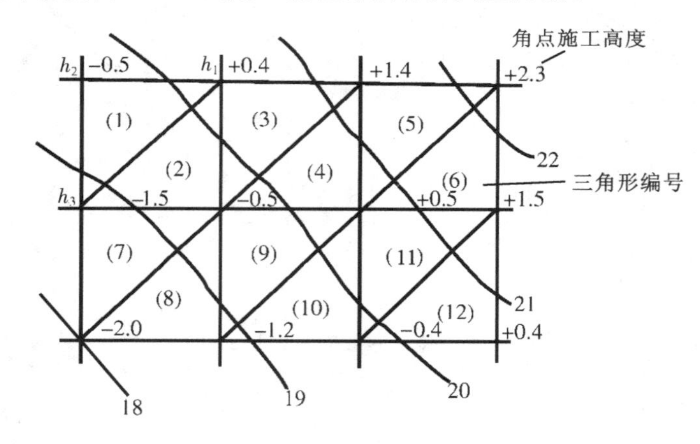


**图 1-30 城市广场土方计算**

**解** ① 连接各方格的对角线,将方格均分成两个三角形。

② 根据地形等高线求出各角点的地面标高。

③ 以设计标高 +20 m 为基准,求出各角点的施工标高。挖方记"+"号,填方记"—"号,如图 1-30 所示。

④ 将三角形按顺序编号,计算各三棱柱体的体积。

$$V_{(1)挖} = \frac{a^2}{6}\times\frac{h_1^3}{(h_1+h_2)(h_1+h_3)} = \left[\frac{20^2}{6}\times\frac{0.4^3}{(0.4+0.5)\times(0.4+1.5)}\right]\ \text{m}^3 \approx 2.5\ \text{m}^3$$

$$V_{(1)填}=\frac{a^2}{6}\left[\frac{h_1^3}{(h_1+h_2)(h_1+h_3)}-h_1+h_2+h_3\right]$$

$$=\frac{20^2}{6}\times\left[\frac{0.4^3}{(0.4+0.5)\times(0.4+1.5)}-0.4+0.5+1.5\right]\text{ m}^3\approx 109.2\text{ m}^3$$

$$V_{(2)挖}=\frac{a^2}{6}\times\frac{h_1^3}{(h_1+h_2)(h_1+h_3)}=\frac{20^2}{6}\times\frac{0.4^3}{(0.4+0.5)\times(0.4+1.5)}\text{ m}^3\approx 2.5\text{ m}^3$$

$$V_{(2)填}=\frac{a^2}{6}\left[\frac{h_1^3}{(h_1+h_2)(h_1+h_3)}-h_1+h_2+h_3\right]$$

$$=\frac{20^2}{6}\times\left[\frac{0.4^3}{(0.4+0.5)\times(0.4+1.5)}-0.4+0.5+1.5\right]\text{ m}^3\approx 109.2\text{ m}^3$$

$$V_{(3)填}=\frac{a^2}{6}\times\frac{h_1^3}{(h_1+h_2)(h_1+h_3)}$$

$$=\frac{20^2}{6}\times\frac{0.5^3}{(0.5+0.4)\times(0.5+1.4)}\text{ m}^3\approx 2.9\text{ m}^3$$

$$V_{(3)挖}=\frac{a^2}{6}\left[\frac{h_1^3}{(h_1+h_2)(h_1+h_3)}-h_1+h_2+h_3\right]$$

$$=\frac{20^2}{6}\times\left[\frac{0.5^3}{(0.5+0.4)\times(0.4+1.4)}-0.5+0.4+1.4\right]\text{ m}^3\approx 89.8\text{ m}^3$$

$$V_{(4)填}=\frac{a^2}{6}\times\frac{h_1^3}{(h_1+h_2)(h_1+h_3)}=\frac{20^2}{6}\times\frac{0.5^3}{(0.5+0.5)\times(0.5+1.4)}\text{ m}^3\approx 2.6\text{ m}^3$$

$$V_{(4)挖}=\frac{a^2}{6}\left[\frac{h_1^3}{(h_1+h_2)(h_1+h_3)}-h_1+h_2+h_3\right]$$

$$=\frac{20^2}{6}\times\left[\frac{0.5^3}{(0.5+0.5)\times(0.5+1.4)}-0.5+0.5+1.4\right]\text{ m}^3\approx 96.0\text{ m}^3$$

$$V_{(5)挖}=\frac{a^2}{6}(h_1+h_2+h_3)$$

$$=\frac{20^2}{6}\times(2.3+1.4+0.5)\text{ m}^3$$

$$=280.0\text{ m}^3$$

$$V_{(6)挖}=\frac{a^2}{6}(h_1+h_2+h_3)$$

$$=\frac{20^2}{6}\times(0.5+1.5+2.3)\text{ m}^3$$

$$\approx 286.7\text{ m}^3$$

$$\vdots$$

其余 6 个三角形的填、挖方量按上述方法分别求出，最后得出整个场地的土方量，计算结果如表 1-4 所示。

表 1-4 土方量计算表

| 三角形 | 挖方(+)/ m³ | 填方(−)/ m³ |
|---|---|---|
| (1) | 2.5 | 109.2 |
| (2) | 2.5 | 109.2 |
| (3) | 89.8 | 2.9 |
| (4) | 96.0 | 2.6 |
| (5) | 280.0 | 0 |
| (6) | 286.7 | 0 |
| (7) | 0 | 266.7 |
| (8) | 0 | 246.7 |
| (9) | 4.9 | 84.9 |
| (10) | 5.4 | 78.7 |
| (11) | 109.2 | 2.5 |
| (12) | 102.8 | 2.8 |
| $\sum$ | 979.8 | 906.2 |

$$\text{土方填挖总量} = (979.8 + 906.2)\ \mathrm{m}^3 = 1886.0\ \mathrm{m}^3$$

$$\text{土方平衡量} = (979.8 - 906.2)\ \mathrm{m}^3 = 73.6\ \mathrm{m}^3$$

即整个场地的挖方总量为 73.6 m³。

(2)四棱柱体法

四棱柱体法不是将方格划分为两个三角形,而是直接用方格作为计算体积的基本单元,其他计算程序与三棱柱体法基本相同。

下面分析一下施工零线穿过方格时的情况。从填方和挖方的角度考虑,施工零线经过方格时会出现两种情况:一是方格全部为填方或全部为挖方,如图 1-31(a) 所示;二是将方格切分,一部分为挖方,一部分为填方。在第二种情况下,零线对方格的分割又会出现两种情况:第一种是将方格分割为底面为三角形的锥体和底面为五边形的截棱柱体,如图 1-31(b) 所示;第二种是将方格分割为底面为梯形的两个截棱柱体,如图 1-31(c) 所示。

当方格全部为挖方或全部为填方时,其体积为

$$V = \frac{a^2}{4}(h_1 + h_2 + h_3 + h_4) \tag{1-27}$$

底面为三角形的锥体的体积为

$$V = \frac{bc}{6}\sum h \tag{1-28}$$

底面为五边形的截棱柱体体积为

$$V = \frac{1}{5}\left[a^2 - \frac{(a-b)(a-c)}{2}\right]\sum h \tag{1-29}$$

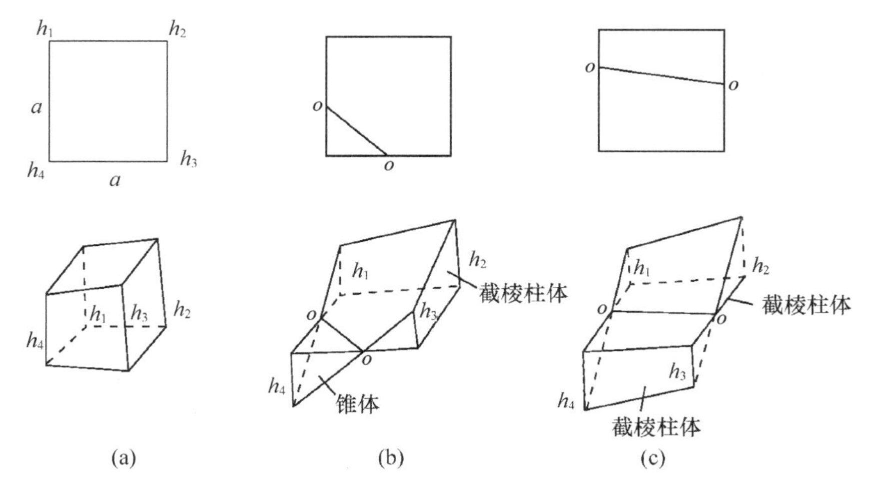


**图 1-31 施工零线对方格的切割**

(a) 全为挖或全为填； (b) 部分挖、部分填 —— 底面为三角形的锥体和底面为五边形的截棱柱体；
(c) 部分挖、部分填 —— 底面为梯形的两个截棱柱体

底面为梯形的截棱柱体的体积为

$$V = \frac{a(b+c)}{8}\sum h \tag{1-30}$$

式中 $V$—— 各计算图形的挖方或填方体积；

$a$—— 方格边长；

$b$、$c$—— 各计算图形相应的两个计算边长；

$\sum h$—— 各计算图形相应的挖方或填方施工高度的总和(与零线相交的点，其高度为零)。

零线分割所形成的图形中，边长 $b$、$c$ 的计算如图 1-32 所示，边长 $b$、$c$ 有三种情况。考查任意一条被零线分割的方格边，设计坡面线、地形线和施工高度之间的关系如图 1-33 所示。

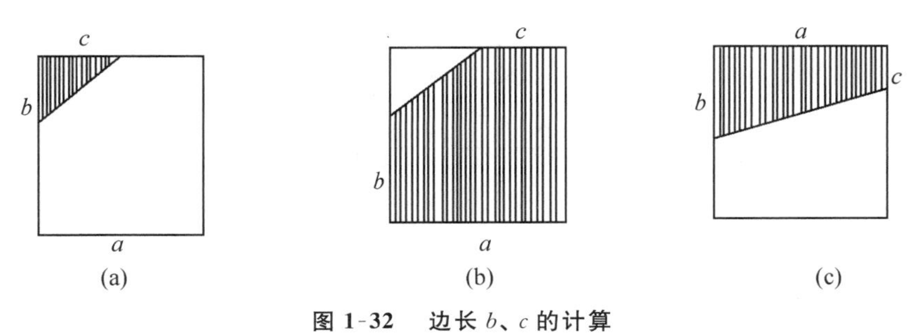


**图 1-32 边长 $b$、$c$ 的计算**

(a) 底面为三角形； (b) 底面为五边形； (c) 底面为梯形

在图 1-33 中，过零点作水平线，由相似三角形的比例关系得

$$\frac{x}{h_1}=\frac{a-x}{h_2}$$

$$x=\frac{ah_1}{h_1+h_2} \quad (1\text{-}31)$$

式中 $x$—— 零点所画图形的待求边长；

$h_1$、$h_2$—— 方格两端角点的施工高度，取绝对值（$h_1$ 指欲划分边度侧角点的施工高度）；

$a$—— 方格边长。

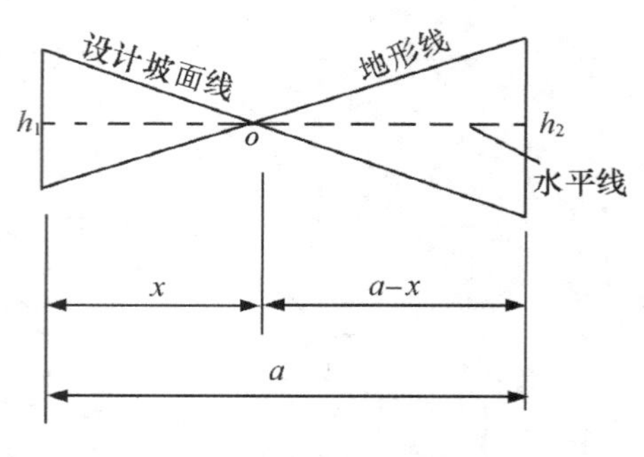


图 1-33 设计坡面线、地形线和施工高度之间的关系

方格上另一条边长度为 $a-x$。如果所计算区段全部为填方或全部为挖方，则式(1-27)可简化为

$$V_{总}=\frac{a^2}{4}\left(\sum h_a+2\sum h_b+3\sum h_c+4\sum h_d\right) \quad (1\text{-}32)$$

式中 $V_{总}$—— 计算地段土方总体积；

$a$—— 方格边长；

$h_a$、$h_b$、$h_c$、$h_d$—— 计算中使用一次、两次、三次、四次诸方格角点的施工高度。

**例 1-6** 场地现状如图 1-34 所示。欲将其改造成一个倾斜平面，试用四棱柱体法计算方格网所用场地的填、挖土方量。地形图比例为 1∶1 000，图中等高线用虚线表示，方格实地边长为 20 m×20 m。

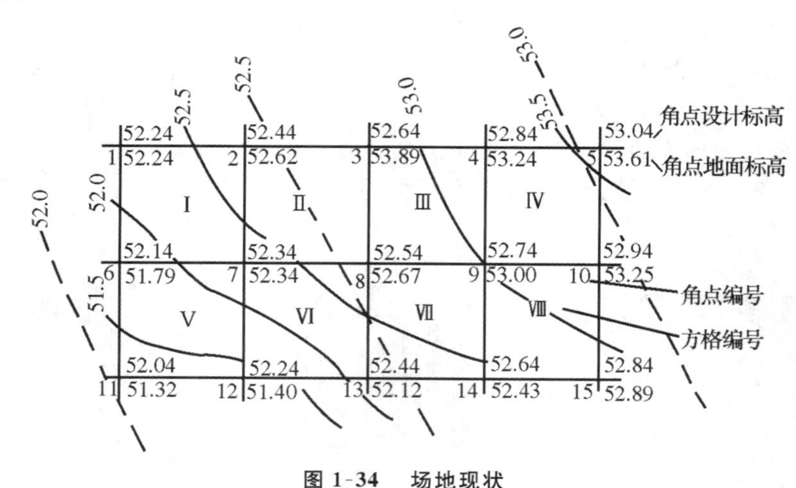


图 1-34 场地现状

**解** ① 将方格及其角点编号，顺序从左到右、从上到下。

② 根据原地形等高线和设计等高线，分别求出各方格角点的地面标高和设计标高。

③ 根据原地形等高线和设计标高，求出各角点的施工高度。挖方记“+”号，填方记“−”号，如图 1-35 所示。

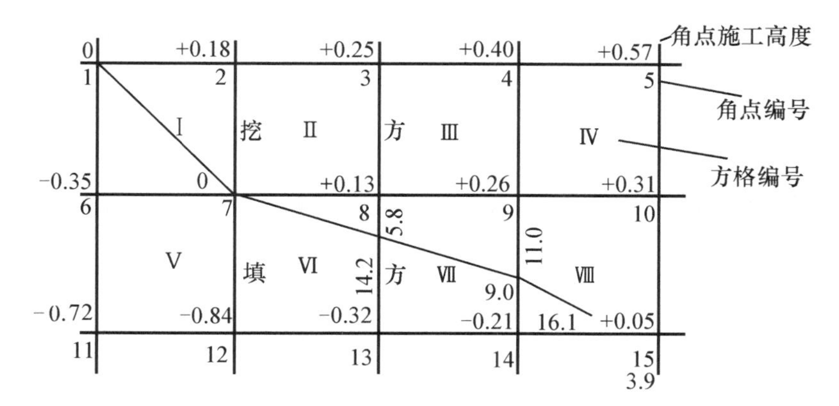


图 1-35　填挖方量计算图

④ 确定施工零线。

由图 1-35 看出，8—13、9—14、14—15 三条方格边两端点施工高度符号不同，需求零点位置，根据式(1-31)，有

8—13 边，$h_1=-0.32\ \mathrm{m}$，$h_2=+0.13\ \mathrm{m}$

$$x=\frac{20\times 0.32}{0.13+0.32}\ \mathrm{m}=14.2\ \mathrm{m}$$

$$a-x=(20-14.2)\ \mathrm{m}=5.8\ \mathrm{m}$$

9—14 边，$h_1=-0.21\ \mathrm{m}$，$h_2=+0.26\ \mathrm{m}$

$$x=\frac{20\times 0.21}{0.21+0.26}\ \mathrm{m}=8.9\ \mathrm{m}$$

$$a-x=(20-8.9)\ \mathrm{m}=11.1\ \mathrm{m}$$

14—15 边，$h_1=-0.21\ \mathrm{m}$，$h_2=+0.05\ \mathrm{m}$

$$x=\frac{20\times 0.21}{0.21+0.05}\ \mathrm{m}=16.2\ \mathrm{m}$$

$$a-x=(20-16.2)\ \mathrm{m}=3.8\ \mathrm{m}$$

根据以上数据，在图 1-35 中定出相应边的零线，顺次连接即为施工零线。

⑤ 计算各方格的填挖方量。

方格 Ⅰ 的底面为两个三角形，有挖有填，按式(1-28) 计算，则

$$V_{\text{I挖}}=\frac{20\times 20}{6}\times 0.18\ \mathrm{m}^3=12.0\ \mathrm{m}^3$$

$$V_{\text{I填}}=\frac{20\times 20}{6}\times 0.35\ \mathrm{m}^3=23.3\ \mathrm{m}^3$$

方格 Ⅱ、Ⅲ、Ⅳ 底面均为正方形，全部为挖方，按式(1-27) 计算，则

$$V_{\text{II挖}}=\frac{20^2}{4}\times(0.18+0.25+0+0.13)\ \mathrm{m}^3=56.0\ \mathrm{m}^3$$

$$V_{\text{III挖}}=\frac{20^2}{4}\times(0.25+0.40+0.13+0.26)\ \mathrm{m}^3=104.0\ \mathrm{m}^3$$

$$V_{\text{Ⅳ挖}} = \frac{20^2}{4} \times (0.40 + 0.57 + 0.26 + 0.31)\ \text{m}^3 = 154.0\ \text{m}^3$$

方格 Ⅴ 底面为正方形，全部为填方，按式(1-27)计算，则

$$V_{\text{Ⅴ填}} = \frac{20^2}{4} \times (0.35 + 0 + 0.72 + 0.84)\ \text{m}^3 = 191.0\ \text{m}^3$$

方格 Ⅵ 底面为三角形(挖方)和梯形(填方)，分别按式(1-28)和式(1-30)计算，则

$$V_{\text{Ⅵ挖}} = \frac{20 \times 5.8}{6} \times 0.13\ \text{m}^3 = 2.5\ \text{m}^3$$

$$V_{\text{Ⅵ填}} = \frac{20 \times (20 + 14.2)}{8} \times (0.84 + 0.32)\ \text{m}^3 = 99.2\ \text{m}^3$$

方格 Ⅶ 底面为两个梯形，有挖有填，按式(1-30)计算，则

$$V_{\text{Ⅶ挖}} = \frac{20 \times (11.1 + 5.8)}{8} \times (0.13 + 0.26)\ \text{m}^3 = 16.5\ \text{m}^3$$

$$V_{\text{Ⅶ填}} = \frac{20 \times (14.2 + 8.9)}{8} \times (0.32 + 0.21)\ \text{m}^3 = 30.6\ \text{m}^3$$

方格 Ⅷ 底面为五边形(挖方)和三角形(填方)，分别按式(1-29)和式(1-28)计算，则

$$V_{\text{Ⅷ挖}} = \frac{1}{5} \times \left[20^2 - \frac{(20 - 3.8) \times (20 - 11.1)}{2}\right] \times (0.26 + 0.31 + 0.05)\ \text{m}^3 = 40.7\ \text{m}^3$$

$$V_{\text{Ⅷ填}} = \frac{8.9 \times 16.2}{6} \times 0.21\ \text{m}^3 = 5.0\ \text{m}^3$$

(6) 表 1-5 汇总计算填、挖方总量。

**表 1-5　填、挖土方量汇总表**

| 方格编号 | 挖方(+)/ m³ | 填方(−)/ m³ |
|---|---|---|
| Ⅰ | 12.0 | 23.3 |
| Ⅱ | 56.0 | — |
| Ⅲ | 104.0 | — |
| Ⅳ | 154.0 | — |
| Ⅴ | — | 191.0 |
| Ⅵ | 2.5 | 99.2 |
| Ⅶ | 16.5 | 30.6 |
| Ⅷ | 40.7 | 5.0 |
| $\sum$ | 385.7 | 349.4 |

**2) 综合法**

当场地地形变化较大时，将其人为地划分成规则几何体来计算体积就不太适宜，计算精度也会降低。此时可采用综合法计算土方体积。所谓综合法，就是把整个场地依自然地形地势划分为若干个自然片段，各片的土方体积按具体情况选用一种

方法计算，最后求出全区域总的土方量。

**例 1-7** 图 1-36 为一公园用地。设计要求将其改造成高程为 39.5 m 的平地，试估算土方填挖量。

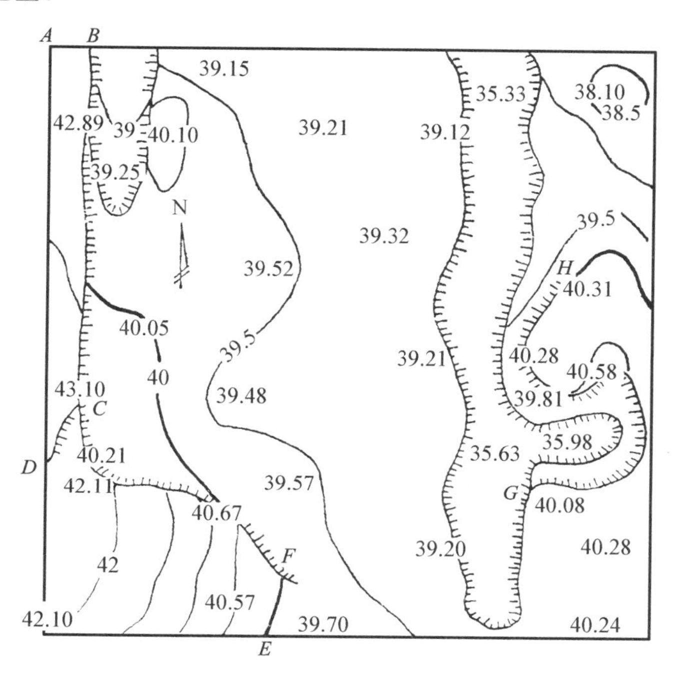


**图 1-36 公园用地现状**

**解** 首先对地形进行分析。在图 1-36 中，中间部分为一地势变化平缓的开阔地带。其西侧有一条土坡，坡顶和坡底的高差约有 3 m，坡地上地势平坦。东侧有一条冲沟，沟深约 4 m，冲沟东侧地形南高北低。西南角有一块坡度较大的倾斜地面。

针对上述地形分析，决定分片计算土方量。

① 开阔地带。

39.5 m 等高线为不填不挖的零线。由这条等高线向东，地面高程逐渐降低，至冲沟两侧高程减到 39.20 m 左右，因而可以认为 39.5 m 等高线与冲沟西岸边所围面积内平均高程为

$$\frac{\left(\frac{39.20+39.21+39.12}{3}+39.5\right)}{2}\ \text{m}=39.34\ \text{m}$$

其填方量为

$$V_{39.34}=(39.34-39.50)\times S_{39.34}=-0.16\ S_{39.34}$$

由 39.5 m 等高线往西，地势逐渐升高，直至坡底高程约为 40.20 m。这一区域可再分为两块计算。

a. 39.5 m 等高线与 40 m 等高线间所围面积 $S_{39.5}$ 内的挖方量。

$$V_{39.5}=\left(\frac{39.5+40.0}{2}-39.5\right)\times S_{39.5}=+0.25\ S_{39.5}$$

b. 40 m 等高线与坡底所围面积 $S_{40.0}$ 内的平均高程为

$$\frac{\left(\frac{40.0+40.21+40.0}{3}+40.0\right)}{2}\ \mathrm{m}=40.04\ \mathrm{m}$$

其挖方量为

$$V_{40}=(40.04-39.50)\times S_{40}=+0.54\ S_{40}$$

② 西侧坡上的平地。

两侧坡上的平地分成两块计算:一是平地 $ABCD$,二是斜地 $CDEF$。

对于平地 $ABCD$,其面积为 $S_{43}$,则挖方量为

$$V_{43}=\left(\frac{42.89+43.10}{2}-39.50\right)\times S_{43}=+3.50\ S_{43}$$

对于斜地 $CDEF$,其面积为 $S_{41.75}$,在此范围内的平均高程可看作是 41.75 m,则挖方量为

$$V_{41.75}=(41.75-39.50)\times S_{41.75}=+2.25\ S_{41.75}$$

③ 冲沟(不包括冲沟东岸与土坡 $GH$ 间地段)。

冲沟沟底的平均高程为

$$\frac{35.33+35.63}{2}\ \mathrm{m}=35.48\ \mathrm{m}$$

则填方量

$$V_{沟}=(35.48-39.50)\times S_{沟}=-4.02\ S_{沟}$$

④ 冲沟东侧部分。

对于这一部分,可将其分成几个更小的区域或通过打小方格来计算。为简便起见,该区域的高程取 40.28 m、40.28 m、39.0 m 三个高程的平均值,即 39.85 m,则挖方量为

$$V_{39.85}=(39.85-39.50)\times S_{39.85}=+0.35\ S_{39.85}$$

求出各片填、挖土方量后,分别相加,即可求得总的填挖土方量。

# 1.7 土方工程施工

## 1.7.1 土壤工程分类

### 1) 按开挖难易程度分类

在土方施工和预算中,按开挖难易程度,将土壤分为四类(见表 1-6)。

表 1-6 土壤工程分类表

| 土　类 | 土质名称 | 自然湿度/(kg/m³) | 外形特征 | 开挖方法 |
|---|---|---|---|---|
| Ⅰ | (1) 砂质土<br>(2) 种植土 | 1 650 ～ 1 750 | 疏松,黏着力差或易透水,略有黏性 | 用锹或略加脚踩开挖 |

续表

| 土类 | 土质名称 | 自然湿度/(kg/m³) | 外形特征 | 开挖方法 |
|---|---|---|---|---|
| Ⅱ | (1) 壤土<br>(2) 淤泥<br>(3) 含土壤种植土 | 1 750 ～ 1 850 | 开挖时能成块并易打碎 | 用锹加脚踩开挖 |
| Ⅲ | (1) 黏土<br>(2) 干燥黄土<br>(3) 干淤泥<br>(4) 含少量砾石黏土 | 1 800 ～ 1 950 | 黏手，看不见砂粒或干硬 | 用镐、三齿耙或锹加脚踩开挖 |
| Ⅳ | (1) 坚硬黏土<br>(2) 砾质黏土<br>(3) 含卵石黏土 | 1 900 ～ 2 400 | 土壤结构坚硬，将土分裂后成块或含黏粒砾石较多 | 用镐、三齿耙等工具开挖 |

**2）按颗粒级配或塑性指数分类**

按颗粒级配或塑性指数的不同，土壤可分为以下四种。

(1) *碎石土*

粒径大于 2 mm 的颗粒质量超过总质量 50% 的土称为碎石土。

碎石土可进一步分类，如表 1-7 所示。

**表 1-7 碎石土分类**

| 名称 | 颗粒形状 | 颗粒级配 |
|---|---|---|
| 漂石 | 以圆形及亚圆形为主 | 粒径大于 200 mm 的颗粒，其质量超过总质量的 50% |
| 块石 | 以棱角形为主 | |
| 卵石 | 以圆形及亚圆形为主 | 粒径大于 20 mm 的颗粒，其质量超过总质量的 50% |
| 碎石 | 以棱角形为主 | |
| 圆砾 | 以圆形及亚圆形为主 | 粒径大于 2 mm 的颗粒，其质量超过总质量的 50% |
| 角砾 | 以棱角形为主 | |

碎石土的密实度，可根据重型动力触探锤击数 $N_{63.5}$(修正值)，按表 1-8 确定。

**表 1-8 碎石土密实度按 $N_{63.5}$(修正值)分类**

| 重型动力触探锤击数 $N_{63.5}$ | 密实度 |
|---|---|
| $N_{63.5} \leqslant 5$ | 松散 |
| $5 < N_{63.5} \leqslant 10$ | 稍密 |
| $10 < N_{63.5} \leqslant 20$ | 中密 |
| $N_{63.5} > 20$ | 密实 |

注：本表适用于平均粒径不超过 50 mm，且最大粒径小于 100 mm 的碎石土。

平均粒径大于 50 mm，且最大粒径大于 100 mm 的碎石土，可用超重型动力触探

锤击数 $N_{120}$(修正值)或用野外观察法鉴别,参考值如表 1-9 所示。

**表 1-9　碎石土密实度按 $N_{120}$(修正值)分类**

| 超重型动力触探锤击数 $N_{120}$ | 密实度 |
|---|---|
| $N_{120} \leqslant 3$ | 松　散 |
| $3 < N_{120} \leqslant 6$ | 稍　密 |
| $6 < N_{120} \leqslant 11$ | 中　密 |
| $11 < N_{120} \leqslant 14$ | 密　实 |
| $N_{120} > 14$ | 很　密 |

碎石土壤密实度野外鉴别、定性描述,可按表 1-10 的规定执行。

**表 1-10　碎石土密实度野外鉴别**

| 密实度 | 骨架颗粒含量和排列 | 可挖性 | 可钻性 |
|---|---|---|---|
| 松散 | 骨架颗粒质量小于总质量的 60%,排列混乱,大部分不接触 | 用锹可以挖掘,井壁易坍塌,从井壁取出大颗粒后,立即塌落 | 钻进较易,钻杆稍有跳动,孔壁易坍塌 |
| 中密 | 骨架颗粒质量等于总质量的 60%～70%,呈交错排列,大部分接触 | 用锹镐可挖掘,井壁有掉块现象,井壁取出大颗粒处能保持凹面形状 | 钻进较困难,钻杆、吊锤跳动不剧烈,孔壁有坍塌现象 |
| 密实 | 骨架颗粒质量大于总质量的 70%,呈交错排列连续接触 | 用锹镐挖掘困难,用撬棍方能松动,井壁较稳定 | 钻进困难,钻杆、吊锤跳动剧烈,孔壁较稳定 |

(2) 砂土

粒径大于 2 mm 的颗粒质量不超过总质量的 50%,粒径大于 0.075 mm 的颗粒质量超过总质量 50% 的土称为砂土。

砂土可进一步分类,如表 1-11 所示。

**表 1-11　砂土的分类**

| 土壤名称 | 颗粒级配 |
|---|---|
| 砾　砂 | 粒径大于 2 mm 的颗粒,其质量占总质量的 25%～50% |
| 粗　砂 | 粒径大于 0.5 mm 的颗粒,其质量超过总质量的 50% |
| 中　砂 | 粒径大于 0.25 mm 的颗粒,其质量超过总质量的 50% |
| 细　砂 | 粒径大于 0.075 mm 的颗粒,其质量超过总质量的 85% |
| 粉　砂 | 粒径大于 0.075 mm 的颗粒,其质量超过总质量的 50% |

砂土的密实度,根据标准贯入试验锤击数实测值 N 划分为四类,即密实、中密、稍密、松散,如表 1-12 所示。

表 1-12 砂土的密实度按 $N$ 分类

| 标准贯入锤击数 $N$ | 密实度 |
| --- | --- |
| $N \leqslant 10$ | 松散 |
| $10 < N \leqslant 15$ | 稍密 |
| $15 < N \leqslant 30$ | 中密 |
| $N > 30$ | 密实 |

(3) 粉土

粒径大于 0.075 mm 的颗粒质量不超过总质量的 50%，且塑性指数($I_P$) 小于等于 10 的土称为粉土。

粉土的密实度，根据孔隙比($e$) 划分为密实、中密和稍密三类。粉土的湿度，根据含水量($\omega$) 划分为稍湿、湿、很湿三类。具体划分标准如表 1-13 和表 1-14 所示。

表 1-13 粉土的密实度按孔隙比($e$) 分类

| 孔隙比 /$e$ | 密实度 |
| --- | --- |
| $e < 0.75$ | 密实 |
| $0.75 \leqslant e \leqslant 0.90$ | 中密 |
| $e > 0.90$ | 稍密 |

表 1-14 粉土的湿度按含水量($\omega$) 分类

| 含水量 $\omega$ | 湿度 |
| --- | --- |
| $\omega < 20\%$ | 稍湿 |
| $20\% \leqslant \omega \leqslant 30\%$ | 湿 |
| $\omega > 30\%$ | 很湿 |

(4) 黏性土

塑性指数($I_P$) 大于 10 且粒径大于 0.075 mm 的颗粒含量不超过总质量 50% 的土称为黏性土。黏性土又分为粉质黏土和黏土两种。

① 粉质黏土：塑性指数($I_P$) 大于 10 且小于等于 17。

② 黏土：塑性指数($I_P$) 大于 17。

塑性指数($I_P$)：对于黏性土，其含水量液限($\omega_L$) 与塑限($\omega_P$) 之差，称为塑性指数。

液限：黏性土由塑态转变为流态的界限含水量，称为液限 $\omega_L$。

塑限：黏性土由固态转变为塑态的界限含水量，称为塑限 $\omega_P$。

液性指数：判别自然界中黏性土的稠度状态，通常采用液性指数 $I_L$，$I_L$ 用式(1-33) 计算。

$$I_L = (\omega - \omega_P)/(\omega_L - \omega_P) \tag{1-33}$$

式中 $\omega$ —— 土的实际含水量,%;

$\omega_P$ —— 土的塑限,%;

$\omega_L$ —— 土的液限,%。

液性指数与土壤稠度之间的关系如表 1-15 所示。

**表 1-15 液性指数与土壤稠度之间的关系**

| 液性指数 $I_L$ | $I_L \leqslant 0$ | $0 < I_L \leqslant 0.25$ | $0.25 < I_L \leqslant 0.75$ | $0.75 < I_L \leqslant 1.00$ | $I_L > 1.00$ |
|---|---|---|---|---|---|
| 稠度状态 | 坚硬 | 硬塑 | 可塑 | 软塑 | 流塑 |

**3) 按有机质含量分类**

根据有机质含量的不同,土壤可分为以下四类。

(1) 无机土

当土壤中有机质含量($\omega_u$) 小于 5% 时,该土壤称为无机土。

(2) 有机质土

当土壤中有机质含量($\omega_u$) 大于等于 5% 且小于等于 10% 时,该土壤称为有机质土。有机质土呈深褐色或黑色,含水量较高,压缩性很大且不均匀,往往以夹层构造形式存在于一般黏性土层中。

(3) 泥炭质土

当土壤中有机质含量($\omega_u$) 大于 10% 且小于等于 60% 时,该土壤称为泥炭质土。

(4) 泥炭

当土壤中有机质含量($\omega_u$) 大于 60% 时,该土壤称为泥炭。泥炭是在潮湿和缺氧环境条件下,未充分分解的植物体堆积而成的一种土。

有机质土壤的分类及特征如表 1-16 所示。

**表 1-16 有机质土壤分类及特征**

| 分类名称 | 有机质含量 $\omega_u$/(%) | 现场鉴别特征 | 说明 |
|---|---|---|---|
| 无机土 | $\omega_u < 5\%$ | — | — |
| 有机质土 | $5\% \leqslant \omega_u \leqslant 10\%$ | 深灰色,有光泽,味臭,除腐殖质外,尚含少量未完全分解的动植物体,浸水后水面出现气泡,干燥后体积收缩 | 如现场能鉴别或有类似地区经验数据,可不做有机质含量测定;<br>当 $\omega > \omega_L$,$1.0 \leqslant e < 1.5$ 时称淤泥质土;<br>当 $\omega > \omega_L$,$e \geqslant 1.5$ 时称淤泥 |
| 泥炭质土 | $10\% < \omega_u \leqslant 60\%$ | 深灰或黑色,有腥臭味,能看到未完全分解的植物结构,浸水体胀,易崩解,有植物残渣浮于水中,干缩现象明显 | 可根据地区特点和需要,进行细分<br>弱泥炭质土:$10\% < \omega_u \leqslant 25\%$<br>中泥炭质土:$25\% < \omega_u \leqslant 40\%$<br>强泥炭质土:$40\% < \omega_u \leqslant 60\%$ |

续表

| 分类名称 | 有机质含量 $\omega_u$/(%) | 现场鉴别特征 | 说明 |
| --- | --- | --- | --- |
| 泥炭 | $\omega_u > 60\%$ | 除有泥炭质土特征外，结构松散，土质很轻，暗无光泽，干缩现象极为明显 | — |

**4）特殊土壤**

还有一种特殊的土壤叫作填充土。填充土指由于人类活动而堆积的各种土壤，其组成成分较杂乱，均匀性较差。

（1）填充土的分类

根据组成、堆填方式等的不同，填充土可分为三类，如表 1-17 所示。

**表 1-17　填充土的分类**

| 土壤名称 | 组成和成因 | 分布 |
| --- | --- | --- |
| 素填土 | 由碎石土、砂土、粉土、黏性土等一种或数种组成的土壤，不含杂质或含杂质很少 | 常见于山区、丘陵地带、工矿区及一些古老城市的改建、扩建场所 |
| 杂填土 | 含有大量建筑垃圾、工业废料及生活垃圾等杂物的土壤 | 常见于一些古老城市和工矿区 |
| 冲填土 | 由水力冲填泥砂形成的土壤 | 常见于沿海一带及江河两侧 |

注：素填土经分层压实者，统称为压实填土。

（2）填充土的特征和地基处理

① 素填土：素填土的地基承载力取决于土壤的均匀性和密实度。未经人工压实的素填土一般疏松、不均匀，压实系数大。堆积年限较长的老填土（堆积时间超过 10 年的黏土和粉质黏土、超过 5 年的粉土以及超过 2 年的砂土），由于土的自重压密作用，土质紧密，孔隙比较小，具有一定的强度，可以作为一般园林建筑物的天然地基。经过分层压实的填土，如能严格控制施工质量，保证它的均匀性和密实度，也能具有较高的承载力和水稳性。压实填土的质量以压实系数 $d$ 来控制，一般应大于 0.97。未超过上述年限的新填土，一般不宜作为建筑物的天然地基，需经加固处理后，才能用作地基。

② 杂填土：杂填土地基由于成因没有规律，成分复杂，性质不均，厚度变化大，有机质含量较多，且由于土质比较疏松，变形大，承载力低，压缩性高，浸水湿陷性等原因，用作地基时，需要采取相应的处理措施。如杂填土不厚时，可全部挖除，然后对基础和垫层进行加深、加厚处理。若不挖除，则需采取相应的加固措施，如重锤夯实，振动压实，打短桩、灰土井或灰土挤密桩等。

③ 冲填土：冲填土的特征与颗粒组成有关，此类土含水量较大，压缩性较大，地基处理方法因颗粒组成不同而不同。含砂量较多时，一般不需进行特殊处理，可直接

作为建筑物天然地基。含砂量较少而黏土颗粒含量较多时,需采取相应的加固措施,如井点降水、做砂垫层、砂井预压、振冲地基、打桩基等。

以上填充土地基的处理方法,均须根据实际土质情况和工程结构特点进行选择。用作天然地基,宜采取与地基不均匀沉降相适应的建筑和结构措施,并应根据加固效果、经济费用、工程周期、环境影响等因素,结合当地经验综合比较确定。填充土地基开挖后,应进行施工验槽。处理后的填充土地基,应进行质量检验。对复合地基,须进行大面积的载荷试验,复核地基的承载能力。

**5) 土壤现场勘察和观察记录**

对现场土壤进行勘察鉴别时,要根据场地土壤的主要特征,做好观察记录。

① 碎石土:主要记载颗粒级配、颗粒形状、颗粒排列、母岩成分、风化程度、充填物的性质和充填程度、密实度等。

② 砂土:主要观察记载颜色、矿物组成、颗粒级配、颗粒形状、黏粒含量、湿度、密实度等。

③ 粉土:主要观察记载颜色、包含物、湿度、密实度、摇震反应、光泽反应、干强度、韧性等。

④ 黏性土:主要观察记载颜色、状态、包含物、光泽反应、干强度、韧性、土层结构等。

⑤ 特殊类型土:除应观察记载上述相应土类规定的内容外,尚应描述其特殊成分和特殊性质。如对淤泥尚需描述嗅味,对填土尚需描述物质成分、堆积年代、密实度和厚度的均匀程度等。

对具有互层、夹层、夹薄层特征的土壤,还需要观察记载各层的厚度和层理特征。

### 1.7.2 土壤性质与土方施工

根据土方施工的需要,需考虑的土壤性质主要有以下几个。

**1) 土壤含水量**

土壤中的水分质量与土壤总质量之比,称为土壤含水量,按下式计算

$$W = \frac{G_1 - G_2}{G_2} \times 100\% \tag{1-34}$$

式中 $W$—— 土壤含水量;

$G_1$—— 含水状态时土的质量,g;

$G_2$—— 烘干后土的质量,g。

**2) 土壤的渗透性**

土壤允许水透过的性能,称为土的渗透性。土的渗透性与土壤的密实程度紧密相关。土壤中的空隙大,渗透系数就高。土壤渗透系数 $K$ 按下式计算:

$$K = \frac{V}{i} \tag{1-35}$$

式中 $V$—— 渗透水流的速度,m/d;

$K$—— 土壤渗透系数,m/d;

$i$—— 水力坡度。

当 $i=1$ 时,$K=V$,即渗透水流速度与渗透系数相等。

**3）土壤动水压力和流砂**

水在土壤中渗透时所产生的压力,称为土壤动水压力,又称渗透力,按下式计算:

$$G_D = iY_W \tag{1-36}$$

式中 $G_D$—— 土壤动水压力,$kN/m^3$;

$i$—— 水力坡度,水位差与渗流路线长度的比值;

$Y_W$—— 水的容重,$kN/m^3$。

土壤颗粒随水一起流动的现象,称为流砂。流砂的形成原理:水流在水位差作用下与土壤颗粒产生向下的压力。当动水压力等于或大于土壤的浸水重量 $Y'$ 时,即 $G_D \geqslant Y'$,土壤颗粒失重,处于悬浮状态,便随水一起流动。

流砂对土方施工来说是有害的,它增加了施工难度,需要采取一些防治措施。

① 合理选择施工期:对于流砂严重的地段,应尽可能在枯水期施工。此时地下水位低,坑内外水位差小,动水压力小,不易产生流砂。

② 打钢板桩法:在喷泉、树穴等开挖施工中,如出现流砂,可将钢板桩打入坑底一定深度,阻断地下水由坑外流入坑内的渗流路线,减小水力坡度,从而降低动水压力。

③ 井点降水法:该法特别适用于滨海盐碱地带。渗透井一方面可以减少流砂,另一方面还能对土壤中的盐分起到洗脱作用。

**4）土壤的可松性**

自然状态下的土壤经开挖后,其体积因松散而增加的现象,称为土壤的最初可松性。土壤经回填压实后,仍不能恢复到原体积的现象,称为土的最终可松性。土壤的可松性用可松性系数($K$)来表示,按下式计算

$$K_1 = \frac{V_2}{V_1} \tag{1-37}$$

$$K_2 = \frac{V_3}{V_1} \tag{1-38}$$

式中 $V_1$—— 土在自然状态下的体积,$m^3$;

$V_2$—— 土壤挖出后的松散体积,$m^3$;

$V_3$—— 土壤经回填压实后的体积,$m^3$;

$K_1$—— 土壤的最初可松性;

$K_2$—— 土壤的最终可松性。

土壤种类不同,可松性系数不同。常见土壤的可松性系数如表 1-18 所示。

**表 1-18 常见土壤的可松性系数**

| 土壤种类 | $K_1$ | $K_2$ |
| --- | --- | --- |
| 砂土、轻亚黏土、种植土、淤泥土、亚黏土、潮湿黄土、砂土混碎(卵石) | 1.08 ~ 1.17<br>1.14 ~ 1.28 | 1.01 ~ 1.03<br>1.02 ~ 1.05 |

续表

| 土 壤 种 类 | $K_1$ | $K_2$ |
|---|---|---|
| 填筑土、重亚黏土、干黄土、含碎(卵)石的亚黏土 | 1.24 ~ 1.30 | 1.04 ~ 1.07 |
| 重黏土、含碎(卵)石的黏土、粗卵石、密实黄土 | 1.25 ~ 1.32 | 1.06 ~ 1.09 |
| 中等密实的页岩、泥炭岩、白垩土、软石灰岩 | 1.30 ~ 1.45 | 1.10 ~ 1.20 |

**5) 土壤的压缩性**

土壤的压缩性,是指土壤受压时体积缩小的现象。常用压缩率反映土壤压缩性的大小。疏松土壤回填镇压,或者静止存放一段时间,都会出现体积缩小的现象。地形营造、堆山、园林植物栽植、场地平整等工作,都会遇到土壤的压缩问题。土壤的压缩率 $P$ 按下式计算

$$P=\frac{V_1-V_2}{V_1}\times\% \tag{1-39}$$

式中 $P$—— 土壤的压缩率,%;

$V_1$—— 压缩前体积,$m^3$;

$V_2$—— 压缩后体积,$m^3$;

压缩前体积是指土壤处于疏松状态时的体积。不同的施工对象,土壤的疏松状态会有所不同,需要根据具体情况来确定。

压缩后体积是指土壤通过某种方式、经过一段时间压缩后,体积不再发生变化时的体积。

在实际工程项目中,如树穴回填,一般在填方体积的基础上增加 20%,计算土壤用量。

设填方体积为 1 $m^3$,那么,回填时用土量为 1.2 $m^3$。常见土壤的压缩率参考值如表 1-19 所示。

**表 1-19 土壤压缩率参考值**

| 土 类 | 名 称 | 压缩率 /(%) | 压实后体积 /$m^3$ |
|---|---|---|---|
| 一、二类土 | 种植土 | 20 | 0.8 |
| | 一般土 | 10 | 0.9 |
| | 砂土 | 5 | 0.95 |
| | 天然湿度黄土 | 12 ~ 17 | 0.85 |
| 三类土 | 一般土 | 5 | 0.95 |
| | 干燥坚实黄土 | 5 ~ 7 | 0.94 |

**6) 土壤休止角**

土壤休止角(安息角),是指在某一状态下,土体可以稳定的坡度。常见土壤的休止角如表 1-20 所示。

表 1-20 常见土壤的休止角

| 土壤状态 / 名称 | 干 | | 湿润 | | 潮湿 | |
|---|---|---|---|---|---|---|
| | 度数/(°) | 高/底边宽 | 度数/(°) | 高/底边宽 | 度数/(°) | 高/底边宽 |
| 砾石 | 40 | 1/1.25 | 40 | 1/1.25 | 35 | 1/1.50 |
| 卵石 | 35 | 1/1.50 | 45 | 1/1.00 | 25 | 1/2.75 |
| 粗砂 | 30 | 1/1.75 | 35 | 1/1.50 | 27 | 1/2.00 |
| 中砂 | 28 | 1/2.00 | 35 | 1/1.50 | 25 | 1/2.25 |
| 细砂 | 25 | 1/2.25 | 30 | 1/1.75 | 20 | 1/2.75 |
| 重黏土 | 45 | 1/1.00 | 35 | 1/1.50 | 15 | 1/3.75 |
| 粉质黏土<br>轻质黏土 | 50 | 1/1.75 | 40 | 1/1.25 | 30 | 1/1.75 |
| 粉土 | 40 | 1/1.25 | 30 | 1/1.75 | 20 | 1/2.75 |
| 腐殖土 | 40 | 1/1.25 | 35 | 1/1.50 | 25 | 1/2.25 |
| 填土 | 35 | 1/1.50 | 45 | 1/1.00 | 27 | 1/2.00 |

### 1.7.3 土方施工

在园林工程中，场地平整是土方工程的主要内容。下面就以土方平整为例，简要介绍土方施工的方法与步骤。

**1）施工准备**

这一阶段主要包括三大内容：① 场地清理；② 修筑临时性道路以及水电线路；③ 机具进场、临时停机棚与修理间搭设等。

**2）场地平整方法**

场地平整是一个综合性施工过程，大体上可分为四个环节，即开挖、运输、填筑和压实。

土方开挖通常可以采用人工、半机械化、机械化和爆破等多种方法。在园林项目中，城市公园、城市广场以及风景旅游区的面积一般较大，大多采用机械或半机械化施工，常用的机具有推土机、铲运机和挖土机等。

（1）推土机施工

推土机的特点是操作灵活，运输方便，所需工作面较小，行驶进度较快，易于转移。推土机施工时可以采用以下四种方法。

① 下坡推土法。推土机顺地面坡势进行下坡推土，可以借机械本身的重力作用，增加铲刀的切土力量，增大推土机铲土深度和运土数量，提高生产效率。

② 分批集中，一次推送法。在较硬的土中，推土机的切土深度较小，一次铲土不多，可分批集中，再整批推送到卸土区。

③ 并列推土法。场地面积较大时，两台或三台推土机并列推土，能减少土的损

失。并列推土时,铲刀间距 15 ~ 30 cm,并列台数不宜超过四台,否则会相互干扰。

④ 沟槽推土法。沿第一次推过的原槽推土,前次推土所形成的土埂能阻止土壤的散失,从而增加推土量。

⑤ 斜角推土法。将铲刀斜装在支架上,与推土机横轴在水平方向上形成一定角度进行推土。一般在管沟回填且无倒车余地时,可采用此法。

(2) 铲运机施工

铲运机是一种能够独立完成挖土、运土、卸土、压实等工作的土方机械。场地面积较大、地形起伏较小、土壤比较疏松时,可采用铲运机施工。

① 铲运机开行路线。开行路线选择合理,能有效地提高工作效率。常采用的开行路线有以下两种。

a. 环形路线:施工段长度较短、地形起伏不大的填挖工程,适宜采用环形路线。当挖土和填土交替,而挖填之间的距离又较短时,可采用大环形路线。一个循环可完成多次铲土和卸土,减少铲运机的转弯次数,从而提高工作效率。

b. 8 字形路线:适宜于挖填相邻、地形起伏较大、工作地段较长的场地。采用此法,一个循环能完成两次作业,每次铲土只需转弯一次,相比环形路线能缩短运行时间,从而提高工作效率。

② 铲运机施工方法。用铲运机进行土方施工,主要有以下三种方法。

a. 下坡铲土法:尽量利用有利地形下坡铲土,利用铲运机的重力来增大牵引力,使铲斗切土加深,缩短装土时间。运用此法时,地面坡度为 5° ~ 7° 较好。

b. 跨铲法:预留土埂,间隔铲土。可使铲运机在挖两边土槽时减少向外撒土量,挖土埂时增加了两个自由面,阻力减小,铲土容易。土埂高度应不大于 300 mm,宽度不大于拖拉机两履带间的净距。

c. 助铲法:地势平坦、土质较坚硬时,可采用推土机助铲,以缩短铲土时间。

除上面所提到的推土机和铲运机外,还有挖土机等机械可在园林土方工程中应用。至于采用哪一种机械,应视具体场地而定。大面积的园林土方工程,如人工湖、喷泉、管道等的开挖,假山的堆筑等,应尽量采用机械施工,以提高工作效率。

## 1.8 土方工程量计算机算法

随着现代计算机技术的发展,土方工程量计算可以由计算机来实现,计算速度加快,人工计算工作量得以减少。目前,国内外已有多款可以用于土方工程量计算的软件。这些软件各有侧重,优势与缺陷并存。结合前面所介绍的土方工程量计算方法,本节重点介绍土方工程量计算软件 HTCAD。

HTCAD 是一套基于 AutoCAD 平台的土方工程量计算软件。它具有良好的交互性,界面友好,贴近设计人员的设计思路,能够在最短的时间内计算出土石方量,适用于各种复杂地形情况。在园林设计、城市规划、农田改造和建筑基槽土方量计算等领域,都是很好的辅助计算工具。

## 1.8.1 主要功能简介

**1）地形的输入输出及处理**

① 可以接受不同测量单位制作的不同格式的高程数据文本文件，系统具有适应未知格式图形的机制。

② 提供智能等高线、高程数据转换功能，可以快捷地将普通地形图转换为具有三维信息的地形图（见图 1-37）。

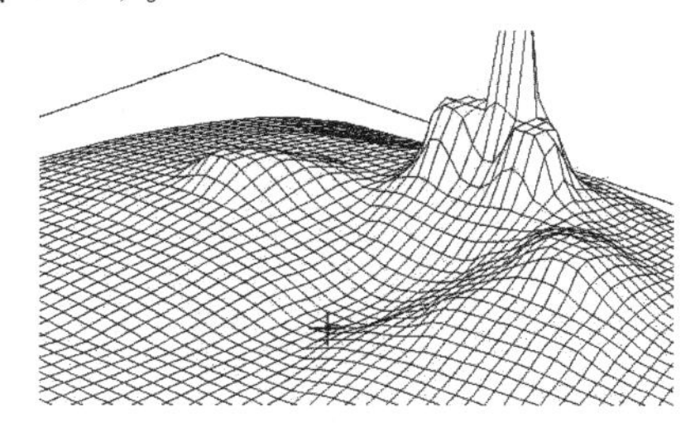

**图 1-37　三维信息地形图**

③ 可以对高程数据有问题的地形图进行智能处理，自动把有问题的数据（一般是制图不规范操作产生的）隔离起来，以免干扰后续处理。

④ 可以把高程信息输出到电子高程数据文件。

⑤ 可以生成具有任意曲线路径的地面断面图。

⑥ 可以模拟任意边界的场地数字地面（高程）模型——DTM(DEM)。

**2）场地区块**

① 可以在图形中设置任意数量的区块。

② 每一个区块可以有任意形状的边界。

③ 区块可以相互嵌套、交叉、包含，形成各种各样的孤岛。

④ 区块可以分组（见图 1-38）。

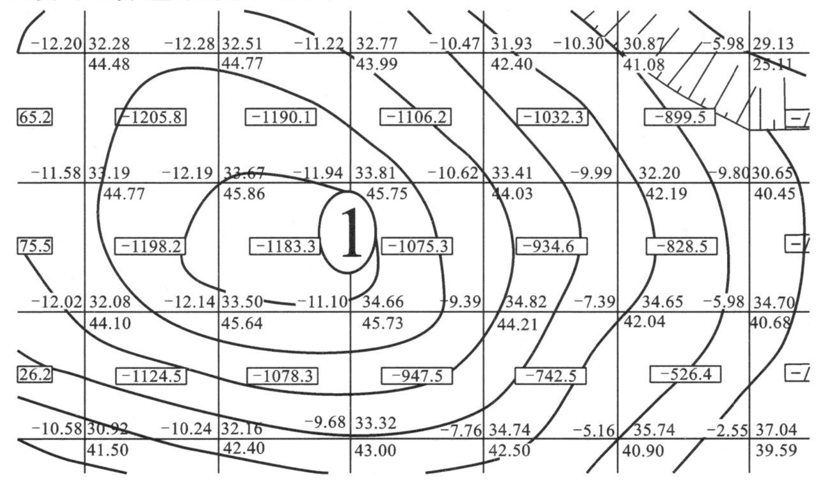


**图 1-38　场地区块划分**

**3) 方格网**

① 格网可以有任意的精度,突破了 256×256 的限制。

② 方格网可以倾斜布置。

③ 可以预先设置方格网要通过的点。

**4) 自然标高**

① 可以通过多种方式确定方格网节点的自然标高(见图 1-39),是完全自动化、智能化的数据采集方式。

**图 1-39　自然标高**

② 可以非常方便地修改节点自然标高。

③ 可以随时显示或不显示任意一个区块的自然标高。

**5) 设计高程输入**

① 可以快捷地输入设计等高线。

② 可以根据用户的设计要求输入设计标高控制点。

**6) 土方计算**

① 根据土方平衡及总量最小的原则,自动或交互式优化各区块设计坡面。

② 计算范围可以任意指定,计算过程可以多次反复,相关图形数据自动调整。

③ 自动计算绘制土方挖填零线。

④ 提供多种方式汇总土方量,包括土方量汇总。

⑤ 可绘制任意断面的平土剖面图,直观地比较平土前后地形的变化。

⑥ 自动生成土方工程平衡表。

## 1.8.2 操作提示

**1) 地形图的处理**

计算前首先要对地形图进行处理,然后才能计算各方格角点上的自然标高(见图 1-40)。

(1) 定义自然标高点

对应于地形图,直接根据要求在相应坐标点上输入自然标高值。

(2) 转换离散点标高

对于已有高程信息的离散点(有 $Z$ 值的点),经转换程序可自动识别标高信息。

| 序号 | 坐标 | 标高 |
|---|---|---|
| 1 | 41258.412, 16437.368 | 28.98 |
| 2 | 41106.548, 16476.288 | 25.46 |
| 3 | 41259.815, 16448.686 | 28.13 |
| 4 | 41117.253, 16470.925 | 26.1 |
| 5 | 41246.376, 16444.037 | 26.79 |
| 6 | 41151.651, 16452.520 | 28.46 |
| 7 | 41124.971, 16465.620 | 25.42 |
| 8 | 41224.155, 16444.726 | 26.81 |
| 9 | 41167.282, 16448.094 | 28.39 |
| 10 | 41215.331, 16449.273 | 27.2 |
| 11 | 41170.982, 16456.701 | 24.93 |
| 12 | 41140.425, 16461.606 | 26.37 |
| 13 | 41195.902, 16448.235 | 25.67 |
| 14 | 41156.367, 16457.307 | 26.11 |
| 15 | 41140.301, 16454.200 | 27.64 |
| 16 | 41184.203, 16451.256 | 25.21 |
| 17 | 41147.193, 16462.941 | 24.97 |
| 18 | 41128.947, 16457.059 | 27.53 |

**图 1-40　数据采集**

(3) 采集离散点标高

对于仅有文字标识而无标高信息的现有离散点,程序可自动提取和赋予标高信息。

(4) 导入自然标高

对于全站仪生成的数据文件,自动导入转化为图形文件。

(5) 采集等高线标高

对于仅有文字标识而无标高信息的现有地形等高线,程序可自动提取和赋予标高信息。

(6) 离散地形等高线

将等高线的高程信息扩散至面,构筑三维地表高程信息模型(不可视)。如果不做此步骤,后续工作无法进行。

**2) 设计标高的处理**

对于设计标高以设计等高线或标高离散点来表示的形式,程序需经过一定的处理,软件方可自动读取设计标高的数据。然后在"3.4 计算设计标高"中可直接计算出每个方格点上的设计标高。

(1) 定义设计标高点

对于部分设计标高已定的情况,程序可直接在相应坐标点上输入设计标高值。

(2) 采集设计点标高

对于某些点的设计标高值已在图中表示,但仅有文字标识而无实际高程信息的情况,程序会自动提供标高信息。

(3) 导入设计标高

对于某些坐标点的设计标高以文本文件形式表示的情况,程序可自动读取该文本文件。

(4) 定义设计等高线

对于设计等高线仅有文字标识而无标高信息的情况,程序会自动提供标高信息。

(5) 离散设计等高线

将设计等高线的标高信息扩散至面,构筑三维地表标高信息模型(不可视),如果不做此步骤,后续工作无法进行。

**3) 方格网的布置和采集、调整标高**

布置方格网后,程序可根据处理过的自然标高和设计标高自动采集,或直接在方格点上输入自然标高和设计标高(见图 1-41)。

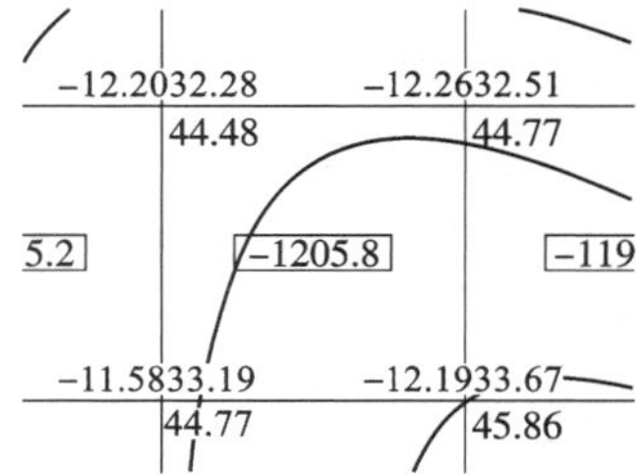

**图 1-41 方格网布置标高采集**

(1) 划分场区

根据设计需要,布置需进行土方计算的设计

范围。

(2) 布置方格网

根据设计需要确定网格大小和角度,程序自动布置方格网。

(3) 计算自然标高

根据处理过的地形,程序自动计算每个方格点的自然标高。

(4) 计算设计标高

根据处理过的设计标高,程序自动计算每个方格点的设计标高。

(5) 输入自然标高

可直接输入每个方格点上的自然标高(如无高程信息、原始标高相同或等高面等情况)。

(6) 输入设计标高

可直接输入每个方格点上的设计标高(如无高程信息、设计标高相同或等高面等情况)。

(7) 输入台阶标高

如要计算有台阶的地势(如梯田),可采用此功能。

(8) 调整标高

可以对方格点的标高值做调整,以求得最优的土石方填挖量。

(9) 优化设计标高

程序采用最小二乘法优化场地的土石方量,在满足设计要求的基础上力求土方平衡,土方总量最小。

**4) 土方填挖方量的计算和汇总**

(1) 计算方格土方

根据已得到的自然标高和设计标高,程序自动计算每个方格网的填方量和挖方量。

(2) 汇总土方量

程序根据每个方格的土石方填挖方量,自动计算出总的填挖方量。用户可重复操作“3.8 调整标高”,以求得到最优的土石方填挖方量。

(3) 绘制土方零线

程序自动绘制土方零线。

(4) 绘制剖面图

程序自动根据所截断面情况,绘制剖面图。

(5) 边坡设计

根据条件程序自动绘制边坡并计算边坡土石方量。

**5) 各种参数的调整**

① 显示控制:显示或关闭各种数值。

② 调整选项：各种参数的字高、标注位置、精度、颜色等的设置（见图 1-42 ～图 1-44）。

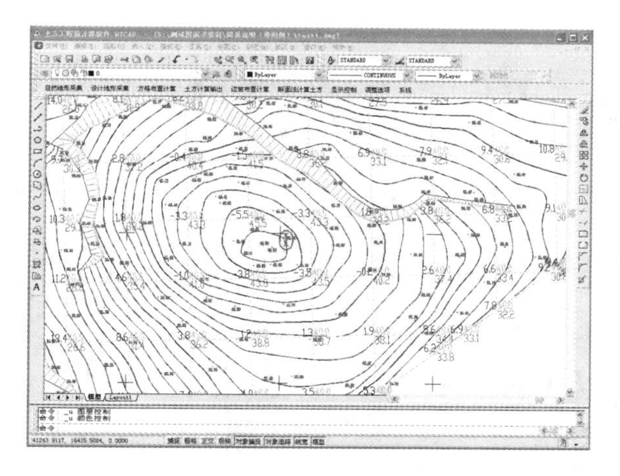

图 1-42　土方计算样图一

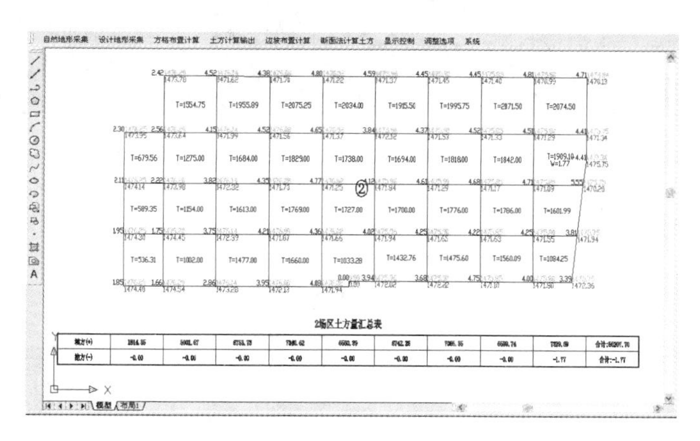


图 1-43　土方计算样图二

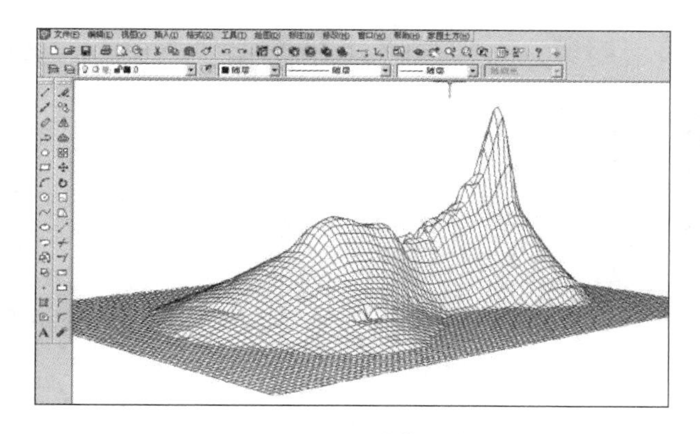

图 1-44　土方计算样图三

### 1.8.3 计算实例

如图 1-45 所示,计算所画区域的土方填挖量。操作步骤如下。

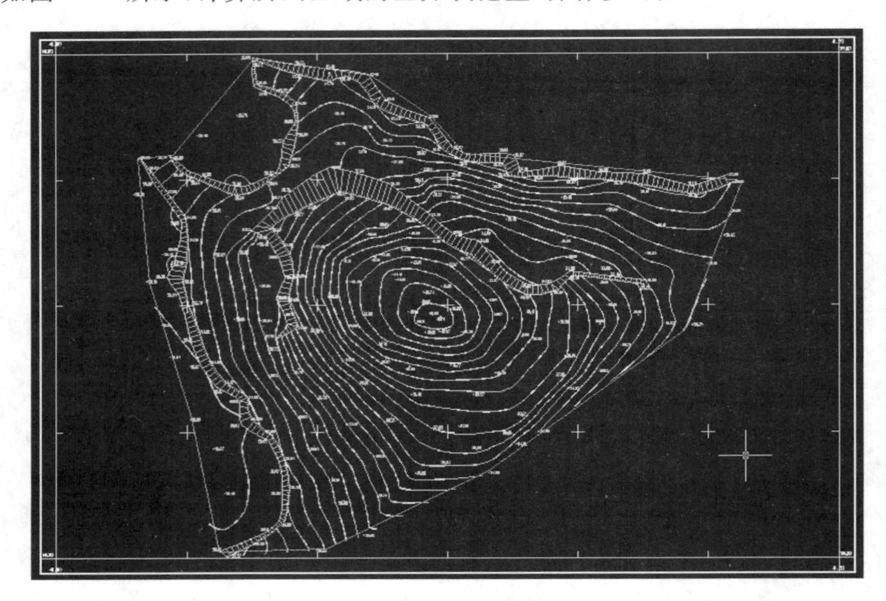

图 1-45　土方计算场地图

**1)采集离散点(高程点)标高**

如图 1-46 所示。

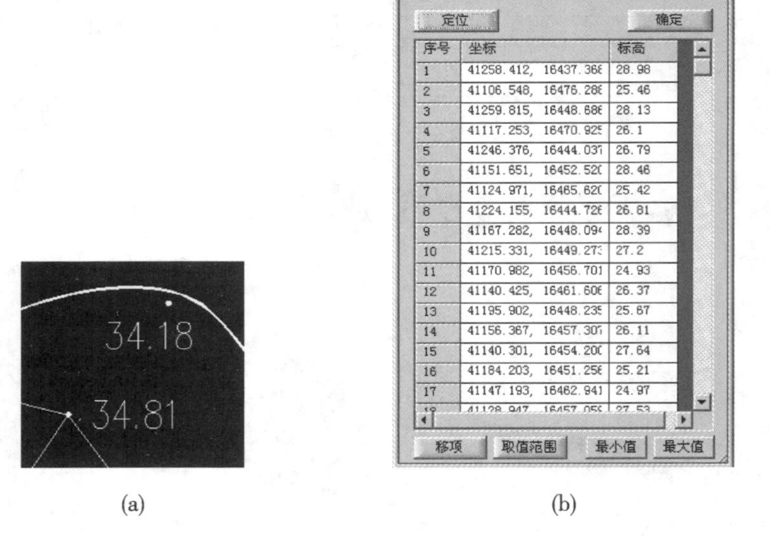


(a)　　　　(b)

图 1-46　离散点标高采集图

**2）采集等高线标高**

原则上，只需要采集离散点或者等高线就可以了。这里为了精确，在已经采集了离散点的基础上又采集了等高线信息，不过仅限于计曲线。

采集等高线标高：

选择[截取等高线＜1＞/逐条等高线＜2＞/采集计曲线＜3＞/转换等高线＜4＞/退出＜0＞]＜1＞:3

选择一条计曲线：

选择对象：找到 1 个，只需要选一条计曲线，程序会根据相关特性搜索其他计曲线。

选择对象：(回车)

指定计曲线等高差＜5＞：根据样图确定计曲线等高差确实为 5 m，回车确认。

回车，程序自动提取计曲线，同样允许进行定位验证和移项处理，点“确认”，程序自动将采集的计曲线高程信息输入 DTM 模型(数学模型，不可视)，如图 1-47 所示。

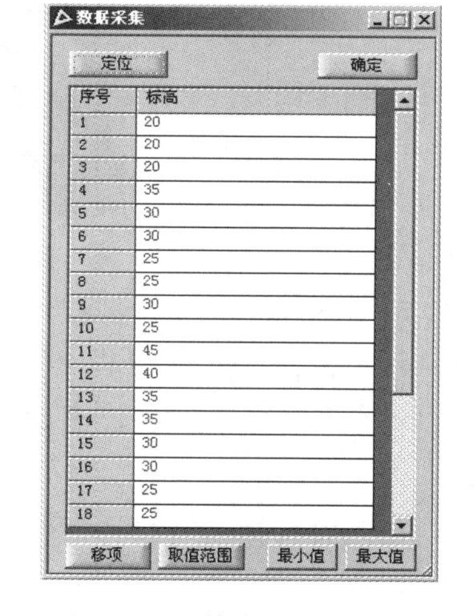


图 1-47 等高线标高采集

**3）离散地形等高线**

离散地形等高线：

离散点布置间距(图面距离)＜10＞:2

将计曲线等由线组成的高程信息转换成由面组成的信息，DTM 模型才可以正确采纳；布置间距其实就是精度设置，因为下面的土方计算准备采用 10 m 方格，这里就设置为 2，回车确认。

**4）划分场区**

划分场区：

指定场区边界[绘制＜1＞/选择＜2＞/构造＜3＞]＜1＞:2

样图已经设定范围线，选 2 即可。

选择一封闭多边形：

指定挖去区域[绘制＜1＞/选择＜2＞/构造＜3＞/无＜4＞/退出＜0＞]＜4＞：

输入场区编号＜1＞：

可以输入编号，这里回车确认即可。

**5）布置方格网**

布置方格网：

选择场区：

只需在场区范围内点一下即可，为防止捕捉的干扰，将其关闭；同时，为了和地形更好地结合，将样图原有的地形方格网显示。

方格对准点：＜对象捕捉 开＞

这里和样图原有的地形方格网保持一致;捕捉原来方格点为对准点。

方格倾角[L－与指定线平行]＜0.0＞:＜对象捕捉 关＞

指定方格间距＜20＞:10。

**6）计算自然标高**

计算自然标高：

选择计算场区：

采集自然标高完成。

前面已经采集了自然高程,这里只需要选择场区,程序就会自动计算方格点对应的自然高程(见图 1-48)。

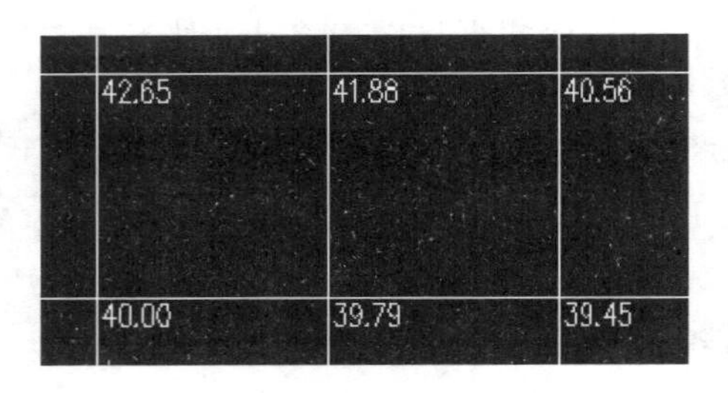


图 1-48　各方格角点对应高程

**7）输入设计标高**

输入设计标高：

选择方格[框选＜1＞/场区＜2＞]＜1＞:2

选择计算场区：

指定设计标高[相同＜1＞/逐点输入＜2＞/范围采集＜3＞]＜1＞:

输入设计标高＜0＞:30

如果有对应的设计高程,可以通过这个命令输入,如图 1-49 所示。

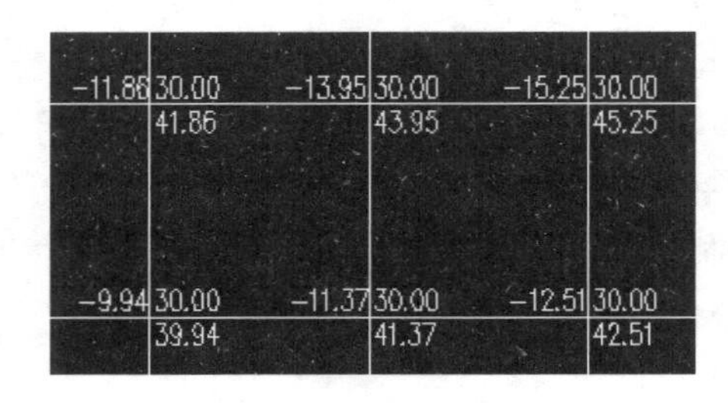


图 1-49　输入设计标高

**8）计算方格网土方量**

计算方格网土方量：

选择计算场区：

计算土方量完成。

按照公式计算得到每个方格的土方量,如图 1-50 所示。

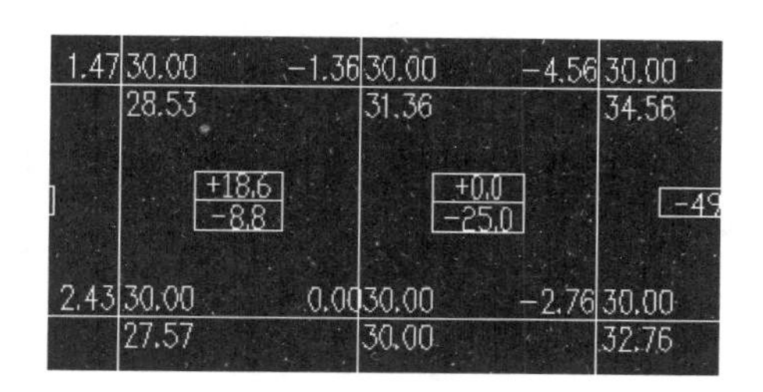


图 1-50　各方格土方量计算

**9）汇总土方量**

汇总土方量：

选择场区：

选择[土方列汇总＜1＞/土方行汇总＜2＞]＜1＞：

确认列距＜10＞：10　（即确认方格边长）

指定插入点：（将场区内方格土方量汇总，并制表放置在指定位置）

到此，在指定设计高程下产生的土方填挖量已经算出。还可用“土方零线”命令绘制出这个场区的土方零线，俗称不填不挖线，也就是填方和挖方分界线。

一般情况下，都要求土方工程量越小越好。为此，可以用“优化设计高程”命令，对土方工程量进行优化。

**10）优化设计标高**

一个设计面的优化设计标高：

选择场区：选择场区后，程序弹出如图 1-51 对话框。

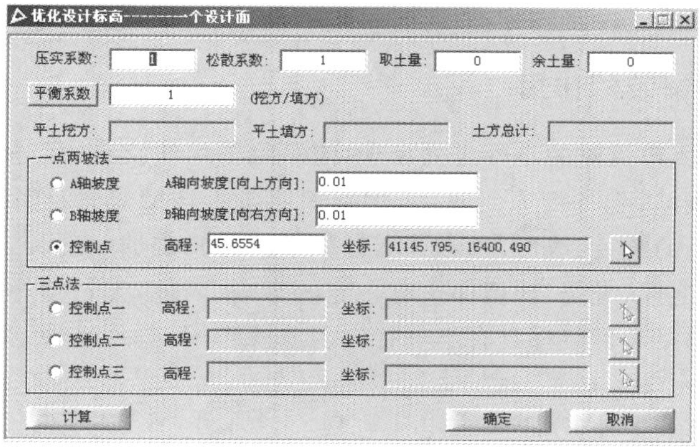

图 1-51　优化设计标高

首先，选择场区的某一点作为控制点，程序会自动提取该点的自然高程并显示。为了考虑场地的排水，需输入一个坡度值。点击“计算”，程序就自动得出一个优化设计高程。场区在保证一定排水坡度的情况下，填挖土方量平衡，不用外运缺少或购进多余的土方。其次，可以将 $A$、$B$ 轴向坡度设成 0，把优化设计面设定成一个等高面。点击“计算”，程序又会得到一个新的优化设计高程。点“确定”，就把得到的设计值赋值到对应场区方格，通过“计算方格土方”和“汇总土方量”命令，就能得出对应的土方量。

# 2 园路及铺装工程

## 2.1 概述

园林中的道路工程，包括园路线形、园路结构和铺装等的设计与施工。园路是园林工程的重要组成部分，它像人体的脉络一样，是贯穿全园的交通网络，是联系各个景区和景点的纽带与风景线，是园林不可缺少的构成要素，是园林的骨架。园路的规划布置，往往反映不同的园林面貌和风格。例如：我国苏州古典园林，讲究峰回路转、曲折迂回；西欧古典园林，如凡尔赛宫公园，讲究平面规整、几何对称。同时，园路本身又是园林风景的造景要素，它蜿蜒起伏、寓意丰富，精美的铺地图案给人以美的享受。从考古发现和出土文物来看，我国铺地的结构及图案均十分精美，如战国时代的米字纹砖、秦咸阳宫出土的太阳纹铺地砖、西汉遗址中的卵石路面、东汉的席纹铺地、唐代以莲纹为主的各种"宝相纹"铺地、西夏的火焰宝珠纹铺地、明清时的雕砖卵石嵌花路及江南庭园的各种花街铺地等。在古代园林中，铺地多以砖、瓦、卵石、碎石片等组成各种图案，具有雅致、朴素、多变的风格，形成了我国园林艺术的一大特色。近年来新技术、新工艺的发展以及新材料的应用，如彩色水泥混凝土路面、彩色沥青混凝土路面、透水透气性路面等，为我国园林增添了新的光彩。

### 2.1.1 园路与铺装的作用

园路和一般城市道路的不同之处在于，园路除了组织交通、运输，还有景观上的要求：组织游览线路，引导游人到景区，沿路组织游人休憩观景；园路本身也是观赏对象，园路和广场的铺装、线形、色彩等本身就是园林景观的一部分。除此以外，园路的走向对园林的通风、光照、环境保护有一定的影响。因此，无论是在实用功能上，还是在美观方面，园路和铺装都具有不可替代的重要作用，具体来说，主要有以下几个方面。

**1）划分空间**

在公园中常常利用地形、建筑、植物或道路把全园分隔成各种功能不同的景区，同时又通过园路把各个景区联系成一个整体。这其中游览程序的安排，对中国园林来讲是十分重要的，同时，利用组成底界面的功能，来构成园林空间、格局和形态，将设计者的造景序列传达给游客。中国园林不仅是"形"的创作，而且是由"形"到"神"的一个转化过程。园林不是设计一个个静止的"境界"，而是创作一系列运动中的"境界"，游人所获得的是连续印象所带来的综合效果，是由印象的积累给思想和情感所带来的感染力，这正是中国园林的魅力所在。园路能起到组织园林的观赏程序、向游客展示园林风景画面的作用，它能通过自己的布局和路面铺砌的图案，引导游客按照设计者的意图、路线和角度来游赏景物。从这个意义上来讲，园路是游客的“导游”。

**2）组织交通**

园路可以对游客进行集散和疏导，为园林绿化施工、建筑维修、养护、管理和运输提供通道。此外，公园运行中的一些日常工作，如安全、防火、职工生活、公共餐厅、商店等都需要园路来衔接。对于小公园，这些任务可综合考虑；对于大型公园，由于园务工作交通量大，有时可以设置专门的路线和入口。

**3）丰富景观**

园路优美的曲线和丰富多彩的路面铺装，能强化视觉效果，使游人通过视觉产生心理效应和环境感受。通过引导和强化，对游人的活动进行组织，表达不同的主题立意与情感。园路与周围的山、水、建筑、花草、树木、石景等景物紧密结合，不仅“因景设路”，而且“园路得景”，所以，园路可行、可游，行游统一。

**4）组织排水**

园路可以借助其边缘或边沟组织排水，一般园林绿地要高于路面，方能实现以地形排水，园路汇集两侧绿地径流后，利用纵向坡度即可按预定方向将雨水排出。另外，园路不同的结构形式也有利于道路的组织排水。

### 2.1.2 园路与铺地分类

从不同的方面考虑，园路与铺地有不同的分类方法，最常见的有根据功能、结构类型、铺装材料及路面的排水性分类。

**1）根据功能划分**

园路既是交通线，又是风景线。园之路，犹眉目，如脉络。园路既是分隔各个景区的景界，又是联系各个景点的纽带，是造园的要素，具有导游、组织交通、划分空间界面、构成园景的艺术作用。这种艺术形式，常常会成为景园风格形成的艺术导向。西方景园追求形式美、建筑美，园路宽大笔直，交叉对称，成为“规则式景园”。而东方，特别是我国造园，讲究含蓄、崇尚自然，安排园路则曲径通幽，以“自然式景园”为特点。

园路分主要园路、次要园路和游步道。主要园路连接各景区，次要园路连接诸景点，游步道则通幽。主次分明、层次分布好，才能将风景、景致连缀在一起，组成一个完整的艺术景区。

（1）主要园路

主要园路是景园内的主要道路，从园林景区入口通向全园各主景区、广场、公共建筑、观景点、后勤管理区，形成全园骨架和环路，组成导游的主干路线。主要园路宽 7～8 m，并能适应园内管理车辆的通行要求，如考虑生产、救护、消防、游览车辆的通行，路面结构一般采用沥青混凝土、黑色碎石加沥青砂封面或水泥混凝土铺筑或预制混凝土板块（500 mm × 500 mm × 100 mm）拼装铺设，设有路侧石及路缘石，拼装图案要庄重且富有特色，全园尽量统一协调，盛产石材的地方可采用青条石铺筑。

(2) 次要园路

次要园路是主要园路的辅助道路，呈支架状，沟通各景区内的景点和景观建筑。次要园路的宽度依公园游人容量、流量、功能及活动内容等因素而定，一般宽 3 ～ 4 m，车辆可单向通过，为园内生产管理和园务运输服务。次要园路的自然曲度大于主要园路的自然曲度，用优美、舒展、富有弹性的曲线线条构成有层次的风景画面。为体现这一特征，路面可不设路缘石，这样可使园路外侧边缘平滑，线型流畅。若设置路缘石，最好选用平石(条石)路缘石，体现浓郁的自然气息，这样才符合次要园路的特征。

(3) 游步道

游步道是园路系统的最末梢，是供游人休憩、散步、游览的通幽曲径，可通达园林绿地的各个角落，是到广场、园景的捷径。双人行走游步道宽 1.2 ～ 1.5 m，单人行走游步道宽 0.6 ～ 1.0 m，多选用简洁、粗犷、质朴的自然石材(片岩、条板石、卵石等)，条砖层铺或用水泥仿塑各类仿生预制板块(含嵌草皮的空格板块)，并采用材料组合以表现其光彩与质感，精心构图，结合园林植物小品设置和起伏的地形，形成亲切自然、静谧幽深的自然游览步道。

我国园林大都以山水为中心，布置成环行路或于环路上延伸出若干条攀山越水的通幽曲径，其间时而设游廊环山枕水涉溪，时而以园桥汀步穿插于山池之间，时而又将景物藏露交替布置成花径、林径、竹径、石径，形成各具特色的游览小径。游人顺路迤逦婉转、闲步小径、步移景异，或临流戏水，或缩岸探源，或滩头小憩，让人从现实压力中解脱，步入大自然的怀抱，饱享旅游之乐。游步道妙在隐现中求变化、找节奏，一条弯弯的小路或曲径通幽或蜿蜒入穴，盘曲跌宕成石径，暗香浮动成花荫小径，都是景因路成、路因景胜。

**2) 根据结构类型划分**

由于园路所处的绿地环境不同，造景目的和造景环境等都有所不同，在园林中园路可采用不同的结构类型。在结构上，一般园路可分为以下三种基本类型。

(1) 路堑型

凡是园路的路面低于周围绿地，立缘石高于路面，起到阻挡绿地水土流失作用的园路都属路堑型园路，如图 2-1 所示。

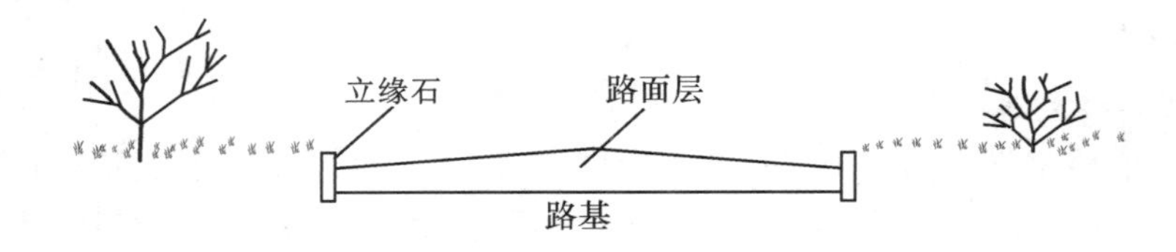


**图 2-1　路堑型**

（2）路堤型

路堤型园路路面高于两侧地面，平缘石靠近边缘处，路缘石外有路肩，常利用明沟排水，路肩外有明沟和绿地加以过渡，如图 2-2 所示。

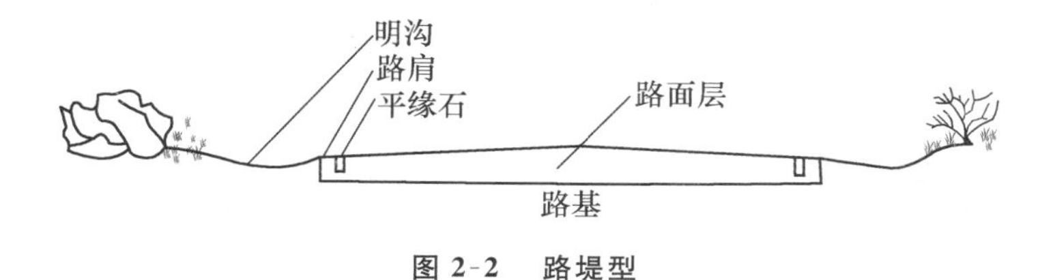


图 2-2　路堤型

（3）特殊型

特殊型园路包括步石、汀步、磴道、攀梯等，如图 2-3 所示。

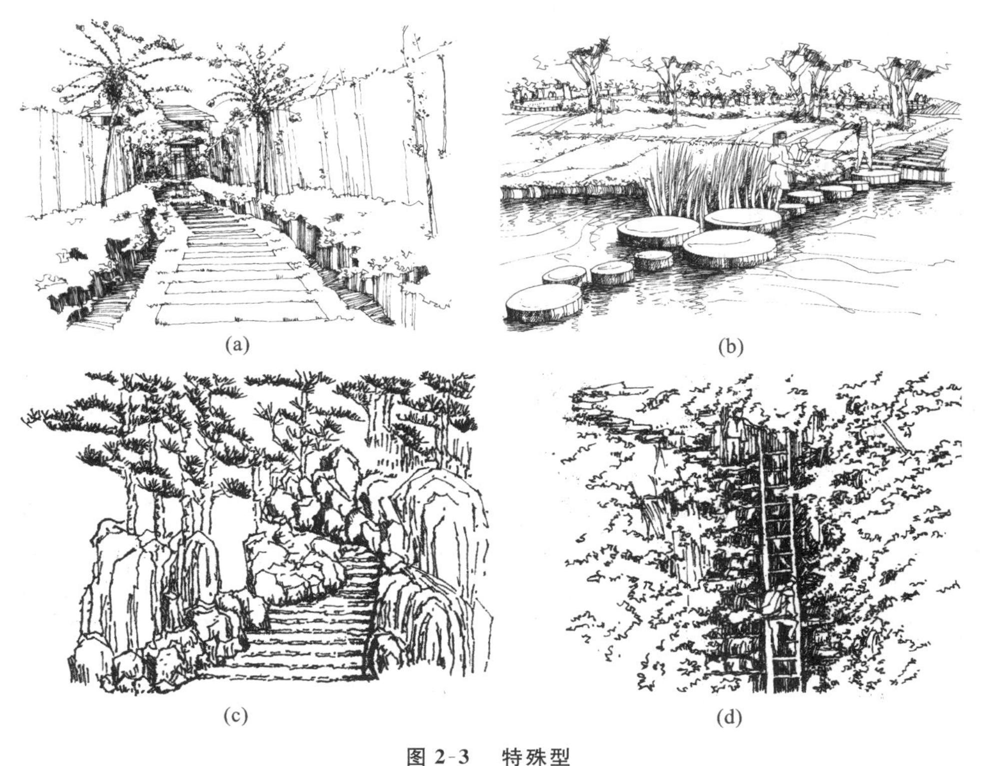


图 2-3　特殊型

(a) 步石；(b) 汀步；(c) 蹬道；(d) 攀梯

**3）根据铺装材料划分**

修筑园路所用的材料非常多，所以形成的园路类型也非常多，大体上有以下几种类型。

（1）整体路面

整体路面是在园林建设中应用最多的一类，是用水泥混凝土或沥青混凝土铺筑而成的路面。它具有强度高、耐压、耐磨、平整度好的特点,但不便维修,且一般观赏性较差。由于养护简单、便于清扫,所以多为大公园的主干道所采用。但它色彩多为灰色、黑色,在园林中使用不够理想,近年来国外已出现了彩色沥青路和彩色水泥路。

(2) 块料路面

块料路面是用大方砖、石板等各种天然块石或各种预制板铺装而成的路面,如木纹板路、拉条水泥板路、假卵石路等。这种路面简朴、大方,尤其是各种拉条路面,利用条纹方向变化产生的光影效果,加强了花纹的效果,不仅有很好的装饰性,而且可以防滑和减少反光强度,并能铺装成形态各异的图案花纹,美观、舒适,同时也便于进行地下施工时拆补,所以在现代绿地中被广泛应用。

(3) 碎料路面

碎料路面是用各种碎石、瓦片、卵石及其他碎状材料组成的路面。这类路面铺装材料价廉,能铺成各种花纹,一般多用在游步道中。

(4) 简易路面

简易路面是由煤屑、三合土等构成的路面,多用于临时性或过渡性园路。

**4) 根据路面的排水性划分**

(1) 透水性路面

透水性路面是指下雨时,雨水能及时通过路面结构渗入地下,或者储存于路面材料的空隙中,减少地面积水的路面。其做法既有直接采用吸水性好的面层材料,也有将不透水的材料干铺在透水性基层上,包括透水混凝土、透水沥青、透水性高分子材料及各种粉粒材料路面、透水草皮路面和人工草皮路面等。这种路面可减轻排水系统负担,保护地下水资源,有利于生态环境平衡,但平整度、耐压性往往不足,养护量较大,故主要应用于游步道、停车场、广场等处。

(2) 非透水性路面

非透水性路面是指吸水率低,主要靠地表排水的路面。不透水的现浇混凝土路面、沥青路面、高分子材料路面以及各种在不透水基层上用砂浆铺贴砖、石、混凝土预制块等材料铺成的园路都属于此类。这种路面平整度和耐压性较好,整体铺装的可用作机动交通、人流量大的主要园路,块材铺筑的则多用作次要园路、游步道等。

## 2.2 园路的线形设计与施工

园路的线形是在园路总体布局的基础上确定的,在设计与施工手法上可分为平曲线设计和竖曲线设计两种。平曲线设计包括确定道路的宽度、平曲线半径和曲线加宽等,竖曲线设计包括道路的纵横坡度、弯道、超高等。园路的线形设计与施工应充分考虑造景的需要,以达到蜿蜒起伏、曲折有致的效果。另外,应尽可能利用原有地形,以保证路基稳定并减少土方工程量。

### 2.2.1 园路平曲线设计与施工

#### 1）平曲线设计与施工的基本内容和要求

平曲线设计就是具体确定园路在平面上的位置，根据勘测资料、园路性质等级要求以及风景景观之需，定出园路中心线的位置和园路的宽度，确定直线段，选用平曲线半径，合理解决曲、直线的衔接，恰当地设置超高、加宽路段，保证安全视距，绘出园路平面设计图。

平曲线设计的总体要求是平顺、便捷、经济，以及艺术要求下必要的曲折。表 2-1 列出了游人及各种车辆的最小运动宽度。

表 2-1　游人及各种车辆的最小运动宽度

| 交通种类 | 最小宽度 / m | 交通种类 | 最小宽度 / m |
|---|---|---|---|
| 单人 | ≥0.75 | 小轿车 | 2.00 |
| 自行车 | 0.6 | 消防车 | 2.06 |
| 三轮车 | 1.24 | 卡车 | 2.50 |
| 手扶拖拉机 | 0.84～1.5 | 大轿车 | 2.66 |

#### 2）平曲线设计方法

当道路由一段直线转到另一段直线上去时，其转角的连接部分采用圆弧形曲线，这个圆弧曲线就叫作平曲线。平曲线设计是为了缓和行车方向的突然改变，保证汽车行驶的平稳安全，或保证游步道的自然顺畅，它的半径即平曲线半径，如图 2-4 所示，平曲线最小半径取值为 10～30 m。

自然式园路曲折迂回，在平曲线变化时主要由 3 个因素决定：① 园林造景的需要；② 当地地形、地物条件的要求；③ 在通行机动车的地段上行车安全的要求。在条件困难的个别地段上，若不考虑行车速度，只要满足汽车本身的最小转弯半径即可。因此，其转弯半径不得小于 6 m。在考虑行车速度时，平曲线设计应注意以下几个方面。

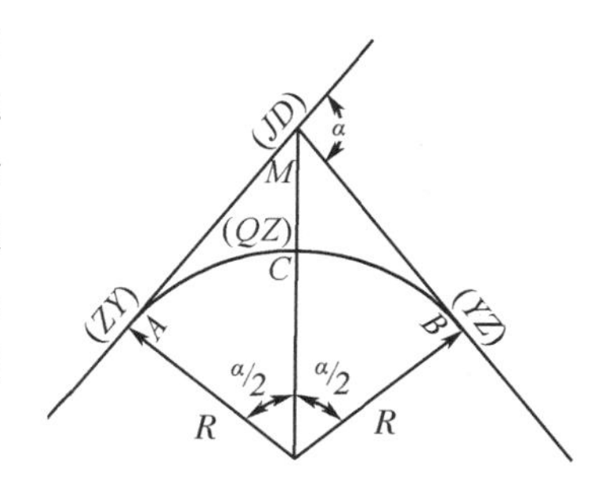


图 2-4　平曲线半径 $R$

（1）曲线加宽

车辆在弯道上行驶，由于前后轮的轨迹不同，外侧前轮转弯半径大，同时车身所占宽度也较直线行驶时为大。半径越小，这一情况越显著，所以在小半径弯道上，弯道内侧的路面要适当加宽，如图 2-5 所示。

（2）行车视距

车辆行驶中，必须保证驾驶员在一定距离内能观察到路上的一切情况，以便有充分时间采用适当的措施，防止交通事故的发生，这个距离称为行车视距。

行车视距的长短与车辆的制动效果、车速及驾驶员的技术反应时间有关。行车视距又分停车视距和会车视距。停车视距是指驾驶员在行驶过程中，从看到同一车道上的障碍物时开始刹车直至到达障碍物前安全行车的最短距离。不同车速下的停

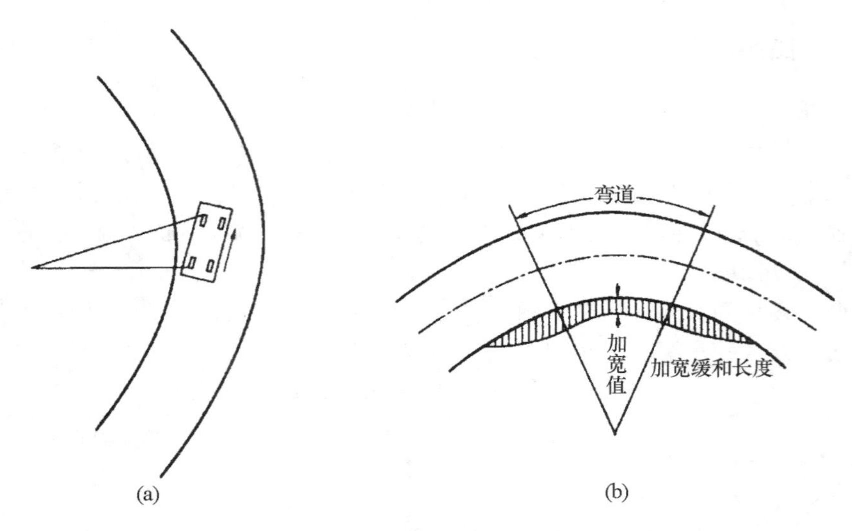


**图 2-5　弯道行车道后轮轨迹与曲线加宽图**

(a) 弯道行车道后轮轨迹；(b) 弯道路面加宽

车视距应大于或等于表 2-2 的规定值。会车视距是指两辆汽车在同一条行车道上相对行驶发现对方时来不及或无法错车，双方只能采取制动措施，使车辆在相撞之前安全停车的最短距离。常见的停车及会车视距如表 2-3 所示，积雪或冰冻地区的停车和会车视距宜适当增长。

**表 2-2　不同车速下的停车视距**

| 设计速度 /(km/h) | 100 | 80 | 60 | 50 | 40 | 30 | 20 |
|---|---|---|---|---|---|---|---|
| 停车视距 /m | 160 | 110 | 70 | 60 | 40 | 30 | 20 |

**表 2-3　常见的停车和会车视距**

| 视　　距 | 道路等级 | | |
|---|---|---|---|
| | 主干道 | 次干道 | 园路及居住区道路 |
| 停车视距 / m | 75 ～ 100 | 50 ～ 75 | 25 ～ 30 |
| 会车视距 / m | 150 ～ 200 | 100 ～ 150 | 50 ～ 60 |

为保证行车安全，道路转弯处必须空出一定的距离，使司机在这个范围内能看到对面或侧方来往的车辆，并有一定的刹车和停车时间，而不致发生撞车事故。根据两条相交道路的停车视距 $S$，在交叉路口平面图上绘出的三角形，叫作交叉口视距三角形(见图 2-6)，在交叉口视距三角形范围内不得存在任何妨碍驾驶员视线的障碍物。

**3) 平曲线的衔接**

平曲线的衔接是指两条相邻的平曲线相接，分为以下三种情况。

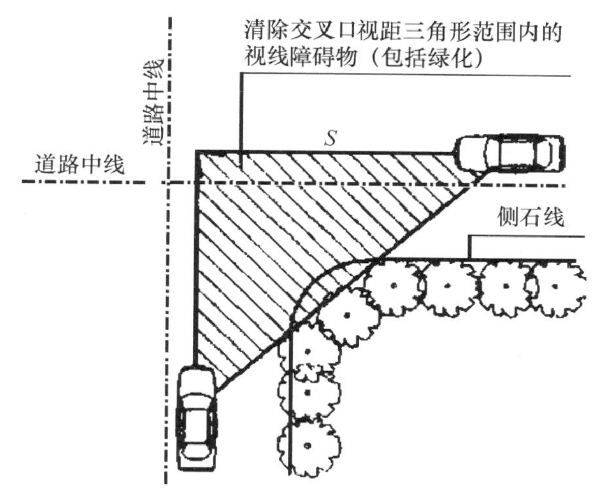


图 2-6 交叉口视距三角形

（1）同向曲线

同向曲线即相邻曲线直接同向衔接。如在两同向曲线上所设的超高横坡不等，则在半径较大的曲线内，设置由一个超高过渡到另一个超高的缓和段。当两条同向曲线间有一条短直线段插入，其长度小于超高缓和段所需的长度时，则最好把两条同向曲线改成一条曲线，可增大其中一条曲线的半径，使两条曲线直接相接。无法改变时，在短直线段内不宜做成双向横坡，而要做成单向横坡。

（2）反向曲线

反向曲线即相邻曲线直接反向衔接。半径大到不设超高的反向曲线，可直接相接；反向曲线段均设超高时，则需在其中插入一直线段，以便将两边的不同超高在直线段上实施。

（3）断背曲线

断背曲线即相邻曲线间插入直线段。

## 2.2.2 园路竖曲线设计与施工

### 1）园路横断面设计与施工

（1）园路横断面的组成

园路的横断面就是垂直于园路中心线方向的断面，它关系到交通安全、环境卫生、用地经济、景观等。

园路横断面设计，在园林总体规划中所确定的园路路幅或在道路红线范围内进行，它一般由车行道、人行道、分车带、绿化带、设施带等组成，特殊断面还包括应急车道、路肩和排水沟等，如图 2-7 所示，具体内容依据道路功能、等级和设计要求而定。

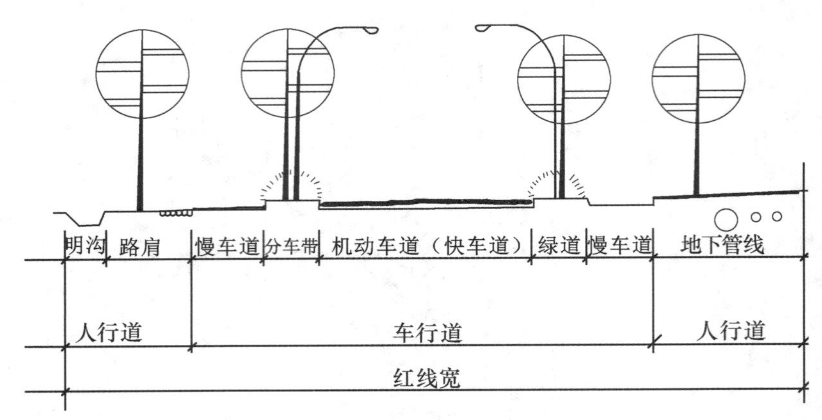


图 2-7 标准横断面图

园路的宽度与该园林的规模及园路的级别相关。一般来说，应以满足功能要求，并尽量少占绿地为宜。同时，园路也可以根据功能需要采用变断面的形式，如转折处不同宽狭，座凳、座椅处外延边界，路旁的过路亭、园路和小广场相结合等。这样宽狭不一、曲直相济，反倒使园路多变、生动起来，做到一条路上休闲、停留和人行、运动相结合，各得其所。园林道路的最小参考宽度如表 2-4 所示。

表 2-4 园林道路的最小参考宽度

| 级别 | 宽度 / m | 说明 |
|---|---|---|
| 1 | ≥6.0 | 单车道＋两条人行道 |
| 2 | ≥4.0 | 单车道＋一条人行道 |
| 3 | ≥1.5 | 两条人行道 |
| 4 | ≥0.8 | 一条人行道(一般) |
| 5 | ≥0.6 | 一条人行道(庭院) |

(2) 园路横断面的设计

① 车行道设计：风景园林道路交通量小，车速不高，荷载不大，一般每条车道宽 3.0～3.75 m 比较适当。带有路肩式的横断面，机动车、非机动车都可以灵活借用，错车颇为方便。

② 路拱与横坡设计：道路横坡应根据路面宽度、路面类型、纵坡及气候条件确定，一般宜采用 1.0%～2.0%；快速路及降雨量大的地区宜采用 1.5%～2.0%；严寒积雪地区、透水路面宜采用 1.0%～1.5%。为使道路上地面水，包括园林草坪等地面水迅速排入道路两侧的明沟或雨水口内，单幅路应根据道路宽度采用单向或双向路拱横坡；多幅路应采用由路中线向两侧的双向路拱横坡；人行道宜采用单向横坡。

③ 自行车道设计：一般一条自行车车道的设计宽度 1.5 m，两条车道的 2.55 m，计算方法是 $0.6n+0.45(n+1)=1.05n+0.45$，$n$ 为车道数。

④ 人行道设计:人行道宽度建议值,如表 2-5 所列。

**表 2-5 人行道宽度建议值**

| 人行道条数 | 1 | 2 | 3 | 4 | 5 | 6 |
|---|---|---|---|---|---|---|
| 人行道宽度 / m | 0.6～0.8 | 1.5 | 2.3 | 3.0 | 3.7 | 4.5 |

⑤ 结合地形设计道路横断面:在自然地形起伏较大地区设计道路横断面时,如果道路两侧的地形高差较大,结合地形布置道路横断面的几种形式如下。

a. 结合地形将人行道与车行道设置在不同高度上,人行道与车行道之间用斜坡隔开[见图 2-8(a)],或用挡土墙隔开[见图 2-8(b)]。

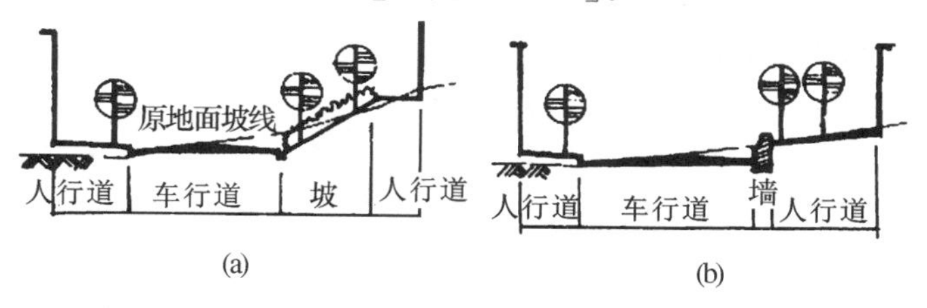


**图 2-8 人行道与车行道设置在不同高度上**

(a) 人行道与车行道用斜坡隔开; (b) 人行道与车行道用挡土墙隔开

b. 将两个不同行车方向的车行道设置在不同高度上(见图 2-9)。

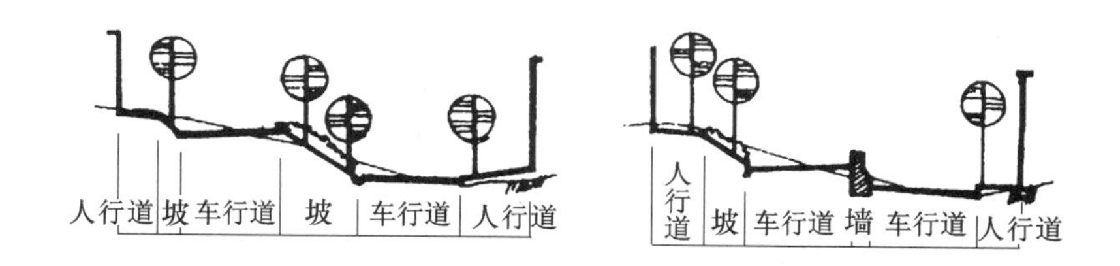


**图 2-9 不同向的行车道设置在不同高度上**

c. 结合岸坡倾斜地形,将沿河一边的人行道布置在较低的不受水淹的河滩上,供人们散步休息之用。车行道设在上层,以供车辆通行(见图 2-10)。

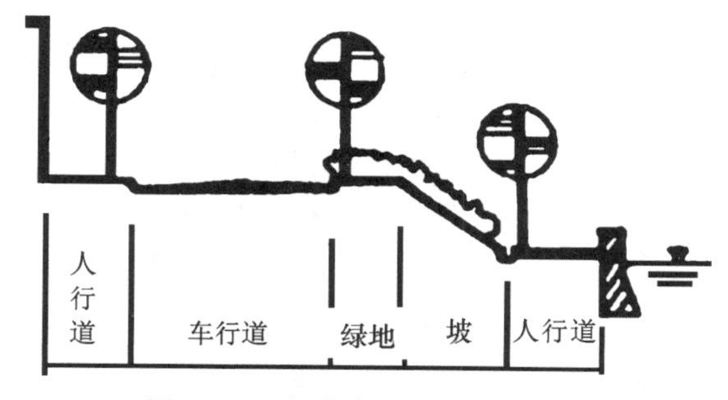


**图 2-10 岸坡地形人行道的布置**

**2）园路纵断面设计与施工**

(1) 园路纵断面设计的主要内容

① 确定路线合适的标高。

② 设计各路线的纵坡和坡长。

③ 保证视距要求,选择竖曲线半径。

(2) 园路纵断面线形设计要求

① 园路一般根据造景的需要,随地形的变化而起伏变化,线形平顺,保证行车安全并满足车速需要。

② 在满足造园艺术要求的情况下,尽量利用原地形,保证路基的稳定,并减少土方量,清除过大的纵坡和过多的转折点。

③ 保证与相交的道路、广场、沿路建筑物和出入口有平顺的衔接。

④ 园路应配合组织园内地面水的排出,并与各种地下管线密切配合,共同达到经济合理的要求;应保证路两侧的街道或草坪及路面水的通畅排泄,必要时还应辅以锯齿形边沟设计,以解决纵坡过于平坦的问题。

⑤ 纵断面控制点(如相交道路、铁路、桥梁、最高洪水位、地下建筑物等)必须与道路平面控制点一起加以考虑。

**3）园路纵横坡及竖曲线**

① 园路的纵横坡度:对于城市中的建筑基地而言,基地内各类道路的横坡坡度宜为1%～2%;机动车道的纵坡坡度不应小于0.2%,不应大于8%,多雪严寒地区不应大于5%;非机动车道的纵坡坡度不应小于0.2%,不应大于3%,多雪严寒地区不应大于2%;步行道的纵坡坡度不应小于0.5%,不应大于8%,多雪严寒地区不应大于4%(见图2-11)。基地内人流活动的主要地段应该设置无障碍人行道,其纵坡坡度不宜大于2.5%。

对于城市绿地和景区而言,园路的线形设计应与地形、水体、植物、建筑物、铺装场地及其他设施结合,形成完整的风景构图;创造连续展示园林景观的空间或欣赏前方景物的透视线;道路应随地形曲直起伏,路的转折、衔接应通顺,符合游人的行为规律。一般主园路应有坡度为8%以下的纵坡和坡度为1%～4%的横坡,纵、横坡不得同时无坡度,以保证路面水的排出,积雪或冰冻地区的道路最大纵坡坡度一般不应大于6%。山地公园的主园路纵坡坡度应小于12%。道路最小纵坡坡度一般不应小于0.3%,否则应设置锯齿形边沟或采取其他排水设施。主园路不宜设梯道,必须设梯道时,纵坡坡度宜小于36%。支路和小路的纵坡坡度宜小于18%。纵坡坡度超过15%的路段,路面应做防滑处理;纵坡坡度超过18%,宜按台阶、梯道设计,台阶级数不得少于2级,坡度大于58%的梯道应做防滑处理,并宜设置护栏设施。

通往孤岛、山顶等卡口的路段,宜设通行复线;必须沿原路返回的,宜适当放宽路面。应根据路段行程及通行难易程度,适当设置供游人短暂休憩的场所;依山、临水且对游人存在安全隐患的道路,应设置防护栏杆,栏杆高度须大于1.05 m。

园路及铺装场地应根据不同功能要求确定其结构和饰面。面层材料应与城市绿

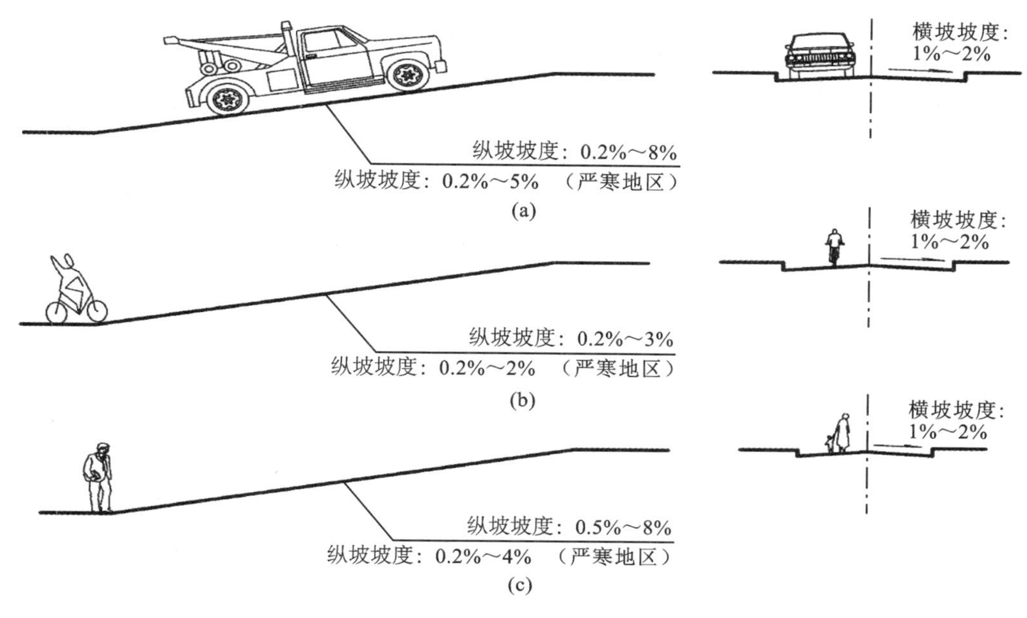


**图 2-11 建筑基地内道路的纵坡**

(a) 机动车道坡度；(b) 非机动车道坡度；(c) 步行道坡度

地风格相协调，并宜与城市道路有所区别。不同材料路面的排水能力不同，因此，各类型路面对纵横坡度的要求也不同，如表 2-6 所列。

**表 2-6 各种路面的纵、横坡坡度**

| 路面种类 | 纵坡坡度/(%) | | | | 横坡坡度/(%) | |
|---|---|---|---|---|---|---|
| | 最小值 | 最大值 | | 特殊值 | 最小值 | 最大值 |
| | | 游览大道 | 园路 | | | |
| 水泥混凝土路面 | 0.3 | 6 | 7 | 10 | 1.5 | 2.5 |
| 沥青混凝土路面 | 0.3 | 5 | 6 | 10 | 1.5 | 2.5 |
| 块石、炼砖路面 | 0.4 | 6 | 8 | 11 | 2 | 3 |
| 拳石、卵石路面 | 0.5 | 7 | 8 | 7 | 3 | 4 |
| 粒料路面 | 0.5 | 6 | 8 | 8 | 2.5 | 3.5 |
| 改善土路面 | 0.5 | 6 | 6 | 8 | 2.5 | 4 |
| 游步小道 | 0.3 | — | 8 | — | 1.5 | 3 |
| 自行车道 | 0.3 | 3 | — | — | 1.5 | 2 |
| 广场、停车场 | 0.3 | 6 | 7 | 10 | 1.5 | 2.5 |
| 特别停车场 | 0.3 | 6 | 7 | 10 | 0.5 | 1 |

② 竖曲线：一条道路总是上下起伏，在起伏转折的地方，由一条圆弧连接，这种圆弧是竖向的，工程上把这样的弧线叫竖曲线。竖曲线应考虑会车安全，如图 2-12 所示。

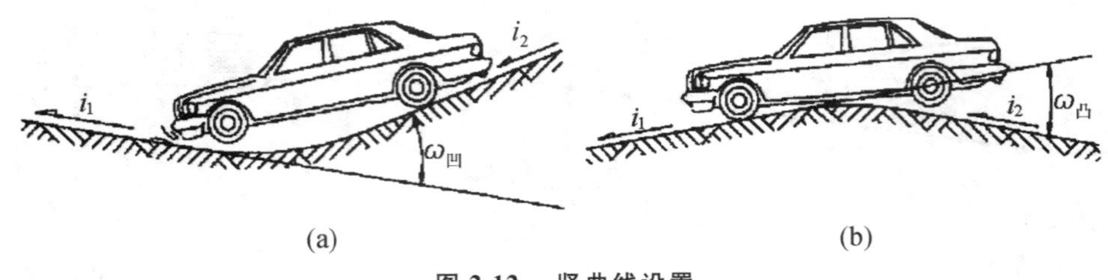


图 2-12 竖曲线设置

**4) 弯道与超高**

当汽车在弯道上行驶时，产生的横向推力叫作离心力。离心力的大小与车行速度的平方成正比，与平曲线半径成反比。为了防止车辆向外侧滑移，抵消离心力的作用，就要把路的外侧抬高。当地形、地物受限制，但仍要保证一定车速时，需要将弯道外侧横坡抬起来，形成单一向内倾斜的路面横坡，这就是超高横坡的设计。在设计时，应考虑到在道路曲线段维持路中线标高不变，抬高路面外边缘的标高，使此处路面横坡达到超高横坡。超高横坡从曲线的起点一开始就应达到全值，但直线路段的双面横坡不能一下子突变到曲线起点的单向超高横坡值，所以在曲线起点前，需有一超高缓和段插入，以便在此缓和段内把双向横坡逐渐过渡到单向超高横坡值。

### 2.2.3 公共停车场和城市广场

**1) 停车场设计**

停车场是为汽车提供停车服务的场所，为了便于使用、管理和疏散，宜布置在与车行道毗连的专用场地上。停车场采用车辆露天集中停放方式，集中设置停车场要注意控制规模，过大的停车场不仅占地多、使用不便，同时有碍观瞻。停车场和停车位均应做好绿化，增加绿荫以保护车辆免受暴晒、减小噪声和减少空气污染。机动车停车场内的停车方式应以占地面积小、疏散方便、保证安全为原则。

(1) 停车场的车辆停放方式

① 平行式：即车辆平行于通道停放，如图 2-13(a) 所示。这种形式所需停车带窄，车辆出入方便，适宜停放不同类型、不同车身长度的车辆。但每车位停车面积大，一定长度内停放车辆数最少。

② 斜列式：即车辆与通道成斜交角度停放，一般有 30°、45°[见图 2-13(b)]、60° 三种角度。这种形式停车带宽度随车身长度和停放角度而异，场地形状适应性强，车辆停放比较灵活，出入方便，适用于场地宽度受限制的停车场，但每车位占地面积较大。

③ 垂直式：即车辆垂直于通道停放，如图 2-13(c) 所示。这种形式一定长度内停放的车辆数最多，用地较省，停车紧凑，出入方便，但停车带较宽(以最大型车的车身长度为准)，车辆进出车位要倒车一次，须留较宽的通道。

(2) 停车场设计的相关要求

① 停车场用地面积：停车场的平面设计应有效地利用场地，合理安排停车区及

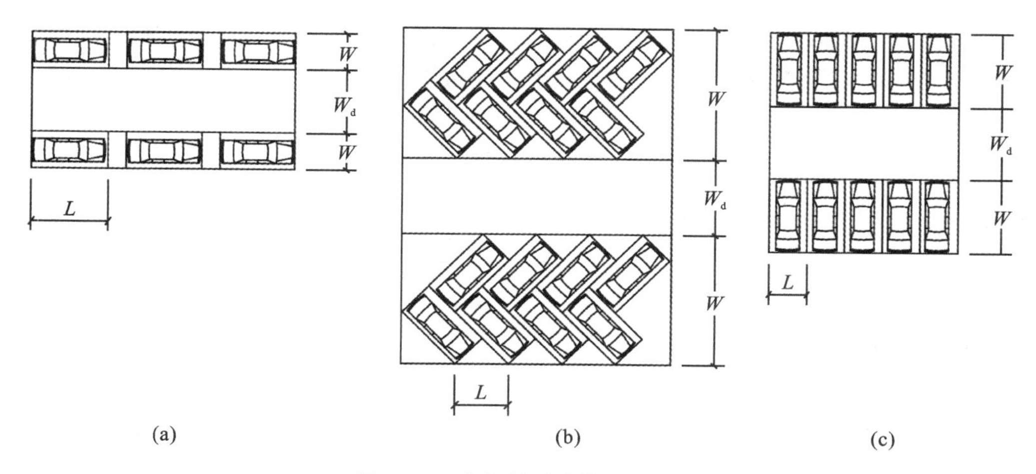


**图 2-13 车辆停放的基本方式**

(a)平行式；(b)斜列式 45°；(c)垂直式

注：图中 $W$ 为垂直通道方向的停车带宽度，$L$ 为平行通道方向的停车带宽度，$W_d$ 为通车道宽度。

通道。机动车停车场内车位设计应根据使用要求分区、分车型设计。如有特殊车型，应按实际车辆外廓尺寸进行设计。

一般按小汽车 25～30 m²/辆计算，然后乘以不同车辆的换算系数，如表 2-7 所示。

**表 2-7 停车场(库)设计车型外廓尺寸和换算系数**

| 车辆类型 | | 各类车型外廓尺寸/m | | | 车辆换算系数 |
|---|---|---|---|---|---|
| | | 总长 | 总宽 | 总高 | |
| 机动车 | 微型汽车 | 3.20 | 1.60 | 1.80 | 0.70 |
| | 小型汽车 | 5.00 | 2.00 | 2.20 | 1.00 |
| | 中型汽车 | 8.70 | 2.50 | 4.00 | 2.00 |
| | 大型汽车 | 12.00 | 2.50 | 4.00 | 2.50 |
| | 铰接车 | 18.00 | 2.50 | 4.00 | 3.50 |
| 自行车 | | 1.93 | 0.60 | 1.15 | — |

注：车辆换算系数是按面积换算的。

② 停车场的设计参数如表 2-8 所示。

**表 2-8 停车场的设计参数(小汽车)**

| 停车方式 / 项目 | 平行式 | 斜列式 | | | | 垂直式 | |
|---|---|---|---|---|---|---|---|
| | | 30° | 45° | 60° | 60° | | |
| | 前进停车 | 前进停车 | 前进停车 | 前进停车 | 后退停车 | 前进停车 | 后退停车 |
| 垂直通道方向停车带宽 $W$/m | 2.8 | 4.2 | 5.2 | 5.9 | 5.9 | 6.0 | 6.0 |
| 平行通道方向停车带宽 $L$/m | 7.0 | 5.6 | 4.0 | 3.2 | 3.2 | 2.8 | 2.8 |
| 通道宽 $W_d$/m | 4.0 | 4.0 | 4.0 | 5.0 | 4.5 | 9.5 | 6.0 |
| 单位停车面积/m² | 33.6 | 34.7 | 28.8 | 26.9 | 26.1 | 30.1 | 25.2 |

③ 停车场出入口:出入口是停车场与外部道路连接点、车辆出入的通道,应清除视距三角形范围内的障碍物,做到视线通畅。机动车停车场的出入口距大中城市干道交叉口的距离,自道路红线交点量起,不应小于 70 m;距人行天桥、地道和桥梁、隧道引道应大于50 m;距非道路交叉口的过街人行道最边缘不应小于5 m;距公交站台边缘不应小于 10 m,如图 2-14 所示。

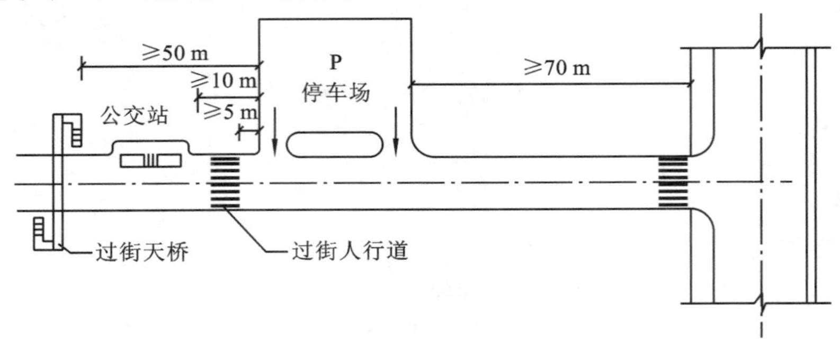


图 2-14 停车场位置要求示意

停车场出入口位置及数量应根据停车容量及交通组织确定,且不应少于 2 个,其净距宜大于30 m;条件困难或停车容量小于50 辆时,可设一个出入口,但其进出口应满足双向行驶的要求。停车场进出口净宽,单向通行的不应小于 5 m,双向通行的不应小于 7 m。

(3) 自行车停车场设计

自行车停车场原则上不设在交叉路口附近,出入口应不少于 2 个,宽度不小于 2.5 m。自行车停车方式应以出入方便为原则,主要设计指标应不小于表 2-9 的规定。

表 2-9 自行车停车场主要设计指标

| 停车方式 | | 停车带宽 /m | | 车辆横向间距 /m | 过道宽度 /m | | 单位停车面积 /m² | | | |
|---|---|---|---|---|---|---|---|---|---|---|
| | | 单排 | 双排 | | 单排 | 双排 | 单排一侧停车 | 单排两侧停车 | 双排一侧停车 | 双排两侧停车 |
| 斜列式 | 30° | 1.00 | 1.60 | 0.50 | 1.20 | 2.00 | 2.20 | 2.00 | 2.00 | 1.80 |
| | 45° | 1.40 | 2.26 | 0.50 | 1.20 | 2.00 | 1.84 | 1.70 | 1.65 | 1.51 |
| | 60° | 1.70 | 2.77 | 0.50 | 1.50 | 2.60 | 1.85 | 1.73 | 1.67 | 1.55 |
| 垂直式 | | 2.00 | 3.20 | 0.60 | 1.50 | 2.60 | 2.10 | 1.98 | 1.86 | 1.74 |

(4) 停车场地坪

停车坪应平整、坚实、防滑,一般宜采用混凝土刚性结构,竖向设计应与排水相结合,坡度宜为 0.3% ~ 3.0%。"生态型"停车场是目前比较提倡的形式,地面和路面不做全封闭式铺砌层,而改为铺设带孔槽的混凝土预制块或留出较多间隙,以利草皮通过孔隙生长。可以减少地面径流,使水流下渗,同时也大大缓解了停车场地面的温度上升及反光效应,在一定程度上保护了生态环境。

(5) 景区停车场设计原则

景区停车场是为游客使用的汽车提供停车服务的场所,规划停车场时要尽量避免对景区的环境和景观造成破坏。景区的停车场应成为景观,避免采用使车辆暴晒的大面积硬化停车场,提倡采用生态型停车场。国外有景区采用太阳能电池板或太阳能集热器作为停车场的车棚,这种车棚既可防止车辆暴晒,又可以为景区提供绿色电源。景区中常见的车辆类型有大型客车、中型客车、小轿车、摩托车和电瓶车。

① 强调自然协调。景区停车场规划的首要问题是"自然",包括场地本身的"自然"及与周围风景衔接的"自然",最好是借用自然的地形,就势建造。

② 分区停放、灵活布置。宜采用组团式、分散式的布局,以灌木为隔离线,用高大乔木遮阴。停车场内大客车与小汽车要分区停放,用绿化及道路划分出各自的停车空间。小汽车停车场常常结合场地地形及建筑物布置情况灵活分散成几个组来布置。

③ 尽量留地于人。有条件的地方应尽量将停车场建在地下或水下,腾出地面空间用于建游园和绿化。有些景区旅游的季节性非常强,旺季停车位严重不足,为避免破坏环境,不适合再修建新停车场的景区可考虑建造临时停车场。

**2) 城市广场设计**

城市广场按其性质和用途可分为公共活动广场、集散广场、交通广场、纪念性广场与商业广场等。广场竖向设计应根据平面布置、地形、周围主要建筑物及道路标高、排水等要求进行,并兼顾广场整体布置的美观。广场设计坡度宜为 0.3% ~ 3.0%,地形困难时,可建成阶梯式。与广场相连接的道路纵坡宜为0.5% ~ 2.0%,困难时纵坡不应大于 7.0%,积雪及寒冷地区不应大于 5.0%。

公园绿地中的广场规模较城市广场小,布局更灵活一些,应根据集散、活动、演出、赏景、休憩等使用功能要求做出不同设计。以集散人流为主的场地,大多设在出入口内外或大型园林建筑前面,在主、次园路相交处,有时也有一定面积的广场出现。以休息活动为主的场地,有林中草地、水边草坪、山上眺望台,以及由亭廊、花架围合而成的各种休息活动场所。演出场地应有方便观赏的适宜坡度和观众席位。这些广场不论大小,除了实用功能,还有很重要的装饰意义。传统园林中的广场,在其周围常与假山花台、峭壁山等结合;而在现代园林中,广场周围则常用乔、灌木和花带等构成闭合或半闭合空间,用花坛、喷泉或雕塑装饰广场的中心或聚景的焦点。

### 2.2.4 园路的无障碍设计

随着现代社会的发展,残障事业越来越受到重视,城市道路、城市广场、城市绿地、居住区均需考虑无障碍需求的设计。

**1) 城市绿地的无障碍设计**

城市中的各类公园,包括综合公园、社区公园、专类公园、带状公园、街旁绿地等,以及附属绿地中的开放式绿地、向公众开放的其他绿地,都应便于残障人士使用,园路的设计也应该实现无障碍设计。

(1) 无障碍游览路线

① 无障碍游览主园路应结合公园绿地的主路设置,应能到达部分主要景区和景点,并宜形成环路,纵坡坡度宜小于5%,山地公园绿地的无障碍游览主园路纵坡坡度应小于8%;无障碍游览主园路不宜设置台阶、梯道,必须设置时应同时设置轮椅坡道。

② 无障碍游览支园路应能连接主要景点,并和无障碍游览主园路相连,形成环路;小路可到达景点局部,不能形成环路时,应便于折返,无障碍游览支园路和小路的纵坡应小于8%;坡度超过8%时,路面应做防滑处理,并且不宜通行轮椅。

③ 园路坡度大于8%时,宜每隔10～20 m在路旁设置休息平台。

④ 紧邻湖岸的无障碍游览园路应设置护栏,高度不低于0.9 m。

⑤ 在地形险要的地段应设置安全防护设施和安全警示线。

⑥ 无障碍游憩区应方便轮椅通行,有高差时应设置轮椅坡道,广场树池宜高出广场地面,与广场地面相平的树池应加箅子。地面应平整、防滑、不松动,园路上的窨井盖板应与路面平齐,排水沟的滤水箅子孔的宽度不应大于15 mm。

⑦ 无障碍游览路线上的桥应为平桥或坡度在8%以下的小拱桥,宽度不应小于1.2 m,桥面应防滑,两侧应设栏杆。桥面与园路、广场衔接有高差时应设轮椅坡道。

(2) 公园绿地停车场

总停车数在50辆以下时应设置不少于1个无障碍机动车停车位,总停车数在50辆以上、100辆以下时应设置不少于2个无障碍机动车停车位,总停车数在100辆以上时应设置不少于总停车数2%的无障碍机动车停车位。

(3) 居住绿地的无障碍设计

① 居住绿地内的游步道应为无障碍通道,轮椅园路纵坡不应大于4%;轮椅专用道不应大于8%。

② 居住绿地内的游步道及园林建筑、园林小品,如亭、廊、花架等休憩设施,不宜设置高于450 mm的台明或台阶;必须设置时,应同时设置轮椅坡道并在休憩设施入口处设提示盲道。

③ 绿地及广场设置休息座椅时,应留有轮椅停留空间。

**2) 城市广场的无障碍设计**

城市广场进行无障碍设计的范围包括公共活动广场和交通集散广场。

① 城市广场的公共停车场的停车数在50辆以下时应设置不少于1个无障碍机动车停车位,停车数在50～100辆时应设置不少于2个无障碍机动车停车位,停车数在100辆以上时应设置不少于总停车数2%的无障碍机动车停车位。

② 城市广场设有台阶或坡道时,距每段台阶和坡道的起点与终点250～500 mm处应设提示盲道,其长度应与台阶、坡道相对应,宽度应为250～500 mm。

**3) 无障碍设施的设计要求**

城市道路无障碍设计的范围应包括城市各级道路、城镇主要道路、步行街和旅游景点、城市景观带的周边道路。城市道路、桥梁、隧道、立体交叉中的人行系统均应进行无障碍设计，人行系统无障碍设计的重点是人行道。

（1）缘石坡道设计

缘石坡道是位于人行道口或人行横道两端，为了避免人行道路缘石带来的通行障碍，方便行人进入人行道的一种坡道。缘石坡道的坡面应平整、防滑；缘石坡道的坡口与车行道之间不宜有高差；当有高差时，高出车行道的地面不应大于 10 mm。

全宽式单面坡缘石坡道（见图 2-15）的坡度不应大于 5%；三面坡缘石坡道（见图 2-16）正面及侧面的坡度不应大于 8%；其他形式的缘石坡道的坡度均不应大于 8%。全宽式单面坡缘石坡道的宽度应与人行道宽度相同，三面坡缘石坡道的正面坡道宽度不应小于 1.20 m，其他形式的缘石坡道的坡口宽度均不应小于 1.50 m。

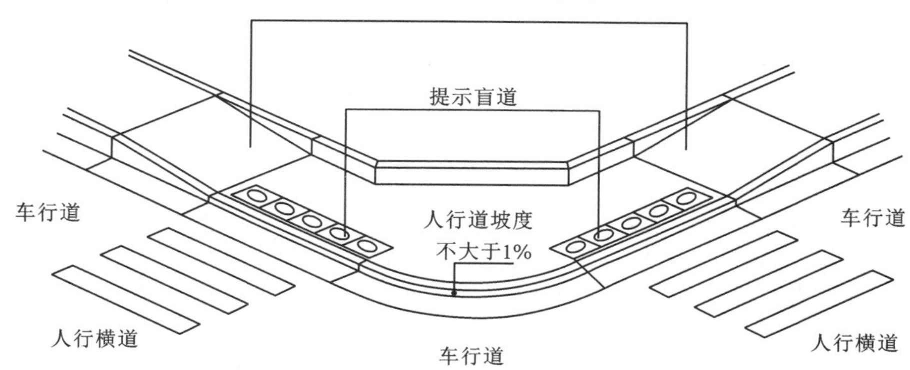


图 2-15　全宽式单面坡缘石坡道示意

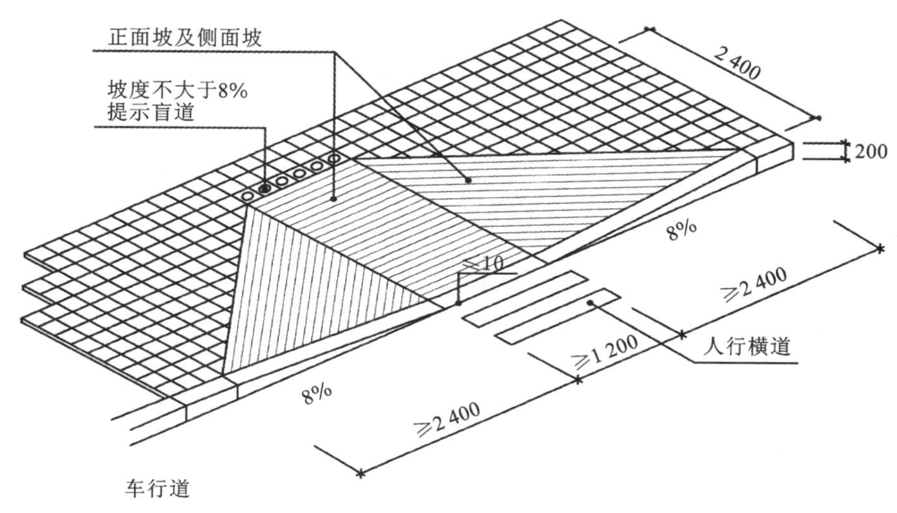


图 2-16　三面坡缘石坡道示意

(2) 盲道设计

盲道是在人行道上或其他场所铺设的一种固定形态的地面砖,使视觉障碍者产生盲杖触觉及脚感,引导视觉障碍者向前行走和辨别方向以到达目的地的通道。盲道铺设应连续,应避开树木(穴)、电线杆、拉线等障碍物。盲道的颜色宜与相邻的人行道铺面的颜色形成对比,并与周围景观相协调,宜采用中黄色。盲道型材表面应防滑,可采用预制混凝土盲道砖、花岗岩盲道砖、陶瓷类盲道板、橡胶塑料类盲道等。

盲道按使用功能可分为行进盲道和提示盲道。行进盲道表面呈条状形,引导视觉障碍者通过盲杖的触觉和脚感,直接向正前方继续行走,如图 2-17(a) 所示;提示盲道表面呈圆点形,用在盲道的起点处、拐弯处、终点处表示服务设施的位置,以及提示视觉障碍者前方将有不安全或危险状态等,具有提醒注意作用,如图 2-17(b) 所示。行进盲道应与人行道的走向一致,行进盲道宜在距树池边缘 250 ~ 500 mm 处设置。行进盲道与路缘石上沿在同一水平面时,距路缘石不应小于 500 mm;行进盲道比路缘石上沿低时,距路缘石不应小于 250 mm。行进盲道在起点、终点、转弯处及其他有需要处应设提示盲道,如图 2-18 所示。当盲道的宽度不大于 300 mm 时,提示盲道的宽度应大于行进盲道的宽度。

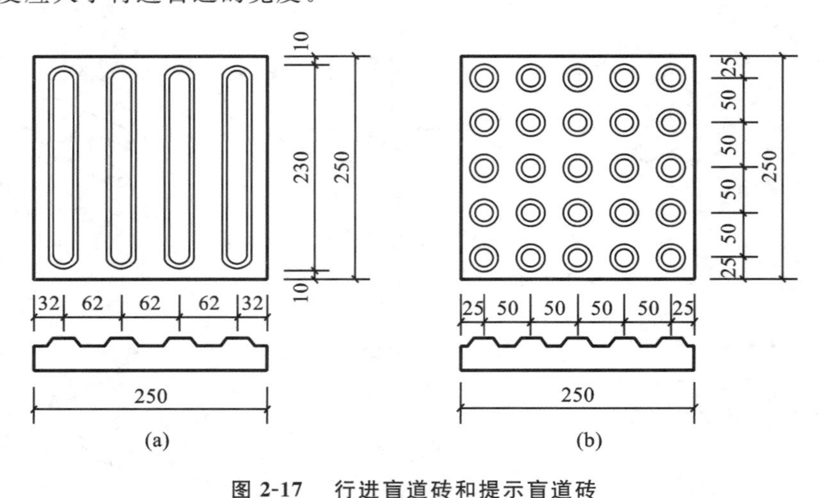


**图 2-17 行进盲道砖和提示盲道砖**

(a) 行进盲道砖(行进块材); (b) 提示盲道砖(止步块材)

(3) 轮椅坡道

轮椅坡道宜设计成直线形、直角形或折返形。坡面应平整、防滑、无反光,不宜设防滑条或礓礤,坡面材料可选用细石混凝土面层、环氧防滑涂料面层、水泥防滑面层、地砖面层、花岗岩面层。轮椅坡道的净宽度不应小于 1.0 m,能保证一辆轮椅通行;起点、终点和中间休息平台的水平长度不应小于 1.5 m;无障碍出入口的轮椅坡道净宽度不应小于 1.2 m,能保证一辆轮椅和一个人侧身通行。轮椅坡道的高度超过 300 mm 且坡度大于 5% 时,应在两侧设置扶手,扶手应连贯。轮椅坡道临空侧应设置高度不小于 50 mm 的安全挡台或设置与地面空隙不大于 100 mm 的斜向栏杆。

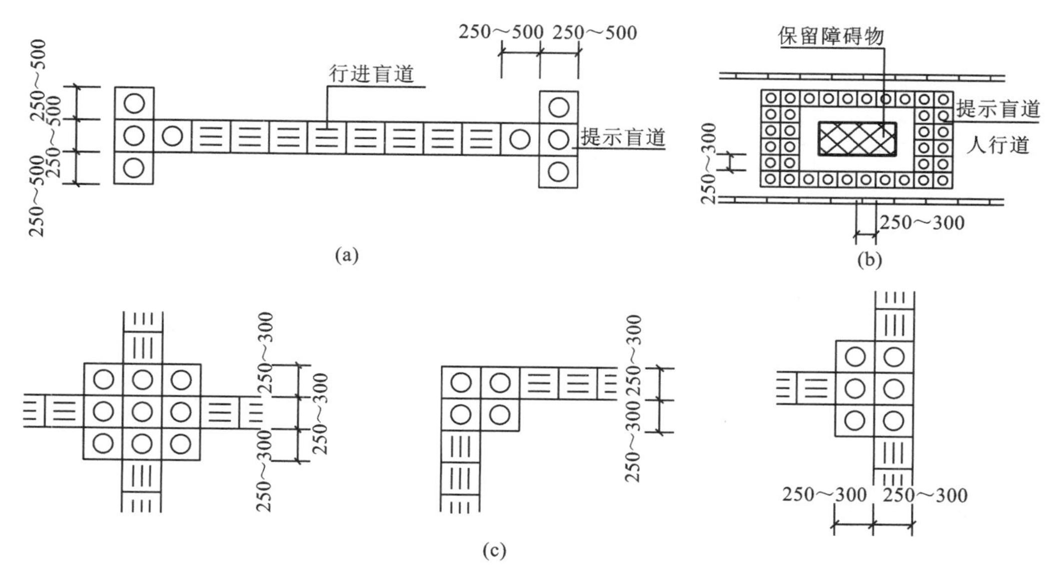


**图 2-18 提示盲道设置示意**

(a) 行进盲道起点和终点设提示盲道；(b) 人行道内障碍物周围设提示盲道；

(c)250 ～ 300 mm 宽盲道交叉处设提示盲道

轮椅坡道的最大高度和水平长度应符合表 2-10 的规定，其他坡度可用插入法进行计算。

**表 2-10 轮椅坡道的最大高度和水平长度**

| 坡　　度 | 5% | 6% | 8% | 10% | 12% |
|---|---|---|---|---|---|
| 最大高度 /m | 1.20 | 0.90 | 0.75 | 0.60 | 0.30 |
| 水平长度 /m | 24.00 | 14.40 | 9.00 | 6.00 | 2.40 |

## 2.2.5 园路的绿化设计

一般说来，有车行要求和较大人行量的主要园路和次要园路均应遵照城市道路的相关设计要求。在城市重点路段强调沿线绿化景观，体现城市风貌绿化特色的道路也被称为园林景观路。道路绿化设计一方面要发挥道路绿化在改善城市生态环境和丰富城市景观中的作用，另一方面要避免绿化影响交通安全，保证绿化植物的生存环境。

**1) 道路绿地的组成**

道路绿地是道路及广场用地范围内可进行绿化的用地，分为道路绿带、交通岛绿地、广场和停车场绿地，如图 2-19 所示。

(1) 道路绿带

道路绿带是指道路红线范围内的带状绿地，分为分车绿带、行道树绿带和路侧绿带。

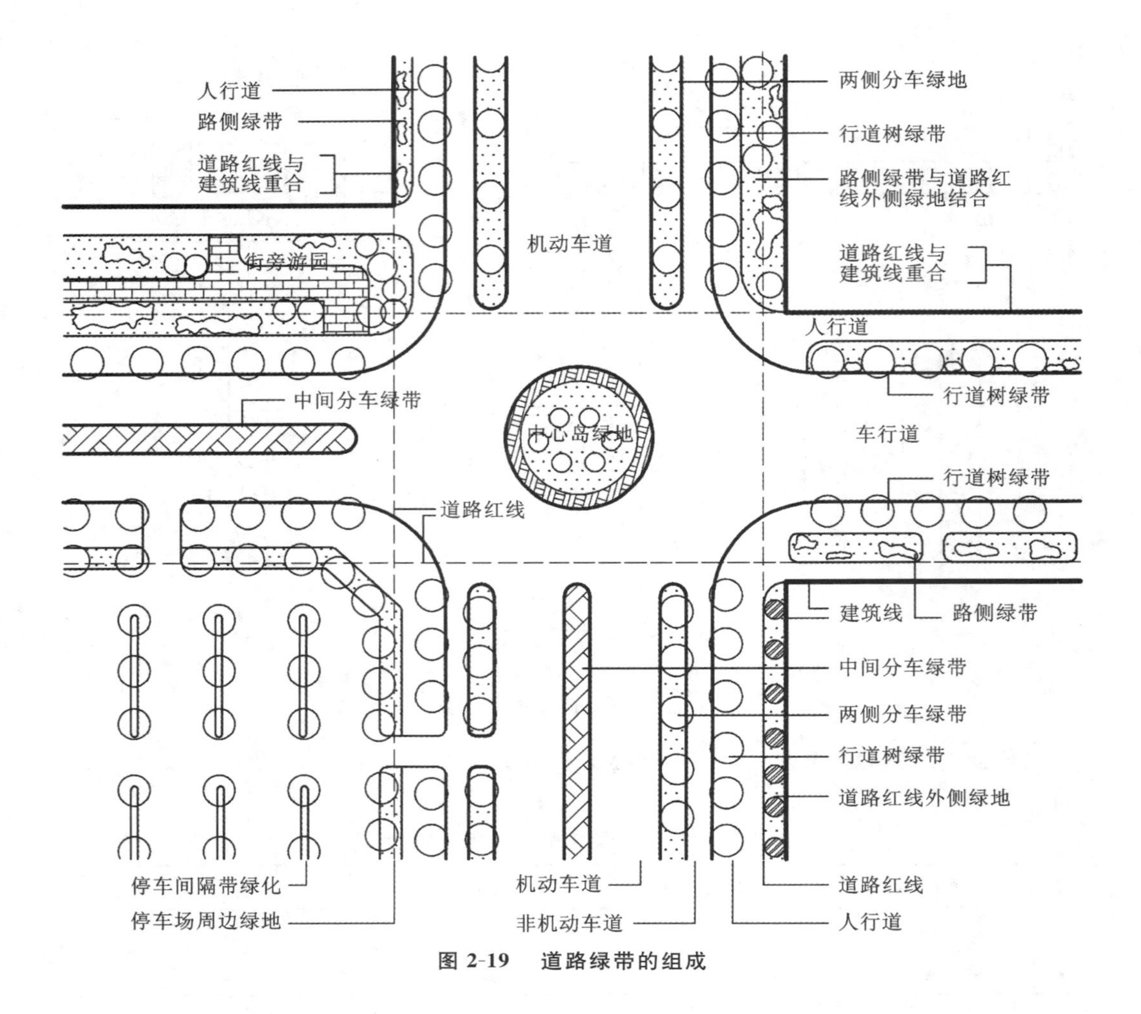


**图 2-19　道路绿带的组成**

① 分车绿带:车行道之间可以绿化的分隔带,位于上下行机动车道之间的为中间分车绿带,位于机动车道与非机动车道之间或同方向机动车道之间的为两侧分车绿带。城市主干路上的分车绿带宽度不宜小于 2.5 m,种植乔木的分车绿带宽度不得小于 1.5 m,中间分车绿带应阻挡相向行驶车辆的眩光,在距相邻机动车道路面高度 0.6 ~ 1.5 m 的范围内,配置植物的树冠应常年枝叶茂密,其株距不得大于冠幅的 5 倍。两侧分车绿带宽度大于或等于 1.5 m 的,应以种植乔木为主,并宜乔木、灌木、地被植物相结合,其两侧乔木树冠不宜在机动车道上方搭接,这是为了避免形成绿化“隧道”,有利于汽车尾气及时向上扩散,减少汽车尾气污染道路环境。分车绿带宽度小于 1.5 m 的,应以种植灌木为主,并应灌木、地被植物相结合。被人行横道或道路出入口断开的分车绿带的端部应采取通透式配置,即绿地上配植的树木,在距相邻机动车道路面高度 0.9 ~ 3.0 m 的范围内,其树冠不遮挡驾驶员视线。

② 行道树绿带:布设在人行道与车行道之间,以种植行道树为主的绿带。一般情况下,行道树绿带宽度不得小于 1.5 m。行道树绿带种植应以行道树为主,并宜乔木、

灌木、地被植物相结合，形成连续的绿带。在行人多的路段，行道树绿带不能连续种植时，行道树之间宜采用透气性路面铺装。树池上宜覆盖池箅子。行道树定植株距时，应以其树种壮年期冠幅为准，最小种植株距应为 4 m。行道树树干中心至路缘石外侧最小距离宜为 0.75 m。快长树苗木的胸径不得小于 5 cm，慢长树苗木的胸径不宜小于 8 cm。在道路交叉口视距三角形范围内，行道树绿带应采用通透式配置。

③ 路侧绿带：在道路侧方，布设在人行道边缘至道路红线之间的绿带。路侧绿带应根据相邻用地性质、防护和景观要求进行设计，并应保持在路段内连续与完整的景观效果。路侧绿带宽度大于 8 m 时，可设计成开放式绿地。开放式绿地中，绿化用地面积不得小于该段绿带总面积的 70%。濒临江河湖海等水体的路侧绿地，应结合水面与岸线地形设计成滨水绿带。滨水绿带的绿化应在道路和水面之间留出透景线。道路护坡绿化应结合工程措施栽植地被植物或攀缘植物。

(2) 交通岛绿地

交通岛绿地是绿化的交通岛用地。交通岛周边的植物配置宜增强导向作用，在行车视距范围内应采用通透式配置。交通岛绿地分为中心岛绿地、导向岛绿地和立体交叉绿岛。

① 中心岛绿地：位于交叉路口上可绿化的中心岛用地，应保持各路口之间的行车视线通透，布置成装饰绿地。

② 导向岛绿地：位于交叉路口上可绿化的导向岛用地，应配置地被植物。

③ 立体交叉绿岛：互通式立体交叉干道与匝道围合的绿化用地。应种植草坪等地被植物，草坪上可点缀树丛、孤植树和花灌木，以形成疏朗开阔的绿化效果；桥下宜种植耐阴地被植物；墙面宜进行垂直绿化。

(3) 广场和停车场绿地

广场和停车场绿地是指广场、停车场用地范围内的绿化用地。

① 广场绿化应根据各类广场的功能、规模和周边环境进行设计，广场绿化应利于人流、车流集散。公共活动广场周边宜种植高大乔木，集中成片绿地不应小于广场总面积的 25%，并宜设计成开放式绿地，植物配置宜疏朗通透。车站、码头、机场的集散广场绿化应选择具有地方特色的树种，集中成片绿地不应小于广场总面积的 10%。纪念性广场应用绿化衬托主体纪念物，创造与纪念主题相应的环境气氛。

② 停车场周边应种植高大庇荫乔木，并宜种植隔离防护绿带，在停车场内宜结合停车间隔带种植高大庇荫乔木。停车场种植的庇荫乔木可选择行道树种，其树木枝下高度应符合停车位净高度的规定：小型汽车为 2.5 m，中型汽车为 3.5 m，载货汽车为 4.5 m。

**2）道路绿地率的基本要求**

道路绿地率是指道路红线范围内各种绿带宽度之和占总宽度的百分比。在规划道路红线宽度时应同时确定道路绿地率。道路绿地率应符合的规定：园林景观路绿地率不得小于 40%，红线宽度大于 50 m 的道路绿地率不得小于 30%，红线宽度在 40 ～ 50 m 的道路绿地率不得小于 25%，红线宽度小于 40 m 的道路绿地率不得小于

20%。道路绿地一般不宜过窄,否则不仅发挥不了应有的防护隔断作用,并且行道树还会与路灯的矛盾突出,与地下管线的埋设又相互干扰。

**3) 道路绿化与有关设施**

(1) 道路绿化与地下管线

新建道路或经改建后达到规划红线宽度的道路,其绿化树木与地下管线外缘的最小水平距离宜符合表 2-11 的规定,行道树绿带下方不得敷设管线。

**表 2-11　树木与地下管线外缘最小水平距离**

| 管线名称 | 距乔木中心距离 /m | 距灌木中心距离 /m |
|---|---|---|
| 电力电缆 | 1.0 | 1.0 |
| 电信电缆(直埋) | 1.0 | 1.0 |
| 电信电缆(管道) | 1.5 | 1.0 |
| 给水管道 | 1.5 | — |
| 雨水管道 | 1.5 | — |
| 污水管道 | 1.5 | — |
| 燃气管道 | 1.2 | 1.2 |
| 热力管道 | 1.5 | 1.5 |
| 排水盲沟 | 1.0 | — |

(2) 道路绿化与架空线

分车绿带和行道树绿带为改善道路环境质量和美化街景起着重要作用,但因绿带宽度有限,乔木的种植位置基本固定。因此,在分车绿带和行道树绿带上方不宜设置架空线,以免影响绿化效果。若必须在此绿带上方设置架空线,只有提高架设高度,并且应保证架空线下有不小于 9 m 的树木生长空间。架空线下配置的乔木应选择开放型树冠或耐修剪的树种。树冠与架空电力线路导线的最小垂直距离应符合表 2-12 的规定。

**表 2-12　树冠与架空电力线路导线的最小垂直距离**

| 电压 /kV | 1 ~ 10 | 35 ~ 110 | 154 ~ 220 | 330 |
|---|---|---|---|---|
| 最小垂直距离 /m | 1.5 | 3.0 | 3.5 | 4.5 |

(3) 道路绿化与其他设施

树木与其他设施的最小水平距离应符合表 2-13 的规定。

**表 2-13　树木与其他设施最小水平距离**

| 设施名称 | 至乔木中心距离 /m | 至灌木中心距离 /m |
|---|---|---|
| 低于 2 m 的围墙 | 1.0 | — |

续表

| 设施名称 | 至乔木中心距离 /m | 至灌木中心距离 /m |
|---|---|---|
| 挡土墙 | 1.0 | — |
| 路灯杆柱 | 2.0 | — |
| 电力、通信杆柱 | 1.5 | — |
| 消防龙头 | 1.5 | 2.0 |
| 测量水准点 | 2.0 | 2.0 |

## 2.3　园路结构

园路的结构形式有多种，典型的园路结构包括面层、结合层、基层、垫层、路基等。此外，根据需要还应进行路缘石、明沟、雨水口、台阶、礓礤、蹬道等附属工程的设计，各部分都必须满足一定的结构和功能需要。

### 2.3.1　园路结构设计原则

园路结构是园路工程的一个重要组成部分，良好的园路结构对于交通及创造良好的景观都有重要作用。

**1）园路结构设计中的影响因素**

① 大气中的水分和地面湿度。

② 气温变化对地面的影响。

③ 冰冻和融化对路面的危害。

**2）园路结构应具有的特性**

① 强度与刚度，其中刚度指的是路面的抗弯能力。

② 稳定性，指随着时间的变化，路面抵抗气温变化、水侵蚀的能力。

③ 耐久性，指路面的抗疲劳和抗老化的能力。

④ 表面平整度。

⑤ 表面抗滑性能。

⑥ 少尘性。

在园路施工中，往往存在重面不重基的现象，结果导致新修建的园路中看不中用，一条铺装很美的路面，没有使用多长时间就变得坎坷不平、破烂不堪，失去了使用价值，没有了造景效果，反而对园林整体景观有破坏作用。造成这种现象的主要原因有两点：一是园林地形大多经过整理，其基土本身就不够坚实，修路时又没有充分夯实；二是园路的基层强度不够。所以，在既要节省投资，又要保证园路的美观、结实、耐用的情况下，应尽量保证面层要薄、基础要强、土基要稳定。

### 2.3.2 园路的结构组成

园路由路面和路基两部分组成,路面包括面层、结合层、基层与垫层。

**1)园路的面层**

面层是路面最上的一层。它直接承受人流、车辆荷载和不良气候的影响,因此要求其坚固、平整、抗滑、耐磨,具有一定的粗糙度,少尘土,便于清扫,同时尽量美观大方,和园林绿地景观融为一体。面层材料的选择应遵循的原则:一是要满足结构高强度、高温稳定性和低温抗裂性要求;二是要满足园路的装饰性要求,体现地面景观效果,且应与周围的地形、山石、植物相配合;三是要求色彩和光线柔和,防止反光。

**2)园路的结合层**

(1)结合层的作用

结合层是指在采用块料铺筑面层时,面层和基层之间的一层。结合层的主要作用是结合面层和基层,同时起到找平的作用。

(2)结合层的材料选择

① 混合砂浆:由水泥、白灰、砂组成,强度高,黏性、整体性好,适合铺块料面层,但造价高。

② 水泥砂浆:由水泥、砂子和水混合而成,在工程中用作块状砌体材料的黏合剂,比如砌毛石、红砖,还可用于抹灰。水泥砂浆适合铺块料面层,在使用时经常掺入一些添加剂,如微沫剂、防水粉等,以改善和易性与黏稠度。

③ 白灰干砂:施工操作简单,遇水自动凝结。白灰体积膨胀后,密实性好,是一种比较好的结合层材料。

④ 净干砂:施工简单,造价低廉,但最大的缺点是砂子遇水会流失,造成结合层不平整,下雨时面层以下会积水,行人行走时往往挤出泥浆,行走不便,现在应用较少。

**3)园路的基层**

(1)基层的设计原则

基层在路基之上,主要起承重作用,它一方面承受由面层传下来的荷载,一方面把荷载传给路基,因此应满足强度、扩散荷载的能力、水稳定性和抗冻性的要求。由于基层不外露,不直接造景,不直接承受车辆荷载,不受人为及气候条件等因素的影响,因此基层设计应遵循以下原则。

① 就地取材的原则。基层是路面结构层中最大的一部分,同时对材料的要求很低,可就地取材来满足设计施工要求。

② 满足路面荷载的原则。基层起着支撑面层荷载并将其传向路基的作用,所以在材料的选择与厚度等方面一定要满足荷载要求。

③ 依据气候特点及土壤类型而变的原则。不同土壤的坚实度不同,以及不同地区的气候具有不同特点,特别是降雨及冰冻情况不同,这些都决定了对基层的设计选择要求。

④ 经济实用的原则。在满足各项技术设计要求的前提下节省资金。

(2) 基层的材料选择

基层可采用刚性、半刚性或柔性材料，包括混凝土基层、无机结合稳定料基层、级配砂砾基层等。在季节性冰冻地区，地下水位较高时，为了防止园路翻浆现象的发生，基层应选用隔温性较好的材料。园林中常见的基层如下。

① 混凝土基层。其属于刚性基层，可用普通混凝土、碾压混凝土、钢筋混凝土等材料铺筑。混凝土基层刚度大、抗弯沉能力强，稳定性和耐久性好，但造价较高，多用于广场和车行路。

② 无机结合稳定料基层。其属于半刚性基层，具有稳定性好、抗冻性能强、结构本身自成板体等特点，但其耐磨性差，因此广泛用于修筑路面结构的基层和底基层，其材料包括水泥稳定砂砾、石灰粉煤灰稳定土、石灰稳定土，以及煤、矿渣石灰土和灰土等。

a. 水泥稳定砂砾基层。水泥稳定砂砾属于水泥稳定土的一种。水泥稳定土是指在土壤或基层材料中，掺以一定数量的水泥，经混合和加水压实，达到稳固的结合，以提高土壤或基层材料的力学强度和耐水性、耐冻性。加入土壤或基层材料中的水泥和水接触后，即起水解和水化作用，其物理和化学的交叉反应，使土壤或基层材料的力学强度提高。用这种方法所得到的混合物称为水泥稳定土。视所用材料的不同和颗粒组成的不同，分别称为水泥稳定土、砂、碎石、石屑、砂砾和水泥稳定砂砾土。由于水泥用量不大(一般为 4% ～ 7%)，且又大多采用低强度等级的水泥，故成本比较低，在那些富产砂石的地方，大量采用该结构，是降低工程造价的有效途径。在冰冻地区，基层受水和负温度影响，会产生冻胀，气温升高后融化，强度大幅降低。水泥稳定类基层属半刚性基层，具有足够的强度与刚度，收缩性小，水稳性和抗冻性都较石灰土基层好。

b. 石灰粉煤灰稳定土基层。石灰粉煤灰稳定土又称二灰土，是以石灰、粉煤灰与土按一定的配比混合，加水拌匀碾压而成的一种基层结构材料。其抗压强度及抗冻性优于石灰土，收缩性小于水泥土和石灰土，但早期强度低，施工受季节限制。

c. 石灰土稳定土基层。石灰土稳定土是在土中掺入一定量的石灰和水均匀搅拌而成，有良好的板体性，适用于各种路面的基层。但其水稳性、抗冻性及早期强度较其他无机结合料低，干缩及温缩特性十分明显，容易导致道路基层开裂，不能在低温季节和雨季进行施工。石灰土的冰冻深度与土壤相同，石灰土结构的冻胀量仅次于亚黏土，说明密度不足的石灰土(压实密度小于 85%) 不能有效防止冻胀，一般用于无冰冻区或冰冻不严重的地区。

d. 煤、矿渣石灰土基层。其是将煤渣或矿渣、石灰和土等材料，在一定的配比下，经拌和压实而形成强度较高的一种基层，具备石灰土的全部优点，强度、稳定性和耐磨性均比石灰土好，早期强度高还有利于雨季施工。煤渣、石灰、土的比例为 7∶1∶2，隔温性较好，冰冻深度最小，在地下水位较高时，能有效防止冻胀。

e. 灰土基层。它是由一定比例的白灰和土拌和后压实而成的一种基层，使用较广,具有一定的强度和稳定性,不易透水,后期强度接近刚性物质。在一般情况下使用一步灰土(压实后为 15 cm),在交通量较大或地下水位较高的地区,可采用压实后为 20 ～ 25 cm 的二步灰土。

③ 级配砂砾基层。其属于柔性基层,天然级配砂砾是用天然低塑性砂料,经摊铺并适当洒水碾压后形成的具有一定密实度和强度的基层结构,适用于园林中各级路面。这种基层一般厚度为 10 ～ 20 cm,若厚度超过 20 cm,应分层铺筑。分层最小厚度应不小于两倍最大粒径,以 15 ～ 20 cm 为宜。

**4) 园路的垫层**

垫层主要设置在温度和湿度状况不良的路段上,以改善路面结构的使用性能。垫层的主要作用为改善土基的湿度和温度状况,保证面层和基层的强度稳定性和抗冻胀能力,扩散由基层传来的荷载应力,以减小土基所产生的变形,在园林中也可采用加强基层的办法而不设此层。在季节性冰冻地区,路面结构厚度小于最小防冻厚度要求时,设置防冻垫层可以使路面结构免除或减轻冻胀和翻浆病害。

垫层应具有一定的强度和良好的水稳定性。常用垫层材料有两类:一类是用松散材料,如砂、砾石、炉渣、矿渣等颗粒材料组成的透水性垫层,厚度可按当地经验确定,一般宜大于 150 mm,宽度不宜小于基层;另一类是由整体性材料,如石灰土或炉渣石灰土组成的稳定性垫层。

**5) 园路的路基**

(1) 路基的作用

路基是路面的基础,它为园路提供一个平整的基面,承受由路面传下来的荷载,并保证路面有足够的强度和稳定性,因此必须密实、均匀、稳定。如果土基的稳定性不良,应采取措施,以保证路面的使用寿命。

(2) 路基设计施工

路基设计在园路中相对简单,在具体设计时应因地制宜,合理利用当地材料;对特殊地质、水文条件的路基,应结合当地经验按有关规范设计,一般有以下几种类型。

① 对于未压实的下层填土,经过雨季被水浸润后,能使其自身沉陷稳定,其容重为 180 $g/cm^3$,可以用于路基。

② 一般黏土或砂性土不开挖则用蛙式夯夯实三遍,如无特殊要求,就可以直接用作路基。

③ 在严寒、湿冻地区,一般宜采用1∶9或2∶8的灰土加固路基,其厚度通常为15 cm。

④ 在冰冻不严重、基土坚实、排水良好的地区铺筑游步道时,只要把路基稍做平整,就可以铺砖修路。

## 2.3.3 路面结构分类及施工

**1) 柔性路面**

(1) 定义

柔性路面主要包括各种粒料基层和各种沥青面层、合成高分子材料面层、碎石面层或块石面层所组成的路面结构，如图 2-20 所示。

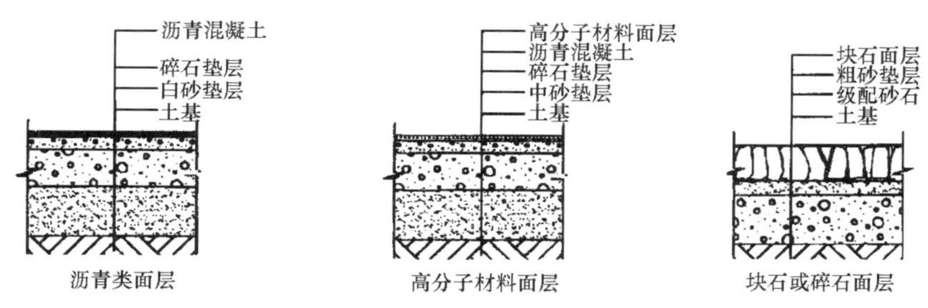


**图 2-20　常用柔性路面结构示意**

(2) 结构组成及物理特性

柔性路面结构体系比较复杂，首先它是以层状结构支撑在路基上，是一个强度自上而下逐渐减弱的多层体系，各层材料性质多变，具有弹-黏-塑和各向异性，刚度小，抗弯沉能力弱，荷载由强而弱地逐步向下传递到路基，路基受压强度较大，路基本身的强度和稳定性对路面的整体强度有较大影响。

(3) 使用效果

优点：施工时间短，通行快，施工、维修方便，起尘少。

缺点：低温时抗变形能力较低，抗滑性随时间的推移而减小。

(4) 施工要点

① 荷载作用于路面，应力随深度而递减，因而，路面结构可按强度自上而下递减的方式组合，即强材放上层，弱材放下层，同时，相邻层的强度差也不能过大。

② 保证土基的平整度及强度。

③ 优选适宜的层数和构造层厚，如表 2-14 所示。

**表 2-14　常用柔性路面分类和特点**

| 结构层名称 | 最小厚度 /mm | 备　　注 |
|---|---|---|
| 沥青混凝土 | 20 ～ 50 | 粗粒式用高值，细粒式用低值，中粒式大于 35 mm |
| 热拌沥青碎石 | 40 | — |
| 沥青贯入式 | 40 | — |
| 沥青表面处治 | 10 ～ 25 | 单层式 10 mm，双层式 15 mm，三层式 25 mm |
| 各种碎石、砾石、杂砖混合料 | 100 ～ 120 | 包括泥结、水结、级配等 |
| 整齐块料、弹街石 | 100 ～ 120 | — |
| 半整头块料、弹街石 | 80 ～ 120 | — |
| 手摆块(卵) 石基层等 | $h+(30\sim40)$ | $h$ 为块石高度 |
| 砂垫层(大块石下) | 80 ～ 120 | — |

(5) 各类路面的特点和适用范围

各类路面的特点和适用范围如表 2-15 所示。

**表 2-15 几种主要路面的特点和适用范围**

| 面层种类 | | 特点和适用范围 |
|---|---|---|
| 黑色沥青 | 沥青混凝土 | 强度、平整度和耐久性好，起尘极少，但路面的允许拉应变值较小，会产生规则横向裂缝，因而要求基层坚强。可用于交通量大的风景园林主干道，还可以作为高分子材料面层的下层 |
| | 热拌沥青碎石 | 温度稳定性好，路面不易产生波浪和冻缩裂缝，行车荷载作用下裂缝少，且对石料级配和沥青规格要求较宽松。沥青用量少，不用矿粉，造价低，可用于风景园林主干道。中粒式、粗粒式沥青碎石宜用作沥青混凝土面层下层、联结层或整平层 |
| | 沥青灌入式 | 该路面性能与热拌沥青碎石路面相近，但需要 2 ～ 3 周的成型期，最上层还应撒布封层料或加铺拌和层。可用于风景园林主干道，也可作为沥青混凝土面层的联结层 |
| | 沥青表面处治 | 沥青表面处治可改善路面行车条件，使其承受行车磨耗及大气作用的能力增强，延长路面使用年限。所铺筑的沥青路面，厚度可大于 3 cm，强度一般不计。常用于次干道，也可用作沥青路面的磨耗层、防滑层 |
| 彩色沥青 | 在普通沥青混凝土中掺入彩色颜料和骨料 | 性能与普通的沥青混凝土相同，因掺入料的不同而呈现出不一样的质感、色彩(一般为茶色、棕红色系)，适用范围广泛，可用于各种园林道路铺装 |
| | 在脱色沥青混凝土中掺入彩色颜料和骨料 | 耐久性不如普通的沥青混凝土，表面易老化，但色彩较前一种丰富得多，也可将沥青脱至浅驼色直接使用，一般用于人行步道、广场等处 |
| 碎石路面 | | 透水性好，步行舒适，造价低廉，但平整度差，不耐压，养护量大，只适用于一些游人较少的步道和简易停车场 |
| 块石路面 | | 块石路面较碎石路面有更好的强度、耐久性和平整度，且更易于养护，多用于次要园路和游步道 |

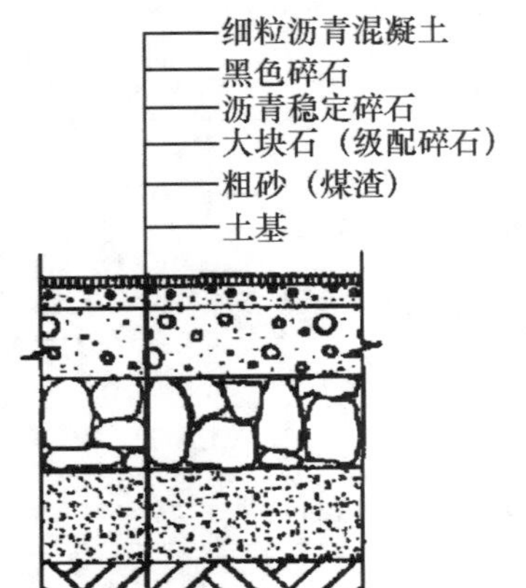

图 2-21 半刚性路面结构示意

**2) 半刚性路面**

(1) 定义

所谓半刚性路面，是对传统柔性路面的优化升级设计，是将原来的粒料基层改为水硬性无机结合稳定材料(简称半刚性材料)的路面，其结构如图 2-21 所示。

(2) 使用效果

半刚性路面基层在保持了传统柔性路面优点的同时，既克服了柔性路面基层水稳性不好的弱点，还有较高强度与刚度，使得整个路面结构的强度与刚度都大大提高。

（3）设计要点

① 采取重型压实标准,厚半刚性材料层和较薄面层。

② 限制混合料中最大粒径的尺寸可保证基层平整度,并进一步保证面层施工时的平整度。

③ 半刚性路面结构中的底基层与传统的柔性路面结构中的底基层相比较,处于完全不同的地位。由于半刚性基层具有较大的强度与刚度,成为承载弯曲应力的主要承重层,而底基层成为基层的直接支撑,应提出比一般路面底基层更高的要求。

（4）半刚性路面结构层

优选水稳定性好的基层、底基层及其厚度,如表2-16所示。

**表2-16 常用半刚性路面结构层**

<table>
<tr><th colspan="2">半刚性基层名称</th><th>厚度</th><th>建议体积比</th><th>备注</th></tr>
<tr><td rowspan="3">基层</td><td>二灰稳定粒料（石灰、粉煤灰、碎石）</td><td rowspan="3">200～400 mm:北方各省一般取200～300 mm,南方各省取300～400 mm</td><td rowspan="3">（石灰＋粉煤灰）∶碎石＝1∶4～1∶1<br>石灰∶土∶碎石＝1∶2∶5</td><td rowspan="3">石灰土稳定粒料只宜在北方、干燥地区、排水良好路段使用</td></tr>
<tr><td>水泥稳定粒料（水泥、碎石）</td></tr>
<tr><td>石灰土稳定粒料（石灰、土、碎石）</td></tr>
<tr><td rowspan="3">基层</td><td>沥青稳定粒料（沥青、碎石）</td><td>150 mm</td><td rowspan="3">石灰渣∶煤渣＝1∶2.5～1∶4<br>石灰渣∶煤渣∶道砟＝1∶2∶3</td><td rowspan="3">道砟也可用碎石、碎砖代替,粒径30～50 mm</td></tr>
<tr><td>二渣（石灰渣、煤渣）</td><td>150～200 mm</td></tr>
<tr><td>三渣（石灰渣、煤渣、道砟）</td><td>150～250 mm</td></tr>
<tr><td rowspan="5">底基层</td><td>二灰（石灰、粉煤灰）</td><td rowspan="5">底基层的厚度可按照底面弯拉应力控制设计,一般不宜小于基层厚度,或与基层等厚,通常取200～400 mm为宜</td><td rowspan="5">石灰∶粉煤灰＝1∶3<br>（石灰＋粉煤灰）∶土＝3∶7～2∶3<br>石灰粉∶土＝1∶3,普通石灰∶土＝1∶4,石灰工业废料∶土＝1∶2～1∶4</td><td rowspan="5">只宜在北方、干燥地区、排水良好路段使用,具体掺灰量视现场石灰质量试验确定,拌和时含水量控制在20%～25%</td></tr>
<tr><td>二灰土（石灰、粉煤灰、土）</td></tr>
<tr><td>石灰土（石灰、土）</td></tr>
<tr><td>水泥稳定土</td></tr>
<tr><td>沥青稳定土</td></tr>
</table>

注:具体掺料比例视现场实际情况而定。

**3) 刚性路面(水泥混凝土类)**

(1) 定义

刚性路面主要是用水泥混凝土做面层或基层的路面结构，如图 2-22 所示。目前常用的有素混凝土路面、钢筋混凝土路面、连续配筋混凝土路面、预应力混凝土路面、装配式混凝土路面、钢纤维混凝土路面、碾压混凝土路面等。

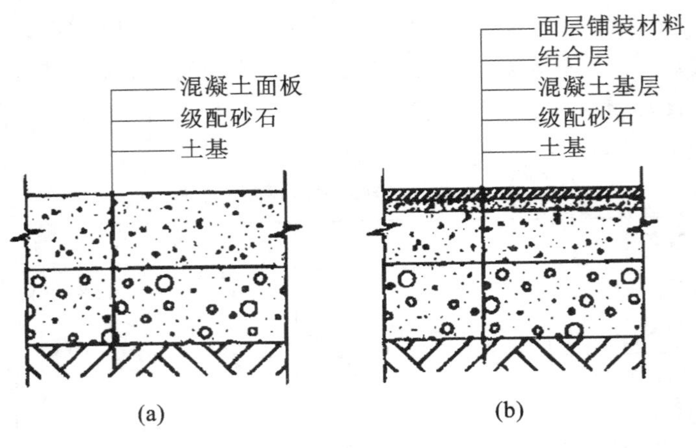


**图 2-22 刚性路面结构示意**

(a) 混凝土面层； (b) 混凝土基层

(2) 结构组成及物理特性

所谓刚性路面，是有一层强度较基础高很多的材料作为面层，刚度大，抗弯沉能力强，路表面形变小，传递到土基上的单位压力也较小。

(3) 使用效果

优点：强度高，稳定性好，耐久性好，起尘少。

缺点：初期投资大，有接缝，开放交通迟，修复困难，噪声比柔性路面大。

(4) 施工要点

① 刚性路面除要求面层有良好的平整度外，也要求基层有一定的强度和稳定性，还需重视基层、地基的强度均匀性。

② 刚性路面板的平面尺寸划分。刚性路面设计布置缝道作平面划分，横向缩缝(假缝)间距常取 3 ～ 8 m，横向伸缝(胀缝)多取 10 ～ 35 mm；路面的纵缝设置多采用一条车道宽度，即 3 ～ 4 m。考虑缩缝间距一致易使行车发生单调的有节奏颠簸，驾驶员可能会因精神疲惫而发生交通事故，故也可将缩缝间距改为不等尺寸交错布置。

③ 接缝构造有以下几种形式。

a. 伸缝。伸缝或称真缝，缝宽为 10 ～ 35 mm，系贯通缝，是适应混凝土路面板伸胀变形的预留缝，如图 2-23(a) 所示。

b. 缩缝。缩缝或称假缝，缝宽为 3 ～ 8 mm，深度为板厚的 1/5 ～ 1/4，是不贯通到底的假缝，主要起收缩作用，如图 2-23(b) 所示。

c. 纵缝。纵缝是多条车道之间的纵向接缝，其构造要求与缩缝相同。

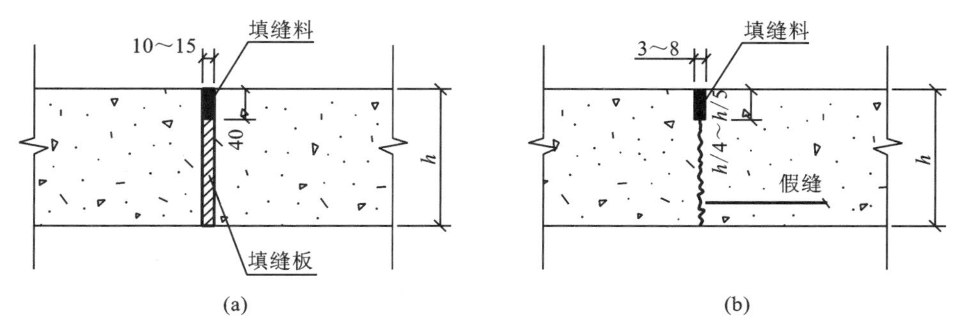


图 2-23 刚性路面接缝构造示意

(a) 伸缝；(b) 缩缝

## 2.3.4 园路的附属工程

**1) 路缘石**

路缘石俗称道牙，是安置在路面两侧的园路附属工程。

(1) 路缘石的作用

路缘石使路面与路肩在高程上衔接起来，起到保护路面、便于排水、标志行车道、防止道路横向伸展的作用。同时，作为控制路面排水的阻挡物，还可以对行人和路边设施起到保护作用。路缘石的设计不能只看作是满足特定工程方面的要求，而应全面考虑周围绿地及铺装的特色、材料选择进行设计，应当综合以下几个方面来考虑。

① 保护路面边缘和维持各铺砌层。

② 标志和保护边界。

③ 标志不同路面材料之间的拼接。

④ 形成结构缝以及起集水和控制车流作用。

⑤ 装饰美化作用。

(2) 路缘石的结构形式。

路缘石是分隔道路与绿地的设施，一般分为立缘石(见图 2-24) 和平缘石(见图 2-25)。

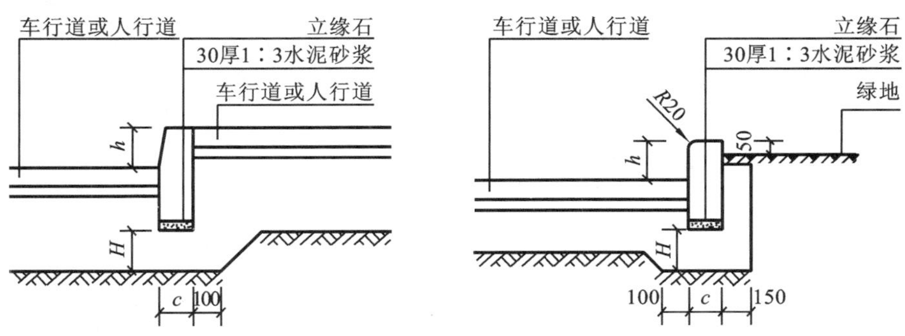


图 2-24 立缘石剖面示意

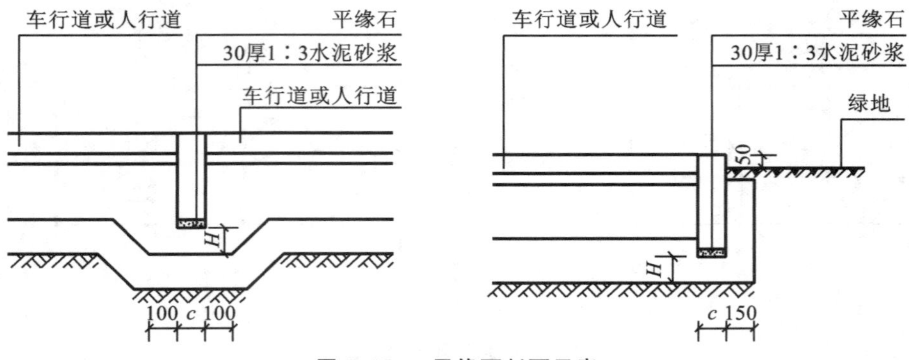


图 2-25　平缘石剖面示意

(3) 路缘石类型及施工

① 预制混凝土缘石。这种缘石结实耐用、整齐美观，一般在主要园路及规则式园林中的次要园路中应用较多，且以立缘石为主。

② 砖砌缘石。砖砌缘石有两种形式：一种是直接用砖砌成不同花纹形式的缘石，多用于自然式园林小路，形式多样；另一种是用砖砌成外涂水泥砂浆面层，这种缘石一般在冬季不结冰、无冻结的地方较适用。

③ 瓦片、大卵石缘石。这类缘石主要用于自然式园林中，能起到很好的造景作用，也能因地制宜，就地取材。

**2) 明沟和雨水口**

明沟和雨水口是为收集路面雨水而建的构筑物，在园林中常用砖块砌成。明沟一般多用于平缘石的路肩外侧，而雨水口则主要用于立缘石的缘石内侧。

(1) 明沟

建筑前场地或者道路表面(无论是斜面还是平面)的排水均需要使用排水边沟。排水边沟的宽度必须与水沟的盖板箅子宽度相对应，箅子的材质可以采用预制混凝土、钢板、铸铁。排水沟同样可以用于普通道路和车行道旁，为道路设计提供一个富有趣味性的设计点，并能为道路建立独有的风格。排水边沟应当为路面铺设模式的组成部分之一，当水沿路面流动时，它可以作为路的边缘装饰。排水沟可采用盘形剖面或平底剖面，并可采用多种材料，例如现浇混凝土、预制混凝土、花岗岩、普通石材或砖，如图 2-26 所示。花岗岩铺路板和卵石的混合使用使路面有质感的变化，卵石粗糙的表面会使水流的速度减缓，这在某些环境中显得十分重要。盘形边沟多为预制混凝土或石材构成，而石材造价相对来说较高。平底边沟应具有压模成型的表面，以承受流经排水边沟的雨水或污水的荷载。

(2) 雨水口

雨水口也称收水口，指的是管道排水系统汇集地表水，在雨水管渠或合流管渠上收集雨水的构筑物，由进水箅、井身及支管等组成，是雨水系统的基本组成单元。降落到道路、广场、草地，乃至一些建筑屋面的雨水首先通过箅子汇入雨水口，再经

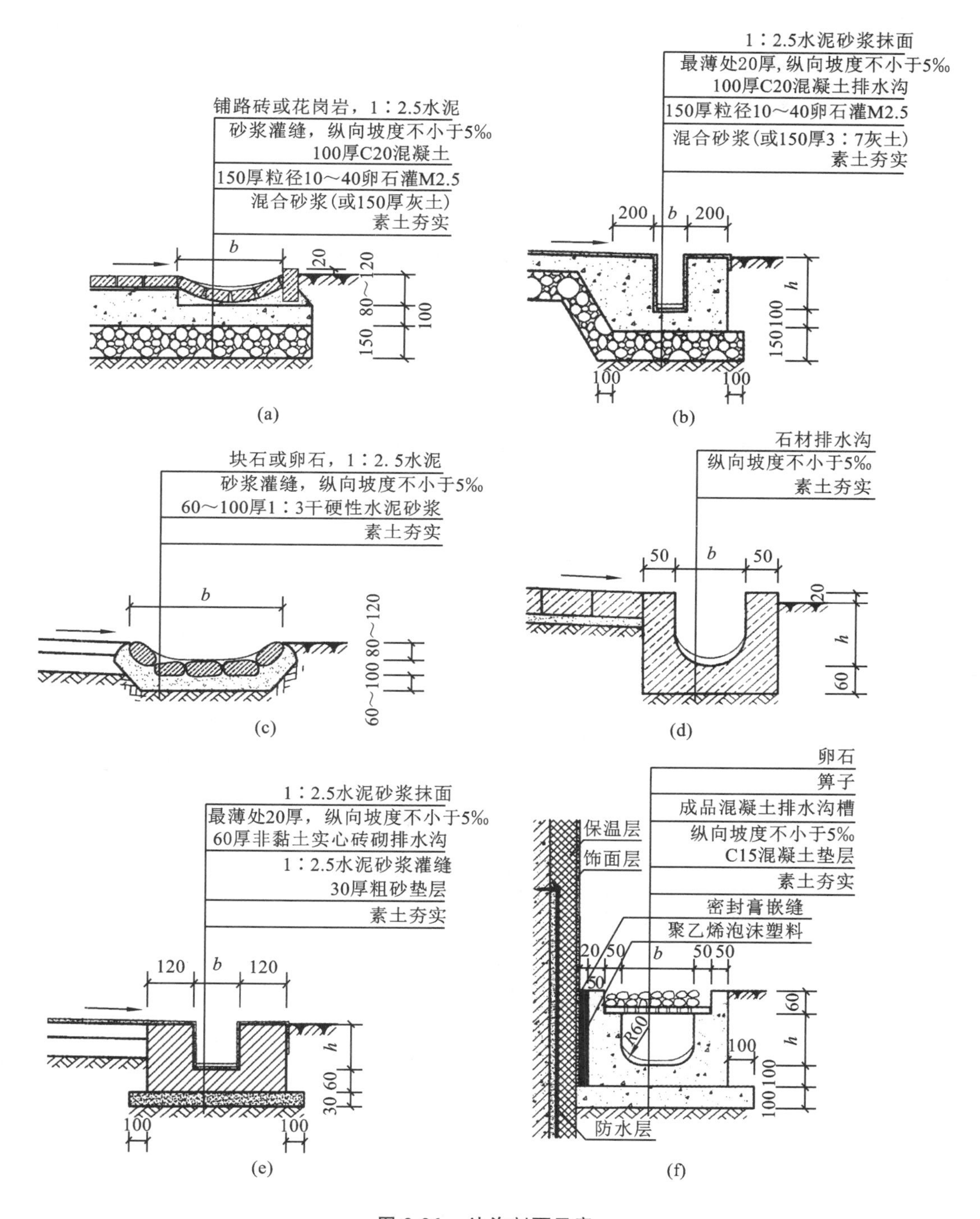


**图 2-26　边沟剖面示意**

(a) 铺路砖或花岗岩散水明沟；(b) 混凝土散水明沟；(c) 块石或卵石散水明沟；(d) 石材散水明沟；(e) 砖砌散水明沟；(f) 预制混凝土散水暗沟

过连接管道流入河流或湖泊，因此可以说雨水口是雨水进入城市地下的入口、收集地面雨水的重要设施。雨水口的形式主要有平箅式、偏沟式、立箅式、联合式等。

**3）台阶、礓䃰、蹬道**

（1）台阶

当路面坡度超过18%时，为了便于行走，在不通行车辆的路段上可设台阶。在设计中应注意以下几点。

① 台阶的宽度与路面相同，一般每级台阶的高度宜为12～17 cm，宽度为30～42 cm。

② 一般台阶不宜连续使用，如地形许可，每10～18级台阶后应设一段平坦的地段，便于游人休息以恢复体力。

③ 为了防止台阶积水、结冰，每级台阶应有1%～2%的向下的坡度，以利排水。

④ 台阶的造型及材料一般应考虑与道路和广场的铺装面层材料相协调，选用花岗岩条石或石板、混凝土、面砖等(见图2-27)；也可以结合造景的需要，利用天然山石或预制混凝土做成仿木桩、树桩等各种形式，装饰园景。为了夸张山势，造成高耸的感觉，台阶的高度也可增至15 cm以上，以增加趣味。

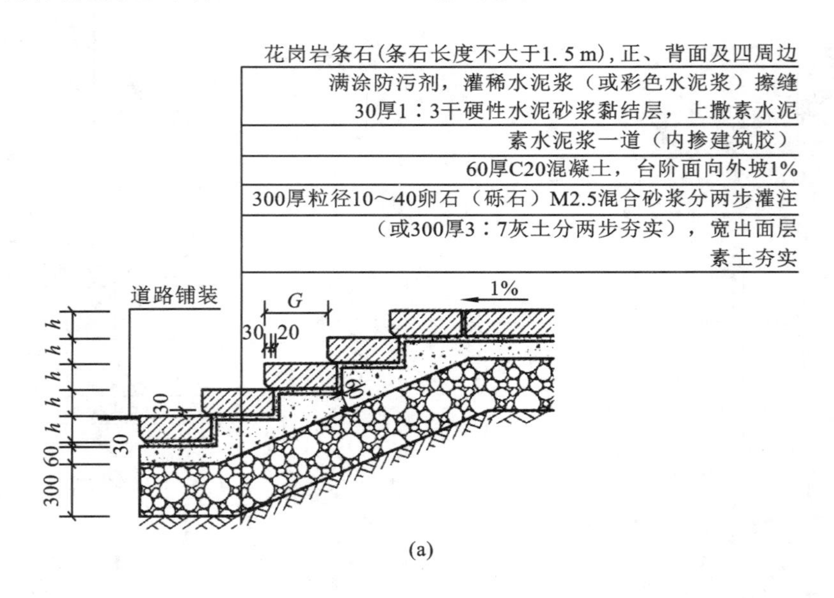


**图2-27　台阶剖面示意**

(a) 花岗岩条石台阶；(b) 混凝土台阶；(c) 地砖面层台阶

（2）礓䃰

礓䃰又叫礓磋，是古代汉族建筑中以砖石露棱侧砌的斜坡道，可以防滑，一般用于室外。在坡度较大的地段上，一般纵坡坡度大于15%时应设台阶，但是为了能让车辆通行会设置锯齿形坡道，这种坡道就叫作礓䃰，其形式和尺寸如图2-28所示。

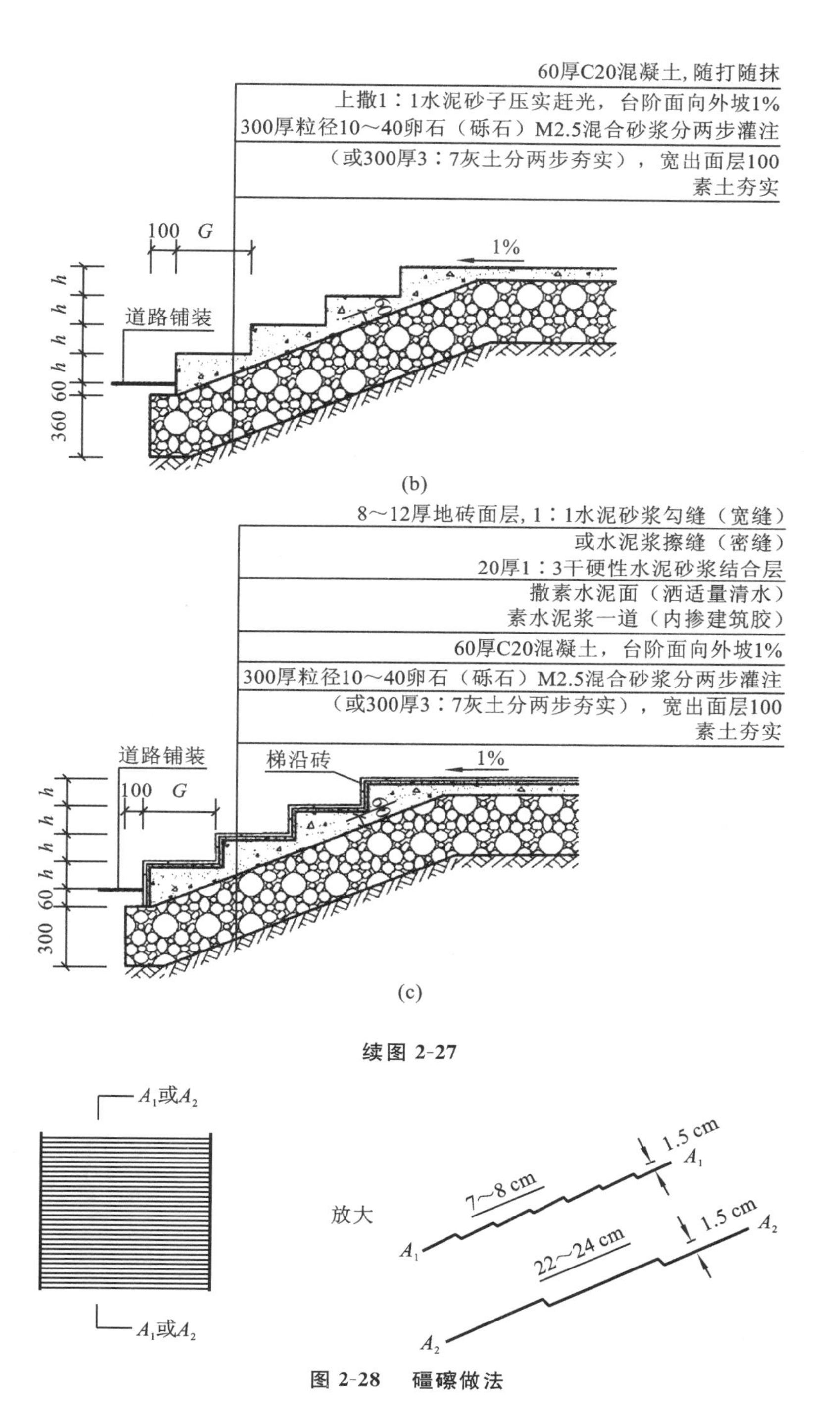


续图 2-27



图 2-28 礓礤做法

(3) 蹬道

在地形陡峭的地段,可结合地形或利用露岩设置蹬道,当其纵坡大于58%时,应做防滑处理,并设扶手护栏等。

## 2.4 园路铺装

### 2.4.1 园路铺装原则

园路的地面铺装是园路景观中的一个重要界面,而且是与用路者接触最紧密的一个界面。路面铺装不但能强化视觉效果,影响环境特征,表达不同的立意和主题,对游人的心理产生影响,还有引导和组织游览的功能。在园路的铺装设计与施工中应遵循以下原则。

**1) 铺装要符合生态环保的要求**

园林是人类为了追求更美好的生活环境而创造的,园路的铺装设计也是其中一个重要方面。它涉及很多内容,一方面是否采用环保的铺装材料,包括材料来源是否破坏环境、材料本身是否有害,如是否过度光亮产生光污染、有无辐射等;还有是否采取环保的铺装形式,比如施工过程是否会对当地的环境产生破坏,是否应用透气渗水性好的铺装材料等,建议采用块料-砂、石、木、预制品等面层和砂土基层,建成上可透气、下可渗水的园林-生态-环保道路。

**2) 铺装要符合园路的功能特点**

除建设期间外,园路车流频率不高,重型车也不多,因此铺装设计要符合园路的这些特点,既不能弱化甚至妨碍园路的使用,也不能因盲目追求某种不合时宜的外观效果而妨碍道路的使用。比如,抛光的花岗岩之类的铺装材料,用在干燥、清洁、人流相对较少的室内地面,显得华丽、气派,也易于清洁,但如果大量用在室外的园路或广场上,则会有雨天湿滑、跌倒伤人的危险。因此,这类材料即使在做好防滑处理的条件下,也只能在局部少量使用,如作为观赏的园路拼花中出现的抛光后的装饰条。

色彩、纹样的变化同样可以起到引导人流和方向的作用。一条位于风景幽胜处的小路,为了不影响游人行进和欣赏风景,铺装应平整、安全,不宜有过多的变化。如在需提示景点或某个可能作为游览中间站的路段,可利用与先前对比较强烈的纹样、色彩、质感的铺装变化,提醒游人并供游人停下来观赏。出于驾驶安全的考虑,行车道路不能铺得太花哨以致干扰司机的视觉。但在十字路口、转弯处等交通事故多发路段,可以铺筑彩色图案以规范道路类别,保证交通安全。

**3) 铺装要与其他造园要素相协调**

园路路面设计应充分考虑到与地形、植物、山石及建筑的结合,使园路与之统一协调,适应园林造景要求,如嵌草路面不仅能丰富景色,还可以改变土壤的水分和通气状态等。在设计园路路面时,如为自然式园林,园路路面应具有流畅的自然美,无论是形式还是花纹,都应尽量避免过于规整;如为规则式平地直路,则应尽量追求有节奏、规律、整齐的景观效果。

**4)铺装要与园景的意境功能相协调**

园路路面是园林景观的重要组成部分,路面的铺装既要体现装饰性的效果,以不同的类型形态出现,同时在建材及花纹图案设计方面又必须与园景意境相结合,可以是我国园林传统做法的继承和延伸,如风景园林绿地中自然、野趣的铺装,但应注意,园路只是景观的组成部分,必须与园景统一,为园林大景观服务,而不能喧宾夺主。路面铺装不仅要配合周围环境,还应该强化和突出整体空间的立意及构思。例如,儿童公园或游戏场的空间环境设计要求活泼、明朗、热烈,故铺地纹样设计不妨以"动"为主题,采用鲜明的颜色、富有想象力的图案和浅显易懂的主题(几何图案、动物、童话故事人物等)搭配,既能调动游人的情绪,又能满足孩子们的好奇心。在寺庙等处的道路铺装则应以古朴、淡雅、清静为主,以天然的石板条或古朴的青砖瓦片等铺成简单大方的格子、传统的冰纹和席纹等,都是不错的选择。

### 2.4.2 园路铺装实例

随着人们对环境建设的日益重视,铺装景观亦逐渐成为人们日益关注的焦点问题。旧时那种色彩千篇一律、线条笔直单调、构图毫无韵律、质感缺少变化的铺装景观,带给人们的只是单调乏味甚至是压抑沉闷的心理和视觉感受,这样不仅难以创造优美的景观环境,而且与现代的环境建设不相融合,因此,铺装景观逐渐引起了人们的重视。路面铺装是否有令人愉悦的色彩、让人耳目一新的创意和图案,是否和环境协调,是否有舒适的质感,对于行人是否安全等,都是园路铺装设计的重要内容之一,也是最能表现"设计以人为本"这一主题的手段之一。在铺装设计中一般应考虑两方面:一是铺装的纹样与图案设计,如色彩搭配、繁简对照、尺度划分、个性、属性、民族风格等;二是铺装材料与结构设计,如强度、耐久性、质感、色彩、透水性、环保性等。

**1)传统的园路铺装设计**

园路是园景的一部分,应根据园景的需要进行设计,路面或朴素、粗犷,或舒展、自然、古朴、端庄,或明快、活泼、生动。中国园林在园路铺装设计上形成了特有的风格,力求取材于自然、融于自然、改变自然、装点自然。园路一般采用砖、石、瓦等材料,以不同的纹样、质感、尺度、色彩,以不同的风格和时代要求来装饰园林。如杭州三潭印月的一段路面,以棕色卵石为底,以橘黄、黑两色卵石镶边,中间用彩色卵石组成花纹,显得色调古朴、光线柔和;成都人民公园的一条林间小路,在一片苍翠中采用红砖拼花铺路,丰富了林间的色彩。中国自古对园路面层的铺装就很讲究,《园冶》中说"惟厅堂广厦中铺一概磨砖,如路径盘蹊,长砌多般乱石,中庭或一叠胜,近砌亦可回文。八角嵌方,选鹅子铺成蜀锦""鹅子石,宜铺于不常走处""乱青版石,斗冰裂纹,宜于山堂、水坡、台端、亭际"。又说"花环窄路偏宜石,堂回空庭须用砖"。此外,我国传统的园路铺装强调"寓情于景",在铺装设计时会有意识地根据不同主题的环境,采用不同的纹样、材料来加强意境。以下介绍几种传统的铺装形式。

(1) 砖石铺地

砖石铺地指的是石板、砖、卵石铺砌的地面。规整的砖石铺地图案一般有席纹、人字纹、间方纹、斗纹等,不规整的砖石铺地图案有冰裂纹等。传统的砖石铺地图案如图 2-29 所示,一些常见的砖石铺地图案如图 2-30 所示。

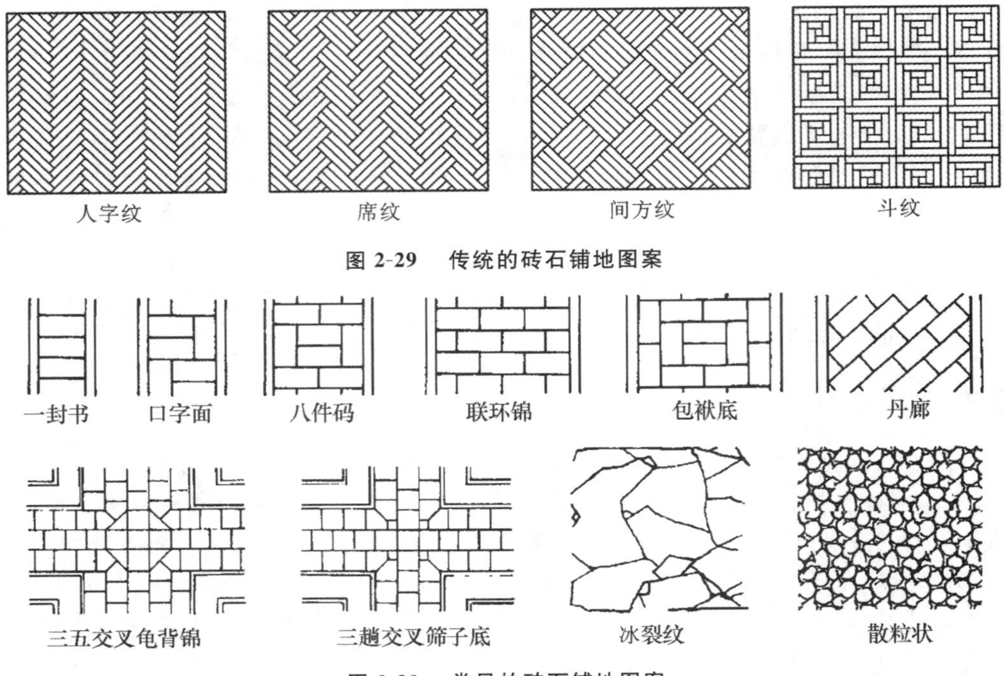


图 2-29 传统的砖石铺地图案



图 2-30 常见的砖石铺地图案

① 条砖铺地:我国多采用朴素淡雅的青砖进行席纹或同心圆弧形放射式排列,砖的吸水性、排水性好,但不耐磨,故目前多使用彩色仿砖色水泥划成仿砖形铺地,效果不错,而日本、西欧等国尤其喜用红砖或仿缸砖铺地。条砖色彩、质感、规格易统一,便于创造出整齐美观的图案,适用范围广泛。

② 天然石材铺地。

a. 平板冰纹铺地:用赭红或青灰色片岩石板精心砌成。水泥不勾缝则便于草皮长出,勾缝则显得工整。现在也有用水泥混凝土划分成冰纹仿制,但宜在表面拉毛,效果较好。平板冰纹铺地有一定的承载力和耐久性,可用在自然气息较浓的一般园路上。

b. 机制方头石铺地:多数用花岗石磨切成 150 mm×150 mm×120 mm(厚)的方头状石块,表面平中带糙,可组成各种花纹和水波状铺地,古雅又极富质感,其下垫层铺 30 ~ 50 mm 厚煤渣土即可。方头石铺地的承载力较高,可用于游人量大的地段,也可承受轻型的车辆。

(2) 雕花砖卵石嵌花铺地

雕花砖卵石嵌花路面,又被称为“石子面”,是选用精雕的砖、细磨的瓦和经过严格挑选的各色卵石拼凑成的路面,图案内容丰富。这种路面用雕花砖和卵石可以镶嵌出各种图案，包括人物故事等，完全可以和现代的浮雕作品相媲美，其本身就是极佳的景致，观赏价值很高，如中国民间喜爱的吉祥图案莲纹等，以及《古城会》《战长沙》《回荆州》等三国故事；有以寓言为题材的图案，如“黄鼠狼给鸡拜年”“双羊过桥”等；有传统的民间图案；有四季盆景、花鸟鱼虫等，成为我国园林艺术的杰作，如图 2-31 所示。为了保持传统风格，增加路面的强度，革新工艺，降低造价，现代园林中的园路设计大量应用了石板、混凝土、花砖与卵石嵌花组合的形式，也有较好的装饰作用，如图 2-32 所示。

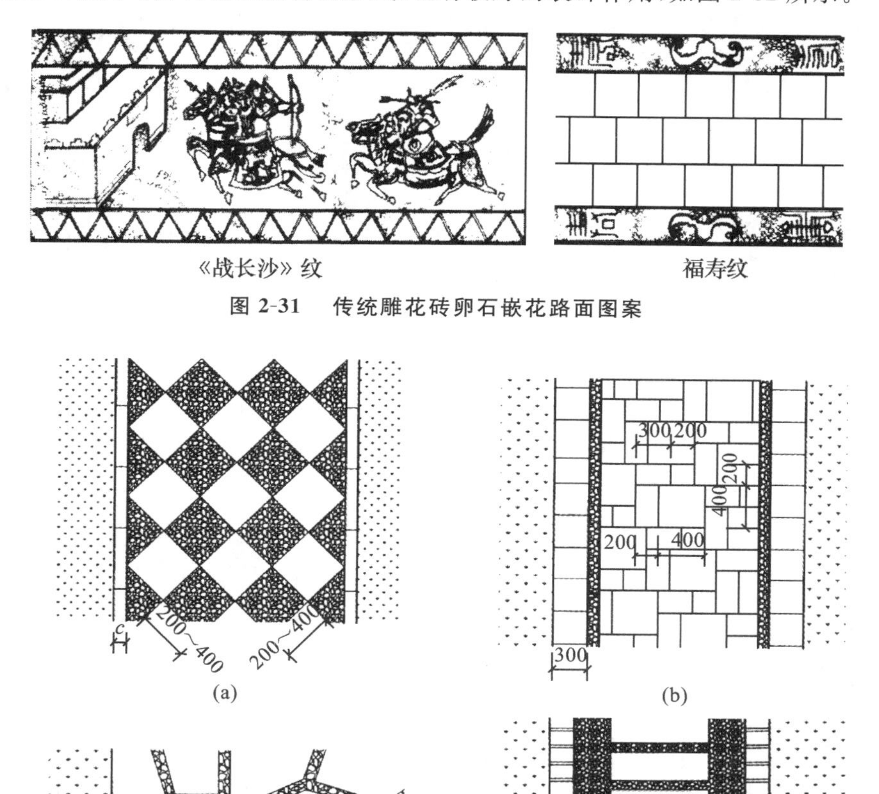


《战长沙》纹　　福寿纹

图 2-31　传统雕花砖卵石嵌花路面图案

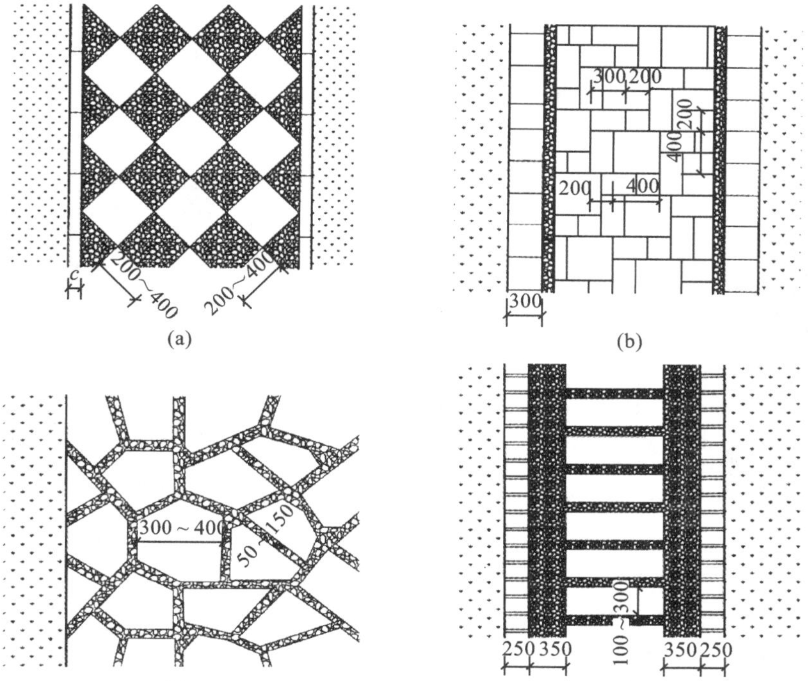

(a)　(b)



(c)　(d)

图 2-32　现代园林中的卵石嵌花路面图案

(a) 水泥嵌卵石路面；(b) 石板嵌卵石路面；(c) 碎石板嵌卵石路面；(d) 花岗岩与散置砾石路面

(3) 花街铺地

花街铺地是我国古典园林的特色做法。以砖瓦为骨，以石填心，将规整的砖和不规则的石板、卵石，以及碎砖、碎瓦、碎瓷片、碎缸片等废料相结合，组成图案精美、色彩丰富的各种地纹,如海棠芝花、万字球门、冰纹梅花、长八方、攒六方等。这种铺装形式情趣自然,格调高雅,用不同色彩和质感的材料制造气氛,或亲近自然、或幽静深邃、或平和安详,能很好地烘托出中国古典园林自然山水园的特点。

① 图案纹样:花街铺地纹样,如图 2-33 所示。

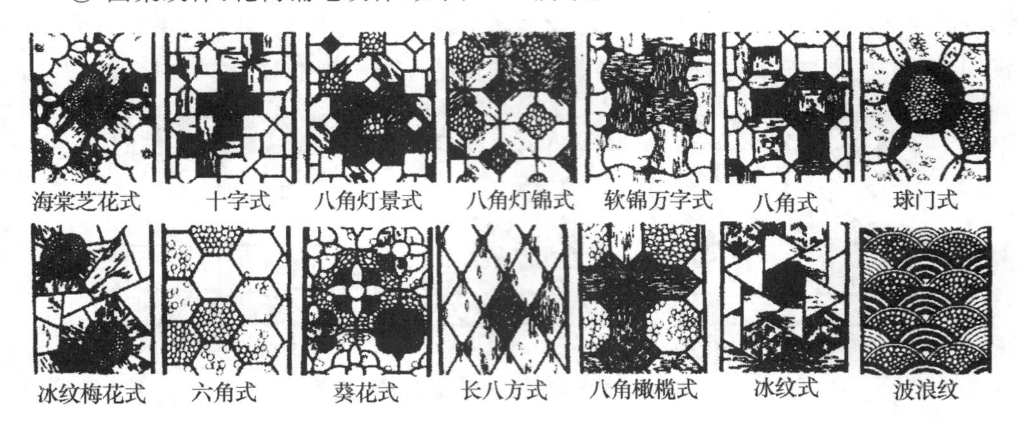


**图 2-33　花街铺地纹样**

② 具体做法(见图 2-34):一般是将素土夯实后,在上面铺垫 50 ~ 150 mm 厚的煤屑、砂、碎砖、灰土,再铺设面层材料。铺设面层时,可先用侧放的小板砖及片瓦组成花纹轮廓,然后嵌入卵石、碎瓦兼作图案式的填充,再注入水泥砂浆起稳定作用,

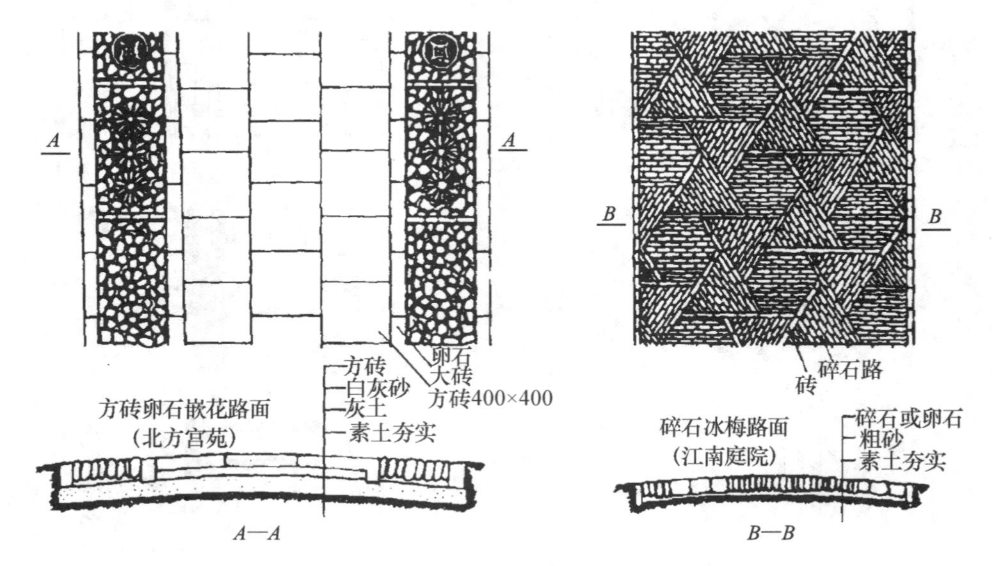


**图 2-34　花街铺地的具体做法**

精工细作,图案变化繁多而精美;也可用各种粒径的多色卵石和角料配砌成地纹,再用干拌的水泥加细砂填充缝隙,然后洒水,让其混合固结。如今后一种施工方法比较常用,而且其卵石比前者更不易脱落。

③ 花街铺地实例:如图 2-35 ~ 图 2-38 所示。

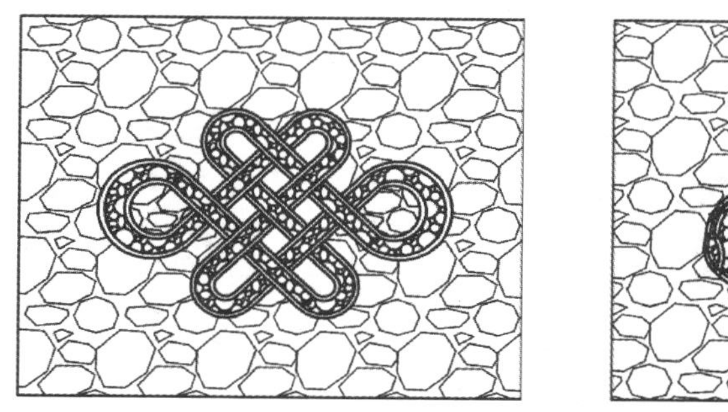

图 2-35 花街铺地实例(一)

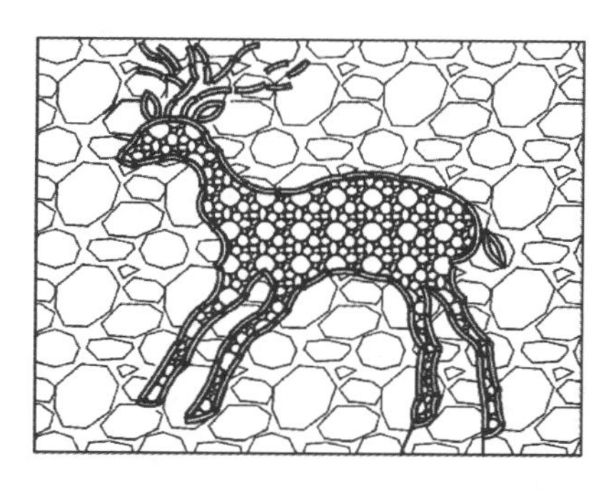

图 2-36 花街铺地实例(二)

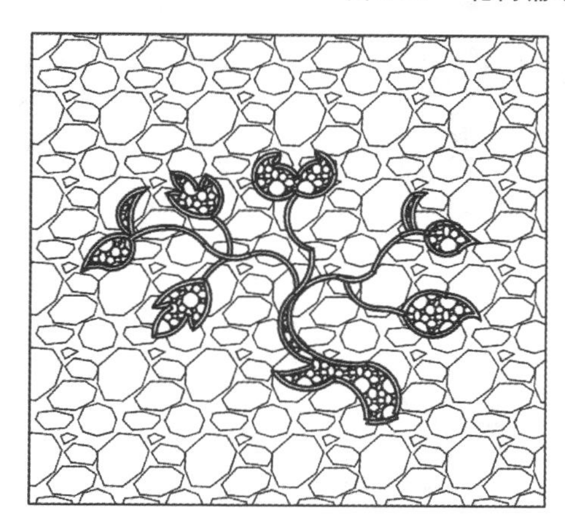

图 2-37 花街铺地实例(三)

(4) 其他铺地

为了配合园林环境和功能的需要,有时需要设置特殊的铺地。可以将铺地放在平坦的草地、砂石地或浅水上,为游人创造出步溪涉水的感觉;也可以在坡地上设置梯级式铺地。相邻的铺块中心距离应考虑人的跨越能力和不等距变化,具体可按照游人步距来安放(相间 200 ～ 300 mm),底部可做槽,铺砌砂石垫层并用砂浆固定,以免被随意挪动。

图 2-38　花街铺地实例(四)

① 步石(见图 2-39):在自然式草地或建筑附近的小块绿地上,可以将一至数块天然石块或预制成圆形、树桩形、木纹板形等形状的铺块,自由组合于草地之中。一般步石的数量不宜过多,块体不宜太小,才能与自然环境协调,取得轻松活泼的效果。

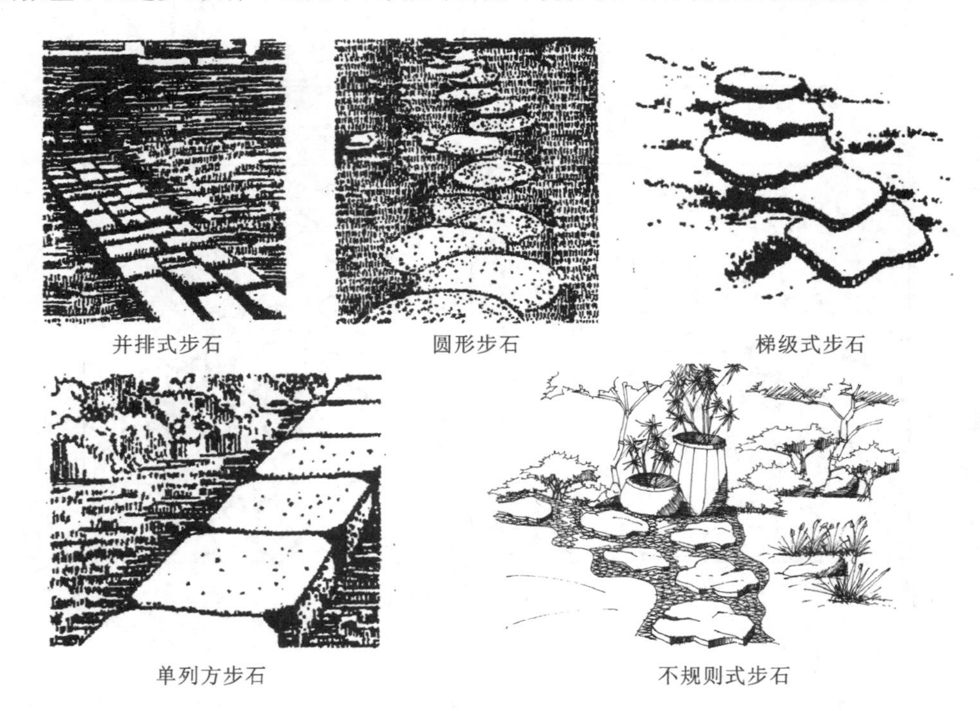


图 2-39　步石

② 汀石:设置在水中的步石,使游人可以平水而过。汀石适用于窄而浅的水面,如在小溪、涧、滩等地。为了游人的安全,石墩不宜过小,距离不宜过大,数量也不宜过多。如苏州环秀山庄,在山谷下的溪涧中置石一块,恰到好处;桂林芦笛岩水榭前

的一组荷叶汀步，与水榭建筑风格统一，比例适度，疏密相间，色彩为浅绿色，用水泥混凝土制成，直径 1.5 ～ 3 m 不等，在远山倒影的衬托下，一片片荷叶紧贴水面，极大地丰富了人们游览的情趣。

③ 磴道：局部利用天然山石、露岩等凿出的或用水泥混凝土仿树桩、假石等塑成的上山的道路。如辽宁千山风景区的“一步登天”，是在天然巨石的陡峭石上人工凿出蹬脚的洞，石壁上装有铁链，可以抓住铁链攀登而上，“一步登天”。

在中国传统铺地设计中，还用各种“宝相”纹样铺地。如用荷花纹象征“出污泥而不染”的高洁品德；用忍冬草纹象征坚忍的情操；用兰花纹象征素雅清幽、品格高尚；用菊花纹象征傲雪凌霜、意志坚定。现代园林在建设中继承了古代铺地设计中讲究韵律美的传统，并以简洁、明朗、大方的格调，增添了时代感。如用光面混凝土砖与深色水刷石或细密条纹砖相间铺地，用圆形水刷石与卵石拼砌铺地，用白水泥勾缝的各种冰裂纹铺地等。此外，还用各种条纹、沟槽的混凝土砖铺地，在阳光的照射下，能产生很好的光影效果，不仅具有很好的装饰性，还减弱了路面的反光强度，提高了路面的抗滑性能。彩色路面的应用，已逐渐为人们所重视，它能把“情绪”赋予风景。一般认为，暖色调表现热烈、兴奋的情绪，冷色调较为幽雅、明快。明朗的色调给人清新、愉快之感，灰暗的色调则表现为沉稳、宁静。因此，在铺地设计中有意识地利用色彩变化，可以丰富和加强空间的气氛。北京紫竹院公园入口采用黑、灰两色混凝土砖与彩色卵石拼花铺地，与周围的门厅、围墙、修竹等搭配，显得朴素、雅致。

**2）现代的园路铺装设计**

传统的园路铺装材料多为天然石材、木材或黏土烧制的陶瓷类制品，无论是材料本身的数量和质量，还是黏结剂和施工工艺，都无法满足现代生活对景观的需要。现代的园路要求铺装材料更加经济、环保，样式和色彩更加丰富多变，能满足不同的使用功能，舒适且质感强。目前道路广场常用铺装面材如表 2-17 所示。随着园林技术方面的创新与发展，园路的铺装图案在继承了传统样式的同时，又有了新的发展。如可塑性极强的现代建材混凝土等的应用，各种透水性、透气性好的铺地材料和各种彩色路面新材料的使用也越来越受重视，为园路铺装设计提供了更广阔的空间。

**表 2-17　道路广场常用铺装面材特征**

| 材料名称＼材料特征 | | 一般规格 /mm | 使用范围 | 面层处理及要求 | 颜色 |
|---|---|---|---|---|---|
| 沥青 | 沥青路面 | 整体性铺装 | 车行道、人行道、停车场、广场 | 所有沥青为 50# ～ 70# 道路石油沥青，其软化点应根据当地气候条件确定 | 灰黑色或多色 |

续表

| 材料名称 | | 一般规格/mm | 使用范围 | 面层处理及要求 | 颜色 |
|---|---|---|---|---|---|
| 混凝土 | 混凝土路面 | 现浇,设伸缩缝;板块铺装路面厚:80～140(人行),160～220(车行) | 车行道、人行道、停车场 | 抹平、拉毛、斩假、水洗露出、表面模压、表面镶嵌 | 本色或多色 |
| | 水洗石路面 | 粒径5～15的石材颗粒与混凝土混合而成 | 车行道、广场 | 抹平、拉毛、斩假、水洗露出、表面模压、表面镶嵌 | 本色或多色 |
| 透水路面 | 透水沥青路面 | 整体性铺装 | 车行道、广场 | — | 灰黑色或多色 |
| | 透水混凝土路面 | 现浇,设伸缩缝;板块铺装路面厚:80～140(人行),160～220(车行) | 车行道、广场、停车场 | 透水混凝土抗压强度大于等于30 MPa | 本色或多色 |
| | 透水砖路面 | 方形、矩形、菱形、嵌锁形、异形,长宽:100～500;厚:60～80(无停车),80以上(有停车) | 车行道、广场、停车场 | 有人群荷载无停车人行道透水砖抗压强度大于等于C40;有人群荷载有停车人行道透水砖抗压强度大于等于C50 | 本色或多色 |
| 天然材料 | 石板 | 可加工成各种几何形状,厚:20～30(人行),40～60(车行) | 车行道、人行道、停车场 | 机刨、斧剁、凿面、拉道、喷灯 | 本色 |
| | 花岗岩 | 可加工成各种几何形状,厚:30～40(人行),50～100(车行) | 车行道、人行道、广场、台阶、路缘石 | 机刨、斧剁、凿面、拉道、喷灯 | 本色 |
| | 板岩 | 可加工成各种几何形状,厚:30(人行) | 人行道、广场 | — | 本色 |
| | 材料(条石、毛石) | 可加工成各种几何形状,长宽:200以上;厚:60以上 | 车行道、人行道、广场 | 机刨、斧剁、凿面、拉道、喷灯 | 本色 |
| | 卵石(碎石) | 鹅卵石:粒径60～150;卵石:粒径15～60;豆石:粒径3～15 | 自然水体底部、人行道(镶嵌、浮铺、水洗) | — | 本色 |
| | 木材 | 可加工成各种几何形状,木板材厚:20～60;木材(砖)厚:60以上 | 步道、休息观景平台 | 防腐、防潮、防虫 | 本色 |

续表

| 材料名称 \ 材料特征 | | 一般规格 /mm | 使用范围 | 面层处理及要求 | 颜色 |
|---|---|---|---|---|---|
| 砖 | 水泥方砖 | 方形、矩形、菱形、嵌锁形、异形，长宽:100 ～ 500;厚:45 ～ 100 | 车行道、人行道、广场 | 拉道、水磨、嵌卵石、嵌石板碎片 | 本色或多色 |
| | 水泥花砖 | | | | |
| | 广场砖、仿古砖 | 方形、矩形、菱形、嵌锁形、异形，长宽:100 ～ 300;厚:12 ～ 40(人行),50 ～ 60(车行) | 人行道、广场 | 劈裂、平整 | 本色或多色 |
| | 非黏土烧结砖 | 方形、矩形、菱形、嵌锁形、异形，长宽:100 ～ 500;厚:45 ～ 100 | 人行道、广场 | 平整 | 本色或多色 |
| | 嵌草砖 | 方形、矩形、嵌锁形厚:50(人行),80(停车) | 停车场、人行道 | 平整 | 本色或多色 |
| 合成材料 | 现浇合成树脂 | 厚:10 | 广场、人行道 | 平整 | 多色 |
| | 弹性橡胶垫 | 厚:15 ～ 25 | 健身、儿童游戏场地 | 平整 | 多色 |

注:① 人行道应选择面层防滑的铺装材料。

② 路宽小于 5 m,混凝土沿路纵向每隔 4 m 分块做缩缝;路宽不小于 5 m,沿路中心线做纵向缩缝,沿路纵向每隔4 m 分块做缩缝;广场按 4 m×4 m 分块做缝。

③ 混凝土纵向长约 20 m 或与不同构筑物衔接时需做缝。

(1) 沥青

沥青按色彩的不同分为素色(传统的黑色)沥青和彩色(包括脱色)沥青两种,按透水性的不同分为透水沥青和不透水沥青两种。

目前使用的彩色沥青是在改性沥青的基础上,用特殊工艺将沥青固有的黑褐色脱掉,然后与石料、颜料及添加剂等混合搅拌而成,或者在混凝土中加入彩色骨料而成。作为混合料的胶结料,彩色沥青的主要作用、性能、施工工艺都与素色沥青相当,具有抗高低温、耐摩擦、使用寿命长等特性,不易产生剥离、开裂等路面破坏现象,但经过脱色处理的彩色沥青表面的耐久性会稍差些。其颜色可根据需要调配,而且色彩鲜艳、持久,弹性好,并具有很好的透水性。彩色沥青不仅能改变黑色路面的单一色调,还可以改变由于大量铺筑沥青路面产生的"热岛"效应,减少环境污染,并且还提高了雨水返还率,符合环保的要求。

彩色沥青路面一般用于城市道路人行道和车行道、旅游风景区道路路面。与彩色混凝土相比,彩色沥青具有更好的弹性,更适合用在运动场所及一些儿童和老人活动的地方。例如,韩国就将一种浅黄色的合成树脂材料(其中有柔性环氧树脂、丙烯酸树脂和聚氯乙烯树脂等)掺入沥青中进行拌和,制成彩色沥青路面,用以铺设首尔的亚运会、奥运会体育设施路面;日本也以彩色沥青铺筑公路,以防止司机行车时产生疲倦感,减少事故发生。

下面介绍几种彩色沥青的具体做法(见图 2-40)。

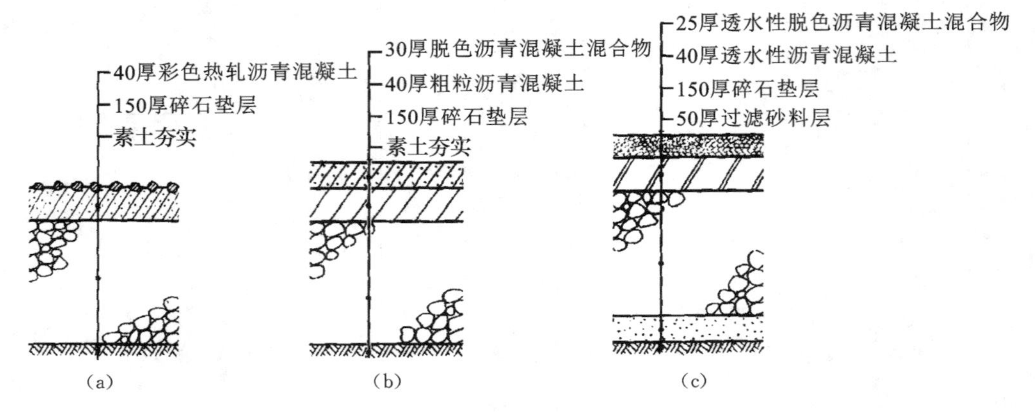


**图 2-40　彩色沥青混凝土铺装做法示例**

(a) 彩色热轧沥青混凝土;　(b) 脱色沥青混凝土;　(c) 透水性脱色沥青混凝土

(2) 混凝土

混凝土具有强度高、耐磨性好、易于造型的特点,且和天然石材相比,造价相对低廉。它既可以现场浇筑,也可以制成各种形状的混凝土平板或砌块,还可以如砖石材料一样铺装(见图 2-41),路面结构一般如图 2-42 所示。一般的混凝土坡面可以处理成各种效果,传统的方法主要有抛光、拉毛、水刷、用橡皮刷拉道等,简便易行,如图 2-43 所示。

混凝土不仅仅有传统的灰色,还有彩色的品种。彩色混凝土是以普通灰色、白色或彩色水泥以及白色水泥掺入彩色颜料,加入普通砂、石骨料或其他彩色骨料及减水剂、外掺料等按一定比例配制而成的,色彩鲜明、匀称。它具有以下特点。

① 性价比高:彩色混凝土地面技术,在施工中可以明显改变材料的物理及力学性能,抗压强度能达到 40 MPa,其耐磨性和耐久性都大大超过普通地砖,耐久性可与天然石材媲美,并且可修复性更强。

② 施工方便:一般有如下几种施工工艺。

a. 压模工艺。当混凝土面层处于初凝期时,在上面铺撒上强化料、脱模料,然后用特制的成型模压入混凝土表面以形成各种图案。高压冲洗,待完全干燥后,再喷涂

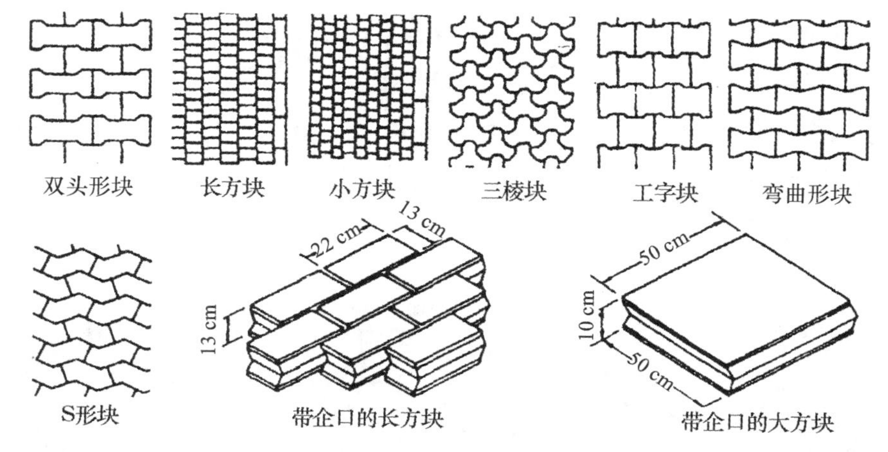


图 2-41 混凝土预制块铺装组合示例

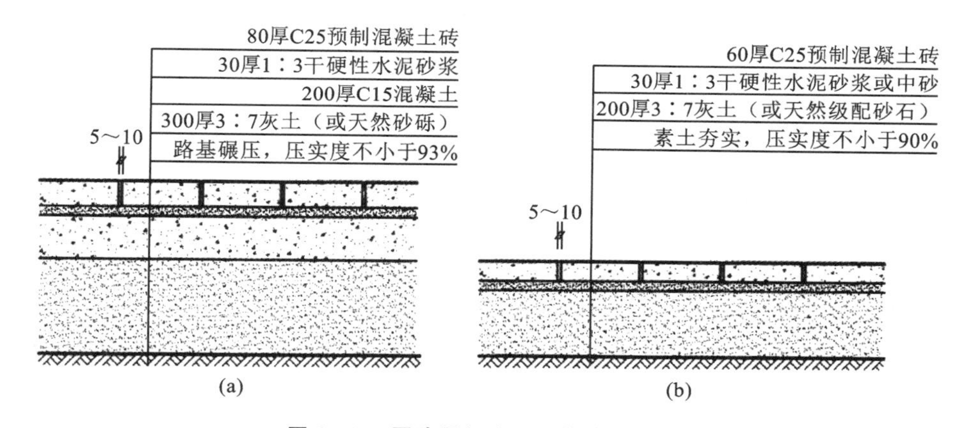


图 2-42 园路混凝土预制块铺装结构

（a）车行混凝土砖路面；（b）人行混凝土砖路面

保护剂。

b. 纸模工艺。当混凝土面层处于初凝期时，在其上平铺纸模，用抹刀抹平，再铺撒上强化料，然后揭下纸模，高压冲洗，待完全干燥后，再喷涂保护剂。

c. 喷涂工艺。它是一种对旧的普通混凝土的改造工艺。对老的混凝土进行必要的修补和冲洗清洁后，用抹刀抹上基层处理剂，再平铺纸模或塑料模，用高压喷枪在表面随意喷洒喷涂料，然后揭下模具，高压冲洗，待完全干燥后，再喷涂保护剂。

d. 幻彩工艺。它是一种对彩色混凝土的改造工艺。高压冲洗掉原有脱模料后，把细彩剂直接喷涂在混凝土表面，待其完全干燥后，再喷涂保护剂。

经过这样的处理，几可乱真的彩色大理石、花岗岩、砖、瓦地面铺装就完成了。

③ 易于保养：由于彩色印模地面为现场浇筑，一次性整体成型，能够保持地基稳定，避免受压不均匀，防止因水蚀而塌陷变形毁坏路面，从而大大降低了后期工程维修费用，并且利于路面保洁。

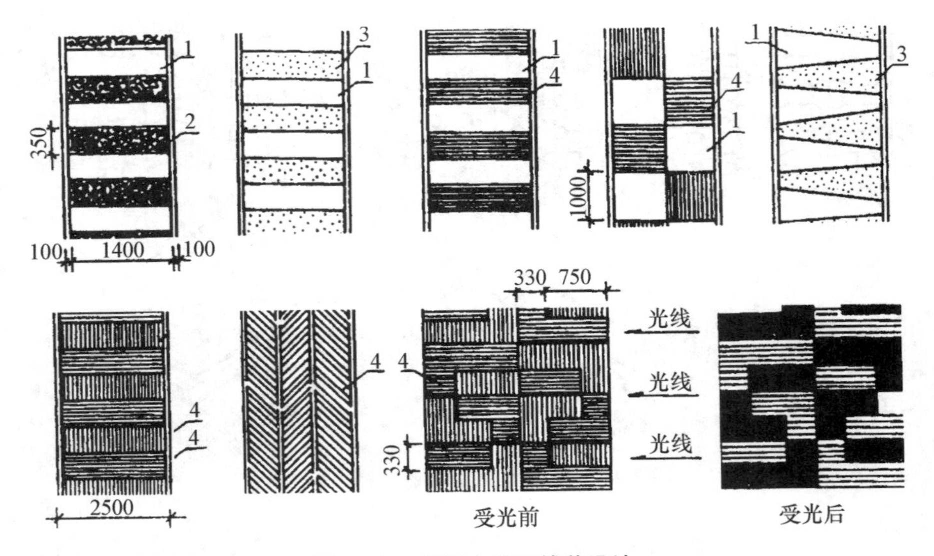


**图 2-43　混凝土路面铺装设计**

1—抛光;2—拉毛;3—水刷;4—用橡皮刷拉道

④ 用途广泛:彩色混凝土主要用于装饰,但也用作结构材料,如彩色混凝土马路,既有良好的抗折、抗压强度,也有增强色彩的效果。

(3) 透水路面

① 透水沥青路面。

透水沥青路面是由透水沥青混合料修筑、路表水可进入路面横向排出,或渗入至路基内部的沥青路面总称。透水沥青路面适用于新建、扩建、改建的道路工程、市政工程、公园、广场、停车场、小区道路、人行道等。与传统的密级配路面相比较,透水沥青路面在结构设计时需要更多地考虑透水、储水和排水功能对路面结构的影响。透水基层设计时一般需要满足四个方面的要求:第一,具有足够的渗透能力,在规定的时间内能够排出进入路面结构内的水;第二,具有一定的稳定性支撑路面的施工操作;第三,具有足够的储水能力,可暂时储存未排出的雨水;第四,具有足够的强度以满足路面结构的总体性能。

透水沥青路面结构类型有以下三种,如图 2-44 所示。

a. 透水沥青路面 Ⅰ 型:路表水进入面层后排入邻近排水设施。

b. 透水沥青路面 Ⅱ 型:路表水由面层进入基层(或垫层)后排入邻近排水设施。

c. 透水沥青路面 Ⅲ 型:路表水进入路面后渗入路基。

② 透水混凝土路面。

透水混凝土又称多孔混凝土,也可称排水混凝土,是由粗骨料及其表面均匀包裹的水泥基胶结料,相互黏结,并经水化硬化后形成的具有连续空隙结构的混凝土,是一种能让雨水向混凝土面层、基层及土基渗透的路面材料,能使雨水暂时贮存在它的内部空隙里逐渐蒸发,也能让土基里的水分通过它的内部空隙向大自然中自然蒸发,从而发挥维护生态平衡功能的一种新型环保路面材料。它的使用有利于还原

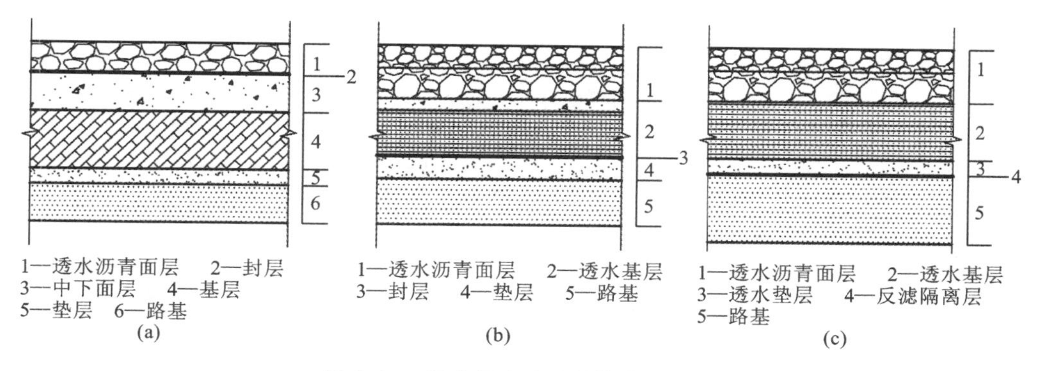


**图 2-44 透水沥青路面结构类型示意**

(a) 透水沥青路面 Ⅰ 型；(b) 透水沥青路面 Ⅱ 型；(c) 透水沥青路面 Ⅲ 型

地下水、维护生态平衡、缓解城市热岛效应，对于城市雨水管理与水污染防治等工作，具有特殊的重要意义。

透水混凝土在国内还处于发展阶段，目前主要适用于人行道、步行街、居住小区道路非机动车道和一般轻荷载道路、广场和停车场等路面；不适用于严寒地区，湿陷性黄土、盐渍土、膨胀土等路基土。随着研发的进一步深入，它的应用前景会更加广阔。透水混凝土路面的设计与施工，应考虑地形条件、景观要求、荷载状况、施工条件等因素，选择合适的色彩组合和结构形式。图 2-45 所示即一种透水性混凝土砌块的具体做法。

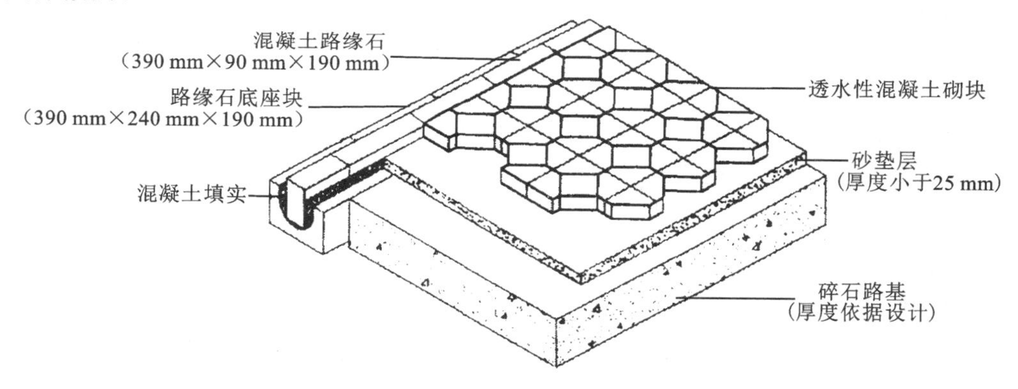


**图 2-45 透水性混凝土砌块结构做法**

透水混凝土的组合结构分为全透水结构和半透水结构，如图 2-46 所示。全透水结构是基层和面层同时采用透水性材料；半透水结构是面层采用透水性材料，而基层采用不透水性的二灰碎石、水泥稳定碎石或水泥混凝土，其缺点是隔离雨水还原到地下。人行道、园林道路等，既要满足人行要求，又要确保生态平衡，可采用基层全透水层结构设计；轻型荷载道路，除按其承载要求选择强度等级，设计一定厚度的透水水泥混凝土面层外，同时应考虑雨水对基层的影响，建议采用半透水结构，增加能够提高基层承载力和起隔水效果的混凝土结构层及稳定土基层，如表 2-18 所示。

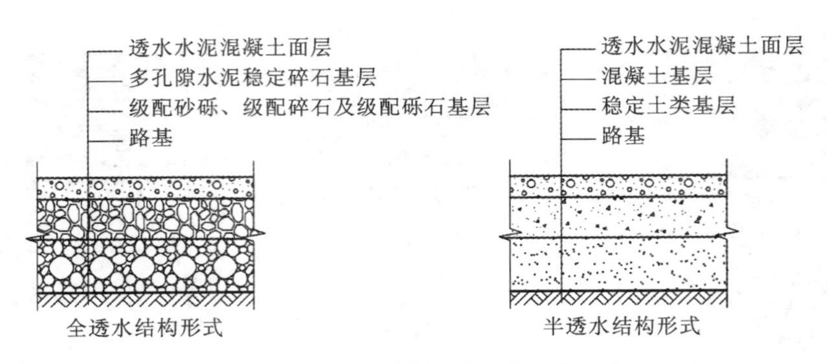


图 2-46　透水性混凝土路面的结构示意

表 2-18　透水混凝土路面基层结构

| 类　　别 | 适 应 范 围 | 结　构　层 |
| --- | --- | --- |
| 全透水结构 | 人行道、非机动车道、景观硬地、停车场、广场 | 多空隙水泥稳定碎石、级配砂砾、级配碎石及级配砾石基层 |
| 半透水结构 | 轻型荷载道路 | 水泥混凝土基层＋稳定土基层或石灰、粉煤灰稳定砂砾基层 |

③ 透水性草皮路面。

透水性草皮路面是另一种环保型铺装，可以降低地面温度和反光，提高雨水返还率，对于提高城市的绿化覆盖率有很好的作用，特别是在一些不易布置绿化的地方，比如停车场、屋顶花园等。

透水性草皮路面有两类：实体块材间隙植草路面和预制有孔材料嵌草路面(包括草皮保护垫的路面和草皮砌块的路面)。

实体块材间隙植草路面的做法是把天然石块和各种形状的预制水泥混凝土块，铺成冰裂纹或其他花纹，铺筑时在块料间留 3 ～ 6 cm 的缝隙，填入培养土，缝间植草皮或用掺草籽的种植土灌缝。这样铺砌的路面自然、随意，富有生气，只要间距得当，步行也十分舒适，且造型十分自由，可根据块料的颜色、形状、大小、质地、铺砌间距和形式的不同加以组合，如图 2-47 所示。常见的有冰裂纹嵌草路、花岗岩石板嵌草路等。

草皮砌块路面是在透水性基层上铺砌混凝土预制块或砌砖块，在其孔穴中栽培草皮，使草皮免受人、车踏压的路面铺装，结构如图 2-48 所示。因为平整度差，表面耐压性不一，并不适合步行，一般用于广场绿化、停车场等场所，常见的有六角形、八角形、方形等。

草皮保护垫是由一种保护草皮生长发育、耐压性及耐候性强的开孔垫网，由聚丙烯塑料、橡胶粒及稳定剂、加强剂制成。其不但可保护草皮免受行人践踏、车辆重压，而且植草面积可达到 100％。另外，和混凝土预制块或砌砖块相比，草皮保护垫不会发生预制块本身的热辐射使植草叶面烧伤的情况。

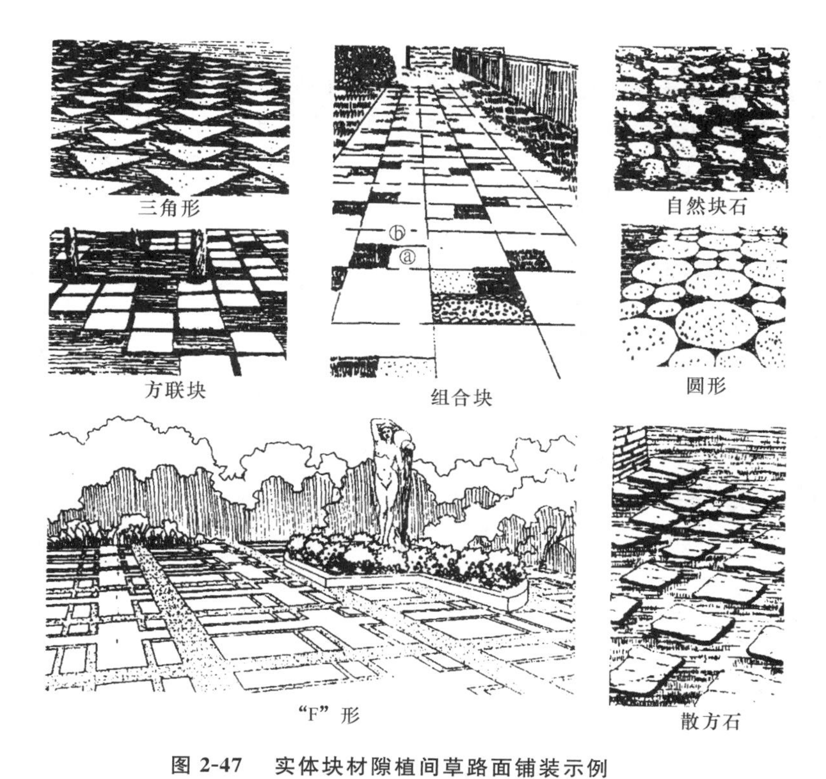


图 2-47　实体块材隙植间草路面铺装示例

注：ⓐ 混凝土预制块(内含肉红石屑)；ⓑ 卵石混凝土预制块(多色卵砾石镶嵌面层)

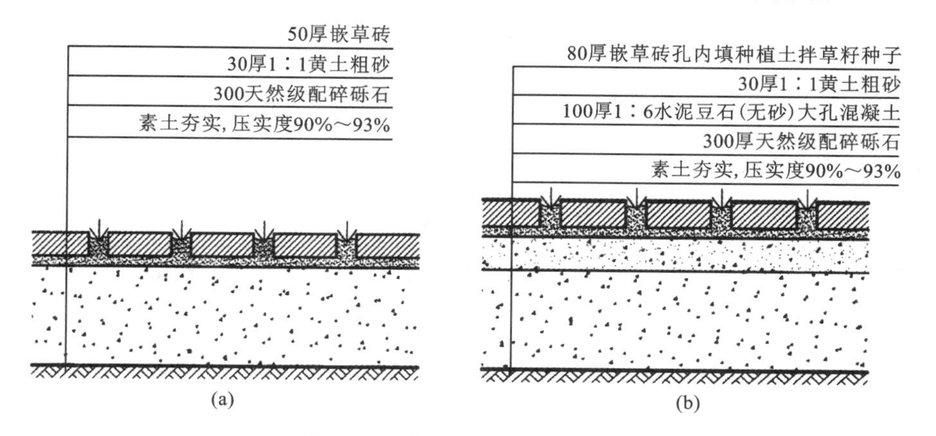


图 2-48　嵌草砖路面铺装结构

(a) 人行嵌草砖路面；(b) 停车场嵌草砖路面

(4) 天然材料

① 石材加工类。

把花岗岩等天然石材加工成设计要求的各种几何形状，如石板、条石、毛石、小料石等，尺寸和规格很多，便于大量加工，所铺成的路面坚固平整，效果整齐美观，在现代城市街道、广场、小区和城市绿地中应用最为广泛。除了天然的色彩和纹理，还可通过对石材表面进行处理以获得不同的质感，丰富铺装的效果，如花岗岩可加工成火烧面、光面、荔枝面、机切面、斩假面、剁斧面、机刨拉丝面等。路面结构一般如图2-49所示，根据道路等级和地区不同，各结构层需作出相应调整。

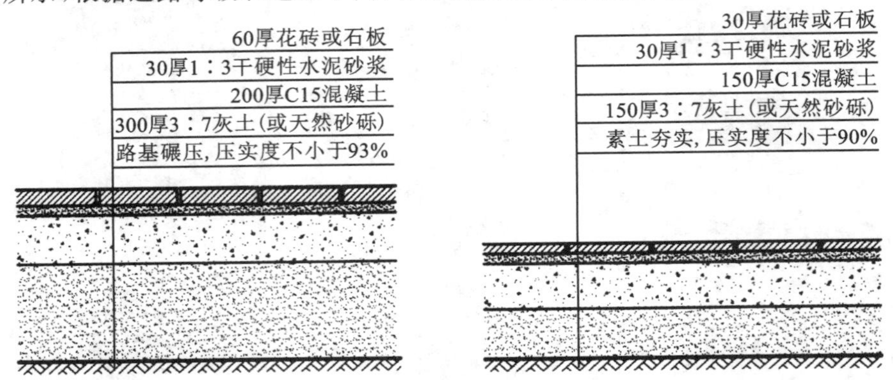


图 2-49　石板路面铺装结构

② 卵石类。

卵石类主要分为两种：在江河与海中冲刷磨圆的天然卵石和由机械加工而成的机制卵石，粒径 15 ～ 100 mm 不等。色彩多为天然的米、黄、黑、白、灰、褐、青等色，可单独使用，也可与其他面材结合铺地，现在大量应用于城市绿地和居住小区之中。还有一类粒径在 3 ～ 15 mm 的洗米石(豆石)，在我国南方应用较多。

一般来说，卵石铺地结构分为两种，如图 2-50 所示。

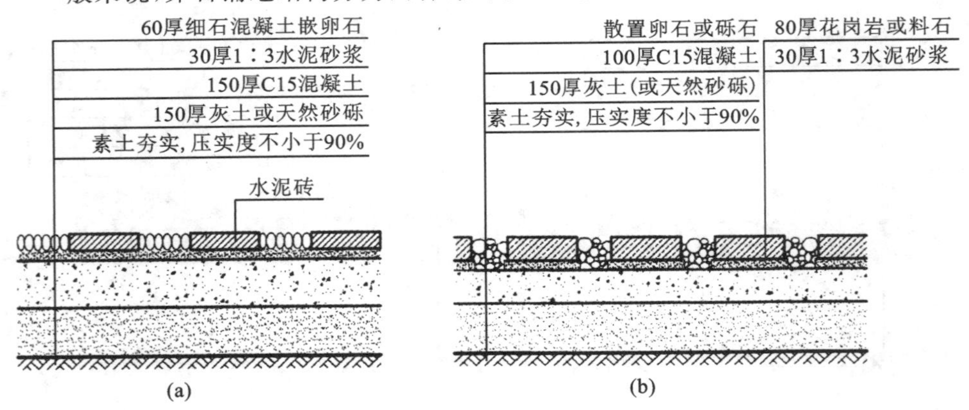


图 2-50　卵石铺地

(a) 硬铺；(b) 活铺

a. 卵石铺筑：亦称为硬铺，一般砌于灰浆或砂浆之上即可，装饰性强，但行走不舒适，如施工不当则卵石易脱落。一般适合于游人较少的小径或园路的局部装饰，采用卵石铺成各种图案，如杭州西湖花港观鱼在牡丹亭边山坡的一株古梅树下，以黄卵石为纸，黑卵石为绘，组成一幅苍劲古朴的图案。这种路面耐磨性好，防滑，富有江南园路的传统特点，起到增加景区特色、深化意境的作用。

b. 散石铺地亦称为活铺，散石铺地的做法主要有两种：其一，选西瓜子大小的白色、青灰色、紫黑色的石料，单一品种或混合后倒入路基基槽之中，然后耙平或耙出波纹，不加任何胶结料，游人步履其上，喳喳作响，意趣横生，而且路面透水性好、造价低廉、美观清爽，但清扫困难，这种做法最常见于日本园林中，现在世界各地的景观设计都有应用；其二，用不同大小的石料分块铺装组合，利用材料不同大小、质感、颜色的对比获得独特的效果。

③ 户外木地板类。

a. 防腐木地板：国外亦称之为户外甲板（preservative-treated wood decking used outdoor），是将普通木材经过防腐处理加工后，具有防腐、防霉、防蛀、防白蚁性能的木材地板。一般将添加了防腐剂的地板称为化学防腐木地板，即采用一种不宜溶解的水性防腐剂，在密闭的真空罐内对木材施压的同时，将防腐剂打入木材纤维中。其缺点是不环保，化学防腐木的生产过程和使用过程均会对环境造成一定污染。还有一种有着物理防腐木之称的炭化木地板，又称热处理木地板，是将木材的有效营养成分炭化，通过切断腐朽菌生存的营养链来达到防腐的目的，相对来说更为自然、环保、安全。目前防腐木地板是户外使用最广泛的木材之一，可以直接用于与水体、土壤接触的环境中，是户外木地板、园林景观地板、户外木平台、露台地板、户外木栈道的首选材料，铺装结构一般如图 2-51 所示。

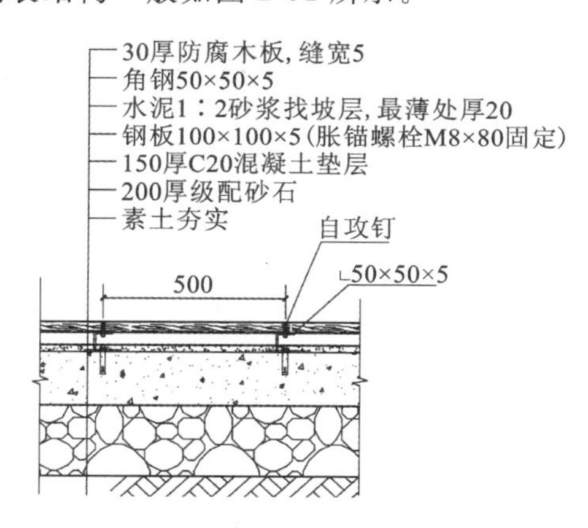


**图 2-51 防腐木地板铺地结构示意**

b. 塑木地板：由聚烯烃塑料与纤维素（秸秆、木粉、稻糠等）经过特殊处理加工而成的一种新型绿色环保景观材料。塑木地板具有不腐烂、不变形、不褪色，拒虫害、防火性能好、不龟裂、无须维护等优点，而且根据需求可以提供多种颜色供选择。塑木地板还可回收再利用，更符合低碳环保的要求，可广泛用于建造园林景观地板、护栏、花池、凉亭等，具有良好的发展前景。

④ 木屑树皮类。

木屑树皮路面是利用废弃的不规则树皮、木屑等铺成的，不但质感、色调、弹性好，还是一种极好的环保型路面铺装，它的优点：一是吸热率高，木屑树皮路面的热反射程度只有水泥路面的 25%，对减轻城市的“热岛”效应有一定作用；二是经济，因为树皮、木屑都是废弃物，不但造价低廉，而且使木材得到了有效利用；三是改善了环境，特别是在一些因气候或光照条件限制而不易绿化的地方，树皮木屑的覆盖既避免了黄土露天，又带来最朴素天然的路面景观，而且树皮木屑会随着时间的推移而逐步降解，成为土壤肥料，改善了土质，正所谓“化作春泥更护花”。

有一种简易的木屑树皮路面，不用黏合剂固定，只是将砍伐、剪枝留下的废弃材料简单地铺撒在地面上。具体做法：将土刨松，铺上树皮、树枝，然后浇一遍水(透过刨土层 200 mm)，使树皮和土壤有机结合即可；也可以采用“树皮 ＋ 卵石 ＋ 树枝”的方式，这样增加了铺装重量，可避免大风天气对路面的破坏和造成的扬尘。但使用这种简易铺装路面时应注意慎重选择地点，既要避免因风吹雨淋破坏路面，又要预防幼儿误食木屑。还有一种利用木屑和树皮铺装的路面，做法是将其同沥青类材料混合或在面层铺撒黏合剂，这样形成的路面，耐久性和平整度都大大提高，因为富有弹性，步行极为舒适，在散步道、慢跑道、赛马场等处使用较多，具体做法如图 2-52 所示。

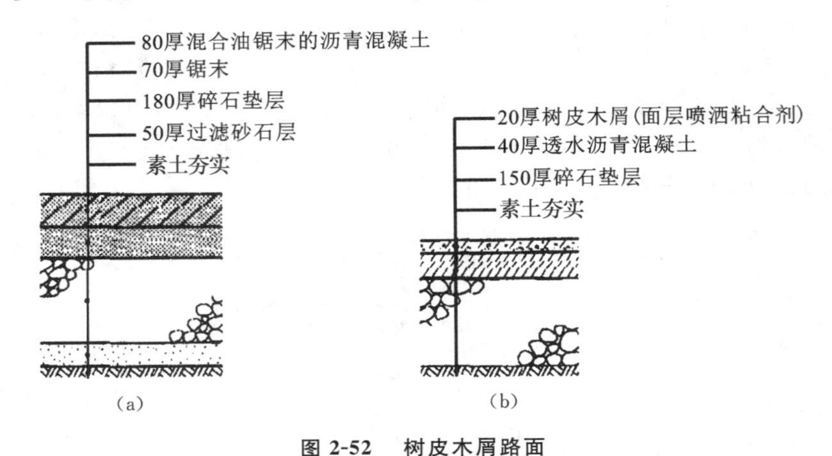


**图 2-52　树皮木屑路面**

(a) 混合有锯末的沥青混凝土；(b) 树皮木屑(面层喷洒黏合剂)

(5) 烧制砖

烧制砖包括广场砖、陶土砖、黏土砖、非黏土烧结砖等，颜色、规格很多，面层平整、质感变化也较丰富，能够满足各类设计要求，铺装结构与石板和混凝土砖的结构形式类似。

(6) 高分子材料

目前，在风景园林道路面层铺装中实际应用的高分子材料主要有聚氨酯类、氯乙烯类、聚酯类、环氧树脂类、丙烯酸类树脂等(包括现浇和砌块)。与沥青类材料相比，高分子材料的着色更加自由，且色彩鲜明，更利于园路的艺术创作。但一般来说，它的耐磨性稍差些，对基层的要求也较高，否则容易发生表面凸起或开裂等现象。

高分子材料面层铺装一般采取喷刷的施工工艺，即在沥青混凝土或混凝土基层上喷涂或涂刷上一层高分子材料面层；也有采用模板式彩色地砖铺装的，即将带砖缝的模板(厚约 2 mm) 粘贴在基层上，放入材料，并用抹子抹平后，把模板拆掉；如果是成品的卷材或板材，则可以直接用钉子固定，也可以用砂浆粘贴在基层上，具体做法如图 2-53 所示。

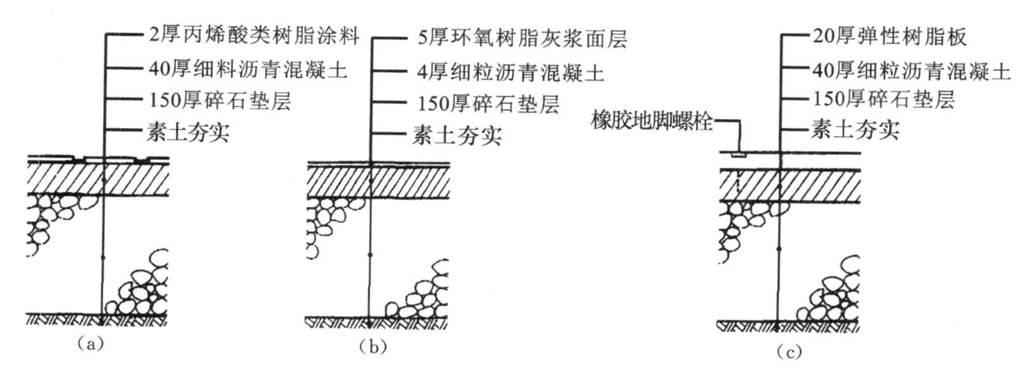


**图 2-53　高分子材料铺装做法示例**

(a) 模板式彩色地砖；(b) 环氧树脂灰浆喷涂；(c) 树脂板铺装

## 2.5　园路与铺装施工

### 2.5.1　园路施工

**1）放线**

按路面设计的中线，在地面上每 20 ～ 50 m 放一中心桩，在弯道的曲线上应在曲头、曲中和曲尾各放一中心桩，并在各中心桩上写明桩号，再以中心桩为准，根据路面宽度定边桩，最后放出路面的平曲线。

**2）准备路槽**

按设计路面的宽度，每侧放出 20 cm 挖槽，路槽的深度应等于路面的厚度，槽底应有 2% ～ 3% 的横坡度。路槽做好后，在槽底洒水，使其潮湿，然后用蛙式打夯机夯 2 ～ 3 遍，路槽平整度允许误差不大于 2 cm。

**3）铺筑基层**

根据设计要求准备铺筑基层的材料，在铺筑时应注意，对于灰土基层，一般实厚为15 cm，虚铺厚度根据土壤情况不同为 21 ～ 24 cm 不等；对于炉灰土，虚铺厚度为压实厚度的 160%，即压实 15 cm，虚铺厚度为 24 cm。

**4）结合层铺筑**

结合层一般采用 C25 水泥、白灰、砂拌制的混合砂浆或 1 ∶ 3 的白灰砂浆。砂浆摊铺宽度应大于铺装面 5 ～ 10 cm，已拌好的砂浆应当日用完。也可以用 3 ～ 5 cm 厚的粗砂均匀摊铺而成。

**5）面层铺筑**

面层铺筑时铺砖应轻轻放平，用橡胶锤敲打稳定，不得损伤砖的边角。如发现结合层不平时应拿起铺砖重新用砂浆找齐，严禁向砖底填塞砂浆或支垫碎砖块等。采用橡胶带做伸缩缝时,应将橡胶带平整直顺紧靠方砖。铺好砖后应沿线检查平整度,发现方砖有移动现象时,应立即修整,最后用干砂掺入 1∶10 的水泥,拌和均匀,将砖缝灌注饱满,并在砖面泼水,使砂灰混合料下沉填实。

铺卵石路一般分预制和现浇两种,现场浇筑方法是先垫 3 cm 厚的 M7.5 水泥砂浆,再铺 2 cm 厚的水泥素浆,待素浆稍凝,即将备好的卵石一个个插入素浆内,用抹子压实,卵石要扁、圆、长、尖,大小搭配。根据设计要求,用各色石子插出各种花卉、鸟兽图案,然后用清水将石子表面的水泥刷洗干净,第二天可再以水重的 30% 掺入草酸液体,洗刷表面,则石子颜色鲜明。

铺砖的养护期不得少于 3 d,在此期间内应严禁行人、车辆等走动和碰撞。

**6) 路缘石**

路缘石基础宜与地床同时填挖碾压,以保证有整体的均匀密实度。结合层用2 cm 厚的 1∶3 的白灰砂浆。安装路缘石要平稳牢固,后用 M10 水泥砂浆勾缝,路缘石背后要用灰土夯实,其宽度为 50 cm,厚度为 15 cm,密实度为 90% 以上。边条一般用于较轻的荷载处,且尺寸较小,宽 5 cm,高 15 ~ 20 cm,特别适用于步行道、草地或铺砌场地的边界。施工时应减轻它作为垂直阻拦物的效果,增加它对地面的密封深度。边条铺砌的深度相对于地面应尽可能低些。如广场铺地,边条铺砌可与铺地地面相平。

铺装路缘石时,对于修饰材料的选择和细部的处理,应尽一切可能设计得与周围环境特征相适应,通过形式、纹理和色彩使边缘修饰大大地提高室外空间的美感。与地坪之间的相对高度很重要,立缘石稍稍高于总的地坪高度,如起警告作用的横卧在路面上的混凝土长条等或是高出地坪很多的矮柱;平缘石可以是与地面平嵌的诸如成排的铺路砖,或标志停车区或行人区的小砌块,也可以是下凹形成排水沟的砌块。选择边缘处理材料时,应综合考虑它的初始造价、耐用度及维护费用等。立缘石可用花岗石、暗色岩、砂岩、再生石、预制混凝土或砖制成。与路面齐平或低于路面的边缘处理可以利用上述材料,也可用卵石、小方形砌块、现浇混凝土、沥青和松散材料(包括砾石、较大石块和松散的卵石)等。

### 2.5.2 园路常见病害及原因

园路的“病害”是指园路被破坏的现象。一般常见的病害有裂缝与凹陷、啃边、翻浆等。现就造成各种病害的原因分析如下。

**1) 裂缝与凹陷**

裂缝与凹陷形成的主要原因是基土过于湿软或基层厚度不够、强度不足,路面荷载超过土基的承载力。

**2) 啃边**

路肩和路缘石直接支撑路面,使之横向保持稳定。因此,路肩与其基土必须紧密结合,并有一定的坡度,否则,由于雨水的侵蚀和车辆行驶时对路面边缘的啃食作用,路肩会损坏,并从边缘起向中心发展,这种破坏现象叫啃边,如图 2-54 所示。

**3) 翻浆**

在季节性冰冻地区,地下水位高,特别是对于粉砂性土基,由于毛细管的作用,水分上升到路面下，冬季气温下降，水分在路面下形成冰粒，体积增大，路面就会出现隆起现象。到春季上层冻土融化，而下层尚未融化，这样土基变成湿软的橡皮状，路面承载力下降。这时如果车辆通过，路面下陷，邻近部分隆起，并将泥土从裂缝中挤出来，使路面遭到破坏，这种现象叫翻浆，如图 2-55 所示。

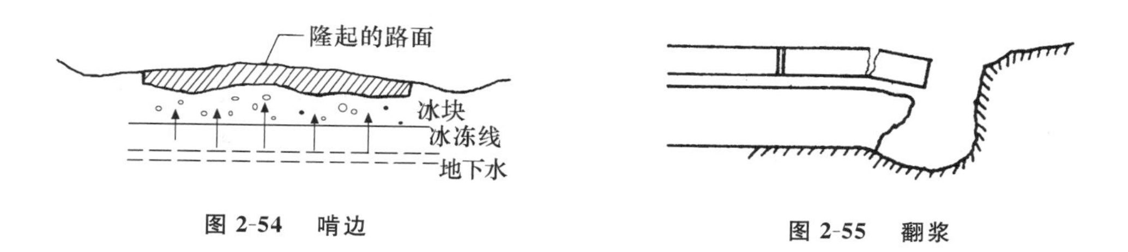


**图 2-54　啃边**

**图 2-55　翻浆**

# 3　园林给排水工程

公园是休息和游览的场所，又是树木、花草集中的地方，因为要满足游人的活动、花草树木的养护管理以及水景用水的补充，用水量非常大，园林绿地的给排水工程是城市给排水工程的一部分，在学习园林给排水知识前，应对城市的给排水过程有概括的了解。

## 3.1　城镇给排水

水是人们生产和生活中不可缺少的基本条件，对水资源的利用和保护是环境保护的重要组成部分，城镇给排水系统则是城镇重要的基础设施（见图 3-1）。

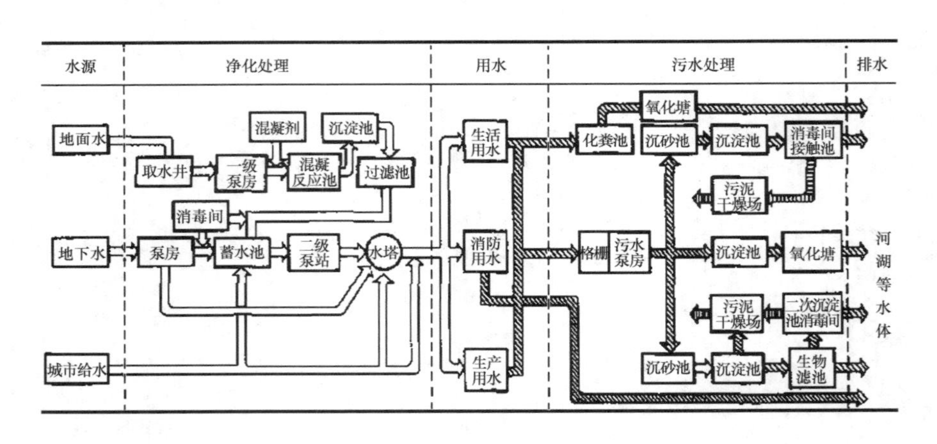


图 3-1　城市给排水工程流程示意

### 3.1.1　城镇给水系统

城镇给水系统是保证城镇生活、生产及消防等项用水的设施，是由相互联系的一系列构筑物和输配水管网组成的。

城镇给水系统的任务是从水源取水，按照用户对水质的要求进行处理，然后将水送到供水区，并向用户配水。对给水系统的要求是要满足用户对水质、水量和水压的要求。

### 3.1.2　城镇排水系统

在人类的生活和生产中，要使用大量的水。部分水在使用过程中会受到不同程度的污染，改变了原有的化学成分和物理性质，这些水称作污水或废水。污水也包括雨水及冰雪融化水。按来源的不同，污水可分为生活污水、工业废水和降水三类。

排水系统是指排水的收集、输送、处理、利用及排放等设施以一定方式组合成的总体。它包括城市生活用水污水排水系统、工业废水排水系统和雨水排水系统。

城镇排水系统的目的与任务是将污水和降水通过收集、处理，使其无害化排放或者重复使用。

## 3.2 园林给水工程

### 3.2.1 园林给水工程的概述

**1）园林用水的类型**

园林中用水大致可分为以下几个方面。

① 生活用水：餐厅、商店、茶室、小卖部、消毒饮水器及卫生设备等的用水。

② 养护用水：植物灌溉、动物饲养、笼舍的冲洗以及夏季广场园路的喷洒用水。

③ 造景用水：各种水体如溪涧、湖泊、池沼、瀑布、跌水、喷泉等的用水。

④ 消防用水：园林中的主要建筑或古建筑周围应设的消防用水。

园林中除生活用水外，其他方面用水的水质要求可以根据情况适当降低。无害于植物、不污染环境的水都可使用，我国许多地区采用经处理的生活污水即中水进行园林灌溉和水景用水。园林给水工程的任务就是如何经济合理、安全可靠地满足用水要求。

**2）园林给水的特点**

① 用水点较分散。

② 用水点分布于起伏的地形上，高程变化大。

③ 水质可根据用途的不同分别处理。

④ 用水高峰时间可以错开。

⑤ 饮用水（沏茶用水）的水质要求较高，以水质好的山泉最佳。

### 3.2.2 水源和水质

**1）水源**

水的来源可以分为地表水和地下水两类，这两类水源都可以为园林所用。

地表水如山溪、大江、大河、湖泊、水库水等，都是直接暴露于地面的水源。这些水源具有取水方便和水量丰沛的特点，但易受工业废水、生活污水及各种人为因素的污染，水中泥砂、悬浮物和胶态杂物含量较多，其杂质浓度高于地下水。因水质较差，必须经过严格的净化和消毒，才可作为生活用水。在地表水中，只有位于山地风景区的水源水质比较好。

地下水存在于透水的土层和岩层中，分为潜水和承压水两种。地下水水温通常在 7 ～ 16 ℃ 或稍高，夏季作为园林降温用水效果较好。地下水，特别是深层地下水，基本上没有受到污染,并且在经过长距离地层的过滤后,水质已经很清洁,几乎没有细菌,在经过消毒并符合卫生要求之后,就可以直接饮用,不需净化处理。

由于要在地层中流动,或者由于某些地区地质构造方面的影响,地下水中一般含有较多矿化物,且硬度较大,水中硫酸根、氯化物过多,有时甚至还含有某些有害物质。对硬度大的地下水,要进行软化处理;对含铁、锰过多的地下水,则要进行除铁、除锰处理。由近处雨水渗入而形成的泉水,有可能硬度不大,但受地面有机物的污染,水质稍差,需要净化处理。

**2) 水质**

生活用水对水质的要求较高,必须对水进行净化处理后才能作为生活用水使用。净化水的基本方法包括混凝沉淀、过滤和消毒三个步骤。

(1) 混凝沉淀(澄清)

在水中加入混凝剂,使水中产生一种絮状物,和杂质凝聚在一起,沉淀到水底。可以用硫酸铝作为混凝剂,在每吨水中加入粗制硫酸铝 20 ~ 50 g,搅拌后进行混凝沉淀。

(2) 过滤(砂滤)

将经过混凝沉淀的水送进过滤池,通过过滤砂层滤去杂质,进一步使水洁净。

(3) 消毒

水过滤后,还会含有一些细菌。通过杀菌消毒处理,可使水净化到符合使用要求。通常采用加氯法,这是目前最基本的方法。此外,还有去除水中无机盐和有机物的一些方法,如吸附法、离子交换法、电渗析法、反渗透法和超滤法等。

### 3.2.3 园林给水方式

**1) 根据给水性质和给水系统构成分类**

根据给水性质和给水系统构成的不同,可将园林给水分成以下三种方式。

① 从属式:园林的水源来自城市管网,是城市给水管网的一个用户。

② 独立式:水源取自园内水体,独立取水进行水的处理和使用。如北京的颐和园,即采用较丰富的地下水自行打井抽水。

③ 复合式:园林的水源兼有城市管网供水和园内水体供水。

**2) 根据水质、水压或地形高差要求分类**

在地形高差显著或者对水质、水压有不同要求的园林绿地,可采用分区、分质、分压供水。

① 分区供水。如园内地形起伏较大,或管网延伸很远时,可以采用分区供水(见图 3-2)。

② 分质供水。用户对水质要求不同,可采取分质供水的方式(见图 3-3),如:园内游人生活用水,要求使用符合人们饮用标准的高水质水;浇洒绿地、灌溉植物及水景用水,只要符合无害于植物、不污染环境的要求即可。

③ 分压供水。用户对水压要求不同而采取的供水方式(见图 3-4),如:园内大型喷泉、瀑布或高层建筑对水压要求较大,因此要考虑设水泵加压循环使用;其他地方的用水对水压要求较小,可直接采用城市管网水。

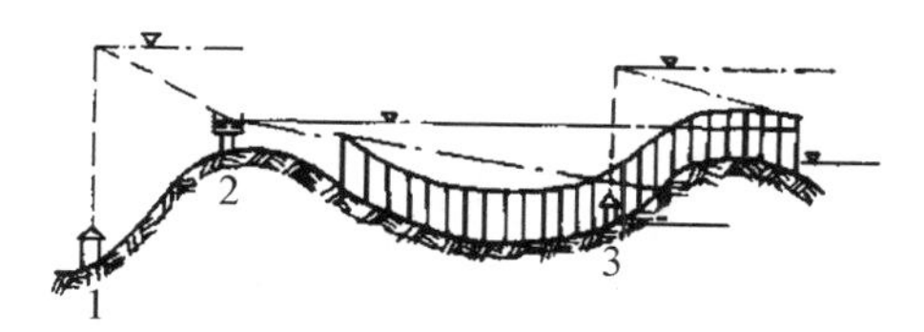


**图 3-2　分区给水系统**

1— 低区供水泵站；2— 水塔；3— 高区供水泵站

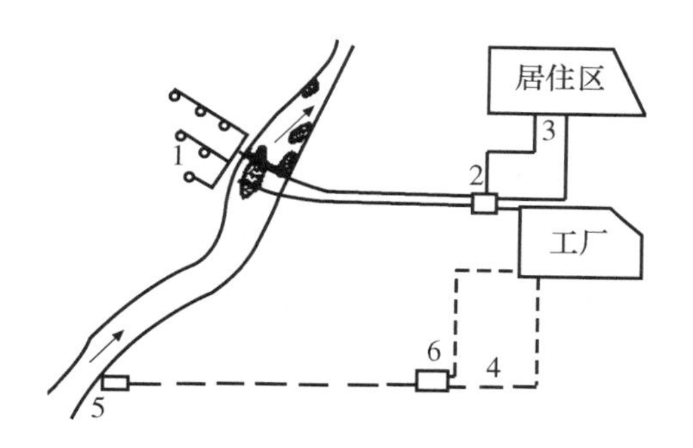


**图 3-3　分质给水系统**

1— 管井；2— 泵站；3— 生活用水管网；4— 生产用水管网；5— 取水构筑物；6— 工业用水处理构筑物

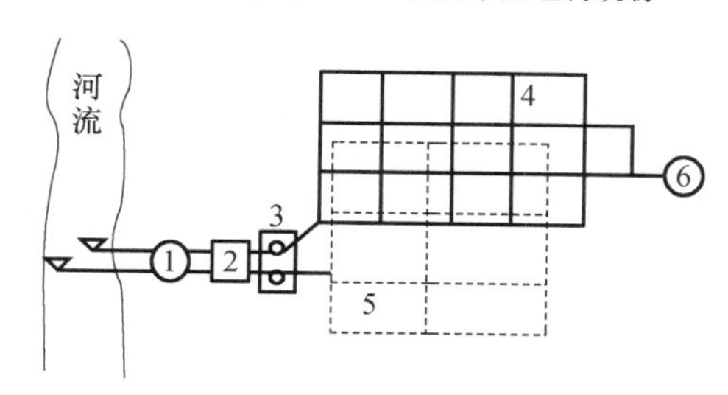


**图 3-4　分压给水系统**

1— 取水构筑物；2— 水处理构筑物；3— 泵站；4— 高压管网；5— 低压管网；6— 水塔

采用不同给水系统的布置方式既可降低水处理费用和水泵动力费用，又可节省管材。

### 3.2.4 园林给水管网的布置

园林给水管网在布置前除了要了解园内用水的特点，还要了解周围的给水情况，它往往影响管网的布置方式。一般小公园可以采用一点引水。但对于大型公园，特别是地形复杂的公园，最好多点引水，这样可以节约管材，减少水头损失，而且为连续供水提供了保障。

**1) 给水管网的布置形式和布线要点**

(1) 给水管网的布置形式

给水管网的布置应满足以下要求。

① 按照规划平面图布置管网,布置时应考虑给水系统分期建设的可能,并留有充分发展的余地。

② 管网布置必须保证供水安全可靠,当局部管网发生事故时,断水范围应降低到最小。

③ 管线遍布在整个给水区内,保证用户有足够的水量和水压。

④ 力求以最短距离敷设管线,降低管网造价和供水能量费用。

给水管网的基本布置形式为树状网和环状网(见图 3-5)。树状网一般适用于用水点较分散的地区,对分期发展的园林有利。这类管网从水源到用户的管线布置成树枝状。显而易见,树状网的供水可靠性较差,因为管网中任意一段管线损坏时,在该管段以后的所有管线就会断水。另外,在树状网的末端,因用水量已经很小,管中的水流缓慢,甚至停滞不流动,因此水质容易变坏。

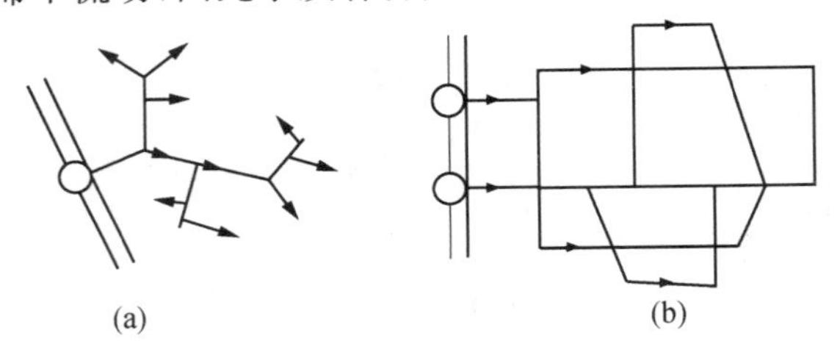


**图 3-5　给水管网的基本布置形式**

(a) 树状管网; (b) 环状管网

环状网把供水管网闭合成环,使管网供水能互相调剂。这类管网中任意一段管线损坏时,可以关闭附近的阀门使损坏管线和其余管线隔开,然后进行检修,水还可从另外的管线供应用户,断水地区的面积可以缩小,从而增加供水可靠性。环状网还可以大大减轻因水锤作用产生的危害,而在树状网中,则往往因水锤作用而损坏管线。但是环状网的造价明显要比树状网高。

现有城市的给水管网,多数是将树状网和环状网结合起来。在中心地区或供水可靠性要求较高的地方,布置成环状网;在边远地区或供水可靠性要求不高的地方,则以树状网形式向四周延伸。

给水管网的布置既要求安全供水,又要贯彻节约投资的原则,而安全供水和节约投资之间难免产生矛盾:为安全供水宜采用环状网,要节约投资最好采用树状网。因此,在管网布置时,既要考虑供水的安全,又要尽量以最短的路线埋管,并考虑分期建设的可能,即先按近期规划埋管,随着用水量的增加逐步增设管线。

(2) 管网的布置要点

① 干管要靠近主要供水点。

② 干管应靠近调节设施(如高位水池或水塔)。

③ 在保证不受冻的情况下，干管宜随地形起伏辐射，避开复杂地形和难以施工的地段，以减少土石方工程量。

④ 管网布置应力求经济，并满足最佳水力条件。

⑤ 管网布置应能够便于检修维护。

⑥ 干管应尽量埋设于绿地下，避免穿越或设于园路下。

⑦ 管网布置应保证使用安全，避免损坏和受到污染，按规定与其他管道保持一定的距离。

**2）管网布置的一般规定**

（1）管道埋深

冰冻地区，管道应埋设于冰冻线以下 40 cm 处；不冻或轻冻地区，管道覆土深度不小于 70 cm。管道不宜埋得过深，否则工程造价高；但也不宜过浅，否则管道易损坏。

（2）阀门及消防栓

给水管网的交点叫作节点，在节点上设有阀门等附件，阀门除安装在支管和干管的连接处外，为便于检修养护，还要求每 500 m 直线距离设一个阀门井。

配水管上要安装消防栓，按规定其间距通常为 120 m，且其位置与建筑物之间的距离不得小于 5 m，为了便于消防车补给水，其位置与车行道之间的距离不大于 2 m。

（3）管道材料的选择（包含排水管道）

大型排水渠道有砖砌、石砌及预制混凝土装配式等（见表 3-1）。

**表 3-1 管道材料的选择**

| 流动物质 | 压力 $P_g$/(kg/cm$^2$) 及水温 $T$ | 室内或室外 | 公称直径 $DN$/mm | | | | | | |
|---|---|---|---|---|---|---|---|---|---|
| | | | 25 | 50 | 80 | 100 | 150 | 200 | ≥250 |
| 给水 | $P_g \leqslant 10$ | 室内 | 白铁管、黑铁管 | | | | | 螺旋缝电焊钢管 | |
| | $T \leqslant 50℃$ | 室外 | | | 铸铁管、石棉水泥管 | | | | |
| 雨水 | 无压 | 室内 | | | | 铸铁管 | | | |
| | | 室外 | | | | | 陶土管 | | |
| 生产污水 | | 室内 | | 排水铸铁管 | | | | | |
| | | 室外 | | | | 钢筋混凝土管 混凝土管<br>陶土管 陶瓷管 | | | |
| 生活污水 | | 室内 | | 排水铸铁管 陶土管 | | | | | |
| | | 室外 | | | | 陶土管 混凝土管 | | | |

注：耐酸陶瓷管、混凝土管、钢筋混凝土管、陶土管（缸瓦管）等管类的管径以内径 $d$ 表示。

## 3.2.5 园林给水管网的设计计算

给水管网的计算目的，是为主干给水管道和各用水点配水管道的选用以及泵站扬程的设计提供依据。管网计算的主要内容有管网流量计算、选用管径计算、各管段中的水头损失计算、管网水力计算等。根据计算结果,就可以选用相应管径的管材来布置管网。

**1) 几个给水工程概念**

(1) 设计用水量

园林给水系统的设计年限,应符合园林建设的总体规划,近、远期结合,以近期为主。一般近期规划年限采用 5 ~ 10 年,远期规划年限采用 10 ~ 20 年。

设计给水系统时,首先须确定该系统在设计年限内达到的用水量。园林设计用水量主要包括园内生活用水量、养护用水量、造景用水量、消防用水量、未预见用水量和管网漏失水量。

(2) 最高日用水量

园林的用水量在任何时间都不是固定不变的。它随着一天中游人数量的变化而变化,随着一年中季节的变化而变化,因此,我们把一年中用水最多的一天的用水量称为最高日用水量。最高日用水量根据用水量标准及用水单位数而定。

(3) 最高时用水量

最高日当天用水最多的一小时的用水量,叫作最高时用水量,这就是给水管网的设计用水量或设计流量,其单位换算为 L/s 时称为设计秒流量。以这个用水量进行设计时可在用水高峰保证水的正常供应。

(4) 日变化系数和时变化系数

最高日用水量与平均日用水量的比值,叫作日变化系数,记作 $K_d$,有

$$K_d = \frac{\text{最高日用水量}}{\text{平均日用水量}}$$

日变化系数 $K_d$ 的值,在城镇一般取 1.2 ~ 2.0,在农村由于用水时间很集中,各时段用水量变化很大,一般取 1.5 ~ 3.0。

最高时用水量与平均时用水量的比值,称为时变化系数,记作 $K_h$,有

$$K_h = \frac{\text{最高时用水量}}{\text{平均时用水量}}$$

时变化系数 $K_h$ 的值,在城镇通常取 1.3 ~ 2.5,在农村则取 5 ~ 6。

不同设施用水量标准和时变化系数详细规定如表 3-2 所示。

公园中的各种活动、饮食、服务设施及各种养护工作和造景设施的运转基本上都集中在白天进行,随着时间的变化,用水量变化很大。而且,游人更多集中在节假日游玩,随着日期的不同,用水量变化也很大。因此,园林的时变化系数和日变化系数与城镇的相比,取值要更大些。在没有统一规定之前,建议 $K_d$ 取 2 ~ 3、$K_h$ 取 4 ~ 6。具体的取值要根据公园的位置、大小、使用性质等方面情况具体分析。

表 3-2 用水量标准及时变化系数

<table>
<tr><th>用水场所</th><th>单 位</th><th>最高日<br>生活用水量<br>标准 /L</th><th>时变化<br>系数</th><th>备 注</th></tr>
<tr><td>公共食堂</td><td>每位顾客每次</td><td>15 ～ 20</td><td>2.0 ～ 1.5</td><td rowspan="5">① 食堂用水包括主副食加工，餐具洗涤清洁用水和工作人员及顾客的生活用水，但不包括冷冻机冷却用水；<br>② 营业食堂用水比内部食堂用水多，中餐厅用水又多于西餐厅用水；<br>③ 餐具洗涤方式是影响用水量标准的因素，设有洗碗机的用水量大；<br>④ 内部食堂设计人数即为实际服务人数，营业食堂按座位数、每一顾客就餐时间及营业时间计算顾客人数</td></tr>
<tr><td>营业食堂</td><td>—</td><td>—</td><td>—</td></tr>
<tr><td>内部食堂</td><td>每人每次</td><td>10 ～ 15</td><td>2.0 ～ 1.5</td></tr>
<tr><td>茶室</td><td>每位顾客每次</td><td>5 ～ 10</td><td>—</td></tr>
<tr><td>小卖部</td><td>每位顾客每次</td><td>3 ～ 5</td><td>2.0 ～ 1.5</td></tr>
<tr><td>电影院</td><td>每位观众<br>每场</td><td>3 ～ 8</td><td>2.5 ～ 2.0</td><td>① 附设有厕所和饮水设备的露天或室内文娱活动场所的用水量，可以按电影院或剧场的标准选用；<br>② 俱乐部、音乐厅和杂技场的用水量可按剧场的标准选用，影剧院用水量标准介于电影院与剧场之间</td></tr>
<tr><td>体育场<br>运动员淋浴</td><td>每人每次</td><td>50</td><td>2.0</td><td rowspan="2">① 体育场的生活用水用于运动员淋浴部分，考虑运动员在运动场进行一次比赛或表演活动后需淋浴一次；<br>② 运动员人数应按假日或大规模活动时的运动员人数计</td></tr>
<tr><td>体育场观众</td><td>每人每次</td><td>3</td><td>3.0</td></tr>
<tr><td>游泳池补充水</td><td>每日占水池容积</td><td>15%</td><td>—</td><td rowspan="3">当游泳池为完全循环处理（过度消毒）时，补充水量可按每日水池容积的 5% 考虑</td></tr>
<tr><td>运动员淋浴</td><td>每人每场</td><td>60</td><td>2.0</td></tr>
<tr><td>观众</td><td>每人每场</td><td>3</td><td>2.0</td></tr>
<tr><td>办公楼</td><td>每人每班</td><td>10 ～ 25</td><td>2.5 ～ 2.0</td><td>① 企业、事业、科研单位的办公及行政管理用房均属此项；<br>② 用水只包括便器冲洗、洗手、饮用和清洁用水</td></tr>
<tr><td>公共厕所</td><td>每小时每冲洗器</td><td>100</td><td>—</td><td>—</td></tr>
<tr><td>大型喷泉</td><td>每小时</td><td>10 000</td><td>—</td><td rowspan="2">不考虑水的循环使用</td></tr>
<tr><td>中型喷泉</td><td>每小时</td><td>2000</td><td>—</td></tr>
<tr><td>柏油路洒水</td><td>每次每平方米</td><td>0.2 ～ 0.5</td><td>—</td><td>≤ 3 次 / 日</td></tr>
<tr><td>石子路洒水</td><td>每次每平方米</td><td>0.4 ～ 0.7</td><td>—</td><td>≤ 4 次 / 日</td></tr>
<tr><td>庭园及<br>草地洒水</td><td>每次每平方米</td><td>1.0 ～ 1.5</td><td>—</td><td>≤ 2 次 / 日</td></tr>
<tr><td>花园浇水</td><td>每日每平方米</td><td>4.8 ～ 8.0</td><td>—</td><td>根据各地实际情况（如气候土质等）决定</td></tr>
</table>

注：将平均时用水量乘以日变化系数 $K_d$ 和时变化系数 $K_h$，即可求得最高日最高时用水量。

(5) 流量、流速和管径

管道的流量就是管的过流断面与流速的积，即 $Q = (\pi d^2/4) \times v$。由此式可导出管径 $d$ 的计算式为

$$d = 2\sqrt{Q/\pi v}$$

由此式可以看出，管径不但与流量有关也与流速有关，流速的选择较复杂，涉及管网设计使用年限、管材价格、电费高低等，在实际工作中通常按经济流速的经验数值取用：

$d < 100$ mm 时，$v = 0.2 \sim 0.6$ m/s；

$d = 100 \sim 400$ mm 时，$v = 0.6 \sim 1.0$ m/s，此时的流速为经济流速，在此流速范围内，整个给水系统的成本降到最低；

$d > 400$ mm 时，$v = 1.0 \sim 1.4$ m/s。

(6) 水头

在给水管上任意点接上压力表所测得的读数即为该点的水压力值。通常以 $kg/cm^2$ 表示。为便于计算管道阻力，并对压力有一较形象的概念，常以“水柱高度”表示。水力学上又将水柱高度称为“水头”，即 1 $kg/cm^2$ 水压力等于 10 m 水头。

在进行水头计算时，一般选择园内一个或几个最不利点进行计算，因为最不利点的水压可以满足，则同一管网的其他用水点的水压也能满足。所谓最不利点是指处在地势高、距离引水点远、用水量大或要求工作水头特别高的用水点。水在管道中流动，必须具有足够的水压来克服沿程的水头损失，并使供水达到一定的高度以满足用水点的要求。水头计算的目的有两方面：一是计算出最不利点的水头要求，二是校核城市自来水配水管的水压(或水泵扬程)是否能满足园内最不利点配水的水头要求。

公园给水管段所需水压可用式(3-1)表示：

$$H = H_1 + H_2 + H_3 + H_4 \tag{3-1}$$

式中 $H$—— 引水管处所需求的总水头(或水泵的扬程)(米水柱)；

$H_1$—— 引水点与用水点之间的地面高程差，m；

$H_2$—— 计算配水点与建筑物进水管的标高差，m；

$H_3$—— 计算配水点所需流出水头，m；

$H_4$—— 管内因沿程和局部阻力而产生的水头损失值(米水柱)。

$H_2$ 与 $H_3$ 之和是计算用水点建筑物或构筑物从地面算起所需要的水压值。此数值在估算总水头时可参考按建筑物层数确定的从地面算起的最小保证水头值：平房 10 m 水柱；二层 12 m 水柱；三层 16 m 水柱；三层以上每增加一层，增加 4 m 水柱。

$H_3$ 值随阀门类型而定，其水头值取 $1.5 \sim 2.0$ m 水柱。

$H_4$ 为沿程水头损失和局部水头损失之和。沿程水头损失可通过查水力计算表求得，局部水头损失通常据管网性质按相应沿程水头损失的一定百分比计取：生活用水管网取 25% ～ 30%，生产用水管网取 20%，消防用水管网取 10%。

通过水头计算，应使城市自来水配水管的水头大于公园内给水管网所需总水

头 $H$。当城市配水管的水头比 $H$ 大很多时，应充分利用城市配水管的水头，在允许的限值内适当缩小某些管段的管径，以节约管材；当城市配水管的水头比 $H$ 略小时，为了避免设置局部升压设备而增加投资，可采取放大某些管段的管径，减少管网的水头损失来满足。

公园中的消防用水对于一般较大型建筑物，如一些文艺演出场地、展览馆等，特别是古建筑应该有专门设计。一般来说，对消灭 2 ～ 3 层建筑物的火灾，消防管网的水头值不小于 25 m。

**2）管网水力计算步骤**

管网的设计与计算步骤如下。

① 收集并分析有关的图纸、资料。首先从公园设计图纸、说明书上，了解原有的或拟建的建筑物和设施等的用途、用水要求、各用水点的高程等，然后掌握公园附近市政干管布置情况或其他水源情况。

② 布置管网。在公园设计平面图上根据用水点分布情况、其他设施布置情况等，定出给水干管的位置、走向，并对节点进行编号，量出节点间的长度。

③ 求公园中各用水点的最高时用水量（设计流量）。在计算整个管网时，先将各用水点的设计流量 $Q$ 及所要求的水头 $H$ 求出，如各用水点用水时间一致，则各点设计流量的总和 $\sum Q$，就是公园给水干管的设计流量。根据这一设计流量及公园给水管网布置所确定的管段长度，就可以查表求出各管段的管径、流速及其水头损失值。

④ 通过查水力计算表，确定支管和干管管段的管径，以及与该管径相应的流速和单位长度的水头损失（见表 3-3）。

⑤ 计算总水头 $H$。

**表 3-3　钢管水力计算表**

| 设计流量 $Q$ | | 25 | | 32 | | 50 | | 70 | | 100 | | 125 | | 150 | |
|---|---|---|---|---|---|---|---|---|---|---|---|---|---|---|---|
| /h | /s | $v$ | $1\,000i$ | $v$ | $1\,000i$ | $v$ | $1\,000i$ | $v$ | $1\,000i$ | $v$ | $1\,000i$ | $v$ | $1\,000i$ | $v$ | $1\,000i$ |
| 0.72 | 0.2 | 0.38 | 21.3 | 0.21 | 5.22 | | | | | | | | | | |
| 1.44 | 0.4 | 0.75 | 74.8 | 0.42 | 17.9 | | | | | | | | | | |
| 2.16 | 0.6 | 1.13 | 159 | 0.3 | 37.3 | 0.28 | 5.16 | | | | | | | | |
| 2.88 | 0.8 | 1.51 | 279 | 0.84 | 63.2 | 0.38 | 8.52 | | | | | | | | |
| 3.60 | 1.0 | 1.88 | 437 | 1.05 | 95.7 | 0.47 | 12.9 | 0.28 | 3.76 | | | | | | |
| 4.32 | 1.2 | 2.26 | 629 | 1.27 | 135 | 0.56 | 18.0 | 0.34 | 5.18 | | | | | | |
| 5.04 | 1.4 | 2.64 | 856 | 1.48 | 184 | 0.66 | 23.7 | 0.40 | 6.83 | | | | | | |
| 5.76 | 1.6 | | | 1.69 | 240 | 0.75 | 30.4 | 0.45 | 8.70 | | | | | | |
| 6.48 | 1.8 | | | 1.90 | 304 | 0.85 | 37.8 | 0.51 | 10.7 | 0.21 | | | | | |
| 7.20 | 2.0 | | | 2.11 | 375 | 1.59 | 178 | 0.57 | 13.0 | 0.23 | | | | | |

续表

| 设计流量 Q | | 25 | | 32 | | 50 | | 70 | | 100 | | 125 | | 150 | |
|---|---|---|---|---|---|---|---|---|---|---|---|---|---|---|---|
| /h | /s | v | 1 000i | v | 1 000i | v | 1 000i | v | 1 000i | v | 1 000i | v | 1 000i | v | 1 000i |
| 7.92 | 2.2 | | | 2.32 | 454 | 1.04 | 54.9 | 0.62 | 15.5 | 0.25 | 1.72 | | | | |
| 8.64 | 2.4 | | | 2.53 | 541 | 1.13 | 64.5 | 0.68 | 18.2 | 0.28 | 2.00 | | | | |
| 9.36 | 2.6 | | | | | 1.22 | 74.9 | 0.74 | 21.0 | 0.30 | 2.31 | 0.20 | 0.826 | | |
| 10.08 | 2.8 | | | | | 1.32 | 86.9 | 0.79 | 24.1 | 0.32 | 2.63 | 0.21 | 0.940 | | |
| 10.80 | 3.0 | | | | | 1.41 | 99.8 | 0.85 | 27.4 | 0.35 | 2.98 | 0.23 | 1.06 | | |
| 12.60 | 3.5 | | | | | 1.65 | 136 | 0.99 | 36.5 | 0.40 | 3.39 | 0.26 | 1.40 | | |
| 14.40 | 4.0 | | | | | 1.88 | 177 | 1.13 | 46.8 | 0.46 | 5.01 | 0.30 | 1.76 | 0.21 | 0.754 |
| 16.20 | 4.5 | | | | | 2.12 | 224 | 1.28 | 58.6 | 0.52 | 6.20 | 0.34 | 2.18 | 0.24 | 0.924 |
| 18.00 | 5.0 | | | | | 2.35 | 277 | 1.42 | 72.3 | 0.58 | 7.49 | 0.38 | 2.63 | 0.26 | 1.12 |
| 19.80 | 5.5 | | | | | 2.59 | 335 | 1.56 | 87.5 | 0.63 | 8.92 | 0.41 | 3.11 | 0.29 | 1.32 |
| 21.60 | 6.0 | | | | | 2.82 | 399 | 1.70 | 104 | 0.69 | 10.5 | 0.45 | 3.65 | 0.32 | 1.54 |
| 23.40 | 6.5 | | | | | | | 1.84 | 122 | 0.75 | 12.1 | 0.49 | 4.22 | 0.34 | 1.78 |
| 25.20 | 7.0 | | | | | | | 1.99 | 142 | 0.81 | 13.9 | 0.53 | 4.81 | 0.37 | 2.03 |
| 27.00 | 7.5 | | | | | | | 2.13 | 163 | 0.87 | 15.8 | 0.56 | 5.46 | 0.40 | 2.30 |
| 28.80 | 8.0 | | | | | | | 2.27 | 185 | 0.92 | 17.8 | 0.60 | 6.15 | 0.42 | 2.58 |
| 30.60 | 8.5 | | | | | | | 2.41 | 209 | 0.98 | 19.9 | 0.64 | 6.85 | 0.45 | 2.88 |
| 32.40 | 9.0 | | | | | | | 2.55 | 234 | 1.04 | 22.1 | 0.68 | 7.62 | 0.48 | 3.20 |
| 34.20 | 9.5 | | | | | | | 2.69 | 261 | 1.10 | 24.5 | 0.72 | 8.42 | 0.50 | 3.52 |
| 36.00 | 10.0 | | | | | | | 2.84 | 289 | 1.15 | 26.9 | 0.75 | 9.23 | 0.53 | 3.87 |
| 43.20 | 12.0 | | | | | | | | | 1.39 | 38.5 | 0.90 | 12.9 | 0.64 | 5.39 |
| 50.40 | 14.0 | | | | | | | | | 1.62 | 52.4 | 1.05 | 17.2 | 0.74 | 7.15 |
| 57.60 | 16.0 | | | | | | | | | 1.85 | 68.5 | 1.20 | 22.1 | 0.85 | 9.15 |
| 64.80 | 18.0 | | | | | | | | | 2.08 | 86.6 | 1.36 | 27.9 | 0.95 | 11.4 |
| 72.00 | 20.0 | | | | | | | | | 2.31 | 107 | 1.51 | 34.5 | 1.06 | 13.8 |
| 86.40 | 24.0 | | | | | | | | | 2.77 | 154 | 1.81 | 49.7 | 1.27 | 19.5 |
| 100.8 | 28.0 | | | | | | | | | | | 2.11 | 67.6 | 1.48 | 26.2 |
| 115.2 | 32.0 | | | | | | | | | | | 2.41 | 88.3 | 1.70 | 34.8 |
| 129.6 | 36.0 | | | | | | | | | | | 2.71 | 112 | 1.91 | 44.0 |
| 144.0 | 40.0 | | | | | | | | | | | 3.01 | 138 | 2.12 | 54.3 |
| 162.0 | 45.0 | | | | | | | | | | | | | 2.38 | 68.7 |
| 180.0 | 50.0 | | | | | | | | | | | | | 2.65 | 84.9 |

## 3.3 景观灌溉系统

随着我国城镇建设的迅速发展，绿地面积的不断扩大，绿地质量要求越来越高，绿地灌溉量也增加许多，原有的灌溉方式已经越来越不适应发展的要求，因此，实现灌溉的管道化和自动化已经逐步推广开来。园林景观灌溉有许多方法，如喷灌、涌灌、滴灌和地下渗灌等技术，这些方法可单独使用也可混合使用。理想的系统应是灌溉效率高，易于修理和维护，操作简单。

喷灌是一种较好的灌溉方式，它是借助一套专门的设备将具有压力的水喷射到空中，散成水滴、降落地面、供给植物水分的一种灌溉方式，它近似于天然降水。喷灌时，能够在不破坏土壤通气和土壤结构的条件下，保证均匀地湿润土壤和地表空气层，使地表空气清爽；还能够节约大量的灌溉用水，比普通浇水灌溉节约水量40%～60%。喷灌的最大优点在于它能使灌水工作机械化，显著提高灌溉的功效。

喷灌系统的设计目的，主要是解决用水量和水压方面的问题。至于供水的水质要求，可稍低一些，只要水质对绿化植物没有害处即可。

### 3.3.1　喷灌系统的构成

喷灌系统通常由喷头、管材和管件、控制设备、控制电缆、过滤设备、加压设备等构成。利用市政供水的中小型绿地的喷灌系统一般无须设置过滤装置和加压设备。

**1）喷头**

喷头是喷灌系统中的重要设备，一般由喷体、喷芯、喷嘴、滤网、弹簧和止溢阀等部分组成。它的作用是将有压水流破碎成细小的水滴，按照一定的分布规律喷洒在绿地上。

喷灌系统喷头的布置形式有正方形、正三角形、矩形和等腰三角形四种。在实际工作中采用什么样的喷头布置形式，主要取决于喷头的性能和拟灌溉地段的情况。表3-4中所列四图，主要表示出喷头的不同组合方式与灌溉效果的关系。

**表3-4　喷头的布置形式**

| 序号 | 喷头组合图形 | 喷洒方式 | 喷头间距 $L$、支管间距 $b$ 与射程 $R$ 的关系 | 有效控制面积 $S$ | 适用情况 |
|---|---|---|---|---|---|
| A | 正方形 | 全圆形 | $L=b=1.42R$ | $S=2R^2$ | 在风向改变频繁的地方效果较好 |
| B | 正三角形 | 全圆形 | $L=1.73R$<br>$b=1.5R$ | $S=2.6R^2$ | 在无风的情况下喷灌的均度最好 |
| C | 矩形 | 扇形 | $L=R$<br>$b=1.73R$ | $S=1.73R^2$ | 较A、B节省管道 |
| D | 等腰三角形 | 扇形 | $L=R$<br>$b=1.87R$ | $S=1.865R^2$ | 同C |

喷头可按非工作状态、工作状态和射程来分类。

(1) 按非工作状态分类

喷头按非工作状态分类,可分为外露式喷头和地埋式喷头。

外露式喷头(见图3-6)是指非工作状态下暴露在地面以上的喷头。这类喷头构造简单,价格便宜,使用方便,对供水压力要求不高,但其射程、射角及覆盖角度不便调节且有碍园林景观。因此一般用在资金不足或喷灌技术要求不高的地方。

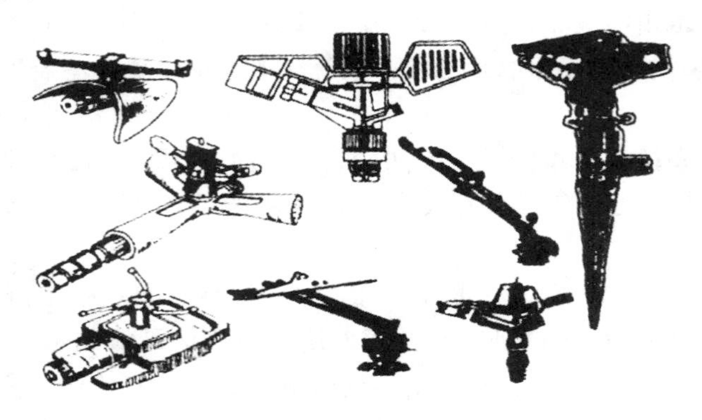

图3-6 外露式喷头

地埋式喷头(见图3-7)是指非工作状态下埋藏在地面以下的喷头。工作时,这类喷头的喷芯部分在水压的作用下伸出地面,然后按照一定的方式喷洒。当关闭水源时,水压消失,喷芯在弹簧的作用下又缩回地下。地埋式喷头构造复杂,工作压力较高,其最大优点是不影响园林景观效果,不妨碍活动,射程、射角及覆盖角度等性能易于调节,雾化效果好,适合于不规则区域的喷灌,能够更好地满足园林绿地和运动场草坪的专业喷灌要求。

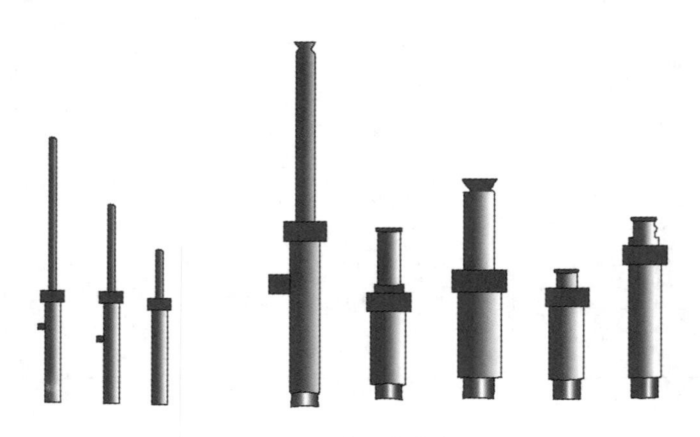

图3-7 地埋式喷头

(2) 按工作状态分类

喷头按工作状态分类,可分为固定式喷头和旋转式喷头。

固定式喷头是指工作时喷芯处于静止状态的喷头。这种喷头也称为散射式喷头，工作时有压水流从预设的线状孔口喷出，同时覆盖整个喷洒区域。固定式喷头构造简单、工作可靠、使用方便，是庭院和小规模绿地喷灌系统的首选产品。

旋转式喷头是指工作时边喷洒边旋转的喷头。在多数情况下，这类喷头的射程、射角和覆盖角度可以调节。这类喷头对工作压力的要求较高，喷洒半径较大。旋转式喷头的结构形式很多，可分为摇臂式、叶轮式、反作用式、全射流式等。采用旋转式喷头的喷灌系统有时需要加压设备。

摇臂式喷头(见图3-8)是旋转式喷头中应用最广泛的喷头形式。这种喷头是由导流器、摇臂、摇臂弹簧、摇臂轴等组成的转动机构，和由定位销、拨扦、挡块、扭簧或压簧等构成的扇形机构，以及喷体、空心轴、套轴、垫圈、防砂弹簧、喷管和喷嘴等构件组成的。在转动机构作用下，喷体和空心轴的整体在套轴内转动，从而实现旋转喷水。

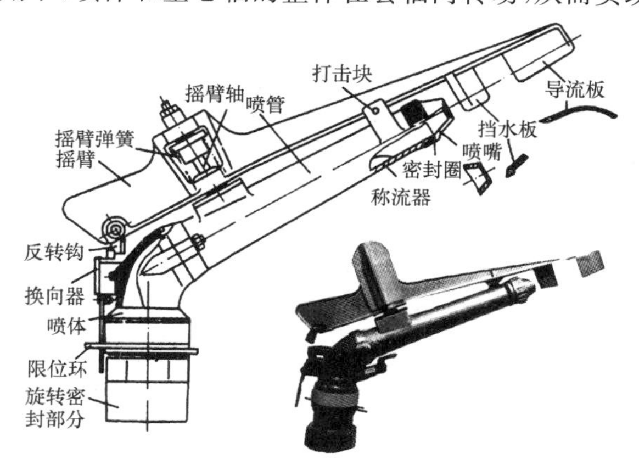


图3-8 摇臂式喷头

(3) 按射程分类

喷头按射程的不同，可分为近射程喷头、中射程喷头和远射程喷头。

近射程喷头的射程小于8 m。这类喷头的工作压力要求低，只要设计合理，市政或局部管网压力就能满足其工作要求。

中射程喷头的射程为8～20 m。这类喷头适合于较大面积园林绿地的喷灌。

远射程喷头的射程大于20 m。这类喷头工作压力要求较高，一般需要配置加压设备，以保证正常的工作压力和雾化效果，多用于大面积观赏绿地和运动场草坪的喷灌。

**2) 管材和管件**

管材和管件在绿地喷灌系统中起着纽带的作用，它们将喷头、闸阀、水泵等设备按照特定的方式连接在一起，构成喷灌管网系统，以保证喷灌的水量供给。在喷灌行业里，聚氯乙烯(PVC)、聚乙烯(PE)和聚丙烯(PP)等塑料管已取代其他材质的管道，成为喷灌系统主要的管材。

**3) 控制设备**

控制设备构成了绿地喷灌系统的指挥体系，其技术含量和完备程度决定着喷灌系统的自动化程度和技术水平。根据控制设备的功能与作用的不同，可将控制设备分为状态性控制设备、安全性控制设备和指令性控制设备。

状态性控制设备是指喷灌系统中能够满足设计和使用要求的各类阀门,它们的作用是控制喷灌管网中水流的方向、速度和压力等状态参数。按照控制方式的不同,可将这些阀门分为手控阀(如闸阀、球阀和快速连接阀)、电磁阀(包括直阀和角阀)与水力阀。

安全性控制设备是指保证喷灌系统在设计条件下安全运行的各种控制设备,如减压阀、调压孔板、逆止阀、空气阀、水锤消除阀和自动泄水阀等。

指令性控制设备是指在喷灌系统的运行和管理中起指挥作用的各种控制设备,其中包括各种控制器、遥控器、传感器、气象站和中央控制系统等。指令性控制设备的应用使喷灌系统的运行具有智能化的特征,不仅可以降低系统运行和管理的费用,而且还提高了水的利用率。

**4) 控制电缆**

控制电缆即传输控制信号的电缆,它由缆芯(多为铜质)、绝缘层和保护层构成。

**5) 过滤设备**

当水中含有泥砂、固体悬浮物、有机物等杂质时,为了防止堵塞喷灌系统管道、阀门和喷头,必须使用过滤设备。绿地喷灌系统常用的过滤设备有离心过滤器、砂石过滤器、网式过滤器和叠片过滤器。过滤设备的类型不同,其工作原理及适用条件也各不相同,设计时应根据喷灌水源的水质条件进行合理选择。

**6) 加压设备**

当使用地下水或地表水作为喷灌用水,或者当市政管网水压不能满足喷灌的要求时,需要使用加压设备为喷灌系统供水,以保证喷头所需工作压力。常用的加压设备是各类水泵,如离心泵、井用泵、小型潜水泵等。水泵的性能主要包括扬程、流量、功率和效率等,设计时应根据水源条件和喷灌系统对水量、水压的要求等具体情况进行选择。

### 3.3.2 喷灌形式的选择

按照管道、机具的安装方式及供水使用特点,园林喷灌系统分为移动式、固定式和半固定式三类。

**1) 移动式喷灌系统**

移动式喷灌系统要求有天然水源(池塘、河流等),其动力装置(电动机和汽油发动机)、水泵、干管、支管和喷头是可移动的,由于管道等设备不必埋入地下,所以投资较省、机动性强、浇水方便灵活、能节约用水,但喷水作业时劳动强度大,适用于水网地区的园林绿地、苗圃和花圃的灌溉。

**2) 固定式喷灌系统**

固定式喷灌系统有固定的泵站,干管和支管都埋入地下,喷头既可固定于竖管上,也可临时安装。固定式喷灌系统的安装,要用大量的管材和喷头,需要较多的投资,但喷水操作方便,既节约劳动力,又节约用水,实现了浇水自动化,甚至还可用遥控操作,因此是一种高效低耗的喷灌系统。这种系统最适于需要经常性灌溉供水的草坪、大型花坛和花圃等。

**3）半固定式喷灌系统**

半固定式喷灌系统的泵站和干管固定，但支管与喷头可以移动，也就是一部分固定式、一部分移动式。其使用上的优缺点介于上述两种喷灌系统之间，主要适用于较大的花圃和苗圃。

### 3.3.3 喷灌管线布置注意事项

喷灌管线在布置时应根据实际地形、水源条件提出几种可能的布置方案，然后进行经济、技术比较，在设计中应考虑以下基本原则。

① 干管应沿主坡方向布置，在地形变化不大的地区，支管应与干管垂直，并尽量沿等高线方向布置。

② 在经常刮风的地区应尽量使支管与主风向垂直。这样在有风时可以加密支管上的喷头，以补偿由于风力造成的喷头横向射程缩短。

③ 支管不可太长，半固定式系统应便于移动，而且应使支管上首端和末端的压力差不超过工作压力的20%，以保证喷洒均匀。在地形起伏的地方，干管应布置在高处，而支管应自高处向低处布置，这样支管上的压力比较均匀。

④ 泵站或主供水点应尽量布置在整个喷灌系统的中心，以减少输水的水头损失。

⑤ 喷灌系统应根据轮灌的要求设适当的控制设备，一般每根支管都应装闸阀。

### 3.3.4 喷灌的主要技术要求

喷灌的主要技术要求有三个：一是喷灌强度应该小于土壤的入渗（或称渗吸）速度，以避免地面积水或产生径流，造成土壤板结或冲刷；二是喷灌的水滴对作物或土壤的打击强度要小，以免损坏植物；三是喷灌的水量应均匀地分布在喷洒面，以使植物获得均匀的水量。下面对喷灌的主要技术参数喷灌强度、喷灌均匀度、水滴打击强度作出说明。

**1）喷灌强度**

单位时间喷洒在控制面的水深称为喷灌强度。喷灌强度的单位为mm/h。计算喷灌强度应大于平均喷灌强度。这是因为系统喷灌的水不可能没有损失地全部喷洒到地面，喷灌时的蒸发、受风后雨滴的漂移以及作物茎叶的截留都使实际落到地面的水量减少。

土壤允许喷灌强度就是在短时间里不形成地表径流的最大喷灌强度，超过土壤允许喷灌强度时会造成水资源浪费，同时，土壤的结构也会遭到破坏，表3-5所示为各类土壤的允许喷灌强度。土壤允许喷灌强度与土壤质地和地面坡度有关，表3-6所示为坡地允许喷灌强度降低值。

**表3-5 各类土壤的允许喷灌强度**

| 土壤质地 | 允许喷灌强度/(mm/h) | 土壤质地 | 允许喷灌强度/(mm/h) |
|---|---|---|---|
| 砂土 | 20 | 软黏土 | 10 |
| 砂壤土 | 15 | 黏土 | 8 |
| 壤土 | 12 | — | — |

表 3-6 坡地允许喷灌强度降低值

| 地面坡度 /(%) | 允许喷灌强度降低 /(%) | 地面坡度 /(%) | 允许喷灌强度降低 /(%) |
|---|---|---|---|
| <5 | 10 | 13～20 | 60 |
| 5～8 | 20 | >20 | 75 |
| 9～12 | 40 | — | — |

**2）喷灌均匀度**

喷灌均匀度是指在喷灌土壤上水量分布的均匀程度，它是衡量喷灌质量好坏的主要指标之一。影响喷灌均匀度的因素有喷头结构、工作压力、喷头组合形式、喷头间距、喷芯旋转均匀性、竖管的倾斜度、地面坡度和风速风向等。在设计风速下，喷灌均匀系数不应低于75%。

**3）水滴打击强度**

水滴打击强度是指单位受水面积内，水滴对植物或土壤的打击动能。它与水滴大小、质量、降落速度和密度(落在单位面积上水滴的数目)有关。为避免破坏土壤团粒结构造成板结或损害植物，水滴打击强度不宜过大。但是，将有压水流充分粉碎与雾化需要更多的能耗，会产生经济上的不合理性。同时，细小的水滴更易受风的影响，使喷灌均匀度降低，漂移和蒸发损失加大。一般常采用水滴直径和雾化指标间接地反映水滴打击强度，为规划设计提供依据。

### 3.3.5 喷灌设计计算

**1）确定喷灌用水量 $Q$**

$$Q = nq \tag{3-2}$$

式中 $Q$—— 喷灌用水量，$m^3/h$；

$n$—— 喷头数；

$q$—— 单个喷头流量；

$$q = Lbp/1000 \tag{3-3}$$

式中 $L$—— 喷头间距；

$b$—— 支管距离；

$p$—— 设计喷灌强度，mm/h。

**2）选择管径 $DN$**

喷灌系统管径可通过喷灌用水量 $Q$ 和喷灌经济流速 $v$ 查水力计算表求得。

一般情况下，$v$ 取 2 m/s。

**3）计算水头损失 $H$**

(1) 干管沿程水头损失计算

干管沿程水头损失可按给水管网水力计算方法，根据管内流量 $Q$ 和所选管径 $DN$ 从水力计算表中查得单位管长的水头损失值，最后乘以管道长度，便求得管道全长的沿程水头损失值。

(2) 支管沿程水头损失计算——多口系数

在喷灌系统的支管上，一般都装有若干个竖管、喷头，同时进行喷洒。此时，支管每隔一定距离有部分水量流出，即支管上流量是逐段减少的。这时可假定支管内流量沿程不变，一直流到管末端，按进口处最大流量计算水头损失(即不考虑分流)，然后乘上一个多口系数$F$值进行校正。$F$值可由表3-7查得(表中$X$ = 第一个分流口到总进口的距离 / 各分流口之间的距离)。

表3-7 多口系数$F$值(适用于哈 - 威公式)

| 孔口数 $N$ | 多口系数 $F$ | | 孔口数 $N$ | 多口系数 $F$ | |
|---|---|---|---|---|---|
| | $X=1$ | $X=1/2$ | | $X=1$ | $X=1/2$ |
| 2 | 2.659 | 0.516 | 16 | 0.382 | 0.362 |
| 3 | 0.535 | 0.442 | 17 | 0.380 | 0.361 |
| 4 | 0.486 | 0.413 | 18 | 0.379 | 0.361 |
| 5 | 0.457 | 0.396 | 19 | 0.377 | 0.360 |
| 6 | 0.435 | 0.385 | 20 | 0.376 | 0.360 |
| 7 | 0.425 | 0.381 | 22 | 0.374 | 0.359 |
| 8 | 0.415 | 0.377 | 24 | 0.372 | 0.358 |
| 9 | 0.409 | 0.374 | 26 | 0.370 | 0.357 |
| 10 | 0.402 | 0.371 | 28 | 0.369 | 0.357 |
| 11 | 0.397 | 0.368 | 30 | 0.368 | 0.356 |
| 12 | 0.394 | 0.366 | 35 | 0.365 | 0.356 |
| 13 | 0.391 | 0.365 | 40 | 0.363 | 0.355 |
| 14 | 0.387 | 0.364 | 50 | 0.361 | 0.354 |
| 15 | 0.384 | 0.363 | 100 | 0.356 | 0.353 |

(3) 局部水头损失计算

在计算精度要求不太高时，为了避免烦琐计算，可按沿程水头损失值的10%估算。

## 3.4 园林排水工程

### 3.4.1 城镇排水工程概述

**1) 水的循环**

自然界和人类社会都离不开水，水的循环分为自然界循环和城镇用水循环两个部分。园林用水是自然界和人类社会用水的缩影，也遵循着水循环的规律。自然界水循环分为水分蒸发、水汽输送、凝结降水、水分下渗和径流五部分。

**2) 污水对环境的危害以及处理的必要性**

污水含有大量的有机物质、病原微生物、氰化物、铬、汞、铅等，其中有很多有害、有毒物质，如不加以控制，直接任意排入水体或土壤，会造成以下几方面的危害。

① 污水中的有机物质会消耗水体或土壤中的溶解氧，使正常的有氧环境转化为反常的无氧环境，从而破坏正常环境中生物的生长和繁殖。

② 传播病原微生物、氰化物、铬、汞、铅等有害、有毒物质，危害水生动植物、农

业,也直接或间接地危害人类和牲畜。

③ 使水体不能满足某些甚至多种工业生产对水质的要求。

④ 造成水体的富营养化。

通常,污水污染对人类健康的危害有两种形式:一种是污染后,水中含有致病微生物,从而引起传染病的蔓延;另一种是被污染的水中含有毒物质,从而引起人们急性或慢性中毒,甚至引起癌症或其他各种“公害病”。

为保护环境,避免发生上述危害,在城镇和工业企业中,就应建设一套系统排出污水的工程设施,设计建设此工程设施即称为排水工程。

排水工程的基本任务就是保护环境,以促进工农业生产的发展和保障人民的健康与正常生活。排水工程有着环保、卫生、经济三方面的作用。从环境保护方面讲,排水工程有保护和改善环境,消除污水危害的作用,是社会可持续发展的必要条件。从卫生上讲,排水工程的兴建对保障人民的健康具有深远的意义。从经济上讲,排水工程也具有重要意义,主要体现在如下方面。

水是非常宝贵的自然资源,它在国民经济的各部门中都是不可缺少的。我国水资源分布不均,水资源匮乏,水资源受到日益严重的污染,水资源利用难度大,致使我国许多城市缺水。在全国 600 多座城市中,有 300 多座城市缺水,108 座城市严重缺水,日均缺水 200 亿立方米,联合国已把中国列为 13 个最缺水的国家之一。与此同时,有限的水资源还不断受到水质恶化及水生态系统被破坏的严重威胁,我国因排放城市污水而造成的水资源污染达 2 300 亿 ~ 3 000 亿立方米,占我国水资源总量的 8.5% ~ 11.1%,已有 1/3 的河段,90% 的城市水域受到污染,这更加剧了水资源的紧张状况,迫使部分城市投入巨资建设水源工程,如上海黄浦江上游水源工程、天津引滦济津工程、青岛引黄济青工程等。

环境保护和水的处理与重复利用已经成为关乎国计民生的大事。

**3)排水系统**

城市污水,是指排入城镇污水排水系统的生活污水、工业废水和截流的雨水。污水量是以 L 或 $m^3$ 计量的。单位时间(s、h、d)内的污水量称污水流量。排水的收集、输送、处理和排放等设施以一定方式组合成的总体,称为排水系统。排水系统通常由管道系统(或称排水管网)和污水处理系统(污水处理厂)组成。管道系统是收集和输送废水的设施,把废水从产生处输送至污水处理厂或出水口,主要包括排水设备、检查井、管渠、水泵站等工程设施。污水处理系统是处理和利用废水的设施,它包括城市及工业企业污水处理厂(站)中的各种处理构筑物及除害设施等。

经过无害化处理的污废水,可以进行重复循环使用。公园污水相对于城镇的污、废水构成还是比较简单的,仅仅包括少量的生活污水和雨水,处理起来比较方便、简单。而且公园的用水特点也比较突出,除生活用水外,其他方面用水的水质要求可以根据情况适当降低,无害于植物、不污染环境的水都可使用。因此,在一些面积很大、用水量大、离城市管网较远的大型公园中,可以考虑建设中水回用系统,建设小型水处理构筑物或安装水处理设备,将公园的污水回用,用于园林灌溉和水景用水。这样既能解决公园自用水问题，又为缓解用水压力和环境保护作出贡献。因为中水的水费与城市自来水水费相比更便宜，因此，如果公园距离城市污水处理厂较近，也可以直接在园中接入城市中水管道。事实上，随着社会的发展和环境问题的凸显，中水会越来越多地被作为水源使用，甚至成为每个公园必不可少的供水水源。

**4）排水系统的体制**

排水系统的体制分为合流制和分流制。将生活污水、工业废水和雨水混合在同一套沟道内排出的系统称为合流制。将生活污水、工业废水和雨水分别在两个或两个以上各自独立的管渠内排出的系统称为分流制。分流制又分三种：完全分流制，既有污水排水系统，又有雨水排水系统；不完全分流制，即只有污水排水系统，没有完整的雨水系统；半分流制，也是既有污水排水系统，又有雨水排水系统。

**5）影响城市排水系统布置的因素**

影响城市排水系统布置的因素有地形、竖向规划、污水处理厂位置、土壤条件、河流情况、污水种类和污染程度几个方面。下面介绍以地形为主要因素的几种布置形式（见图 3-9）。

① 正交式布置。其特点是干管长度短、管径小，方便、经济，排出污水迅速，但是易受污染，适用于分流制排水系统[见图 3-9(a)]。

② 截流式布置。适用于分流制污水排水系统[见图 3-9(b)]。

③ 平行式布置。适用于地势向河流有较大倾斜的地区[见图 3-9(c)]。

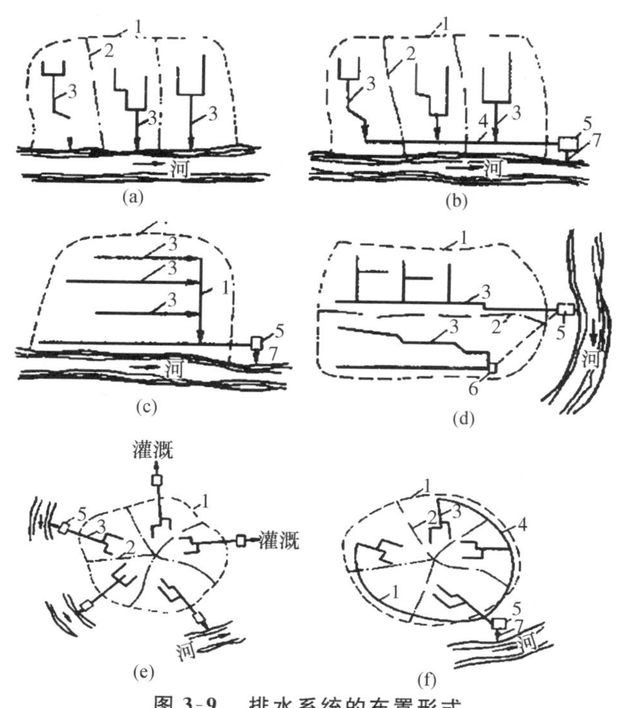


**图 3-9　排水系统的布置形式**

(a) 正交式布置；(b) 截流式布置；(c) 平行式布置；
(d) 分区式布置；(e) 辐射分散式布置；(f) 环绕式布置

④ 分区式布置。适用于地势有高、低区的地区[见图 3-9(d)]。

⑤ 辐射分散式布置。适用于城市四周有河流、中间地势高的地区[见图 3-9(e)]。

⑥ 环绕式布置[见图 3-9(f)]。

### 3.4.2 园林排水工程概述

**1) 园林排水的特点**

① 园林排水主要是排出雨水和少量生活污水。

② 园林中地形起伏多变,有利于地面水的排出。

③ 雨水可就近排入园中水体。

④ 园林绿地通常植被丰富,地面吸收能力强,地面径流较小,因此雨水一般采取以地面排出为主、沟渠和管道排出为辅的综合排水方式。

⑤ 排水方式应尽量结合造景,可以利用排水设施创造瀑布、跌水、溪流等景观。

⑥ 排水的同时还要考虑土壤能吸收到足够的水分,以利于植物生长,干旱地区应注意保水。

⑦ 园林中可以建造小型水处理构筑物或水处理设备。

**2) 园林排水工程的组成**

园林排水工程由从天然降水、污废水的收集和输送,到污水的处理和排放等一系列过程组成。从排水工程设施来看,可以分为两部分:一部分是作为排水工程主体部分的排水管渠,其作用是收集、输送和排放园林各处的污废水以及天然降水;另一部分是污水处理设施,包括必要的水池、泵房等构筑物。从排水的种类方面来看,分为雨水排水系统、污水排水系统和合流制排水系统。

(1) 雨水排水系统的组成

园林内的雨水排水系统排出的对象包括雨水、园林生产废水和游乐废水。其基本构成部分有:① 汇水坡地、给水浅沟和建筑物屋面、天沟、雨水斗、竖管、散水;② 排水明沟、暗沟、截水沟、排洪沟;③ 雨水口、雨水井、雨水排水管网、出水口;④ 在利用重力自流排水困难的地方,还可能设置雨水排水泵站。

(2) 污水排水系统的组成

园林内污水排水系统排出的对象主要是生活污水,包括室内和室外部分:① 室内污水排放设施如厨、厕的卫生设备,下水管道等;② 除油池、化粪池、污水集水口;③ 污水排水干管、支管组成的管网;④ 管网附属构筑物,如检查井、连接井、跌水井等;⑤ 污水处理站或污水处理设备,包括污水泵房、澄清池、过滤池、消毒池、清水池等;⑥ 出水口。

(3) 合流制排水系统的组成

合流制排水系统只设一套排水管网,其基本组成是雨水系统和污水系统的组合。常见的组成部分是:① 雨水集水口、室内污水集水口;② 雨水管渠、污水支管;③ 雨、污合流的干管;④ 管网上附属的构筑物,如雨水井、检查井、跌水井、截流式合流制系统的截流干管与污水支管交接处所设的溢流井等;⑤ 污水处理设施,如混凝澄清池、过滤池、消毒池、污水泵房等；⑥ 出水口。

### 3.4.3　园林排水方式

**1）地面排水**

地面排水是最经济、最常用的园林排水方式。即利用地面坡度使雨水汇集，再通过沟、谷、涧、山道等加以组织引导，就近排入附近水体或城市雨水管渠。在我国，大部分公园绿地都采用地面排水为主、沟渠和管道排水为辅的综合排水方式。如颐和园、广州动物园、上海复兴岛公园等，复兴岛公园完全采用地面和浅明沟排水，不仅经济实用，便于维修，而且景观自然。

雨水径流对地表的冲刷，是地面排水所面临的主要问题，必须进行合理的安排，采取措施防止地表径流冲刷地面，保持水土，维护园林景观。通常可从以下三方面着手。

（1）地形设计时充分考虑排水要求

① 注意控制地面坡度，使之不至于过陡，否则应另采取措施以减少水土流失。

② 同一坡度（即使坡度不大）的坡面不宜延伸过长，应该有起伏变化，以阻碍和缓冲径流速度，同时也可以丰富园林地貌景观。

③ 用顺等高线的盘山道、谷线等拦截和组织排水。

（2）发挥地被植物的护坡作用

地被植物具有对地表径流加以阻碍、吸收以及固土等诸多作用，因而通过加强绿化，合理种植，用植被覆盖地面是防止地表水土流失的有效措施与合理选择。

（3）采取工程措施

在过长（或纵坡较大）的汇水线上以及较陡的出水口处，地表径流速度很大，需利用工程措施进行护坡。以下介绍几种常用工程措施。

① “谷方”“挡水石”。地表径流在谷线或山洼处汇集，形成大流速径流，为防止其对地表的冲刷，可在汇水线上布置一些山石，借以减缓水流冲力，降低流速，起到保护地表的作用，这些山石就叫“谷方”，“谷方”需深埋浅露加以稳固；“挡水石”则是布置在山道边沟坡度较大处，作用和布置方式同“谷方”相近。

② 出水口处理。园林中利用地面或明渠排水，在排入园内水体时，为了保护岸坡，出水口应做适当处理。常见的处理方式有以下两种。

a. “水簸箕”。它是一种敞口排水槽，槽身的加固可采用三合土、浆砌块石（或砖）或混凝土。当排水槽上下口高差大时，可采取在下口设栅栏、在槽底设置“消力阶”、槽底做成连续的浅阶、在槽底砌消力块等措施。

b. 埋管排水。利用路面或道路边沟将雨水引至濒水地段低处或排放点，设雨水口埋置暗管将水排入水体。

**2）沟渠排水**

沟渠排水指利用明沟、盲沟等设施进行排水的方式。

明沟的优点是工程费用较少、造价较低。但明沟容易淤积，滋生蚊蝇，影响环境卫生。在建筑物密度较高、交通繁忙的地区,可采用加盖明沟。

盲沟是一种地下排水渠道,又名暗沟、盲渠,主要用于排出地下水,降低地下水位,适用于一些要求排水良好的全天候的体育活动场地、儿童游戏场地等或地下水位高的地区,以及某些不耐水的园林植物生长区等。盲沟排水的优点是取材方便,可废物利用,造价低廉;不需附加雨水口、检查井等构筑物,地面不留"痕迹",从而保持了园林绿地草坪及其他活动场地的完整性;对公园草坪的排水尤为适用。

**3) 管道排水**

在园林中的某些地方,如低洼的绿地、广场及休息场所,建筑物周围的积水、污水的排出,需要或只能利用敷设管道的方式进行。利用管道排水的优点是不妨碍地面活动,卫生、美观,排水效率高;缺点是造价高,检修困难。

### 3.4.4 排水管网的附属构筑物

为了排出污水,除管渠本身外,还需在管渠系统上设置某些附属构筑物。在园林绿地中,这些构筑物常见的有雨水井、检查井、跌水井、闸门井、倒虹管、出水口等。

**1) 雨水井**

雨水井是在雨水管渠或合流管渠上收集雨水的构筑物。一般的雨水井都是由基础、井身、井口、井箅几部分构成的(见图 3-10)。其底部及基础可用 C15 混凝土做成,尺寸在 120 mm×900 mm×100 mm 以上。井身、井口可用混凝土浇制,也可以用砖砌筑,砖壁厚 240 mm。为了避免过快的锈蚀和保持较高的透水率,井箅应当用铸铁制作,箅条宽 15 mm 左右,间距 20 ~ 30 mm。雨水井的水平截面一般为矩形,长 1 m 以上,宽 0.8 m 以上。竖向深度一般为 1 m 左右,井身内需要设置沉泥槽时,沉泥槽的深度应不小于 12 cm。雨水管的管口设在井身的底部。

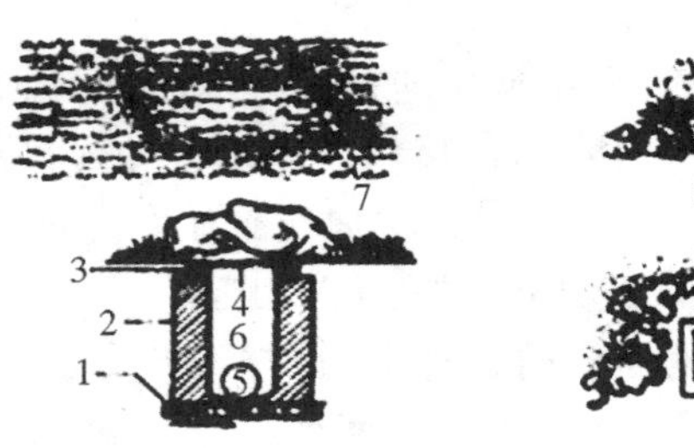


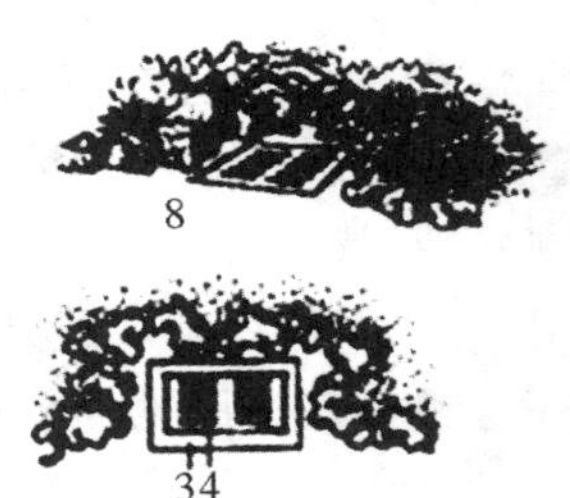


**图 3-10 雨水井的构造**

1— 基础;2— 井身;3— 井口;4— 井箅;5— 支管;
6— 井室;7— 草坪窨井盖;8— 山石围护雨水井

与雨水管或合流制干管的检查井相接时,雨水井支管与干管的水流方向以在平面上成 60° 角为好。支管的坡度一般不应小于 1%。雨水井呈水平方向设置时,井箅应略低于周围路面及地面 3 cm 左右,并与路面或地面顺接,以方便雨水的汇集和泄入。

**2）检查井**

检查井的功能是便于管道维护人员检查和清理管道。通常设在管渠交汇、转弯、管渠尺寸或坡度改变、跌水等处以及相隔一定距离的直线管渠段上。一般采用圆形，由井底(包括基础)、井身和井盖(包括盖底)三部分组成(见图3-11)。

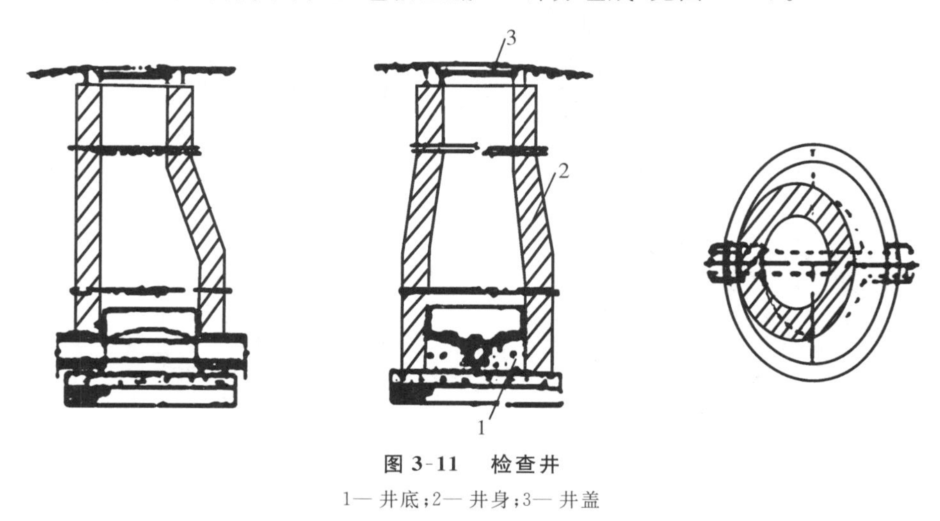


**图3-11　检查井**

1—井底；2—井身；3—井盖

**3）跌水井**

跌水井是设有消能设施的检查井。目前常用的跌水井有两种形式：竖管式(或矩形竖槽式)和溢流堰式(见图3-12)。前者适用于直径等于或小于400 mm的管道，后者适用于直径400 mm以上的管道。当上、下游管底标高落差小于1 m时，一般只将检查井底部做成斜坡，不采取专门的跌水措施。

**4）闸门井**

由于降雨或潮汐的影响，园林水体水位增高，可能对排水管形成倒灌，或者为了防止无雨时污水对园林水体的污染，控制排水管道内水的方向与流量，就要在排水管网中或排水泵站的出口处设置闸门井。闸门井由基础、井室和井口组成。如单纯为了防止倒灌，可在闸门井内设活动拍门。活动拍门通常为铁制，圆形，只能单向开启。当排水管内无水或水位较低时，活动拍门依靠自重关闭；当水位增高后，由于水流的压力而使拍门开启。如果为了既控制污水排放，又防止倒灌，也可在闸门井内设置能够人为启闭的闸门。闸门的启闭方式可以是手动的，也可以是电动的，闸门结构比较复杂，造价也较高。

**5）倒虹管**

由于排水管道在园路下布置时有可能与其他管线发生交叉，而它又是一种重力自流式的管道，因此，要尽可能在管线综合中解决好交叉时管道之间的标高关系，但有时受地形所限，如遇到要穿过沟渠和地下障碍物时，排水管道就不能按照正常情况敷设，而不得不以一个下凹的折线形式从障碍物下面穿过，这段管道就成了倒置的虹吸管，即所谓的倒虹管。

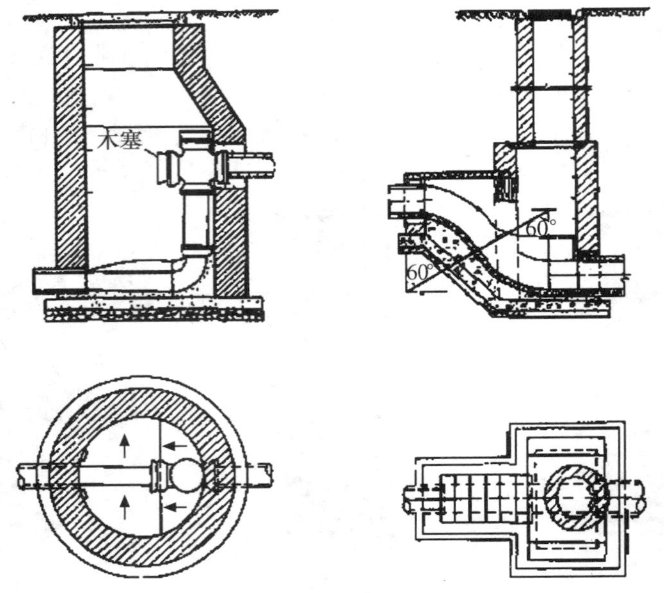


图 3-12　跌水井

由图 3-13 中可以看到，一般排水管网中的倒虹管是由进水井、下行管、平行管、上行管和出水井等部分构成的，倒虹管采用的最小管径为 200 mm，管内流速一般为 1.2 ～ 1.5 m/s，同时不得低于 0.9 m/s，并应大于上游管内流速。平行管与上行管之间的夹角不应小于 150°，要保证管内的水流有较好的水力条件，以防止管内污物滞留。为了减少管内泥砂和污物淤积，可在倒虹管进水井之前的检查井内设一沉淀槽，使部分泥砂污物在此预沉下来。

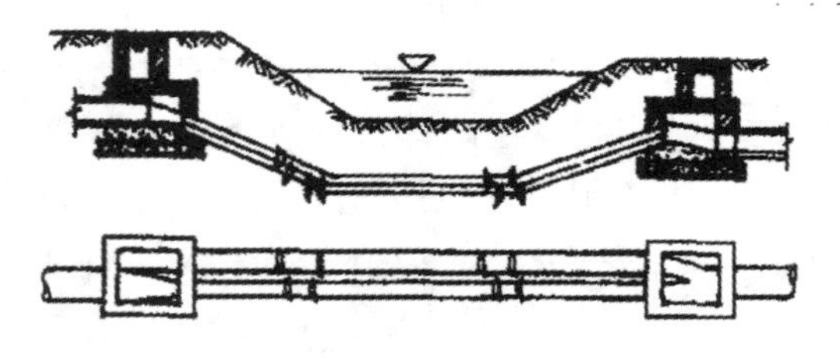

图 3-13　穿越溪流的倒虹管示意

**6）出水口**

出水口是排水管渠内水流排入水体的构筑物，其形式和位置视水位、水流方向而定，管渠出水口不要淹没于水中，最好令其露在水面上。为了保护河岸或池壁及固定出水口的位置，通常在出水口和河道连接部分做护坡或挡土墙，如图 3-14 及图 3-15 所示。

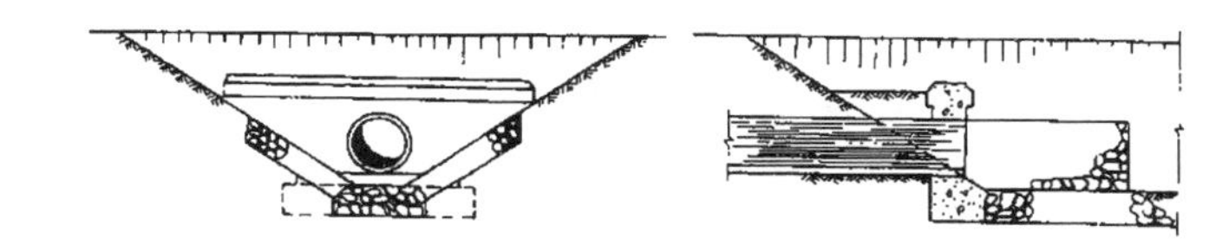

图 3-14　一字式出水口

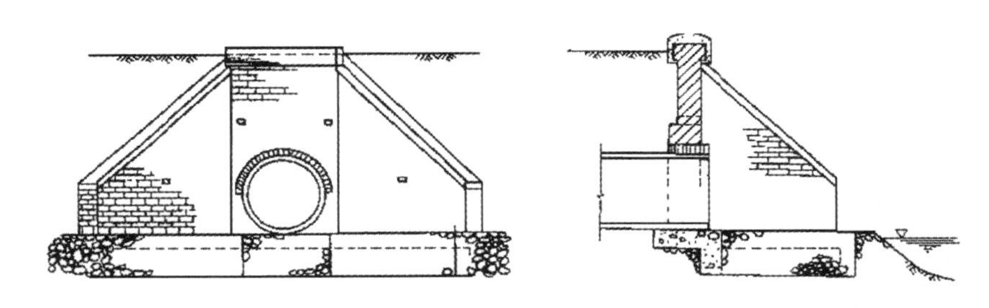

图 3-15　八字式出水口

## 3.4.5 雨水管渠的布置与设计

公园绿地应尽可能利用地形排出雨水，但在某些局部，如广场、主要建筑周围或难以利用地面排水的局部，可以设置暗管或排水渠来排水。

**1) 雨水管渠的布置**

(1) 雨水管道系统的组成

雨水管道系统通常由雨水口、连接管、检查井、干管、支管和出水口组成。

(2) 雨水管渠布置的一般规定

① 管道的最小覆土深度：根据雨水井连接管的坡度、冰冻深度和外部荷载情况决定。雨水管道的最小覆土深度不小于 0.7 m。

② 最小坡度：雨水管道多为无压自流管，只有具有一定纵坡值的雨水才能靠自身重力向前流动，而且管径越小所需最小纵坡值越大。管渠纵坡的最小限值见表 3-8。

表 3-8　管的最小纵坡

| 管径 / mm | 最小坡度($i$) | 管径 / mm | 最小坡度($i$) | 沟渠 | 最小坡度($i$) |
|---|---|---|---|---|---|
| 200 | 0.4% | 350 | 0.3% | 土质明沟 | 0.2% |
| 300 | 0.33% | 400 | 0.2% | 砌筑梯形明沟 | 0.02% |

③ 最小容许流速：流速过小，不仅影响排水速度，水中杂质也容易沉淀淤积。各种管道在自流条件下的最小容许流速为 0.75 m/s，各种明渠的流速不得小于 0.4 m/s(个别地方可以酌减)。

④ 最大设计流速：流速过大，会磨损管壁，降低管道的使用年限。金属管的最大

设计流速为 10 m/s，非金属管的最大设计流速为 5 m/s；明渠的水流深度 $h$ 为 0.4 ～ 1.0 m 时，最大设计流速宜按表 3-9 所示。

表 3-9 各种明渠的最大设计流速

| 明渠类别 | 最大设计流速 /(m/s) | 明渠类别 | 最大设计流速 /(m/s) |
|---|---|---|---|
| 粗砂及贫砂质黏土 | 0.8 | 草皮护面 | 1.6 |
| 砂质黏土 | 1.0 | 干砌块石 | 2.0 |
| 黏土 | 1.2 | 浆砌块石及浆砌砖 | 3.0 |
| 石灰岩及中砂岩 | 4.0 | 混凝土 | 4.0 |

⑤ 最小管径尺寸及沟槽尺寸。

a. 雨水管最小管径一般不小于 150 mm，公园绿地的径流中因携带的泥砂较多，容易堵塞管道，故最小管径尺寸采用 300 mm。

b. 梯形明渠为了便于维修和排水通畅，渠底宽度不得小于 300 mm；梯形明渠的边坡用砖、石或混凝土砌筑时，一般采用 1∶0.75 ～ 1∶1 的边坡。边坡在无铺装情况下，根据其土壤性质可采用表 3-10 的数值。

表 3-10 梯形明渠的边坡

| 土质 | 边坡 | 土质 | 边坡 |
|---|---|---|---|
| 粉砂 | 1∶3 ～ 1∶3.5 | 砂质黏土和黏土 | 1∶1.25 ～ 1∶1.15 |
| 松散的细砂、中砂、粗砂 | 1∶2 ～ 1∶2.5 | 砾石土和卵石土 | 1∶1.25 ～ 1∶1.5 |
| 细实的细砂、中砂、粗砂 | 1∶1.5 ～ 1∶2 | 变岩性土 | 1∶0.5 ～ 1∶1 |
| 黏质砂土 | 1∶1.5 ～ 1∶2 | 风化岩石 | 1∶0.25 ～ 1∶0.5 |

⑥ 管道材料的选择：排水管材的种类有铸铁管、钢管、石棉水泥管、陶土管、混凝土管和钢筋混凝土管等。室外雨水的无压排出通常选用陶土管、混凝土管和钢筋混凝土管。

(3) 雨水管渠布置的要点

① 尽量利用地表面的坡度汇集雨水，以使所需管线最短。在可以利用地面输送雨水的地方尽量不设置管道，使雨水能顺利地靠重力流排入附近水体。

② 当地形坡度较大时，雨水干管应布置在地形低的地方；在地形平坦时，雨水干管应布置在排水区域的中间地带，以尽可能地扩大重力流排出范围。

③ 应结合区域的总体规划进行考虑，如道路情况、建筑物情况、远景建设规划等。

④ 雨水口的布置应考虑到能及时排出附近地面的雨水，不致雨水漫过路面而影响交通。

⑤ 为及时快速地将雨水排入水体，若条件允许，应尽量采用分散出水口的布置形式。

⑥ 在满足冰冻深度和荷载要求的前提下，管道坡度宜尽量接近地面坡度。

**2) 雨水管道设计步骤和流量计算**

雨水管道设计的主要步骤包括以下内容。

(1) 收集资料

收集和整理所在地区和设计区域的各种原始资料，包括设计区域总平面布置图、竖向设计图，当地的水文、地质、暴雨等资料。

(2) 划分流域

划分排水流域(汇水区)，进行雨水管渠的定线；根据排水区域地形、地物等情况划分汇水区，通常沿山脊线(分水岭)、建筑外墙、道路等进行划分。

(3) 作管道布置草图

根据汇水区划分、水流方向及附近城市雨水干管分布情况等，确定管道走向以及雨水井、检查井的位置。给各检查井编号并求其地面标高，标出各段管长。

(4) 划分并计算各设计管段的汇水面积 $F$

各设计管段汇水面积的划分应结合地形坡度、汇水面积的大小，以及雨水管道布置等情况而划定。地形较平坦时，可按就近排入附近雨水干管的原则划分汇水面积；地形坡度较大时，按地面雨水径流的水流方向划分汇水面积。将每块面积进行编号，计算其面积的数值并标明在图中。

(5) 确定各排水流域的平均径流系数值 $\psi$

径流系数 $\psi$ 是单位面积径流量与单位面积降雨量的比值。地面性质不同，其径流系数也不同，所以这一比值的大小取决于地表或地面物的性质。覆盖类型较多的汇水区，其平均径流系数应采用加权平均法求取。各类地面径流系数如表 3-11 所示。

**表 3-11　径流系数 $\psi$ 值**

| 地面种类 | $\psi$ 值 | 地面种类 | $\psi$ 值 |
|---|---|---|---|
| 各种屋面、混凝土和沥青路面 | 0.9 | 干砌砖石和碎石路面 | 0.4 |
| 大块石铺砌路面和沥青表面处理的碎石路面 | 0.6 | 非铺砌土地面 | 0.3 |
| 级配碎石路面 | 0.45 | 公园或绿地 | 0.15 |

平均径流系数 $\psi$

$$\psi = \frac{\sum \psi \cdot F}{\sum F} \tag{3-4}$$

式中　$F$—— 汇水面积，$hm^2$。

(6) 求设计降雨强度 $q$

降雨强度是指单位时间内的降雨量。

我国常用的降雨强度公式为

$$q = \frac{167A_1(1 + c\lg P)}{(t_1 + mt_2)^n} \tag{3-5}$$

式中　$q$—— 设计降雨强度，$L/(s \cdot hm^2)$；

$P$—— 设计重现期，a；

$t_1$—— 地面集水时间，min；

$t_2$—— 管渠内雨水流动时间,min;

$m$—— 延迟系数,暗管 $m=2$,明渠 $m=1.2$;

$A_1$、$c$、$n$—— 地方参数,根据统计方法进行计算。

我国幅员辽阔,各地情况差别很大,根据各地区的自动雨量记录,求出适合本地区的降雨强度公式,可以为设计工作提供必要的数据。表 3-12 是我国一些主要城市的暴雨强度公式。

**表 3-12　我国部分城市的暴雨强度公式**

| 城市名称 | 暴雨强度公式 | 城市名称 | 暴雨强度公式 |
| --- | --- | --- | --- |
| 北京 | $q=\frac{2\,111(1+0.85\lg P)}{(t+8)^{0.70}}$ | 赣州 | $q=\frac{900(1+0.60\lg P)}{t^{0.544}}$ |
| 上海 | $q=\frac{5\,544(P^{0.3}-0.42)}{(t+10+7\lg P)^{0.82+0.07\lg P}}$ | 广州 | $q=\frac{1\,195(1+0.622\lg P)}{t^{0.523}}$ |
| 天津 | $q=\frac{2\,334P^{0.52}}{(t+2+4.5P^{0.65})^{0.8}}$ | 汕头 | $q=\frac{1\,042(1+0.56\lg P)}{t^{0.488}}$ |
| 承德 | $q=\frac{834(1+0.72\lg P)}{t^{0.599}}$ | 湛江 | $q=\frac{9\,015(1+1.19\lg P)}{t+28}$ * |
| 石家庄 | $q=\frac{1\,689(1+0.898\lg P)}{(t+7)^{0.729}}$ | 桂林 | $q=\frac{4\,230(1+0.412\lg P)}{(t+13.5)^{0.841}}$ |
| 哈尔滨 | $q=\frac{6\,500(1+0.34\lg P)}{(t+15)^{1.05}}$ | 南宁 | $q=\frac{10\,500(1+0.707\lg P)}{t+21.1P^{0.119}}$ |
| 长春 | $q=\frac{883(1+0.68\lg P)}{t^{0.604}}$ | 长沙 | $q=\frac{776(1+0.75\lg P)}{t^{0.527}}$ |
| 沈阳 | $q=\frac{1\,984(1+0.77\lg P)}{(t+9)^{0.7}}$ * | 衡阳 | $q=\frac{892(1+0.67\lg P)}{t^{0.57}}$ |
| 大连 | $q=\frac{617(1+0.81\lg P)}{t^{0.486}}$ | 贵阳 | $q=\frac{1\,887(1+0.707\lg P)}{(t+9.35P^{0.031})^{0.695}}$ |
| 济南 | $q=\frac{4\,700(1+0.753\lg P)}{(t+17.5)^{0.898}}$ | 遵义 | $q=\frac{7\,309(1+0.796\lg P)}{t+37}$ * |
| 青岛 | $q=\frac{490(1+0.7\lg P)}{t^{0.5}}$ * | 昆明 | $q=\frac{700(1+0.775\lg P)}{t^{0.496}}$ |
| 南京 | $q=\frac{167(47.17+41.66\lg P)}{t+33+9\lg(P-0.4)}$ | 思茅 | $q=\frac{3\,350(1+0.5\lg P)}{(t+10.5)^{0.85}}$ |
| 徐州 | $q=\frac{1\,510.7(1+0.514\lg P)}{(t+9)^{0.64}}$ | 成都 | $q=\frac{2\,806(1+0.803\lg P)}{(t-12.8P^{0.231})^{0.768}}$ |
| 南通 | $q=\frac{3\,530(1+0.807\lg P)}{(t+11)^{0.83}}$ | 重庆 | $q=\frac{2\,822(1+0.775\lg P)}{(t+12.8P^{0.076})^{0.77}}$ |
| 合肥 | $q=\frac{3\,600(1+0.76\lg P)}{(t+14)^{0.84}}$ | 武汉 | $q=\frac{784(1+0.83\lg P)}{t^{0.507}}$ |
| 蚌埠 | $q=\frac{2\,550(1+0.77\lg P)}{(t+12)^{0.774}}$ | 恩施 | $q=\frac{1\,108(1+0.73\lg P)}{t^{0.626}}$ |
| 杭州 | $q=\frac{1\,008(1+0.73\lg P)}{t^{0.541}}$ | 郑州 | $q=\frac{767(1+1.04\lg P)}{t^{0.522}}$ |

续表

| 城市名称 | 暴雨强度公式 | 城市名称 | 暴雨强度公式 |
| --- | --- | --- | --- |
| 温州 | $q=\frac{910(1+0.61\lg P)}{t^{0.49}}$ | 洛阳 | $q=\frac{750(1+0.854\lg P)}{t^{0.592}}$ |
| 福州 | $q=\frac{934(1+0.55\lg P)}{t^{0.542}}$ | 西安 | $q=\frac{1\ 008(1+1.475\lg P)}{(t+14.72)^{0.704}}$ |
| 厦门 | $q=\frac{850(1+0.745\lg P)}{t^{0.514}}$ | 延安 | $q=\frac{932(1+1.292\lg P)}{(t+8.22)^{0.7}}$ |
| 南昌 | $q=\frac{1\ 215(1+0.854\lg P)}{t^{0.60}}$ | 太原 | $q=\frac{817(1+0.755\lg P)}{t^{0.687}}$ |
| 大同 | $q=\frac{758(1+0.785\lg P)}{t^{0.62}}$ | 乌鲁木齐 | $q=\frac{195(1+0.82\lg P)}{(t+7.8)^{0.63}}$ |
| 呼和浩特 | $q=\frac{378(1+1.000\lg P)}{t^{0.58}}$ | 西宁 | $q=\frac{308(1+1.39\lg P)}{t^{0.68}}$ |
| 银川 | $q=\frac{242(1+0.83\lg P)}{t^{0.477}}$ | 海口 | $q=\frac{2\ 338(1+0.41\lg P)}{(t+9)^{0.65}}$ |
| 兰州 | $q=\frac{1\ 140(1+0.96\lg P)}{(t+8)^{0.8}}$ | 拉萨 | $q=\frac{1\ 700(1+0.75\lg P)^{*}}{t^{0.506}}$ |
| 玉门 | $q=\frac{3\ 334(1+0.818\lg P)^{*}}{(t+16)}$ | — | — |

注：有 * 号者摘自《建筑设计资料手册》，同济大学、上海大学、上海工业建筑设计院编，余者分别取自《给排水设计手册》《排水工程》上册，高校教材等。

降雨强度公式中都含有两个计算因子，即设计重现期 $P$，其单位为年(a)；设计降雨历时 $t$，单位为分(min)，$t=t_1+mt_2$。

设计重现期可以代表某一强度的降水出现的频率，但它的数值与频率数值互为倒数。某特定值暴雨强度的重现期是指等于或大于该值的暴雨强度可能出现一次的平均间隔时间，单位用年(a)表示。园林中的设计重现期可在 1 ～ 3 年选择，对于洼地或怕淹的地区，设计重现期可适当提高些。

设计降雨历时是指连续降雨的时段，可以指一场雨全部降雨的时间，也可以指其中个别的连续时段。

① 划分设计管段，确定雨水设计流量 $Q_s$

$$Q_s=q\psi F \tag{3-6}$$

式中 $q$—— 设计暴雨强度，$L/(s\cdot hm^2)$；

$\psi$—— 径流系数；

$F$—— 汇水面积，$hm^2$。

② 进行雨水管渠的水力计算，确定管渠尺寸、坡度、标高及埋深。

③ 绘制管渠平面图及纵剖面图。

### 3.4.6 园林管线工程的综合布置

管线综合布置的目的是合理安排各种管线，综合解决各种管线在平面和竖向上的相互影响，以避免在各种管线埋设时发生矛盾，造成人力、物力、财力和时间上的浪费。

**1）一般原则**

① 地下管线的布置，一般是按管线的埋深，由浅至深（由建筑物向道路）布置，常用顺序：建筑物基础 → 电信电缆 → 电力电缆 → 热力管道 → 煤气管 → 给水管 → 雨水管道 → 污水管道 → 路缘。

② 管线的竖向综合布置应遵循小管让大管、有压管让自流管、临时管让永久管、新建管让已建管的原则。

③ 管线平面应做到管线短，转弯小，减少与道路及其他管线的交叉，并同主要建筑物和道路的中心线平行或垂直敷设。

④ 干管应靠近主要使用单位和连接支管较多的一侧敷设。

⑤ 地下管线一般布置在道路以外，但检修较少的管线（如污水管、雨水管、给水管）也可布置在道路下面。

⑥ 雨水管应尽量布置在路边，带消防栓的给水管也应沿路敷设。

**2）各种管线最小水平净距**

为保证安全，避免各种管线、建筑物和树木之间相互影响，便于施工和维护，各种管线间水平距离应满足最小水平净距的规定（见表 3-13）。

表 3-13　各种管线最小水平净距

| 顺序 | 管路名称 | 1 | 2 | 3 | 4 | 5 | 6 | 7 | 8 | 9 | 10 | 11 |
|---|---|---|---|---|---|---|---|---|---|---|---|---|
| | | 建筑物 | 给水管 | 排水管 | 热力管 | 电力电缆 | 电信电缆 | 电信管道 | 乔木(中心) | 灌木 | 地上柱杆(中心) | 道路侧石边缘 |
| | | 净距/m | | | | | | | | | | |
| 1 | 建筑物 | — | 3.0 | 3.0 | 3.0 | 0.6 | 0.6 | 1.5 | 3.0 | 1.5 | 3.0 | — |
| 2 | 给水管 | 3.0 | — | 1.5 | 1.5 | 0.5 | 1.0 | 1.0 | 1.5 | — | 1.0 | 1.5 |
| 3 | 排水管 | 3.0 | 1.5 | 1.5 | 1.5 | 0.5 | 1.0 | 1.0 | 1.5 | — | 1.5 | 1.5 |
| 4 | 热力管 | 3.0 | 1.5 | 1.5 | — | 2.0 | 1.0 | 1.0 | 2.0 | 1.0 | 1.0 | 1.5 |
| 5 | 电力电缆 | 0.6 | 0.5 | 0.5 | 2.0 | — | 0.5 | 0.2 | 2.0 | | 0.5 | 1.0 |
| 6 | 电信电缆（直埋式） | 0.6 | 1.0 | 1.0 | 1.0 | 0.5 | — | 0.2 | 2.0 | — | 0.5 | 1.0 |
| 7 | 电信管道 | 1.5 | 1.0 | 1.0 | 1.0 | 0.2 | 0.2 | — | 1.5 | — | 1.0 | 1.0 |
| 8 | 乔木(中心) | 3.0 | 1.5 | 1.5 | 2.0 | 2.0 | 2.0 | 1.5 | — | — | 2.0 | 1.0 |
| 9 | 灌木 | 1.5 | — | — | 1.0 | — | — | — | — | — | — | 0.5 |

续表

| 顺序 | 管路名称 | 1 建筑物 | 2 给水管 | 3 排水管 | 4 热力管 | 5 电力电缆 | 6 电信电缆 | 7 电信管道 | 8 乔木(中心) | 9 灌木 | 10 地上柱杆(中心) | 11 道路侧石边缘 |
|---|---|---|---|---|---|---|---|---|---|---|---|---|
| | | 净距/m | | | | | | | | | | |
| 10 | 地上柱杆(中心) | 3.0 | 1.0 | 1.5 | 1.0 | 0.5 | 0.5 | 1.0 | 2.0 | — | — | 0.5 |
| 11 | 道路侧石边缘 | — | 1.5 | 1.5 | 1.5 | 1.0 | 1.0 | 1.0 | 1.0 | 0.5 | 0.5 | — |

注:表中所列数字,除指明者外,均系管线与管线之间净距,所谓净距,系指管线与管线外壁间之距离。

地下管线交叉时最小垂直净距和地下管线的最小覆土深度见表3-14和表3-15。

**表3-14 地下管线交叉时最小垂直净距**

| 埋设在下面的管线名称 | 安设在上面的管线名称 | | | | | | | | | |
|---|---|---|---|---|---|---|---|---|---|---|
| | 给水管 | 排水管 | 热力管 | 煤气管 | 电信 | | 电力电缆 | | 明底(沟底) | 涵洞(基础底) |
| | | | | | 铠装电缆 | 管道 | 高压 | 低压 | | |
| | 净距/m | | | | | | | | | |
| 给水管 | 0.15 | 0.15 | 0.15 | 0.15 | 0.5 | 0.15 | 0.5 | 0.5 | 0.5 | 0.15 |
| 排水管 | 0.15 | 0.15 | 0.15 | 0.15 | 0.5 | 0.15 | 0.5 | 0.5 | 0.5 | 0.15 |
| 热力管 | 0.15 | 0.15 | — | 0.15 | 0.5 | 0.15 | 0.5 | 0.5 | 0.5 | 0.15 |
| 煤气管 | 0.15 | 0.15 | 0.15 | 0.15 | 0.5 | 0.15 | 0.5 | 0.5 | 0.5 | 0.15 |
| 铠装电缆 | 0.5 | 0.5 | 0.5 | 0.5 | 0.5 | 0.25 | 0.5 | 0.5 | 0.5 | 0.5 |
| 电信管道 | 0.15 | 0.15 | 0.15 | 0.15 | 0.25 | 0.15 | 0.25 | 0.25 | 0.5 | 0.25 |
| 电力电缆 | 0.5 | 0.5 | 0.5 | 0.5 | 0.5 | 0.5 | 0.5 | 0.5 | 0.5 | 0.5 |

注:① 电信电缆或电信管道一般在其他管线上面通过。

② 电力电缆一般在热力管道和电信管缆下面,但在其他管线上面越过。

③ 热力管一般在电缆、给水、排水、煤气管上面越过。

④ 排水管通常在其他管线下面越过。

**表3-15 地下管线的最小覆土深度**

| 管线名称 | 电力电缆(10kV以下) | 电信 | | 给水管 | 雨水管 | 污水管 $D \leqslant 300$ mm |
|---|---|---|---|---|---|---|
| | | 铠装电缆 | 管道 | | | |
| 最小覆土深度/m | 0.7 | 0.8 | 混凝土管0.8<br>水泥管0.7 | 在冰冻线以下(在不冻地区可埋设较浅①) | 应埋设在冰冻线以下,但不小于0.7② | 冰冻线以上30 cm,但不小于0.7③ |

注:① 不连续供水的给水管(大多为枝状管网),应埋设在冰冻线以下;连续供水的管道在保证不冻结的情况下(在南方不冻或冻层很浅的地区)可埋设较浅。

② 在严寒地区,有防止土壤冻胀对管道破坏的措施时,可埋设在冻线以上,并应以外部荷载验算;在土壤冰冻线很浅的地区,如管子不受外部荷载损坏时,可小于0.7 m。

③ 当有保温措施时,或在冰冻线很浅的地区,或排温水管道,如保证管子不受外部荷载损坏时,可小于0.7 m。

# 4　水景工程

水是中国传统园林一个重要的组成要素。我国古代造园家认为"园可无山，但不可无水"，无论是北方皇家的大型苑囿，还是小巧别致的江南私家园林，凡条件具备，都必然要引水入园。即使受条件所限，也无不千方百计地以人工方法引水开池，以点缀空间环境。在现代园林中，水仍然是一个重要的主题，尤其是水资源相对充沛的南方，无论是城市公共空间还是居住环境中，水景都得到广泛的应用。随着科学的进步，现代园林及环境设计的设计要素在表现手法上更加宽广与自由。尺度夸张的水池、瀑布、屋顶水池、旱喷泉技术等的应用，将形与色、动与静、秩序与自由、限定与引导等水的特性和作用发挥得淋漓尽致。

水具有流动性，也就具有可塑性，我们对水的设计实际上就是对盛水的容器的设计。水景工程即是城市园林中与水景相关的工程总称，其中包括水景设计、水景构造与施工。

## 4.1　水景的类型与作用

### 4.1.1　水景的类型

**1）按水体的来源和存在状态划分**

（1）天然型

天然型水景就是景观区域毗邻天然存在的水体（如江、河、湖等）而建，经过一定的设计，把自然水景"引借"到景观区域中的水景。

（2）引入型

引入型水景就是天然水体穿过景观区域，或经政府有关部门的批准把天然水体引入景观区域，并结合人工造景的水景。

（3）人工型

人工型水景就是在景观区域内外均没有天然水体，而是采用人工开挖蓄水，其所用水体完全来自人工，纯粹为人造景观的水景。

**2）按水体的形态划分**

自然界中有江河、湖泊、瀑布、溪流和涌泉等自然景观，自古以来，它们的妩媚使人深深陶醉，所以它们一直是诗人、画家作品中常见的题材。宋代画家郭熙在《林泉高致》中指出，"水，活物也，其形欲深静，欲柔滑，欲汪洋，欲徊环，欲肥腻，欲喷薄……"极为详尽地描绘了水多种多样的形态。园林水景设计既要师法自然，又要不断创新，因此，水景设计中的水按其形态可分为平静的、流动的、跌落的和喷涌的四种基本形式(见图 4-1)。

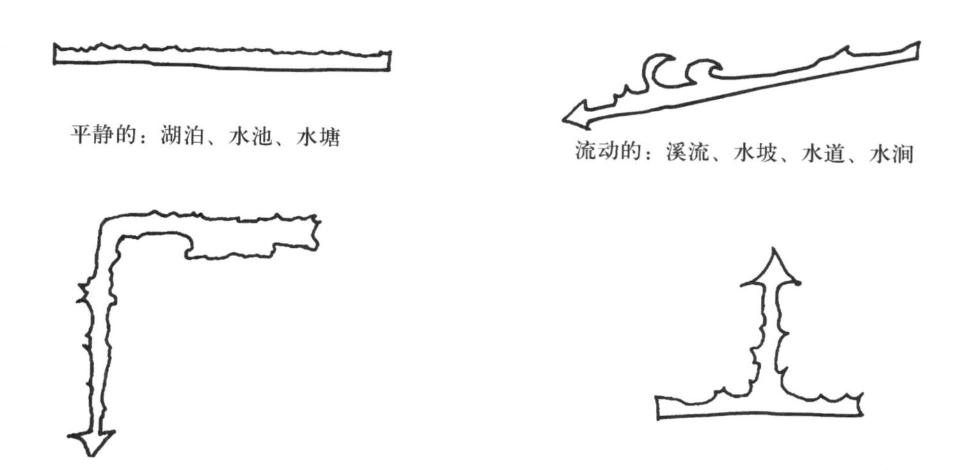


**图 4-1 水景的四种基本设计形式**

水的这四种基本形式还反映了水从源头(喷涌的)到过渡的形式(流动的或跌落的)、到终结(平静的)运动的一般趋势。因此在水景设计中可以以一种形式为主,其他形式为辅,也可利用水的运动过程创造水景系列,融不同水的形式于一体,体现水运动序列的完整过程(见图 4-2)。

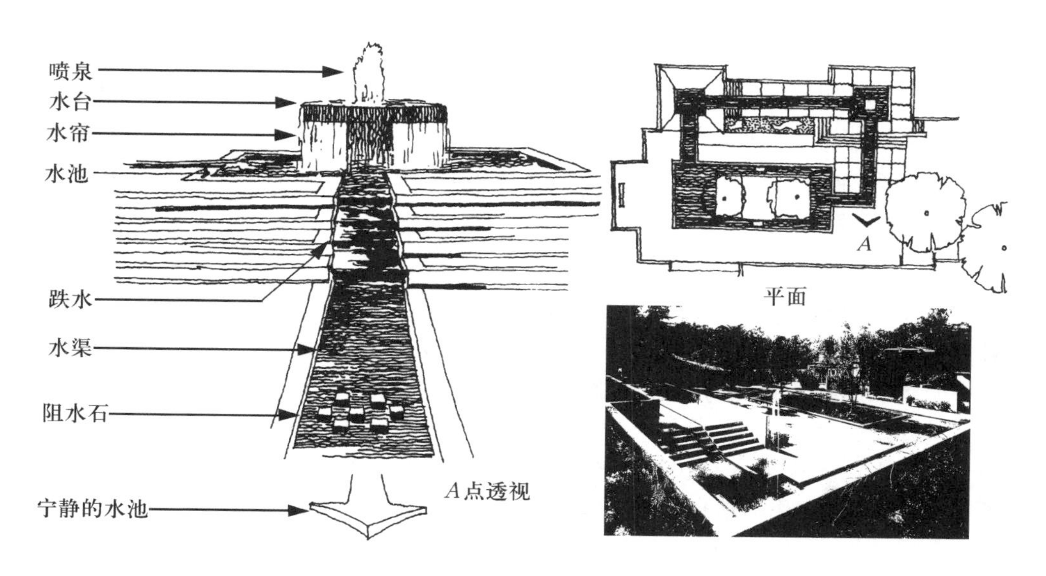


**图 4-2 美国明太尔庭院水景示意**

### 4.1.2 水景的作用

**1) 景观作用**

“水令人远,景得水而活”,水景是园林工程的灵魂。由于水的千变万化,在组景中常用于借声、借形、借色、对比、衬托和协调园林中不同环境,构建出不同的富有个性化的园林景观。在具体景观营造中,水景具有以下作用。

(1) 基底作用

大面积的水面视野开阔、坦荡,能托浮岸畔和水中景观(见图 4-3)。即使水面不大,但水面在整个空间中仍具有面的感觉时,水面仍可作为岸畔和水中景观的基底,从而产生倒影,扩大和丰富空间。

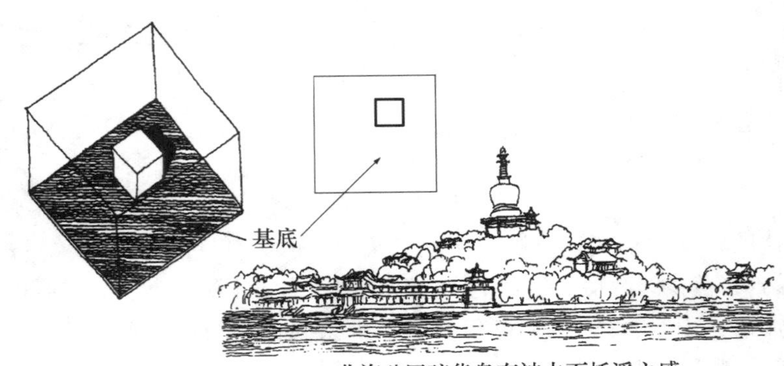


图 4-3 水面的基底作用示意

(2) 系带作用

水面具有将不同的园林空间、景点连接起来产生整体感的作用,还具有作为一种关联因素,使散落的景点统一起来的作用。前者称为线形系带作用,后者称为面形系带作用(见图 4-4)。

(3) 焦点作用

喷涌的喷泉、跌落的瀑布等动态形式的水的形态和声响能引起人们的注意,吸引人们的目光。此类水景通常安排在向心空间的焦点、轴线的交点、空间醒目处或视线容易集中的地方,以突出其焦点作用(见图 4-5)。

**2) 生态作用**

地球上以各种形式存在的水构成了水圈,与大气圈、岩石圈及土壤圈共同构成了生物物质环境。作为地球水圈一部分的水景,为各种不同的动植物提供了栖息、生长、繁衍的水生环境,有利于维护生物的多样性,进而维持水体及其周边环境的生态平衡,对城市区域生态环境的维持和改善起到了重要的作用。

水景中的水对于改善居住区环境微气候以及城市区域气候都有着重要的作用,这主要表现在水可以增加空气湿度、降低温度、净化空气、增加负氧离子、降低噪

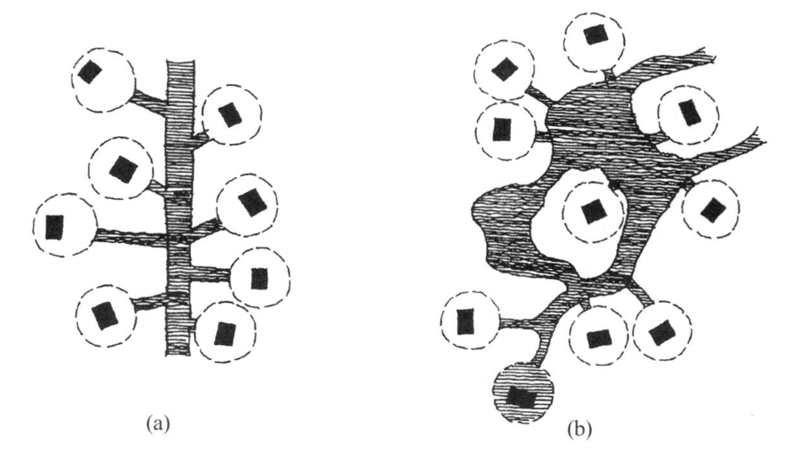


图 4-4 水面的系带作用示意

(a) 线形；(b) 面形

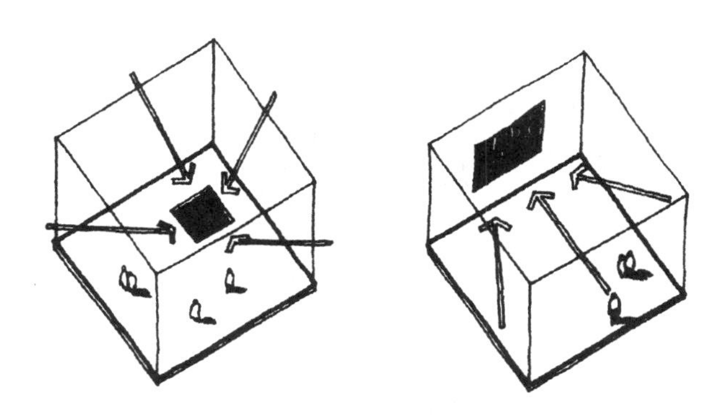

图 4-5 水景的焦点作用示意

声等。

**3）休闲娱乐作用**

人类本能地喜爱水，接近、触摸水都会感到舒服、愉快。在水上还能从事多项娱乐活动，如划船、游泳、垂钓等。因此，在现代景观中，水是人们消遣娱乐的一种载体，可以带给人们无穷的乐趣。

**4）蓄水、灌溉及防灾作用**

水景中大面积的水体，可以在雨季起到蓄积雨水、减轻市政排污压力、减少洪涝灾害发生的作用。而蓄积的水源，又可以用来灌溉周围的树木、花丛、灌木和绿地等。特别是在干旱季节和震灾发生时，蓄水既可以用作饮用、洗漱等生活用水，还可用于地震引起的火灾扑救等。

## 4.2 城市水系规划概述

### 4.2.1 城市水系

园林中的水体是城市水系的一个重要组成部分。园林水体不仅要满足园林绿地本身的要求，而且必须担负城市水系规划所赋予的任务，因此，在设计园林水体时，首先要了解城市水系。城市规划部门的任务之一就是调节和治理天然水体、开辟人工河湖、争取水利、防治水害，将城市水系联系成一个整体。同时，城市水系规划为各段水体确定了一些水工控制数据，如最高水位、最低水位、常水位、水容量、桥涵过水量、流速及各种水工设施。在进行园林内部水体设计时，要依据这些数据来进一步确定一些水工数据，进水、出水的水工构筑物和水位，并完成城市水系规划所赋予的功能。

### 4.2.2 水系规划的内容

园林内部水景工程建设之前，要对以下内容进行调查。

① 河段的等级划分及其主要功能。

② 河段的近期及远期水位，包括最高水位、最低水位、常水位、水体高程、驳岸线高程。

③ 通过河段在城市负担任务的大小，确定水面面积及水体容积。

④ 确定滨河路高程及其断面形式。

⑤ 水工构筑物的位置、规格和要求。

园林水景工程除了满足以上水工要求，还要尽可能将水工与园景其他要素的关系相协调，同时满足生态需求，统一水工与水景的矛盾。

### 4.2.3 水文知识

① 水位：水体上表面的高程称为水位，通常通过水位标尺判定。

② 流速：水在单位时间所走的距离，单位为 m/s。水中一般上表面流速大于下表面流速、中心流速大于岸边流速，因此，要从多部位观察并取其平均值。对一定深度水流的流速必须用流速仪测定。

③ 流量：在一定水流断面内单位时间内流过的水量称为流量。

$$流量 = 过水断面面积 \times 流速$$

在过水断面面积不相等的情况下则必须在有代表性的位置测取过水断面的面积。如水深和不同深度流速差异大，应取平均流速。

④ 整治线：在整治水位时稳定河槽的水边线(或整治流量时的平面轮廓线)。整治线多为圆滑的曲线(见图 4-6)。

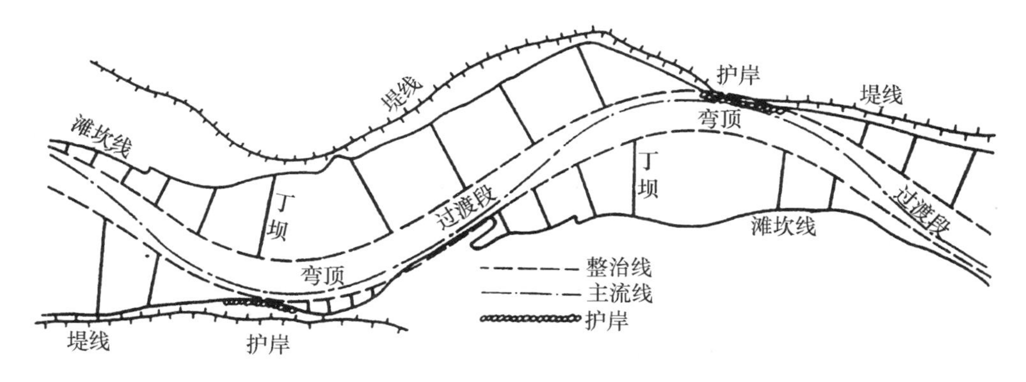


图 4-6 整治线布置示意

## 4.3 静水工程

### 4.3.1 常见的静水形式

静水一般是指成片状汇集的水面，在园林中它常以湖、塘、池、泉等形式出现。静态的水景让人感觉到宁静、舒适、幽雅。

**1）水庭**

水庭是以水池为中心，并以水充满整个建筑空间的庭院。水庭具有平静、开朗、温柔的风格，在传统园林中使用很多，如北京北海公园"斋似江南彩画舟，坐来轩槛镜中浮"的画舫斋（见图 4-7）和"临池构屋如临镜"的静心斋（见图 4-8）。

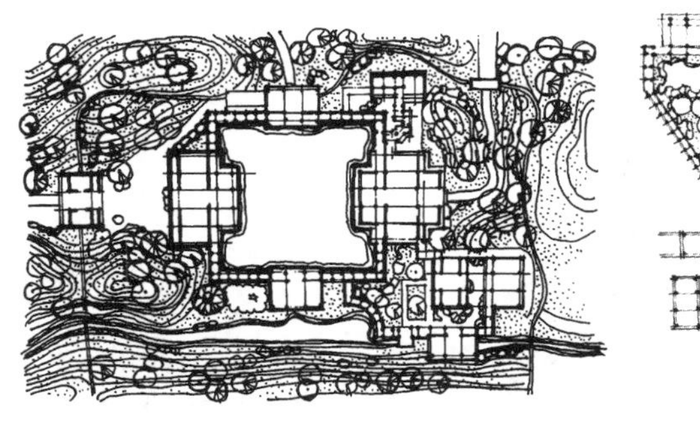

图 4-7 北海公园画舫斋

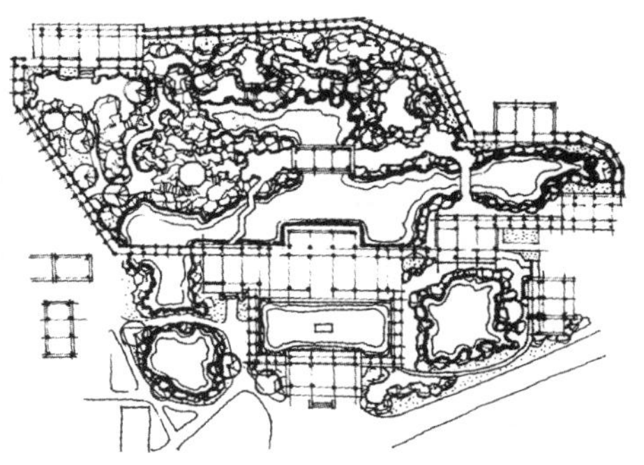

图 4-8 北海公园静心斋

**2）小水面**

小水面多采用变化单一的中央水池，边角附着一至两个水湾，如苏州网师园、拙政园水面（见图 4-9、图 4-10）。

**3）伴池**

"天子之学有辟雍，诸侯之学有伴宫"。其中辟雍与伴宫源于西周天子为贵族子弟所设的大学，取四周有水，形如璧环为名（见图 4-11）。因此，我国各地孔庙及寺院多设伴池，其形式亦多种多样(见图 4-12)。

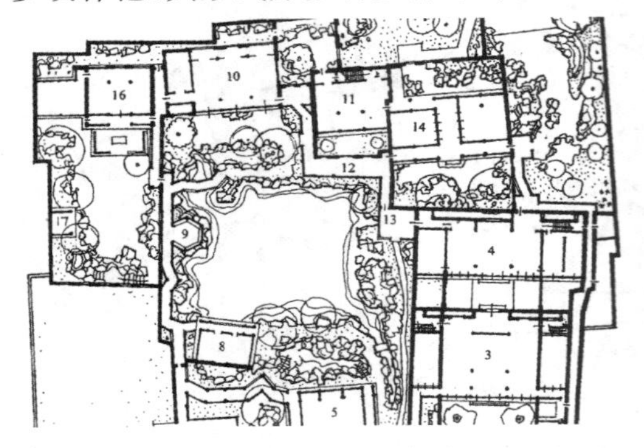

图 4-9　网师园中部水面

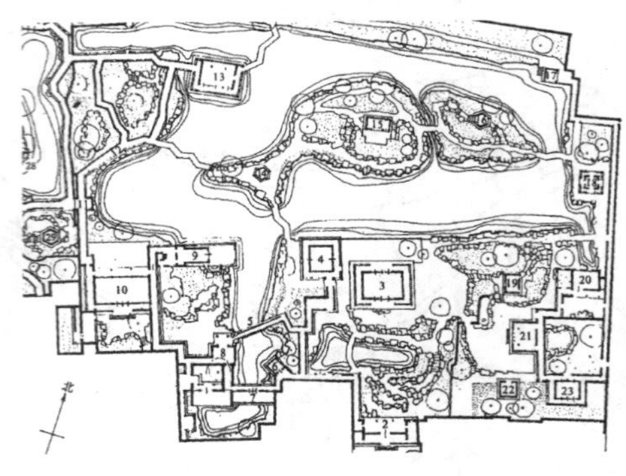

图 4-10　拙政园中部水面

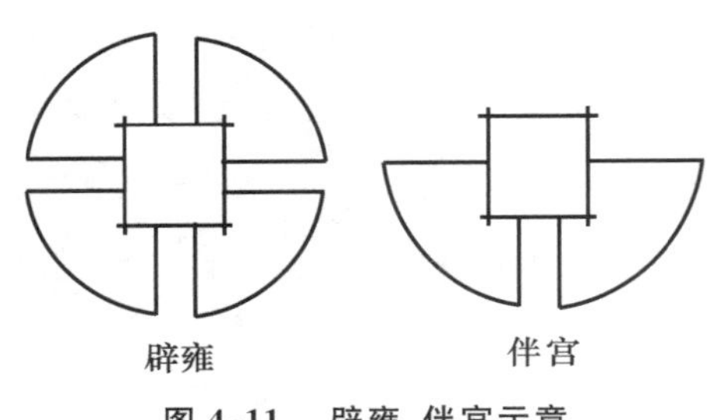


图 4-11　辟雍、伴宫示意

图 4-12　孔庙伴池

**4）阿字池**

这种水池的水际线呈阿字形，主要代表了佛教中“阿”字为众生之母的阿字观。阿字池一般设在阿弥陀堂的前面，池中有岛、拱桥、平桥，池内种荷花，多见于日本园林(见图 4-13)。

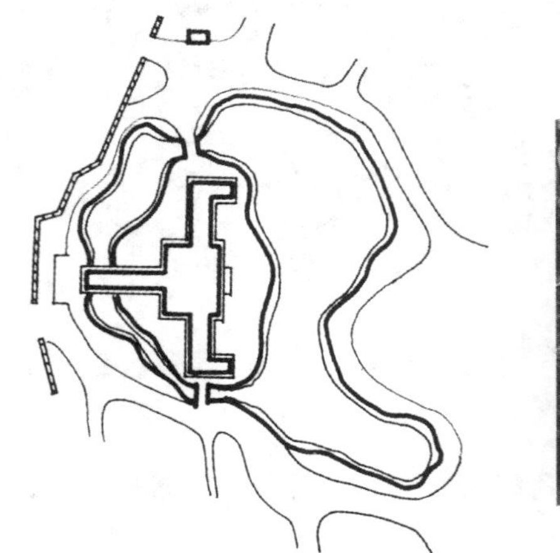

图 4-13　日本宇治市平等院凤凰堂(阿弥陀堂)前的阿字池

**5）泉与井**

泉是地下水的天然露头，是水中的奇观，古往今来一直作为景观资源，并与中国园林文化紧密结合。从形式上看，它们或整形或自然，或半整形半自然，但都能巧妙地与环境相结合，进而融为一体，如苏州网师园殿春簃的涵碧泉(见图 4-14)。

井本是取水的构筑物，但也已成为我国园林景观之一。这不仅因为它有修饰精美的井围，还因其具有丰富的内涵，如长砂的白砂井、北京故宫的井亭(见图 4-15) 等。

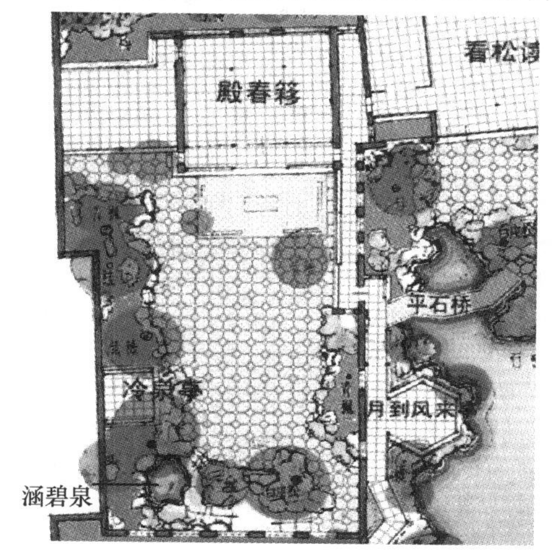


图 4-14　网师园殿春簃的涵碧泉

图 4-15　故宫井亭

**6）大水面**

在大型园林中，结合地形改造，常常设大水面，它们或有“千顷之汪洋，收四时之烂漫”或有“江干湖畔，深柳疏芦”，如颐和园的昆明湖，碧波荡漾，烟波浩渺(见图 4-16)。

## 4.3.2 湖水工程

湖属静态水体，有天然湖和人工湖之分。前者是自然的水域景观，如杭州西湖、广东星湖等。人工湖则是人工依地就势挖掘而成的水域，沿岸因境设景，似自然天成，如深圳仙湖和一些现代公园的人工大水面。湖的特点是水面宽阔平静，具有平远开朗之感。此外，湖往往有一定的水深以利于水产，并且常在湖中利用人工堆土成小岛，用来划分水域空间，使水景层次更丰富。

**1）湖的布置要点**

园林中利用湖体来营造水景，应充分体现湖的水光特色。首先，要注意湖岸线的水滨设计，讲究湖岸线的“线形艺术”；其次，要注意湖体水位设计，选择合适的排水设施，如水闸、溢流孔(槽)、排水孔等；再次，要注意人工湖的基址选择。

**2）湖的工程设计**

(1) 水源选择

① 蓄积雨水。

② 池塘本身的底部有泉。

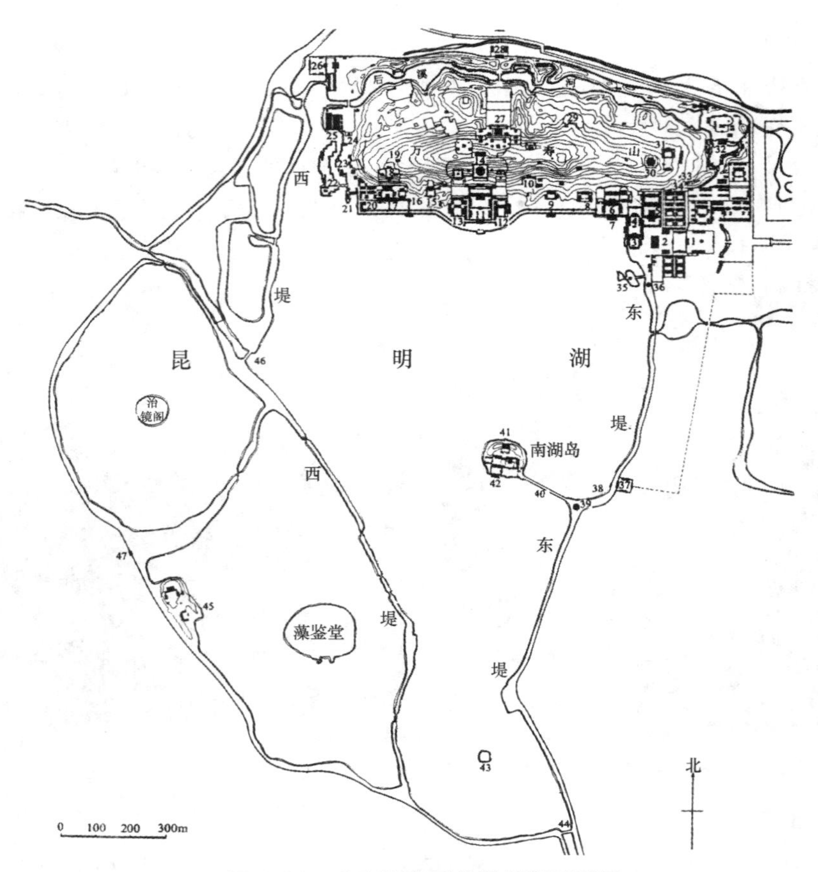


图 4-16 北京颐和园的昆明湖平面图

③ 引天然河湖水。

④ 打井取水。

选择时应考虑地质、卫生、经济上的要求,并充分考虑节约用水。

(2) 基址选择

① 砂质黏土、壤土,土层细密、土层厚实或渗透力小于 0.09 m/s 的黏土夹层,适合挖湖。

② 基土为砂质、卵石层等容易漏水,不适合建湖。

③ 如果基土为淤泥或草煤层,需要全部挖掉。

④ 黏土虽然透水性小,但是湿时易成泥浆,不适宜建湖。

因此,一般小型水面实行坑探,大型水面实行钻探,以确定土层情况,选择合适的建湖基址。

(3) 水量损失估算

水量损失主要是由于风吹、蒸发、溢流、排污和渗漏等原因造成的损失。一般按循环水流量或水池容积的百分数计算(见表 4-1)。

表 4-1　水量损失表

| 水景形式 | 风吹损失占循环水流量的百分比/(%) | 蒸发损失占循环水流量的百分比/(%) | 溢流、排污损失以每天排污量占水池容积的百分比/(%) |
| --- | --- | --- | --- |
| 喷泉 | 0.5～1.5 | 0.4～0.6 | 3～5 |
| 水膜、水塔、孔流 | 1.5～3.5 | 0.6～0.8 | 3～5 |
| 瀑布、水幕、叠流、涌泉、静池、珠泉 | 0.3～1.2 | 0.2 | 2～4 |

① 水面蒸发量的测定和估算。关于水面蒸发量，我国目前主要采用 E-601 型蒸发器测定，但测出的数值比实际的大，应乘以 0.75～0.85 的折减系数。

在缺乏实测资料时，可按下式估算：

$$E = 22(1 + 0.17W_{200}^{1.5})(e_0 - e_{200}) \tag{4-1}$$

式中　$E$—— 水面蒸发量；

$e_0$—— 对应水面温度的空气饱和水气压，Pa；

$e_{200}$—— 水面上空 200 cm 处的空气水气压，Pa；

$W_{200}$—— 水面上空 200 cm 处的风速，m/s。

② 渗透损失：计算水体的渗透损失是十分复杂的，对园林水体，可以参考表 4-2 所列。

表 4-2　渗透损失表

| 渗漏损失 | 全年水量损失(占水体体积的百分比) |
| --- | --- |
| 良好 | 5%～10% |
| 中等 | 10%～20% |
| 不好 | 20%～40% |

**3）人工湖底的处理**

（1）湖底防渗透处理

部分湖的土层渗透性极小，基本不漏水，因此无须进行特别的湖底处理，适当夯实即可，如北京的龙潭湖、紫竹院等。同时，在部分基址地下水位较高的人工湖湖体施工时，为避免湖底受地下水的挤压而被抬高，必须特别注意地下水的排放。通常用 15 cm 厚的碎石层铺设整个湖底，上面再铺 5～7 cm 厚的砂子。如果这种方法还无法解决，则必须在湖底开挖环状排水沟，并在排水沟底部铺设带孔 PVC 管，四周用碎石填塞(见图 4-17)。

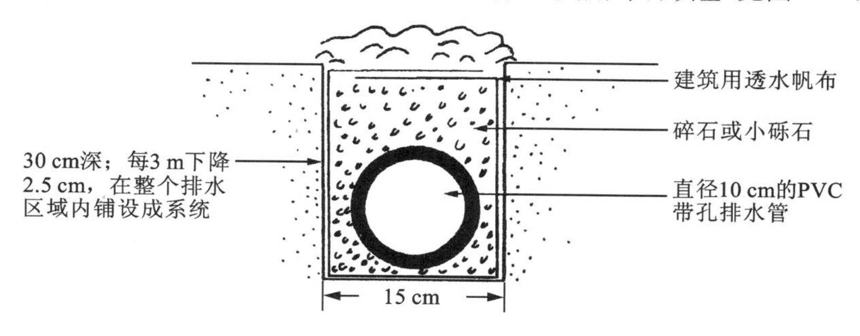


图 4-17　PVC 排水管铺设示意

(2) 湖底的常规处理

常规湖底从下到上一般可分为基层、防水层、保护层、覆盖层。

① 基层。一般土层经碾压平整即可。砂砾或卵石基层经碾压平整后，其上须再铺厚度为 15 cm 的细土层。如遇有城市生活垃圾等废物应全部清除，用土回填压实。

② 防水层。用于湖底的防水层材料很多，主要有聚乙烯防水毯、聚氯乙烯防水毯、三元乙丙橡胶防水卷材、膨润土防水毯、赛柏斯掺合剂、土壤固化剂等，详见表 4-3 所列。

表 4-3　常用人工湖底防水层处理方法

| | 种　类 | 特　点 | 备　注 |
|---|---|---|---|
| 1 | 聚乙烯防水毯 | 由乙烯聚合而成的高分子化合物，具热塑性，耐化学腐蚀，成品呈乳白色，含碳的聚乙烯能抵抗紫外线，一般防水用厚度为 0.3 mm | 300 厚砂砾石<br>200 厚粉砂<br>聚乙烯薄膜、编织布上下各一层<br>300 厚 3：7的灰土(北方做法)<br>素土夯实 |
| 2 | 聚氯乙烯防水毯(PVC) | 以聚氯乙烯为主合成的高聚合物。其拉伸强度大于 5 MPa，断裂伸长率大于 150%，耐老化性能好，使用寿命长，原料丰富，价格便宜 | 300 厚砂砾石<br>200 厚粉砂<br>聚氯乙烯薄膜、编织布上下各一层<br>300 厚 3：7 灰土(北方做法)<br>素土夯实 |
| 3 | 三元乙丙橡胶(EPDA)防水卷材 | 由乙烯、丙烯和任何一种非共轭二烯烃共聚合成的高分子聚合物，加上丁基橡胶混炼而成的防水卷材。耐老化，使用寿命可长达50年，拉伸强度高，断裂伸长率为 45%，因此抗裂性能极佳，耐高低温性能好，能在 −45 ～ 160 ℃ 环境中长期使用 | 800 厚卵石(粒径 30～50)<br>200 厚 1:3的水泥砂浆<br>三元乙丙橡胶防水卷材<br>300 厚 3:7的灰土(北方做法)<br>素土夯实 |
| 4 | 膨润土防水毯 | 一种以蒙脱石为主的黏土矿物体。渗透系数为 $1.1\times10^{-11}$ m/s，土工合成材料，膨润土垫(GCL)经常采用有压安装，遇水后产生反向压力，具有修补裂隙的功能，可直接铺于夯实的土层上，安装容易，防水功能持久 | 300 厚覆土或 150 厚素混凝土<br>膨润土防水毯<br>素土夯实 |

续表

|  | 种类 | 特点 | 备注 |
|---|---|---|---|
| 5 | 赛柏斯掺合剂 | 水泥基渗透结晶型防水掺合剂，为灰色结晶粉末，遇水后形成不溶于水的网状结晶，与混凝土融为一体，堵塞混凝土中的微孔，达到防水目的 | — |
| 6 | 土壤固化剂 | 由多种无机和有机材料配制而成的水硬性复合材料。适用于各种土质条件下的表层、深层土的改良加固，固化剂中的高分子材料通过交联形成三维网状结构，能提高土壤的抗压、抗渗、抗折性能，其渗透系数大于 $1\times10^{-7}$ cm/s，固化剂元素无污染，对水的生态环境无副作用，水中动植物可健康生长 | 清除石块、杂草，松散土壤，均匀拌和固化剂并摊平、碾压，经胶结的土粒，填充了其中的孔隙，将松散的土变为致密的土而固定 |

③ 保护层：在防水层上平铺 15 cm 厚的过筛细土，以保护防水材料不被破坏。

④ 覆盖层：在保护层上覆盖 50 cm 厚的回填土，防止防水层被撬动，其寿命可保持10 ～ 30 年。

(3) 湖底处理设计实例

湖底处理应因地制宜：灰土或三合土湖底适宜于大面积湖体，混凝土湖底适宜于较小的湖池。以下是几种典型湖底的处理(见图 4-18 ～ 图 4-21)。

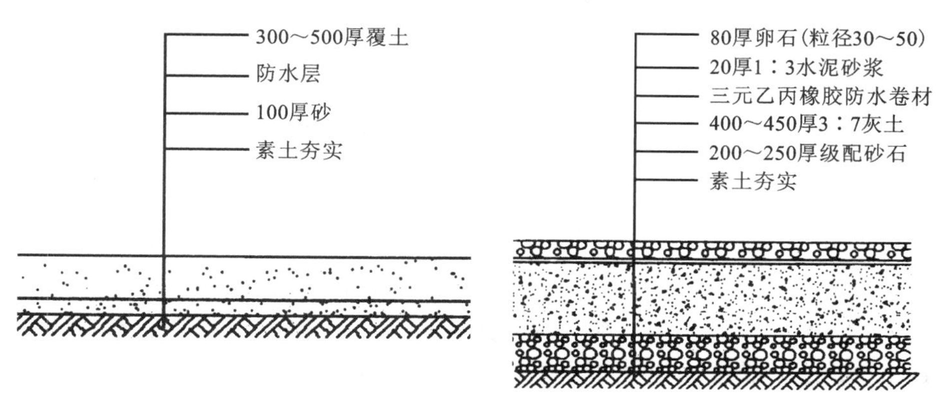


图 4-18 大型湖底处理(一)

图 4-19 大型湖底处理(二)

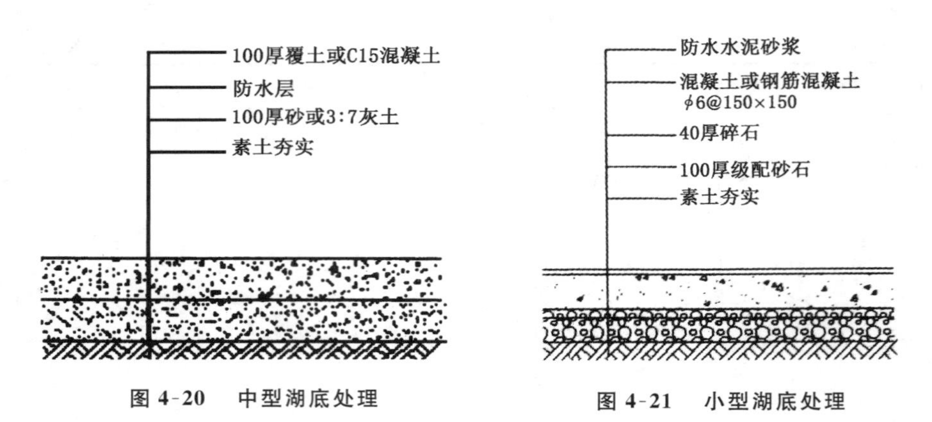


图 4-20　中型湖底处理　　图 4-21　小型湖底处理

**4）驳岸与护坡**

园林中的各种水体需要有稳定、美观的岸线，并使陆地与水面之间保持一定的比例关系。为防止陆地被淹或水岸坍塌而影响水体，应在水体的边缘修筑驳岸或进行护坡处理。

（1）驳岸工程

园林驳岸是一面临水的挡土墙，是在园林水体边缘与陆地交界处，为稳定岸壁、保护湖岸不被冲刷、防止岸壁坍塌而修筑的水工构筑物。其作用有两个：一是维系陆地与水面的界限，防止因水的侵蚀、冻胀、风浪淘刷使岸壁塌陷，导致陆地后退，岸线变形，影响园林景观；二是通过驳岸强化岸线的景观层次，丰富水景的立面层次，加强景观的艺术效果。在中国古典园林中，驳岸往往用自然山石砌筑，与假山、置石、花木相结合，共同组成园景。

① 驳岸破坏的因素：护岸前造成岸壁破坏的因素如图 4-22 所示，护岸后造成岸壁破坏的因素如图 4-23 所示。

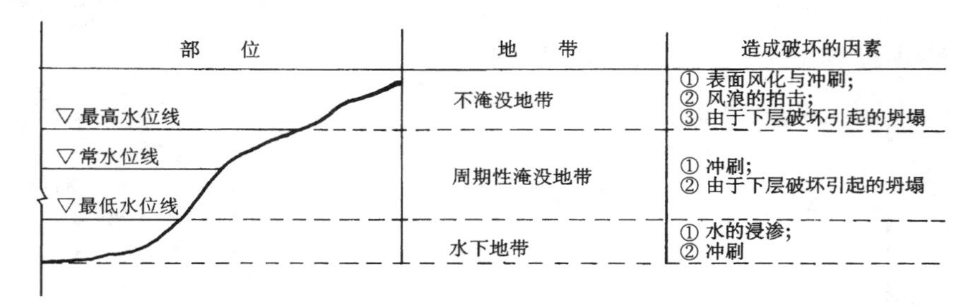


图 4-22　护岸前岸壁破坏的因素分析

② 驳岸平面位置与岸顶工程的确定：与城市河流接壤的驳岸按照城市河道系统规定平面位置建造，园林内部驳岸则根据湖体施工设计确定驳岸位置。平面图上常水位线显示水面位置。整形式驳岸岸顶宽度为 30 ～ 50 cm，岸顶高程应比最高水位高出一段，以保证湖水不致因风浪拍岸而涌入岸边地面，高出 25 ～ 100 cm。

从造景角度看，深潭和浅水面的要求也不一样。一般湖面以驳岸贴近水面为宜，游人可亲近水面，并显得水面丰盈、饱满。

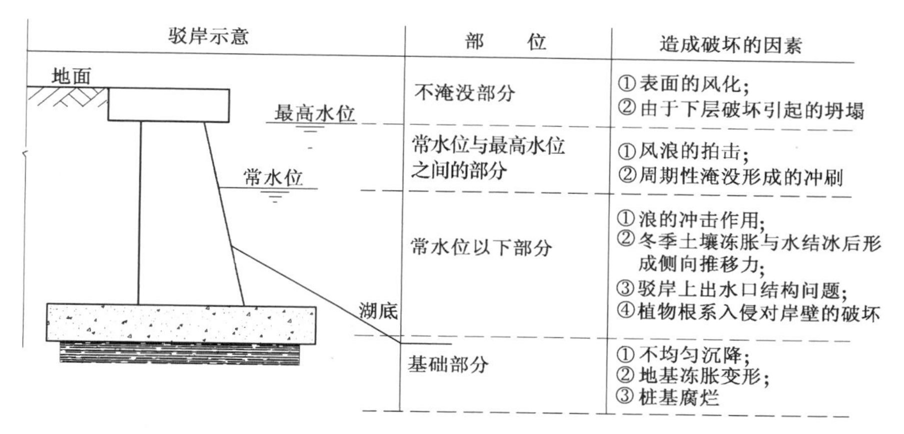


图 4-23　护岸后岸壁破坏的因素分析

③ 常见驳岸的形式:根据驳岸的造型可将驳岸划分为规则式驳岸、自然式驳岸、混合式驳岸三种。

规则式驳岸:用块石、砖、混凝土砌筑的比较规整的驳岸,如常见的重力式驳岸(见图 4-24)、半重力式驳岸和扶壁式驳岸(见图 4-25)等。园林中的驳岸以重力式驳岸为主,这类驳岸简洁、坚固耐冲刷,但过于生硬、缺少变化。

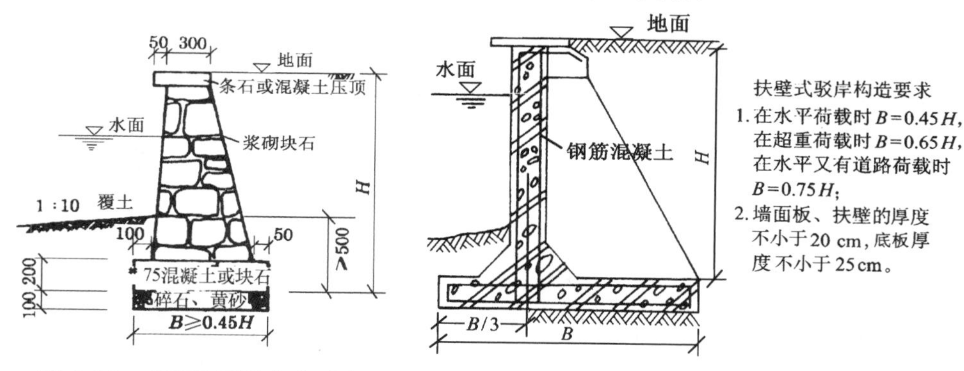


图 4-24　浆砌块石重力式驳岸　　图 4-25　混凝土扶壁式驳岸

自然式驳岸:外观模仿自然、无固定形状或规格的岸坡,如常见的假山石驳岸(见图 4-26)、石矶驳岸(见图 4-27)、木桩驳岸(见图 4-28)等。这类驳岸自然亲切,景观效果好,能与周围环境较好地融合。

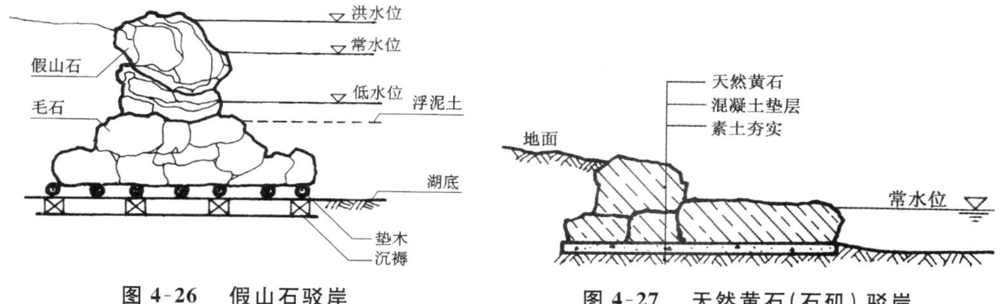


图 4-26　假山石驳岸　　图 4-27　天然黄石(石矶)驳岸

混合式驳岸:结合了规则式驳岸和自然式驳岸的特点,一般用规整毛石砌挡土墙,用自然山石封顶。这类驳岸在园林工程中也较为常用,但要注意尽量使人工砌石部分做在最低水位线以下(见图 4-29)。

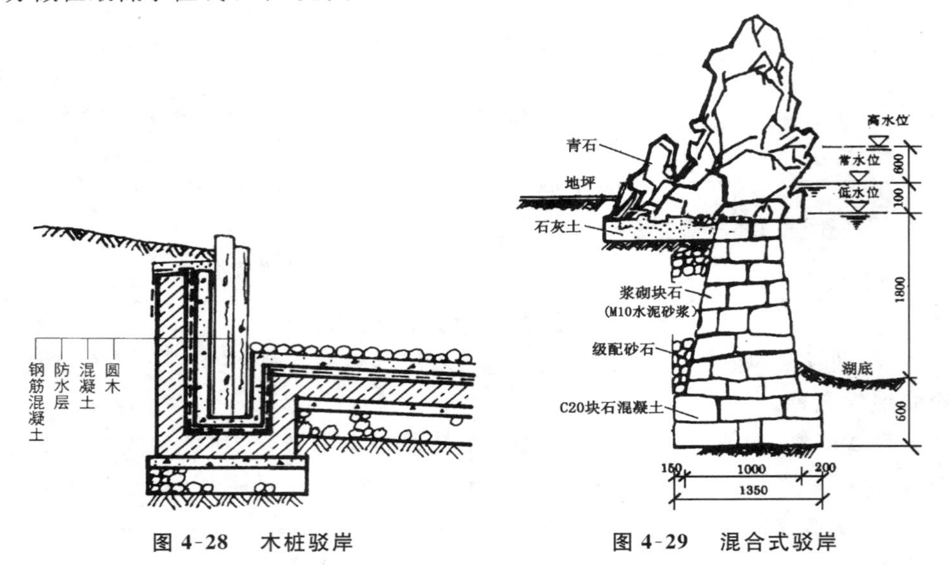


图 4-28　木桩驳岸

图 4-29　混合式驳岸

④ 常见驳岸的结构:园林中使用的驳岸形式主要以重力式结构为主,其中,砌石驳岸又是重力式驳岸最主要的形式。它主要依靠墙身自重来保证岸壁的稳定,抵抗墙后土壤的压力。图 4-30 所示是园林驳岸的常见结构,它主要由基础、墙身和压顶三部分组成。具体构造及名称如下。

a. 压顶:驳岸的顶端结构,一般向水面有所悬挑,其作用是增强驳岸稳定性,阻止墙后土壤流失,美化水岸线。压顶一般用 C15 混凝土或大块石做成,宽度 30 ～ 50 cm。

b. 墙身:基础与压顶之间的主体部分,其承受的压力最大,主要来自垂直压力、水的水平压力及墙后土壤侧压力,为此墙身要确保一定厚度,多用混凝土、毛石、砖砌筑。

图 4-30　重力式驳岸结构示意

c. 基础:驳岸的底层结构,常用材料有灰土、素混凝土、浆砌块石等。厚度一般为 400 mm,埋入湖底深度不得小于 50 cm,宽度一般在驳岸高度的 0.6 ～ 0.8 倍范围内。

d. 垫层:基础的下层,常用材料有矿渣、碎石、碎砖等,整平地坪,以保证基础与土基均匀接触。

e. 基础桩:增加驳岸的稳定性,也是防止驳岸滑移或倒塌的有效措施,同时兼起加强土基承载能力的作用。常用材料有木桩、混凝土桩等。直径为 10 ～ 15 cm,长1 ～ 2 m。

f. 沉降缝:考虑到墙高不等、墙后土压力不同、地基沉降不均匀等因素的影响,必须设置断裂缝。缝距：浆砌石结构 15 ～ 20 m，混凝土和钢筋混凝土结构10 ～ 15 m。

g. 伸缩缝：为避免因混凝土收缩硬化和湿度、温度的变化所引起的破裂而设置的缝道。一般每隔 10 ～ 25 m 设置一道，宽度约 30 mm，有时也兼作沉降缝用。

h. 泄水孔：为排出地面渗入水或地下水在墙后的滞留，常用打通毛竹管，间距3 ～ 5 m 埋于墙身内，铺设成 1 : 5 斜度。泄水孔出口高度宜在低水位以上 500 mm(见图 4-31)。同时驳岸墙后孔口处需用细砂、粗砂、碎石等组成倒滤层，以防止泄水孔入口处土颗粒的流失而导致阻塞。

图 4-31 浆砌块石驳岸

由于园林中驳岸高度一般不超过2.5 m，可以根据经验数据来确定各部分尺寸，从而省去繁杂的结构计算。表 4-4 是常用块石驳岸的经验参数选用表。表内 $a$ 指驳岸压顶宽，$b$ 为驳岸基础厚度，$B$ 为驳岸基础宽，可结合图 4-30 使用。

表 4-4 常见块石驳岸参数选用

| $H$/mm | $a$/mm | $B$/mm | $b$/mm |
|---|---|---|---|
| 100 | 30 | 40 | 30 |
| 200 | 50 | 80 | 30 |
| 250 | 60 | 100 | 50 |
| 300 | 60 | 120 | 50 |
| 350 | 60 | 140 | 70 |
| 400 | 60 | 160 | 70 |
| 500 | 60 | 200 | 70 |

⑤ 驳岸施工的要点：重力式驳岸宜在较好的地基上采用；在较差的地基上采用时，必须进行加固处理，并应在结构上采取适当的措施。现以浆砌块石驳岸为例，说明其施工要点。

a. 放线：布点放线应根据施工图上常水位线来确定驳岸的平面位置，并在驳岸基础两侧各加宽 20 cm 放线。

b. 挖槽：一般采用人工开挖，工程量大时可采用机械挖掘；为保证施工安全，挖方时要保证足够的工作面，对需要放坡的地段，务必按规定放坡；倾斜的岸坡可用木制边坡样板校正。

c. 夯实地基：基础开挖完成后将基槽夯实，遇到松软土层时，必须铺厚 14 ～ 15 cm 的灰土加固(北方做法)。

d. 浇筑基础：浇筑时要将块石垒紧，不得列置于槽边缘；然后浇筑 M15 或 M20 水泥砂浆，灌浆务必饱满，要渗满石间空隙。

e. 砌筑岸墙：M5 水泥砂浆砌筑块石，砌缝宽 1 ～ 2 cm，勾缝可稍高于石面，也可平或凹进石面,要求岸墙墙面平整、美观,砂浆饱满,勾缝严实;每隔 10 ~ 25 m 设置伸缩缝,缝宽 3 cm,用板条、沥青、石棉绳、橡胶、止水带等材料填充,缝隙用水泥砂浆勾满;如果驳岸高差变化较大,则应做宽 2 cm 的沉降缝;另外,除在墙身设置泄水孔外,也可在岸墙后设置暗沟,填置砂石排出墙后积水,以保护墙体。

f. 砌筑压顶:压顶宜用大块石或预制混凝土板砌筑,砌筑时顶石要向水中挑出 5 ~ 6 cm,顶面一般高出水面 50 cm,必要时亦可贴近水面。

(2) 护坡工程

护坡是保护河湖或路边坡面(一般在自然安息角以内)防止雨水径流冲刷及风浪拍击的一种水工措施。为了顺其自然,护坡没有如驳岸那样支撑土壤的岸壁直墙,而是在土壤斜坡上铺设各种材料护坡。护坡的作用主要是防止滑坡现象,减少地面水和风浪的冲刷,保证岸坡的稳定。自然式缓坡护坡能产生亲水的效果,在园林中使用很多。

① 常见护坡的形式及做法:护坡形式的选择要综合考虑坡岸用途、景观透视要求、水岸地质状况和水流冲刷程度等。目前在园林工程中常见的护坡形式有草皮护坡和块石护坡。

a. 草皮护坡:当岸壁坡角在土壤自然安息角以内,坡度变化在 1∶20 ~ 1∶5 之间时,可以考虑用草皮护坡,从而得到较美的景观效果。护坡用的草种要求耐水湿、根系发达、生长快、生存能力强,如假俭草、狗牙根等。

草皮护坡的做法视坡面具体条件而定:一是直接在坡面上播草种,并加盖塑料薄膜;二是在预制好的混凝土砖或混凝土骨架内植草(见图 4-32、图 4-33);三是直接在坡面上植块状或带状草皮,施工时沿坡面自下而上成网状铺草,然后用竹签固定四角作护坡(见图 4-34)。

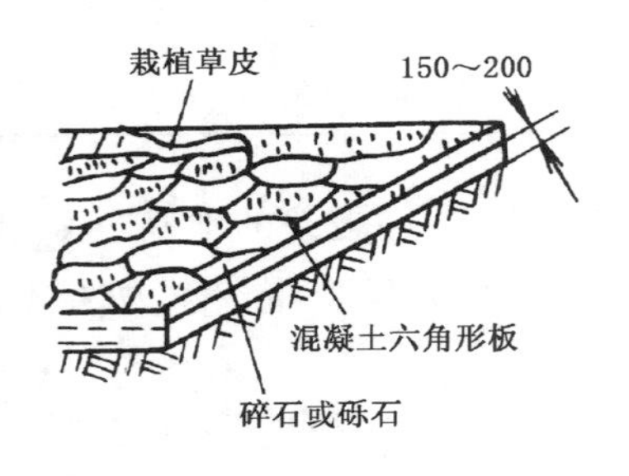


图 4-32 混凝土砖内植草护坡

图 4-33 混凝土骨架内植草护坡

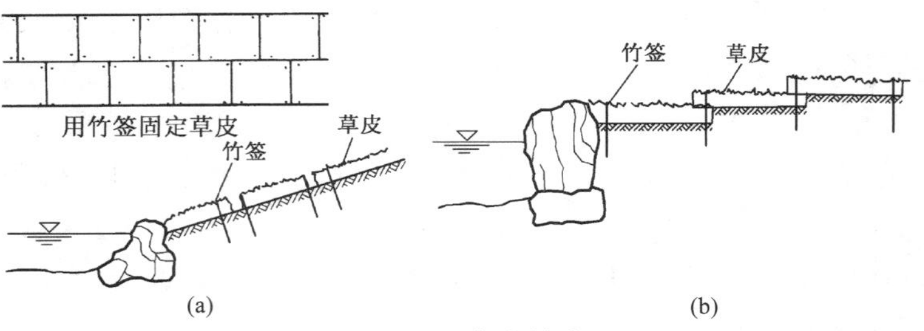


图 4-34 草皮护坡

(a) 块状植草皮; (b) 带状植草皮

如果坡度稍大且土壤贫瘠，可采用三维植被网播草种进行护坡（见图 4-35）。如果在草皮护坡基础上种植低矮灌木可加强护坡效果，如图 4-36 所示。

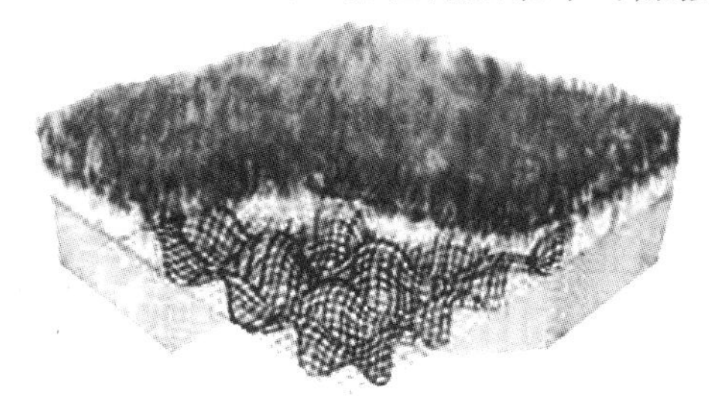

图 4-35 三维植被网植草

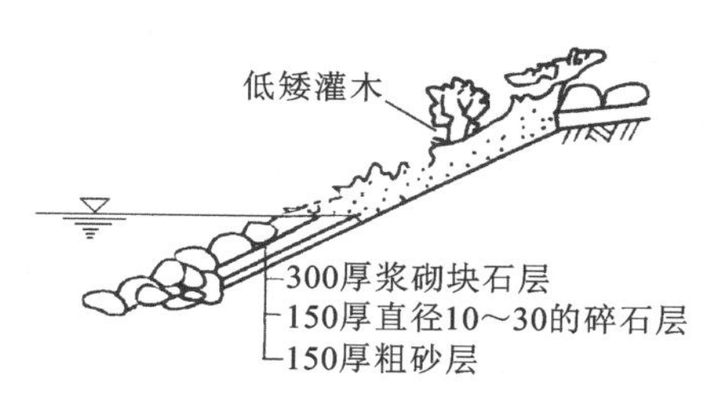


图 4-36 灌木护坡

b. 块石护坡：如果坡岸较陡，风浪变化较大，或因造景需要时可考虑块石护坡。块石护坡抗冲刷能力强，经久耐用，是园林工程中常用的护坡方式。护坡石料一般选用花岗岩、砂岩、砾岩、板岩等，其中以块径 18 ～ 25 cm、边长比 1∶2 的长方形石料最好。

块石护坡的坡面设计应根据水位和土壤状况确定。一般常水位以下部分坡面小于 1∶4，常水位以上部分宜采用 1∶1.5 ～ 1∶5 的坡面（见图 4-37、图 4-38）。

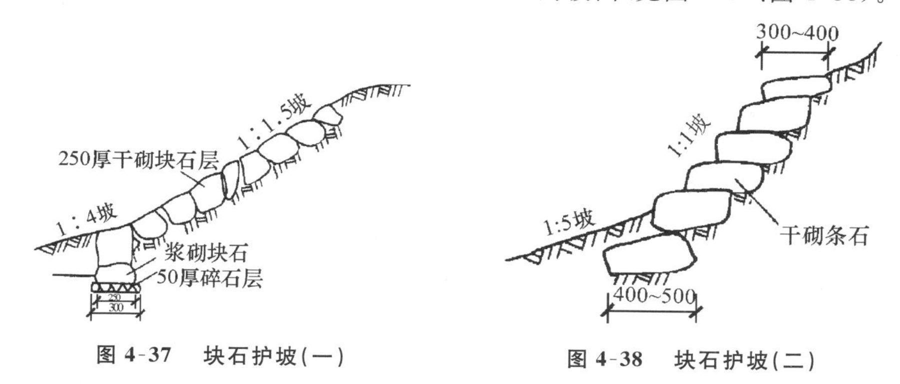


图 4-37 块石护坡（一）　　图 4-38 块石护坡（二）

对于小水面，当护面高度在 1 m 左右时，护坡的做法比较简单（见图 4-39）。

当水面较大、水深超过 2 m 时，为使块石护岸更加稳固，就要在水淹部分采用双层铺石，厚度 50 ～ 60 cm。铺石时每隔 5 ～ 20 m 预留泄水孔，20 ～ 25 m 设伸缩缝一道，并在坡脚处设挡水板（见图 4-40）。

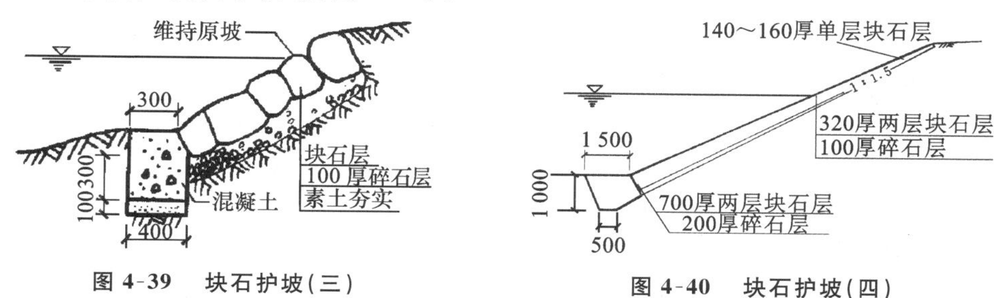


图 4-39 块石护坡（三）　　图 4-40 块石护坡（四）

② 护坡施工要点：块石护坡施工工程量较草皮护坡工程量大，下面以块石护坡为例说明其施工要点。

a. 开槽：坡岸地基平整后，按设计要求用石灰将基槽轮廓放出(基槽两侧各加 20 cm 作为开挖线)。根据设计深度挖出基础梯形槽，并将土基夯实。

b. 铺倒滤层、砌坡脚石：为了使护坡有足够透水性以减少土壤从坡面上流失，需按要求在块石下分层填筑倒滤层。倒滤层常做 1 ～ 3 层，总厚度 15 ～ 25 cm：第一层为粗砂层，第二层为小卵石或小碎石层，第三层用级配碎石。有时也可用青苔、水藻、泥灰、煤渣等做倒滤层。倒滤层沿坡铺料颗粒要大小一致、厚度均匀。然后在挖好的沟槽中浆砌坡脚石，坡脚石宜选用大块石(石块径宜大于 400 mm)，砌时先在基底铺一层厚 10 ～ 20 cm 的水泥砂浆，而后一一砌石，并灌满砂浆，以保证坡脚石的稳固。

c. 铺砌块石：从坡脚石起，由下而上铺砌块石。砌时石块呈品字形排列，保持与坡面平行，彼此紧贴，用铁锤打掉过于突出的棱角并挤压上面的碎石使之密实地压入土内。铺完后可在坡面上行走，测试石块的稳定性，如石头不松动，说明铺石质量好，否则要用碎石嵌垫石间空隙。

(3) 生态护岸工程设计

传统的、只考虑安全性的混凝土护岸相对单调，创造丰富多彩的、充满生机的岸边景观，已引起国际上的广泛关注。园林水体驳岸与护坡是水体生态景观的重要组成部分，除有保护岸壁等功能需求外，还具有为两栖动物、水生动物提供栖息地的功能，是水陆水分、营养交换的重要场所，对保护和恢复生物多样性起到重要的作用。因此，园林护岸应采用生态工程方法营造，即以生物学与生态学为基本原理，尽量利用自然材料，通过工程技术来设计一种可持续发展的系统。

生态护岸要避免使用混凝土，尽量使用自然材料，如砂石、石头、石块、木头和植物等，并实行"五化"原则：表面多孔化、驳岸低矮化、坡度缓坡化、材质自然化、施工经济化。其施工方法及常用材料如表 4-5 所示。

**表 4-5　常用生态护岸施工方法及常用材料**

| 类　型 | 方　　法 | 常用材料 |
|---|---|---|
| 驳岸 | 砌石墙 | 砾石、块石 |
| | 石笼墙 | 石笼网、卵石 |
| | 格框挡土墙 | 混凝土、木梁、土壤、石块 |
| | 加筋挡土墙 | 钢片、钢筋网、土工织物、土工格网 |
| 护坡 | 修坡栽植 | 块石、草苗、草皮 |
| | 切枝压条 | 木本植物 |
| | 打桩编栅 | 木桩、萌芽桩、竹片 |
| | 土工合成材配合植生 | 土工格网、抗冲蚀网、草苗、枝条 |

图 4-41 所示的是几种生态护岸工程的做法。

**5) 水闸**

水闸是一种既能挡水又能泄水的低水头水工构筑物，通过启闭闸门来控制水位和流量，常设于园林的进出水口。水闸主要有叠梁式水闸、上提式水闸、橡胶坝水闸三种，在园林景观水体中，上提式水闸(见图 4-42) 最为常见。

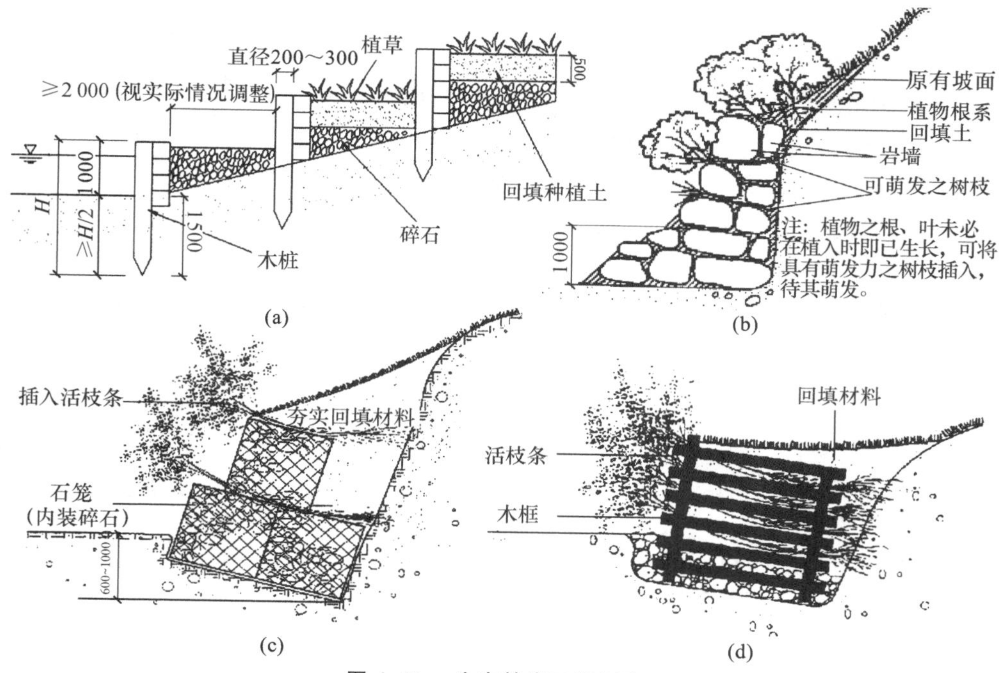


**图 4-41 生态护岸工程示意**

(a) 木排桩护岸；(b) 植生岩墙护岸；

(c) 石笼间插入活枝条护岸；(d) 木框格间塞以活枝条护岸

(a)

(b)

**图 4-42 上提式水闸**

(a) 小型上提式水闸；(b) 中型上提式水闸

(1) 水闸类型

水闸按所担负的任务不同，可分为下列几类。

① 进水闸：设于入水口处，联系上游和控制进水量。如北京颐和园的青龙桥闸，水经玉带桥入园(见图 4-43)。

② 分水闸：用于控制水体支流出水。如北京颐和园的育场船坞、眺远斋闸、霁清斋闸、谐趣园闸、二龙闸、凤凰墩闸等分别控制局部水流(见图 4-43)。

③ 泄水闸：设于水体出口处，联系下游和控制出水量。如北京颐和园的绣漪桥闸(见图 4-43)。

(2) 闸址的选择

① 闸址应分别设在所控水体的上、下游。

② 闸体轴心线应与水体流动中心线相吻合,使水流通过水闸时畅通无阻。进水闸的取水口应设在弯道顶点以下水深最深、单宽流量大、环流强的地方,这样能引取表面清水,排走底砂。引水角应做成锐角,一般为 $\theta = 30° \sim 60°$,如图 4-44 所示。

③ 水体急弯处避免设闸,如一定要在转弯处设闸,则要改变局部水道使之平直或缓曲。

④ 闸址应选择质地均匀、压缩性小、承载力大的地基,以避免发生大的沉陷。利用良好的岩层作为闸址最好,避免在砂壤土处设闸。

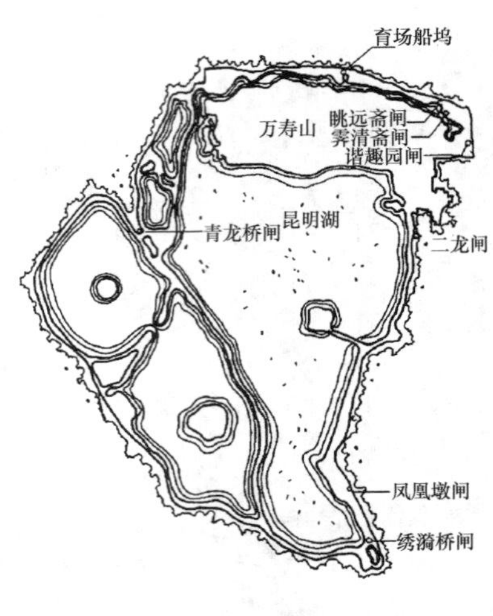


图 4-43　北京颐和园昆明湖水闸分布情况

(3) 水闸的结构

园林中常用水闸的结构大致可分为三个部分,即地上部分(上层结构)、地下部分(下层结构)和地基。

① 地上部分。地上部分主要包括闸墙、闸墩、闸门、翼墙(见图 4-45)。

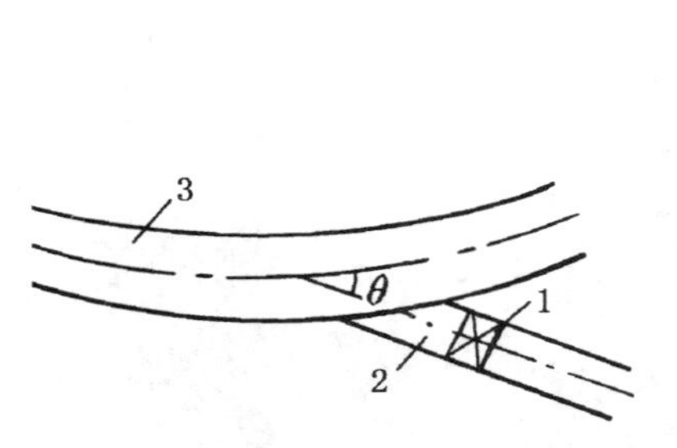


图 4-44　进水闸布置

1— 进水闸;2— 引水渠;3— 河流

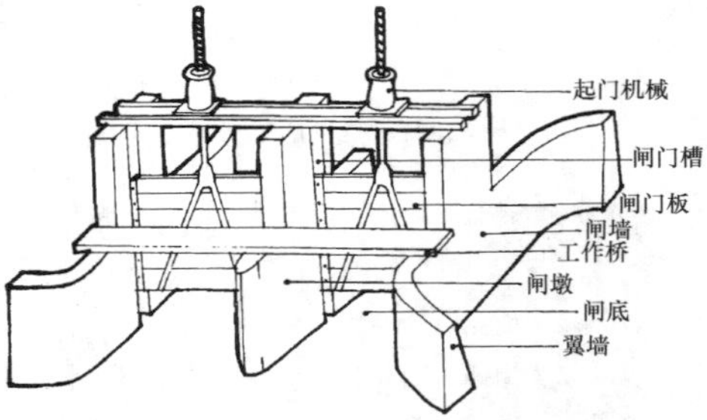

图 4-45　水闸地上部分示意

② 地下部分。地下部分主要包括闸底(承接地上部分建筑荷载等)、铺盖(不透水层,防渗)、护坦(消力池,半透水层,增加消能效果)、海漫(透水层,保护下游河床)四个部分(见图 4-46)。

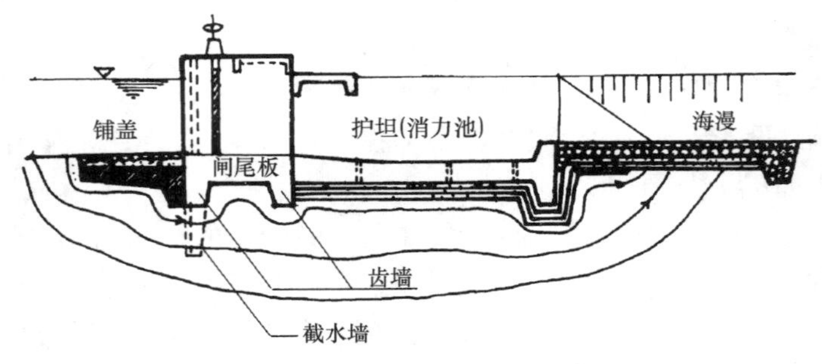


图 4-46　水闸地下部分示意

③ 地基。地基承受着上部建筑物的重量和活荷载、闸身两侧土壤重量、土压力、水压力等全部压力，要避免发生超限度和不均匀沉降，同时注意防止地下渗流，出现管涌。

(4) 水闸的结构设计

① 闸墙和翼墙。闸墙和翼墙多采用重力式挡土墙的结构。对于 5 m 以下的挡土墙，其闸墙剖面图如图 4-47 所示。

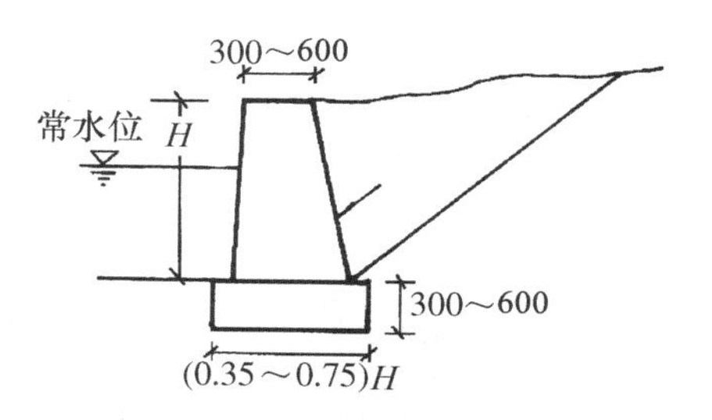


图 4-47 闸墙剖面图

a. 墙顶宽：一般为 30 ～ 60 cm。

b. 墙底宽：用宽高比($B/H$) 表示。宽高比与土质有关，砂砾土的宽高比为 1∶0.40 ～ 1∶0.35，湿砂土的宽高比为 1∶0.60 ～ 1∶0.58，含根土的宽高比为 1∶0.75。

c. 墙顶高程及墙高度：墙顶高程为内湖高水位、风浪高、安全超高之和，并与堤顶同高；墙高度为墙顶高程减去湖底高程。

d. 墙基厚：通常为 30 ～ 60 cm。

e. 墙长：闸墙长度可参见表 4-6 所列。

表 4-6 闸墙长度参考

| 闸墙高度 /m | 2.0 | 2.5 | 3.0 | 3.5 | 4.0 | 5.0 |
|---|---|---|---|---|---|---|
| 闸墙长度 /m | 4.4 | 4.5 | 4.6 | 4.8 | 4.9 | 5.7 |

② 闸底。小型闸底板一般用 M5、M7.5 水泥砂浆砌块石或 C10 ～ C15 混凝土建造。

a. 闸底高程：与上游河底同高。

b. 闸底长度：一般为上下游水位差的 1.5 ～ 3 倍，与闸墩长度相同。

c. 底板厚度：为闸孔净宽的 1/6 ～ 1/4，通常为 40 ～ 60 cm。

③ 闸孔宽度的确定。闸孔宽度应根据引用水流量、上下游水位差及下游水深来决定，小型水闸可查表 4-7 求得。

表 4-7 水流量所需闸孔宽度

| 上下游水位差 /(s/m³) | 下游水深 /(s/m³) | | | | | | | | | |
|---|---|---|---|---|---|---|---|---|---|---|
| | 0.4 | 0.6 | 0.8 | 1.0 | 1.2 | 1.4 | 1.6 | 1.8 | 2.0 | 2.2 |
| | 闸孔宽度 /(s/m³) | | | | | | | | | |
| 0.1 | 2.08 | 1.39 | 1.04 | 0.83 | 0.70 | 0.60 | 0.52 | 0.46 | 0.42 | 0.38 |
| 0.2 | 1.48 | 0.98 | 0.74 | 0.59 | 0.49 | 0.42 | 0.37 | 0.33 | 0.29 | 0.27 |
| 0.3 | 1.17 | 0.80 | 0.60 | 0.48 | 0.40 | 0.34 | 0.30 | 0.27 | 0.24 | 0.22 |
| 0.4 | 0.96 | 0.68 | 0.52 | 0.42 | 0.35 | 0.30 | 0.26 | 0.23 | 0.21 | 0.19 |
| 0.6 | 0.68 | 0.52 | 0.41 | 0.34 | 0.28 | 0.24 | 0.21 | 0.19 | 0.17 | 0.15 |
| 0.8 | 0.52 | 0.41 | 0.34 | 0.28 | 0.24 | 0.21 | 0.18 | 0.16 | 0.15 | 0.13 |
| 1.0 | 0.41 | 0.34 | 0.28 | 0.24 | 0.21 | 0.18 | 0.16 | 0.15 | 0.13 | 0.12 |

④ 水闸工程实例：水闸设计不仅要满足其功能需求，还需在外观及造型上与周围环境相适应，比如，可采用植物材料进行装饰，也可通过改变闸板和横梁的色彩来体现地方文化特色(见图 4-48)。

(a)

(b)

图 4-48　水闸工程实例

(a) 通过植物材料进行装饰；(b) 注重外形及色彩

### 4.3.3 水池工程

水池也属静态水体，园林中常见的是人工池，其形式也多种多样。它与人工湖有较大的不同，多取人工水源，并包括池底、池壁、进出水等系列管线设施。一般而言，水池的面积较小，水较浅，以观赏为主，常是园林局部构图的中心，可用作处理广场中心、道路尽端以及和亭廊、花架、花坛等进行各种形式的组合。

**1) 水池的分类**

目前，园林景观用人工水池按修建的材料和结构可分为刚性结构水池、柔性结构水池、临时简易水池三种。

(1) 刚性结构水池

刚性结构水池也称钢筋混凝土水池(见图 4-49)。特点是池底、池壁均配钢筋，寿

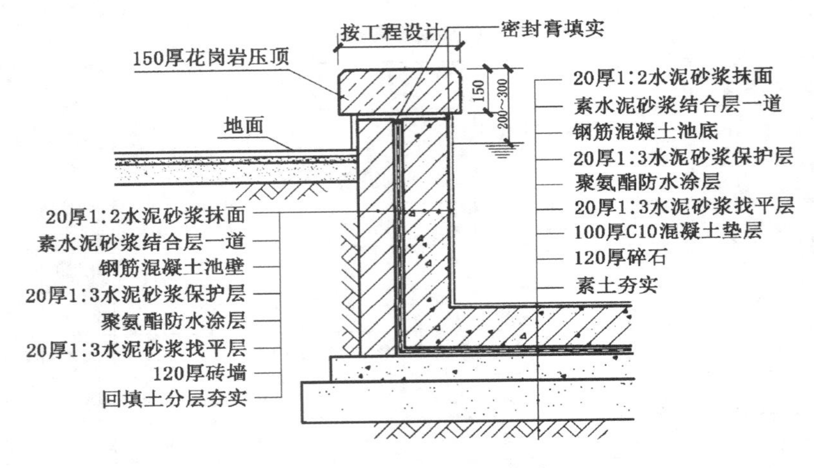


图 4-49　刚性结构水池

命长、防漏性好，适用于大部分水池。

(2) 柔性结构水池

近几年，随着建筑材料的不断革新，出现了各种各样的柔性衬垫薄膜材料，改变了以往光靠加厚混凝土和加粗加密钢筋网防水的做法，例如，北方地区水池为避免渗透冻害，可以选用柔性不渗水材料做防水层(见图 4-50)。其特点是寿命长，施工方便且自重轻，不漏水，特别适用于小型水池和屋顶花园水池。目前，在水池工程中常用的柔性材料有玻璃布沥青席、三元乙丙橡胶(EPDM) 薄膜、聚氯乙烯(PVC) 衬垫薄膜、膨润土防水毯等。

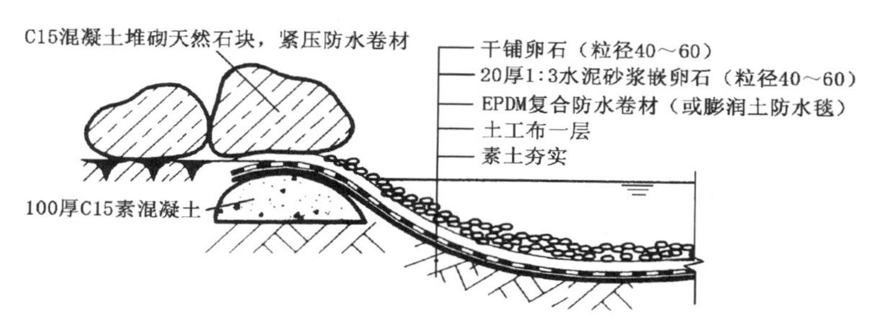


图 4-50 柔性结构水池

(3) 临时简易水池

此类水池结构简单，安装方便，使用完毕后能随时拆除，甚至还能反复利用，一般适用于节日、庆典、小型展览等。

临时简易水池的结构形式不一。对于铺设在硬质地面上的水池，一般可采用角钢焊接、红砖砌筑或者泡沫塑料制成池壁，再用吹塑纸、塑料布等分层铺垫池底和池壁，并将塑料布反卷包住池壁外侧，用素土或其他重物固定(见图 4-51)。内侧池壁可用树桩做成驳岸，或用盆花遮挡，池底可视需要再铺设砂石或点缀少量卵石。另一种可用挖水池基坑的方法建造：先按设计要求挖好基坑并夯实，再铺上塑料布，塑料布至少应留 15 cm 在池缘，并用天然石块压紧，池周按设计要求种上草坪或铺上苔藓，一个临时简易水池便完成了。

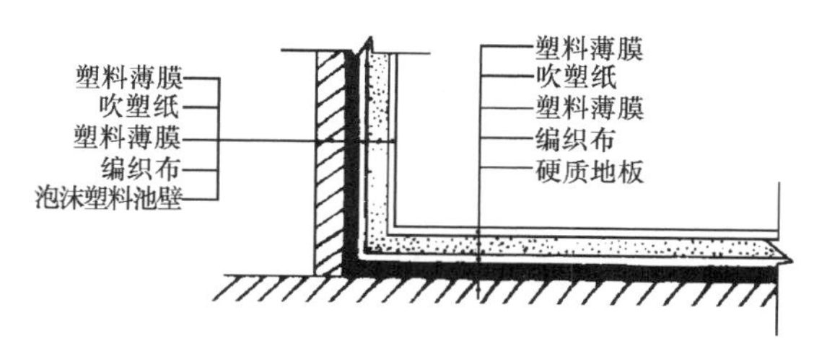


图 4-51 临时简易水池

**2) 水池的基本结构**

水池的结构形式较多，下面主要介绍园林中常用的刚性结构水池的基本结构(可参照图 4-49)。

(1) 压顶

压顶属池壁顶端装饰部位,作用是保护池壁,防止污水泥砂流入池内。下沉式水池压顶至少要高出地面 5 ~ 10 cm,且压顶距水池常水位为 200 ~ 300 mm。其材料一般采用花岗岩等石材或混凝土,厚 10 ~ 15 cm。常见的压顶形式有两种(见图 4-52),一种是有沿口的压顶,它可以减少水花向上溅溢,并能使波动的水面快速平静下来,形成镜面倒影;另一种为无沿口的压顶,会使浪花四溅,有强烈的动感。

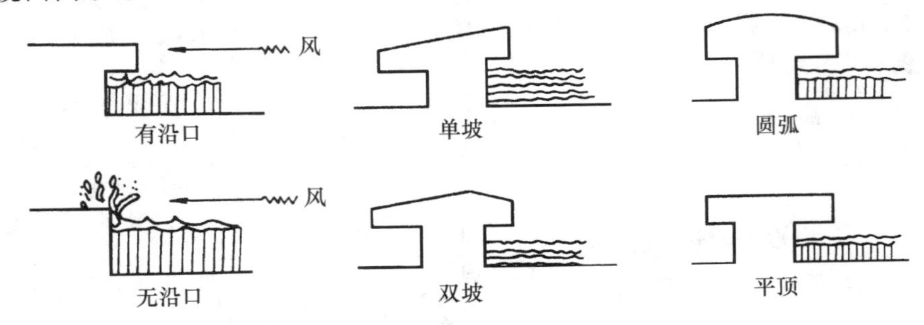


图 4-52　水池池壁的两种压顶形式与做法

(2) 池壁

池壁是水池竖向部分,承受池水的水平压力。一般采用混凝土、钢筋混凝土或砖块。钢筋混凝土池壁厚度一般不超过 300 mm,常用 150 ~ 200 mm,宜配直径 8 mm、12 mm 的钢筋,中心距 200 mm,C20 混凝土现浇。同时,为加强防渗效果,混凝土中需加入适量防水粉,一般占混凝土总量的 3 % ~ 5 %,过多会降低混凝土的强度。

(3) 池底

池底直接承受水的竖向压力,要求坚固耐久。池底多采用现浇钢筋混凝土浇筑,厚度应大于 20 cm,如果水池容积大,需配双层双向钢筋网。池底设计需有一个排水坡度,一般不小于 1 %,坡向向泄水口。

(4) 防水层

在水池工程中,好的防水层是保持水池质量的关键。目前,水池防水材料种类较多,有防水卷材、防水涂料、防水嵌缝油膏等。一般水池用普通防水材料即可,钢筋混凝土水池防水层可以采用抹 5 层防水砂浆做法,层厚 30 ~ 40 mm。还可用防水涂料,如沥青、聚氨酯、聚苯酯等。

(5) 基础

基础是水池的承重部分,一般由灰土或砾石三合土组成,要求较高的水池可用级配碎石。一般灰土层厚 15 ~ 30 cm,C10 混凝土层厚 10 ~ 15 cm。

(6) 施工缝

水池池底与池壁混凝土一般分开浇筑,为使池底与池壁紧密连接,池底与池壁连接处的施工缝可设置在基础上方 20 cm 处。施工缝可留成台阶形,也可加金属止水片或遇水膨胀橡胶止水带(见图 4-53)。

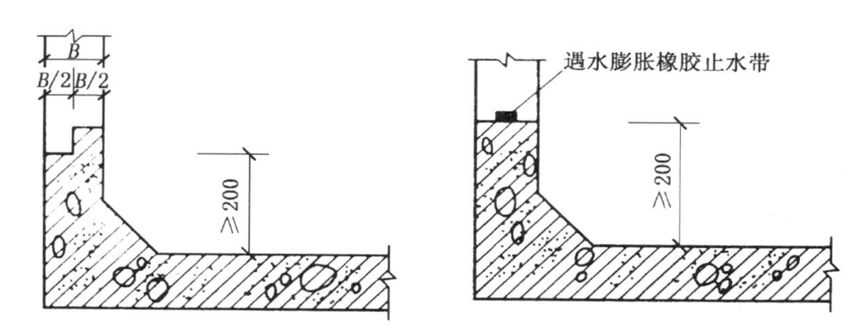


图 4-53 池底与池壁连接处施工缝做法

(7) 变形缝

长度在 25 m 以上水池要设变形缝，以缓解局部受力。变形缝间距不大于 20 cm，要求从池壁到池底结构完全断开，用止水带或浇灌沥青做防水处理(见图 4-54)。

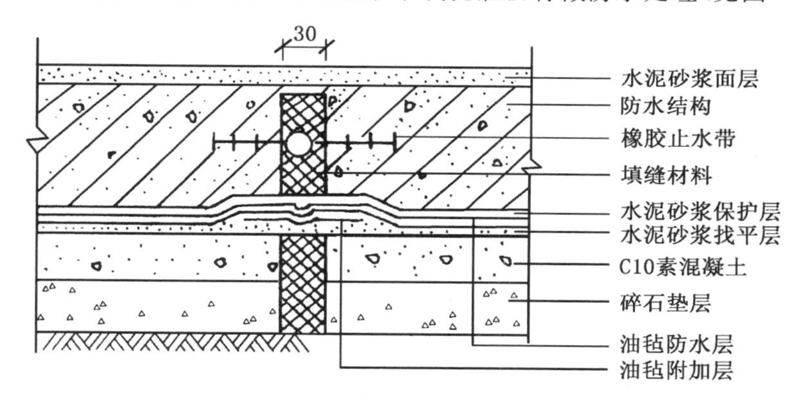


图 4-54 变形缝做法

### 3) 常见园林水池池岸与池底做法

园林水池的做法应随景观需求和具体环境条件进行合理设计，图 4-55 ～ 图 4-60 所示为常见园林水池池岸与池底的做法。

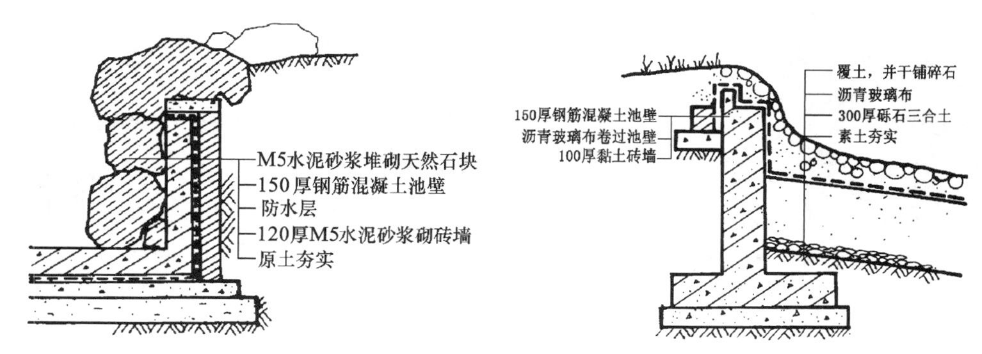


图 4-55 天然块石池岸做法

图 4-56 与绿地相接的池岸做法

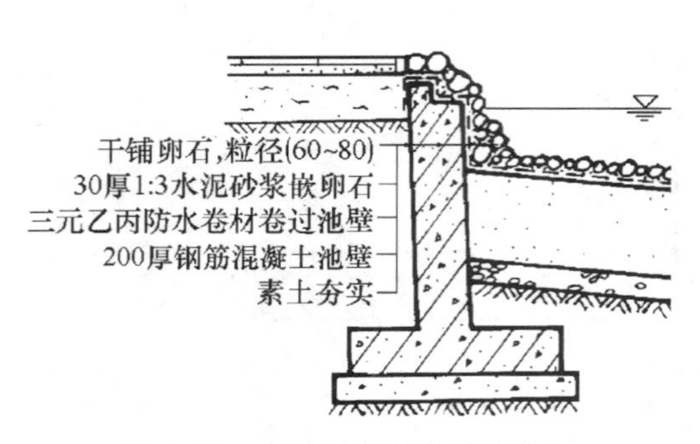


图 4-57　与园路相接的池岸做法

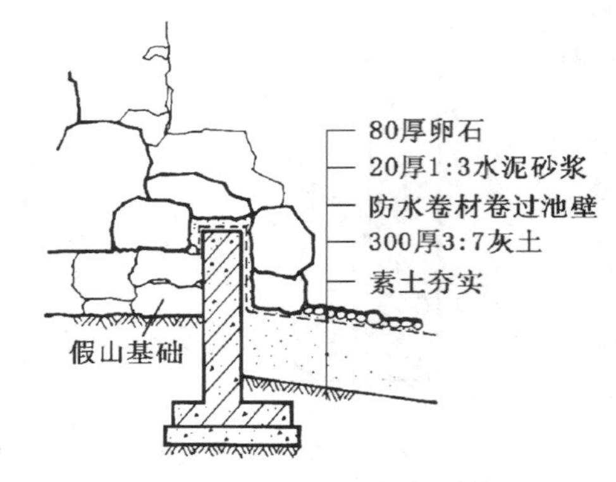


图 4-58　与假山相接的池岸做法

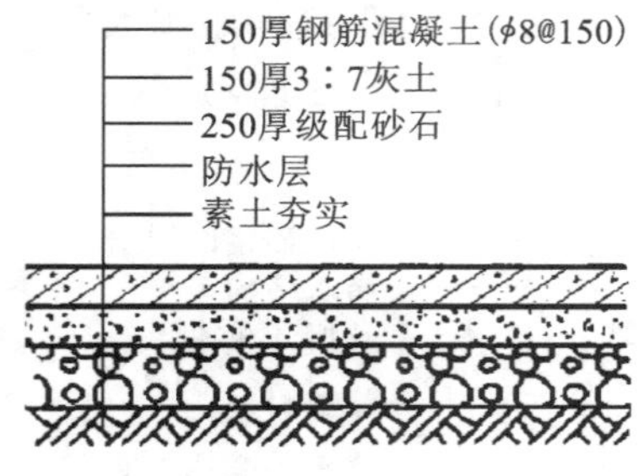


图 4-59　基址可能下沉的池底做法

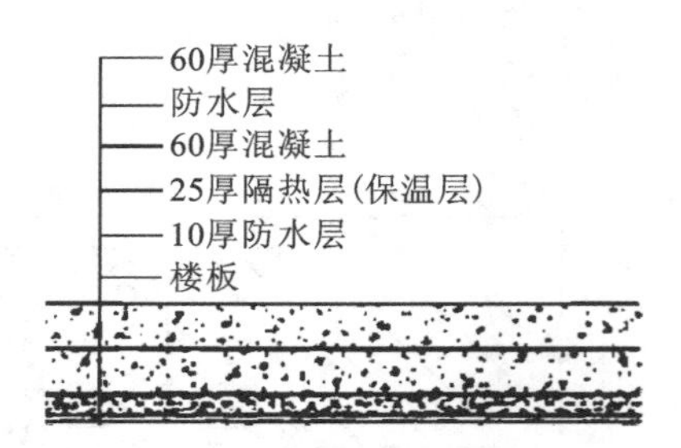


图 4-60　屋顶花园的池底做法

**4）水生植物种植池**

在公园、住宅小区、庭园等水体景观中，常需要在水池内种植花草，以丰富水池景观，如华南植物园内水生植物种植池(见图 4-61)。大型水池的岸边也经常修建种植池栽植水生植物以软化池岸，增加景观层次，同时为两栖动物提供生存空间(见图 4-62)。

图 4-61　华南植物园内种植池

图 4-62　某高校池岸边种植池

(1) 水生植物种植池做法

水生植物种植池应根据水生植物生长需求进行设计。一般采用分层式设计，常分为深水区、浅水区、池边湿地区等。土壤最好用 40 % 培养土，加上 40 % 田土及 20 % 的溪砂，混合在一起。如原池水太深，应先将植物种植在种植箱内或盆中，并在池底砌砖或垫石作为基座,再将种植盆移至基座上。图 4-63 为水生植物种植池做法,供参考。

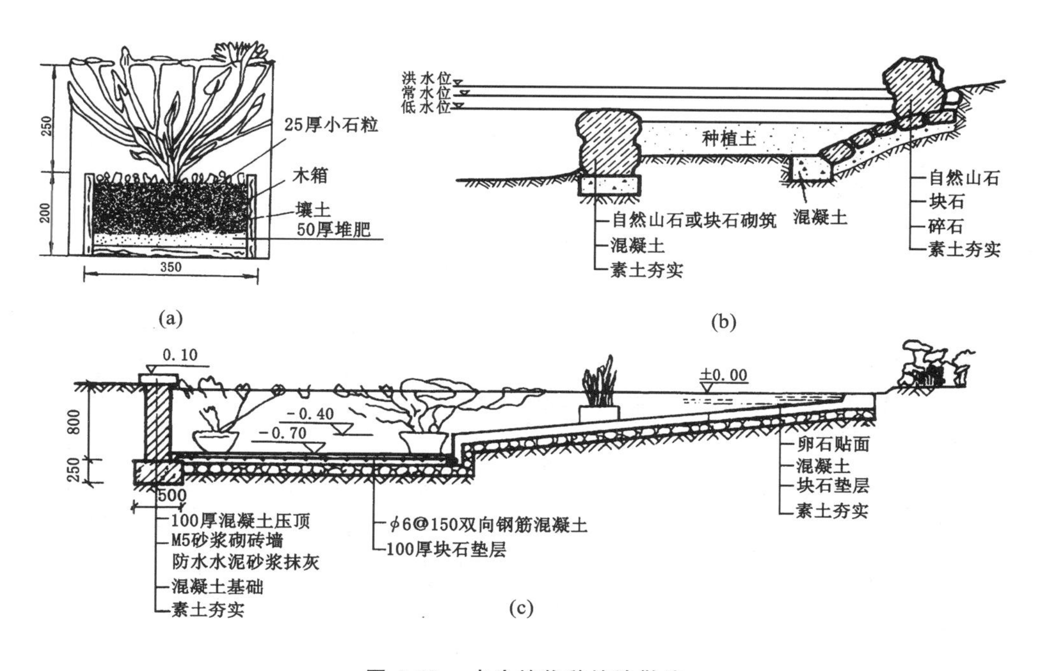


**图 4-63　水生植物种植池做法**

(a) 种植箱；(b) 水生植物种植池做法(一)；(c) 水生植物种植池做法(二)

(2) 水生植物的选择

一般常见的水生植物有荷花、睡莲、水葱、香蒲、慈姑、萍蓬莲、菖蒲、金鱼藻、泽泻、芦苇、旱伞草等,其生长特性各不相同。水生植物应根据生长特性按不同深度布置于池内,所选种类不宜过多,搭配要注意色彩及层次(见图 4-64)。水生植物池容易招来蚊虫,水池中最好能养少许小型鱼类来保持生态平衡,如鲢鱼、鲫鱼等,但不宜饲养草食性鱼类,如金鱼、锦鲤等。表 4-8 为常见水生植物及鱼类所需水深。

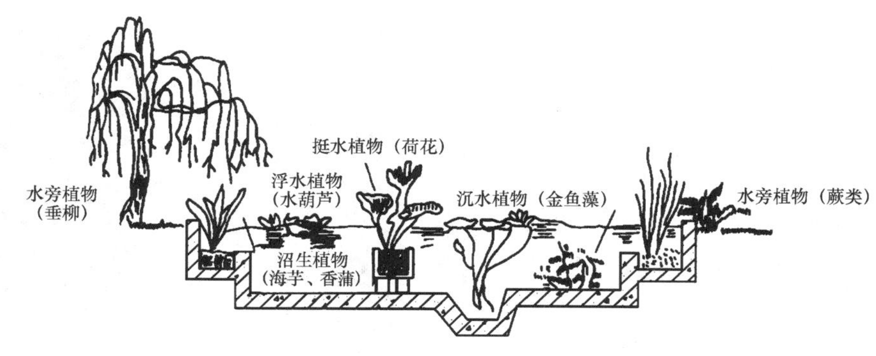


**图 4-64　水生植物造景示意**

表 4-8　常用水生植物及鱼类所需水深

| 植物名称 | 水深/m | 备注 |
|---|---|---|
| 荷花(立叶) | 0.8～1.0 | 应设置种植范围、池底种植穴土壤厚度不小于 300 mm |
| 睡莲(浮叶) | 0.3～1.0 | — |
| 水浮莲、菖蒲、慈姑、水芋(漂浮) | 0.2～0.8 | 株高 100 mm |
| 灯心草 | 0.2～0.3 | 株高 700～1 000 mm |
| 养鱼(有池底) | 0.6～0.8 | — |
| 养鱼(无池底) | 1.5 | — |

**5）水池设计**

水池设计包括平面设计、立面设计、剖面设计、管线设计等。

(1) 平面设计

水池的平面设计要与所在环境的气氛、建筑和道路的线形特征及视线关系协调统一，无论是规则式水池还是自然式、综合式水池，都要力求造型简洁大方又富有个性。水池平面设计主要显示其平面位置和尺寸。水池平面还需标注各部分的高程，表示进水口、泄水口、溢水口和喷头、种植池的平面位置与所取剖面的位置。

(2) 立面设计

立面设计反映水池主要朝向各立面处理的高差变化和立面景观。水池池壁顶面与附近地面要有合适的高程关系，可略高于路面，也可以持平或低于路面做成沉床水池。喷水池则要表示立面的喷水姿态变化(详见本章第 6 节喷泉工程)。

(3) 剖面设计

剖面设计充分反映水池的内部结构。剖面应有足够的代表性，需剖到主要节点、高程变化处，图纸上应标注出从地基到池壁顶各层的材料、厚度及水位标高等。

(4) 管线设计

管线设计要求绘制管线平面图，反映进水、泄水、溢水等管线及设施的布置，标注出管径大小、管线高程等。

**6）水池设计实例**

图 4-65 所示为湖南某高校中心广场水池。该水池位于广场中心，三面被建筑围合。其设计吸取中国传统“天圆地方”的思想，平面轮廓简洁大方，体量适中，方形水池中设一圆岛，成为该广场视觉的焦点。水池池壁和池底都采用钢筋混凝土结构，池壁压顶采用花岗岩，底部紧贴地面，以方便游人观赏。图 4-66 为水池平面及剖面设计图。

图 4-65　湖南某高校中心广场水池

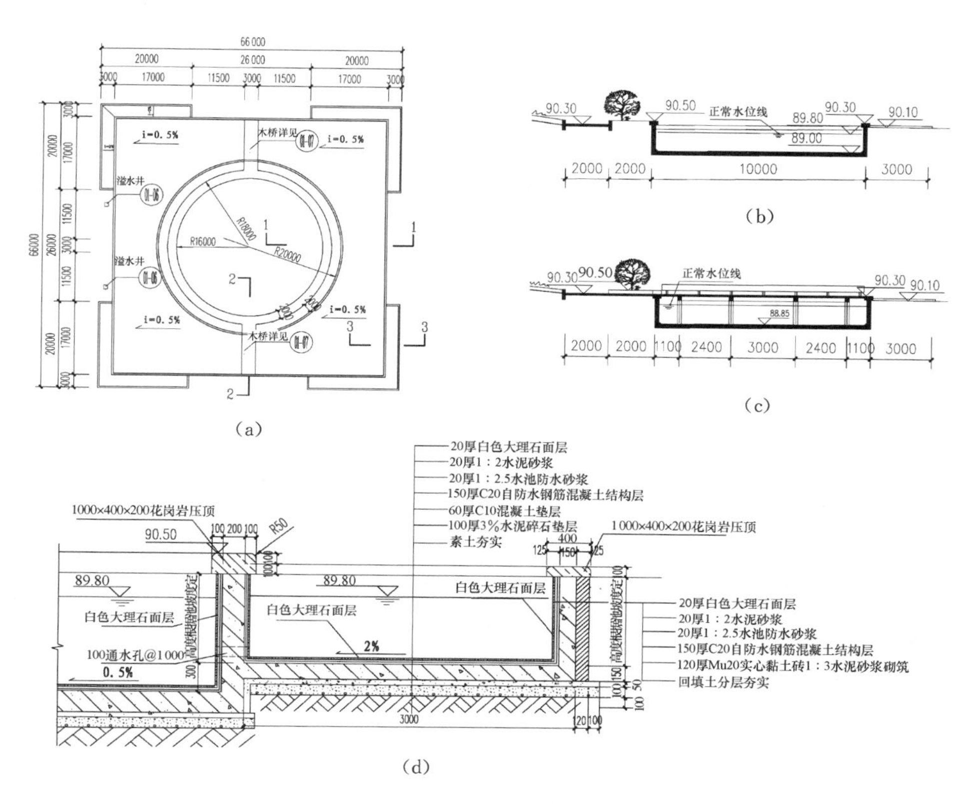

图 4-66 湖南某高校中心广场水池设计图

(a) 水池平面图； (b)1—1 剖面图； (c)2—2 剖面图； (d)3—3 剖面图

## 4.4 流水工程

水是一种无定形的自然物质，它可以随形而变，故可以完全由人工创造不同的载体而产生不同的流体形态。其中，溪流是自然山涧中的一种水流形式。在园林中，小河两岸砌石嶙峋，河中涓涓细流纵横交织，大小石块疏密有致，水流激石，淙淙而流，再加上两岸土石之间耐水湿的蔓木和花草，便构成极具自然野趣的溪流。这种形式，早在唐代园林绛守居园池中就有记载："新亭前有渠水由西泱泱而来，渠形似弯月，名望月渠 …… 弥漫向西折去。" 现代园林中的小溪则是自然界溪流的艺术再现，是连续的带状动态水体。其应用十分广泛，尤其在狭长形的园林用地中，一般采用溪流的理水方式比较合适。

### 4.4.1 小溪的组成和形态

自然界中的溪流多是在瀑布或涌泉下游形成，上通水源，下达水体。溪岸高低错落、流水晶莹剔透，且多有散石净砂、绿草翠树。图 4-67 所示为溪流的一般模式，图中可表现以下内容。

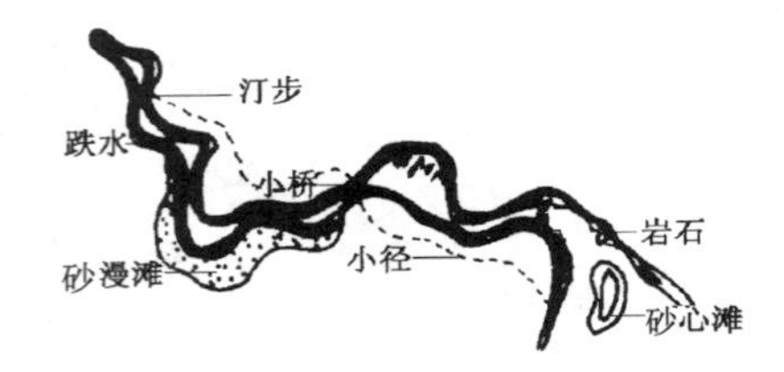


图 4-67 小溪模式图

① 小溪呈狭长形带状,曲折流动,水面有宽窄变化。

② 溪中常分布砂心滩、砂漫滩,岸边和水中有岩石、矶石、汀步、小桥等。

③ 岸边有可近可远的自由小径。

### 4.4.2 小溪的布置要点

① 溪流的形态应根据环境条件、水量、流速、水深、水面宽和所用材料进行合理的设计。其布置讲究师法自然,宽窄曲直对比强烈,空间分隔开合有序。平面上要求蜿蜒曲折,立面上要求有缓有陡,整个带状游览空间层次分明,组合有致,富于节奏感,如杭州植物园山水园小溪(见图 4-68)。

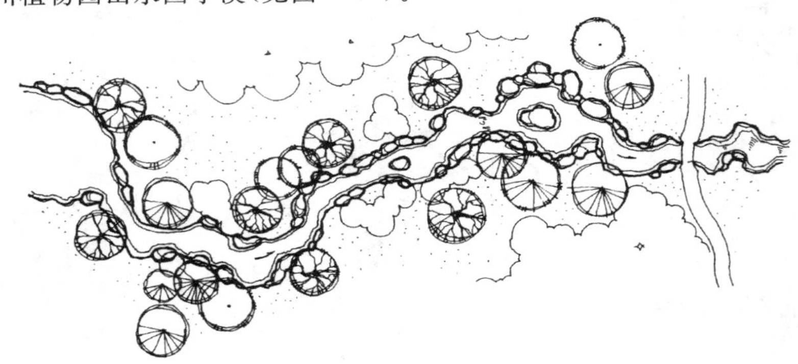

图 4-68 杭州植物园山水园小溪

② 溪流的坡度应根据地理条件及排水要求而定。普通溪流的坡度宜为 0.5%,急流处坡度为 3% 左右,缓流处坡度不超过 1%。溪流宽度宜为 1 ～ 3 m,可通过溪流宽窄变化控制流速和流水形态(见图 4-69)。溪流水深为 0.3 ～ 1 m,分为可涉入式和不可涉入式两种。可涉入式溪流的水深应小于 0.3 m,以防止儿童溺水,同时水底应做防滑处理。可供儿童嬉水的溪流,应安装水循环和过滤装置。不可涉入式溪流的水深超过0.4 m时,应在溪流边采取防护措施(如石栏、木栏、矮墙等);同时宜种养适应当地气候条件的水生动植物,增强观赏性和趣味性。

③“石令人古,水令人远;园林水石,最不可无”。溪流的布置离不开石景,在溪流中配以山石可充分展现其自然风格,表 4-9 为石景在溪流中所起到的景观效果。在溪流设计中,通过在溪道中散点山石可创造水的各种流态及声响(见图 4-70)。同时,可利用溪底的平坦和凹凸不平产生不同的景观效果,如常在园林中上游溪底布置大小

不一的粗糙山石，使水面上下翻腾，欢快活跃，下游溪底石块则光滑圆润、大小一致，使水面温和平静(见图 4-71)。

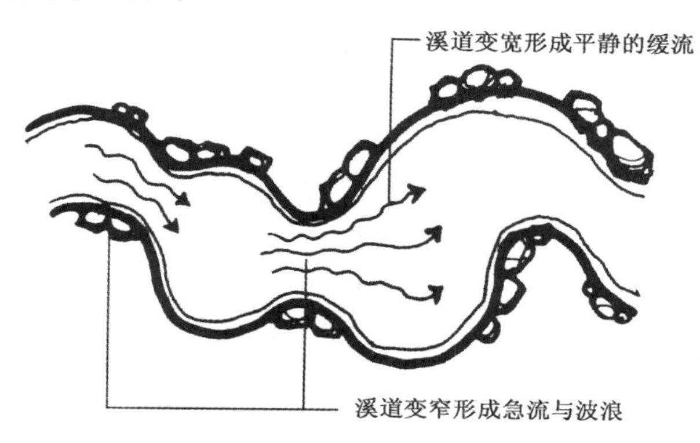


图 4-69 溪道的宽窄变化对水流形态的影响

表 4-9 溪流中石景的景观效果及应用部位

| 名　称 | 景观效果 | 应用部位 |
|---|---|---|
| 主景石 | 形成视线焦点，起到对景作用，点题，说明溪流名称及内涵 | 溪流的首尾或转向处 |
| 跌水石 | 形成局部小落差和细流声响 | 铺在局部水线变化位置 |
| 劈水石 | 使水产生分流和波动 | 不规则布置在溪流中间 |
| 溅水石 | 使水产生分流和飞溅 | 用于坡度较大、水面较宽的溪流 |
| 抱水石 | 调节水速和水流方向，形成隘口 | 溪流宽度变窄及转向处 |
| 垫脚石 | 具有力度感和稳定感 | 用于支撑大石块 |
| 河床石 | 观赏石材的自然造型和纹理 | 设在水面下 |
| 铺底石 | 美化水底，种植苔藻 | 多采用卵石、砾石、水刷石、瓷砖铺在基底上 |
| 踏步石 | 装点水面，方便步行 | 横贯溪流，自然布置 |

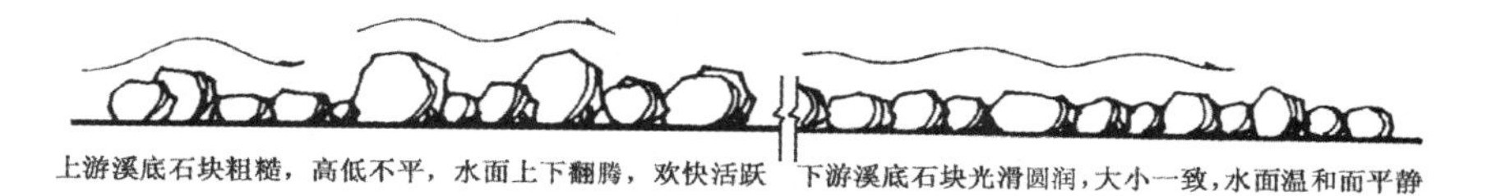


图 4-70 利用水中置石创造不同景观

劈水石分流水面，可渲染上游水的气氛

溅水石能产生水花或形成小漩涡，可丰富水面姿态

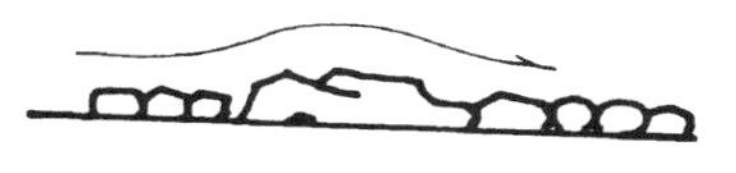

溪底隆起块石，增加水面的起伏变化

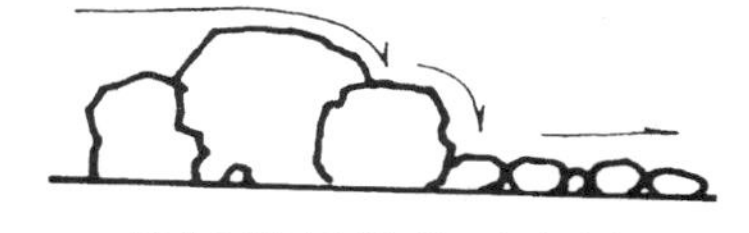

跌水石使水面跌落，水声跌宕

图 4-71 溪底粗糙情况不同对水面波纹的影响

④ 人工溪流时间一长，池内会滋生能产生黑水的藻类植物，使水质浑浊，因此可在溪流中某处加以拓宽形成沼泽植物过滤区，利用水生植物吸收水中营养成分。也可在沿途设置喷泉小品，利用其曝气充氧作用，使溪流清澈自然。

### 4.4.3 溪流的水力计算

人工溪流一般采用循环供水的方式，源头设溢水池或直接布管放水，下游蓄水池底部布置潜水泵将水抽回源头，形成循环供水的溪流景观。为了使水泵从下游水池抽水到形成溪流流回下游水池的这段过程中，下游水池水位的下降能控制在理想的范围内，就要求下游水池有足够的容积。如果下游水池过小，水量不够小溪使用，那就会出现不堪设想的后果：下游水池水位下降很多，危及池内动植物生存，而且大部分池岸显露出来，非常难看；下大雨或水泵关闭时，水池又会被淹没。再精彩的设计都无法弥补水池大小计算错误所造成的后果。一般按照经验，下游蓄水池的容积为整个溪流的水流体积的 5 倍较为合适。对于小型溪流，也可参照表 4-10 决定设想中的溪流所需蓄水池的尺寸。

表 4-10　小型溪流和瀑布的蓄水池面积、水道长度及落差对照

| 蓄水池面积 | 落差 / cm | | | | | | | | |
|---|---|---|---|---|---|---|---|---|---|
| | 25 | 40 | 50 | 65 | 75 | 100 | 130 | 190 | 255 |
| | 水道长度 / m | | | | | | | | |
| 1.2 m×1.2 m | 1.2 | 1.7 | 2.4 | 3.0 | 3.6 | 4.8 | 6.0 | 8.8 | 11.9 |
| 1.2 m×1.5 m | 0.95 | 1.4 | 1.9 | 2.4 | 2.9 | 3.8 | 4.8 | 7.1 | 11.4 |
| 1.2 m×1.8 m | 0.8 | 1.2 | 1.6 | 1.98 | 2.4 | 3.2 | 3.97 | 5.96 | 1.8 |
| 1.2 m×2.1 m | 0.7 | 1.02 | 1.36 | 1.7 | 2.04 | 2.7 | 3.4 | 5.1 | 6.8 |
| 1.2 m×2.4 m | 0.59 | 0.89 | 1.19 | 1.49 | 1.8 | 2.38 | 2.98 | 4.47 | 6.73 |
| 1.5 m×1.5 m | 0.76 | 1.14 | 1.53 | 1.9 | 2.3 | 3.1 | 3.8 | 5.72 | 9.2 |
| 1.5 m×1.8 m | 0.63 | 0.95 | 1.27 | 1.6 | 1.9 | 2.54 | 3.18 | 4.77 | 6.35 |
| 1.5 m×2.1 m | 0.55 | 0.82 | 1.08 | 1.36 | 1.63 | 2.18 | 2.7 | 4.08 | 5.45 |
| 1.5 m×2.4 m | 0.48 | 0.71 | 0.95 | 1.19 | 1.4 | 1.9 | 2.38 | 3.57 | 4.77 |
| 1.5 m×2.7 m | 0.42 | 0.63 | 0.85 | 1.06 | 1.27 | 1.7 | 2.1 | 3.18 | 4.24 |
| 1.5 m×3.0 m | 0.38 | 0.57 | 0.76 | 0.95 | 1.14 | 1.5 | 1.9 | 2.86 | 3.8 |
| 1.8 m×1.8 m | 0.53 | 0.8 | 1.06 | 1.3 | 1.59 | 2.12 | 2.65 | 3.97 | 5.29 |
| 1.8 m×2.1 m | 0.45 | 0.68 | 0.91 | 1.13 | 1.4 | 1.8 | 2.27 | 3.4 | 4.54 |
| 1.8 m×2.4 m | 0.4 | 0.59 | 0.8 | 1.0 | 1.2 | 1.59 | 1.99 | 2.98 | 3.97 |
| 1.8 m×2.7 m | 0.35 | 0.53 | 0.7 | 0.88 | 1.07 | 1.41 | 1.77 | 2.65 | 3.53 |
| 1.8 m×3.0 m | 0.32 | 0.48 | 0.63 | 0.79 | 0.95 | 1.26 | 1.59 | 2.38 | 3.18 |
| 2.1 m×2.1 m | 1.59 | 0.58 | 0.78 | 0.97 | 1.16 | 1.56 | 1.95 | 2.92 | 3.89 |
| 2.1 m×2.4 m | 0.34 | 0.5 | 0.68 | 0.85 | 1.02 | 1.36 | 1.70 | 2.55 | 3.4 |
| 2.1 m×2.7 m | 0.3 | 0.45 | 0.6 | 0.76 | 0.9 | 1.21 | 1.51 | 2.27 | 3.0 |
| 2.1 m×3.0 m | 0.27 | 0.41 | 0.55 | 0.68 | 0.8 | 1.09 | 1.36 | 2.04 | 2.72 |

续表

| 蓄水池面积 | 落差 / cm | | | | | | | | |
| --- | --- | --- | --- | --- | --- | --- | --- | --- | --- |
| | 25 | 40 | 50 | 65 | 75 | 100 | 130 | 190 | 255 |
| | 水道长度 / m | | | | | | | | |
| 2.1 m×3.6 m | 0.23 | 0.34 | 0.45 | 0.57 | 0.68 | 0.9 | 1.14 | 1.7 | 2.27 |
| 2.1 m×4.2 m | 0.2 | 0.29 | 0.39 | 0.48 | 0.58 | 0.78 | 0.97 | 1.46 | 1.95 |
| 2.4 m×2.4 m | 0.3 | 0.45 | 0.59 | 0.74 | 0.88 | 1.19 | 1.49 | 2.23 | 2.98 |
| 2.4 m×3.0 m | 0.24 | 0.36 | 0.48 | 0.59 | 0.71 | 0.95 | 1.19 | 1.79 | 2.38 |
| 2.4 m×3.6 m | 0.2 | 0.3 | 0.4 | 0.5 | 0.6 | 0.79 | 0.99 | 1.49 | 1.99 |
| 2.4 m×4.2 m | 0.17 | 0.26 | 0.34 | 0.42 | 0.51 | 0.68 | 0.85 | 1.28 | 1.7 |
| 2.4 m×4.8 m | 0.15 | 0.22 | 0.3 | 0.37 | 0.45 | 0.59 | 0.74 | 1.0 | 1.49 |
| 2.7 m×3.0 m | 0.21 | 0.32 | 0.42 | 0.53 | 0.63 | 0.85 | 1.06 | 1.59 | 2.12 |
| 2.7 m×3.6 m | 0.18 | 0.27 | 0.35 | 0.44 | 0.53 | 0.7 | 0.88 | 1.32 | 1.77 |
| 2.7 m×4.2 m | 0.15 | 0.23 | 0.3 | 0.38 | 0.45 | 0.6 | 0.76 | 1.13 | 1.51 |
| 2.7 m×4.8 m | 0.13 | 0.2 | 0.27 | 0.33 | 0.36 | 0.53 | 0.66 | 0.99 | 1.35 |
| 2.7 m×5.4 m | 0.12 | 0.18 | 0.23 | 0.29 | 0.35 | 0.47 | 0.59 | 0.88 | 1.18 |
| 3.0 m×3.0 m | 0.19 | 0.29 | 0.38 | 0.48 | 0.57 | 0.76 | 0.95 | 1.43 | 1.9 |
| 3.0 m×3.6 m | 0.16 | 0.24 | 0.32 | 0.4 | 0.48 | 0.63 | 0.79 | 1.19 | 1.63 |
| 3.0 m×4.2 m | 0.14 | 0.2 | 0.27 | 0.34 | 0.41 | 0.59 | 0.68 | 1.02 | 1.36 |
| 3.0 m×4.8 m | 0.12 | 0.18 | 0.24 | 0.3 | 0.36 | 0.48 | 0.59 | 0.89 | 1.19 |
| 3.0 m×5.4 m | 0.11 | 0.16 | 0.21 | 0.27 | 0.32 | 0.42 | 0.53 | 0.79 | 1.06 |
| 3.0 m×6.0 m | 0.09 | 0.14 | 0.19 | 0.24 | 0.29 | 0.38 | 0.48 | 0.71 | 0.95 |
| 3.6 m×4.5 m | 0.11 | 0.16 | 0.21 | 0.27 | 0.32 | 0.42 | 0.53 | 0.79 | 1.06 |
| 3.6 m×7.2 m | 0.07 | 0.1 | 0.13 | 0.16 | 0.2 | 0.27 | 0.32 | 0.5 | 0.66 |
| 4.5 m×6.0 m | 0.06 | 0.09 | 0.13 | 0.16 | 0.2 | 0.27 | 0.32 | 0.48 | 0.63 |
| 4.5 m×7.5 m | 0.05 | 0.07 | 0.1 | 0.13 | 0.15 | 0.20 | 0.25 | 0.38 | 0.51 |
| 4.5 m×9.0 m | 0.04 | 0.06 | 0.09 | 0.11 | 0.13 | 0.17 | 0.21 | 0.32 | 0.42 |
| 6.0 m×7.5 m | 0.04 | 0.05 | 0.08 | 0.09 | 0.12 | 0.14 | 0.19 | 0.29 | 0.38 |
| 6.0 m×9.0 m | 0.03 | 0.04 | 0.06 | 0.08 | 0.09 | 0.13 | 0.16 | 0.24 | 0.32 |
| 6.0 m×12 m | 0.02 | 0.03 | 0.05 | 0.06 | 0.07 | 0.09 | 0.12 | 0.18 | 0.24 |

注：假设溪流的深度是 7.6 cm，宽度是 90 cm。

同时，为了使溪道中的水流满足设计要求，必须算好其流量，选择合适的泵型，可参照河渠的水力计算公式进行计算。对于采用分层分段实现高度变化的溪流，可采用跌水的水力计算公式进行计算（详见下一节跌水工程部分）。

**1）流速**

溪流流速 $v$ 的计算公式为

$$v=\frac{1}{n}R^{\frac{2}{3}}i^{\frac{1}{2}} \tag{4-2}$$

式中　$v$—— 流速，m/s；

$R$—— 水力半径,即水流的过水断面面积(水流垂直方向的断面面积)与该断面湿周(水流与岸壁相接触的周界)之比;

$n$—— 河道粗糙系数($n$ 值查表 4-11 可得);

$i$—— 河道比降,即任一河段的落差与该段长度的比值。

**表 4-11　河渠粗糙系数 $n$ 值**

| 河渠特征 | | | $n$ |
| --- | --- | --- | --- |
| 土质 | $Q>25\ m^3/s$ | 平滑顺直,养护良好 | 0.022 5 |
| 土质 | $Q>25\ m^3/s$ | 平滑顺直,养护一般 | 0.025 0 |
| 土质 | $Q>25\ m^3/s$ | 河渠多石,杂草丛生,养护较差 | 0.027 5 |
| 土质 | $Q=1\sim25\ m^3/s$ | 平滑顺直,养护良好 | 0.025 0 |
| 土质 | $Q=1\sim25\ m^3/s$ | 平滑顺直,养护一般 | 0.027 5 |
| 土质 | $Q=1\sim25\ m^3/s$ | 河渠多石,杂草丛生,养护较差 | 0.030 |
| 土质 | $Q<1\ m^3/s$ | 渠床弯曲,养护一般 | 0.027 5 |
| 土质 | $Q<1\ m^3/s$ | 支渠以下的渠道 | 0.027 5 ~ 0.030 |

| 河渠特征 | | $n$ |
| --- | --- | --- |
| 各种材料护面 | 光滑的水泥抹面 | 0.012 |
| 各种材料护面 | 不光滑的水泥抹面 | 0.014 |
| 各种材料护面 | 光滑的混凝土护面 | 0.05 |
| 各种材料护面 | 平整的喷浆护面 | 0.015 |
| 各种材料护面 | 料石砌护面 | 0.015 |
| 各种材料护面 | 砌砖护面 | 0.015 |
| 各种材料护面 | 粗糙的混凝土护面 | 0.017 |
| 各种材料护面 | 不平整的喷浆护面 | 0.018 |
| 各种材料护面 | 浆砌块石护面 | 0.025 |
| 各种材料护面 | 干砌石护面 | 0.033 |
| 岩石 | 经过良好修整的 | 0.025 |
| 岩石 | 经过中等修整的无凸出部分 | 0.030 |
| 岩石 | 经过中等修整的有凸出部分 | 0.033 |
| 岩石 | 未经修整的有凸出部分 | 0.035 ~ 0.045 |

河道安全流速在河道的最大和最小允许流速之间。其最小允许流速(临界淤积流速或叫不淤积流速)根据含泥砂性质,可按相关公式计算,溪流一般不得小于 0.2 m/s。最大允许流速如表 4-12 所示。在实际工作中,根据经验,人工溪流的流速一般控制在 0.5 ~ 1.8 m/s。

**表 4-12　河道与溪流的最大允许流速**

| 土壤或砌护种类(河床) | 最大允许流速 / (m/s) |
| --- | --- |
| 泥炭分解的淤泥 | 0.25 ~ 0.50 |
| 瘠薄的砂质土及中等黄土 | 0.7 ~ 0.80 |
| 泥炭土 | 0.70 ~ 1.80 |
| 坚实黄土及黏壤土 | 1.00 ~ 1.20 |
| 黏土 | 1.20 ~ 1.80 |
| 草皮护面 | 0.80 ~ 1.00 |
| 卵石护面 | 1.50 ~ 3.50 |
| 混凝土护面 | 5.00 ~ 10.00 |

**2)流量**

溪流流量 $Q$ 的计算公式为

$$Q = w \times v \tag{4-3}$$

式中　$Q$—— 流量,$m^3/s$;

$w$—— 过水断面面积，m²，$w = 2/3$ 水面宽 × 高，或 $w =$（水面宽 + 底）× 高 /2；

$v$—— 平均流速，m/s。

对于小型溪流，也可以参阅表 4-13 进行估算。

**表 4-13 小型溪流概略流量表**

| 水流宽 / m | 5 | 3 | 2 | 2 | 2 | 2 | 2 |
|---|---|---|---|---|---|---|---|
| 水深 / mm | 50 | 50 | 50 | 50 | 300 | 500 | 1 000 |
| 坡度 | 1% | 1% | 0.5% | 3% | 1% | 1% | 1% |
| 流速 / (m/s) | 1.5 | 1.5 | 1.0 | 3.0 | 1.0 | 0.5 | 0.2 |
| 流量 / (L/s) | 250 | 150 | 68 | 200 | 400 | 340 | 270 |

## 4.4.4 小溪的结构

小溪的结构做法主要由溪流所在地的气候、土壤地质情况、溪流水深、流速等情况决定。

**1）溪底做法**

溪底分为刚性结构溪底和柔性结构溪底，图 4-72 所示为刚性结构溪底做法，图 4-73 所示为柔性结构溪底及节点做法。

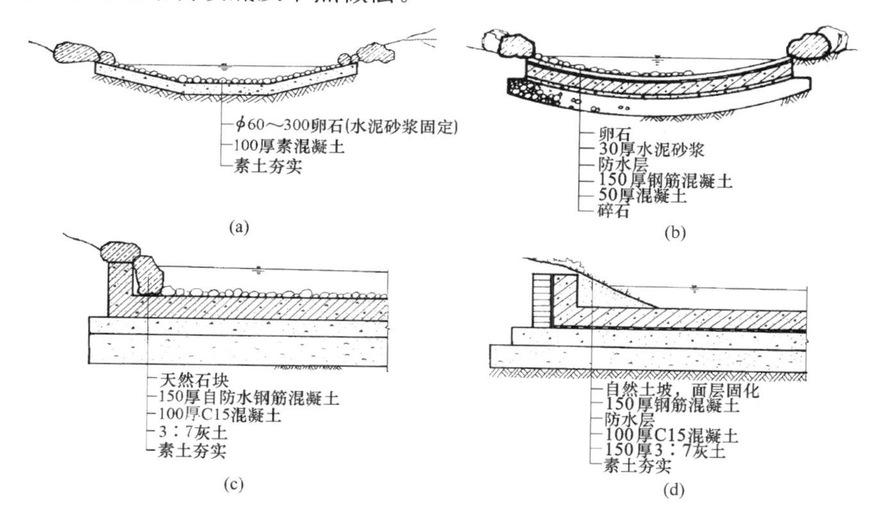


**图 4-72 刚性结构溪底做法**

（a）卵石混凝土结构溪底（基土不漏水，表现自然卵石河滩）；（b）自然山石护岸的泥浅水溪底；（c）自防水钢筋混凝土结构溪底；（d）自然草坡溪底

**2）滚槛做法**

“槛”的本意是门下的横木，这里是指横卧于溪底的滚水坝，使水越过横石翻滚而下形成急流。园林造景中常在溪流中应用，利用水的音响效果渲染气氛。依据落水的形式分为直墙式与斜坡式，它们各形成不同的浪花（见图 4-74）。滚槛的设计常与置石相结合，平面模式如图 4-75 所示，滚槛一般结构如图 4-76 所示。

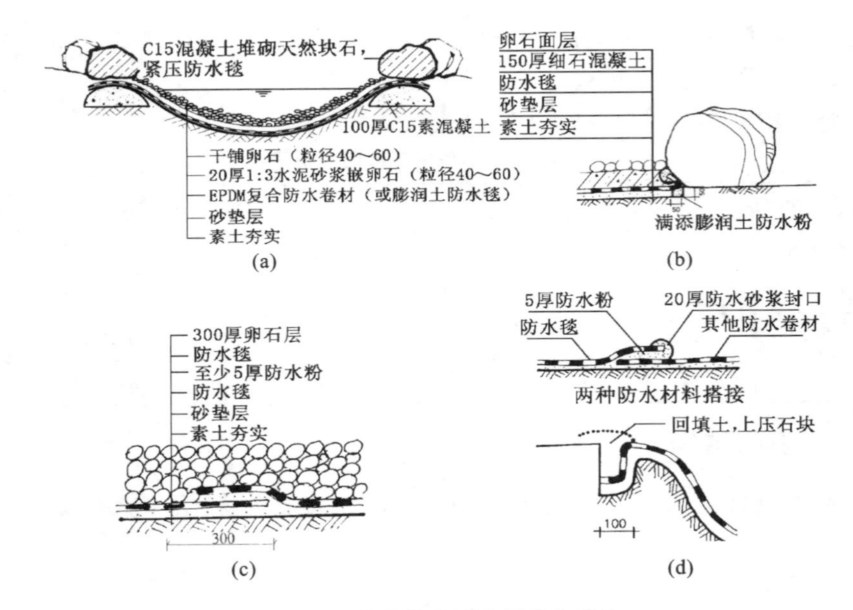


**图 4-73　柔性结构溪底及节点做法**

(a) 柔性衬垫薄膜溪底；(b) 石块周边防水处理；

(c) 防水毯搭接要求示意；(d) 防水毯周边固定

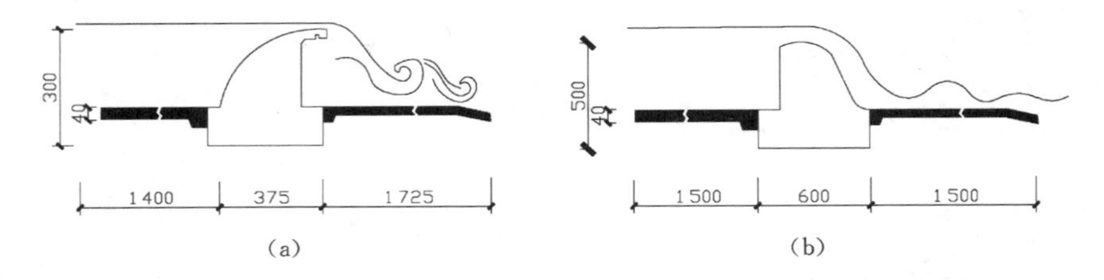


**图 4-74　滚槛的形式**

(a) 直墙式滚槛断面及水流形式；(b) 斜坡式滚槛断面及水流形式

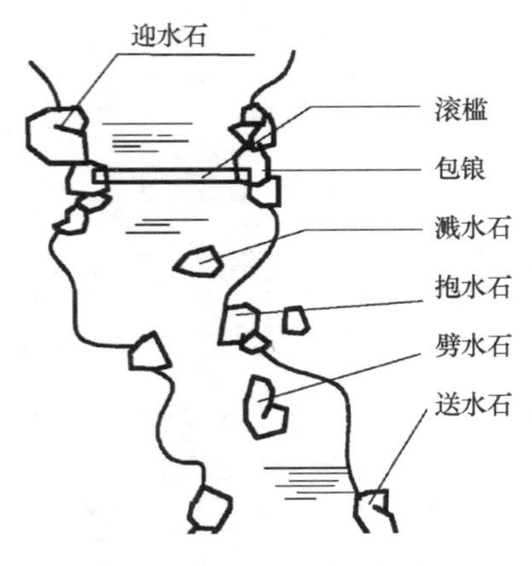


**图 4-75　滚槛的平面模式**

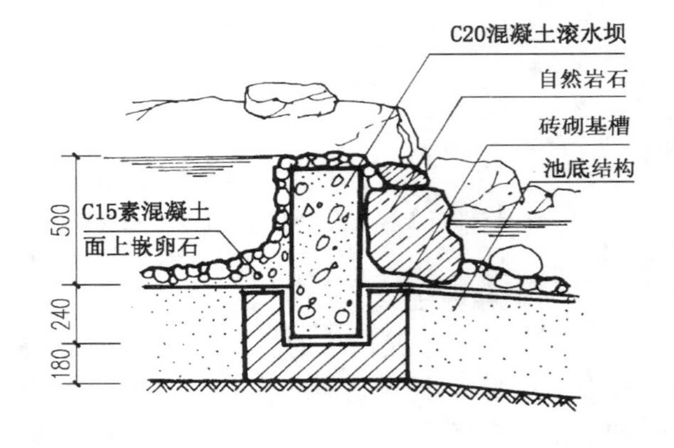


**图 4-76　滚槛的一般结构**

### 4.4.5 小溪的施工要点

**1）溪道放线**

溪道放线时，首先依据已确定的小溪设计图纸，用石灰、黄砂或绳子等在地面上勾画出小溪的轮廓，同时确定小溪循环用水的出水口和下游蓄水池间管线走向；然后在所画轮廓上定点打桩，且在弯道处加密打桩量；最后利用塑料水管水平仪等工具标注相应的设计高程，变坡点要做特殊标记。

**2）溪槽开挖**

溪道最好挖掘成U形坑，开挖时要求有足够的宽度和深度，以便放置岩石和种植植物。分段的溪流在落入下一段之前应该保有7～10 cm的深度，这样才能保证流水在周围地平面以下。同时每一段最前面的深度都要深些，以确保小溪的自然。溪道挖好后，必须将溪底基土夯实，溪壁拍实。

**3）溪底施工**

溪底根据实际情况可选择刚性结构和柔性结构。刚性结构溪底现浇混凝土10～15 cm厚（北方地区可适当加厚），并用粗铁丝网或钢筋加固混凝土。现浇需在一天内完成，且必须一次浇筑完毕。如果小溪较小，水又浅，溪基土质良好，可采用柔性结构。直接在夯实的溪道上铺一层2.5～5 cm厚的砂子，再将衬垫薄膜盖上。衬垫薄膜纵向的搭接长度不小于30 cm，留于溪岸的宽度不得小于20 cm，并用砖、石等重物压紧。最后用水泥砂浆把石块直接粘在衬垫薄膜上（见图4-77）。

图4-77 柔性结构溪底施工

图4-78 溪壁施工

**4）溪壁施工**

溪岸可用大卵石、砾石、石料等铺砌处理（见图4-78）。一种称为“背涂”的工艺在创造自然效果方面非常有效。顺着小溪的边缘，做一层5 cm厚的砂浆层，把石块轻轻地推入砂浆层中，再用砌刀把砂浆向上抹到石块的后面。继续把石块放置到第一排上。当第一道砂浆变硬而能够承重时，再顺着第一道砂浆顶部的后缘涂第二道砂浆层。像前面一样把石块放进第二层砂浆层中。尽量混杂使用不同大小的石块，以避免造成那种“砌长城”一样的效果。

**5）溪道装饰**

为使溪流自然有趣，可将较小的鹅卵石铺垫在溪床上，使水面产生轻柔的涟漪。

同时在小溪边或溪水中分散栽植沼生、耐阴的地被,为溪流增加野趣(见图 4-79)。

图 4-79　溪道装饰

### 4.4.6 小溪设计实例

图 4-80 所示为某小型溪流平面图及剖面图,以供参考。

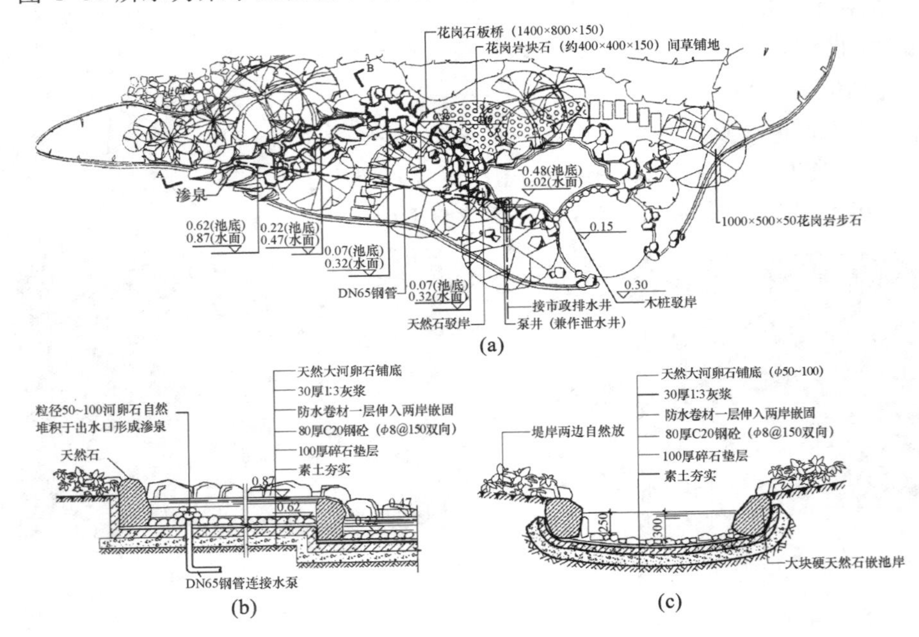


图 4-80　小溪施工图

(a) 小溪平面图;　(b) A—A 剖面图;　(c) B—B 剖面图

## 4.5 落水工程

垂落是水体由上向下坠落的一种自然水态。人工垂落水态最常见的是瀑布与跌水,在大自然风景区中尤多。相对于水平状的湖池、溪流,瀑布、跌水主要是欣赏水体垂直跌落的形态。在自然界中,瀑布、跌水景观总是令人向往,诸多文人墨客为之赋诗题词，赞颂其壮观雄伟，最有名的自然是唐代诗人李白的《望庐山瀑布》，已成千古绝唱。在城市景观中，人工瀑布和跌水不仅能湿润周围空气、清除尘埃，并产生大量对人体有益的负氧离子，而且还能减弱如交通噪音等消极的声音，因此应用极为广泛。

## 4.5.1 瀑布

天然瀑布是由于河床陡坎造成的，水从陡坎跌落形成千姿百态的落水景观。人工瀑布则是以天然瀑布为蓝本，通过工程手段营造的水体景观。

**1）瀑布的形式**

瀑布落水的形式多种多样，人工瀑布可根据环境设计的意境来选择不同的形式。常见的形式有丝带式、幕布式、阶梯式、滑落式等（见图 4-81）。人工瀑布还可以模仿自然景观，采用天然石材或仿石材设置瀑布的背景和引导水的流向（如景石、分流石、破滚石、承瀑石等）。

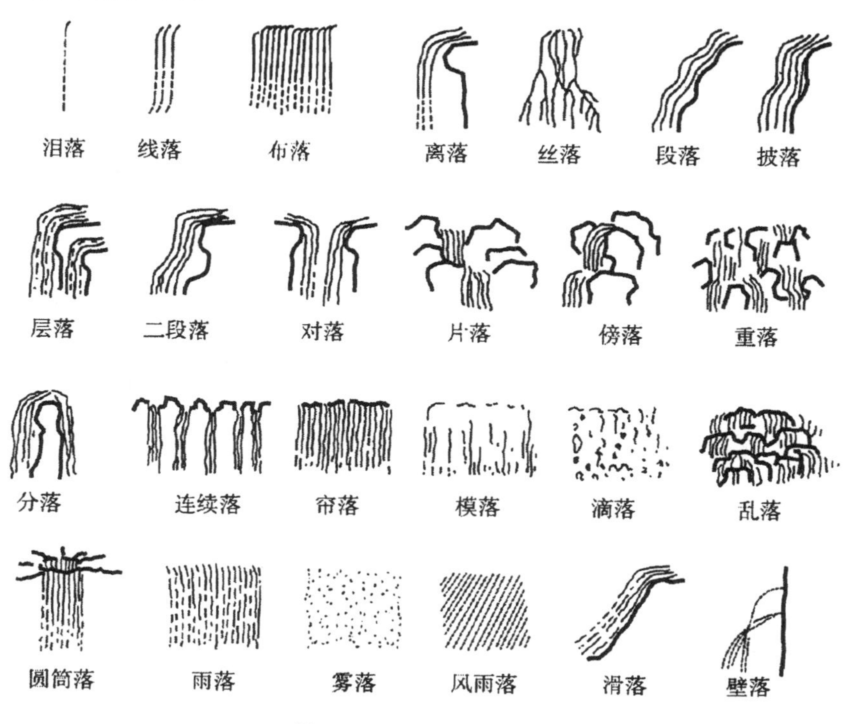


图 4-81 瀑布落水形式

**2）瀑布的构成及做法**

瀑布一般由上游水源、落水口（堰口）、瀑身、承水潭几部分构成（见图 4-82）。其中，上游水源可以缩小为一个蓄水槽，瀑布落水口的形状及光滑程度影响到瀑布水态，也有多种处理方式。

（1）蓄水槽

不论引用天然水源还是自来水，为保证上游水流均匀稳定，均应于瀑布上端设立一定深度的水槽储水，水槽宽度一般不小于500 mm，深度控制在350～600 mm为宜。水槽中设给水多孔管(花管)供水，其水流流速一般为0.9～1.2 m/s。

(2) 落水口(堰口)

水槽中的水经由落水口落下，为保证瀑布效果，堰口要求水平光滑，无论是采用天然石料还是人工石料，皆应磨平打光。当水膜要求很薄时(6 mm)，宜采用青铜或不锈钢制作堰唇。

(3) 瀑身

瀑身最好选用天然石料装饰，宜用灰色、黄褐色、黑色系石料，不宜用白色石料，如白色花岗岩。利用料石或花砖铺砌墙体时，必须密封勾缝，避免墙体“起霜”，影响美观。目前也常采用FRP(玻璃纤维强化塑胶)岩皮来覆盖瀑身，以模仿天然瀑布效果(见图4-83)。

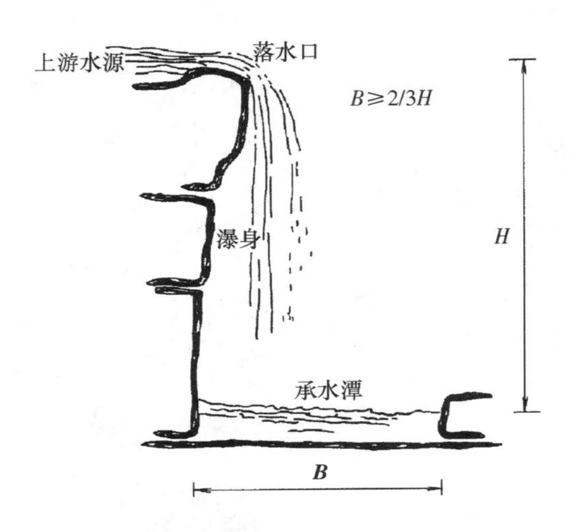


图4-82　瀑布组成及潭宽要求示意

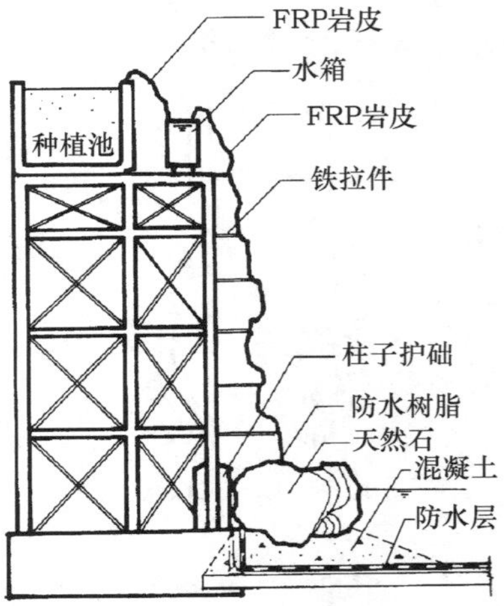

图4-83　*FRP*人工岩瀑布构造示意

(4) 承水潭

天然瀑布上跌落下的水，在地面上形成一个深深的水坑，这就是瀑潭。在这里，瀑布下落形成的水汽和水珠与空气分子撞击形成大量负氧离子，让人感觉清新自然。人工瀑布也需在落水口下面设置承水潭。承水潭的大小应能正好承接瀑布落下来的水。因此，其横向宽度应略大于瀑布的宽度，纵向上为防止水花四溅，其长度应等于或大于瀑身高度的2/3，即$B \geqslant 2/3H$，且不宜小于1 m(见图4-82)。如果承水潭内装水下灯，水深不宜小于300 mm。水深需超过400 mm时，必须采取防护措施，以防止小孩跌入水中发生危险。承水潭根据设计要求应进行必要的点缀，如种植水草，铺净砂、散石等。潭底的结构需根据瀑布落水高度即瀑身高度$H$来决定。其做法如图4-84所示。

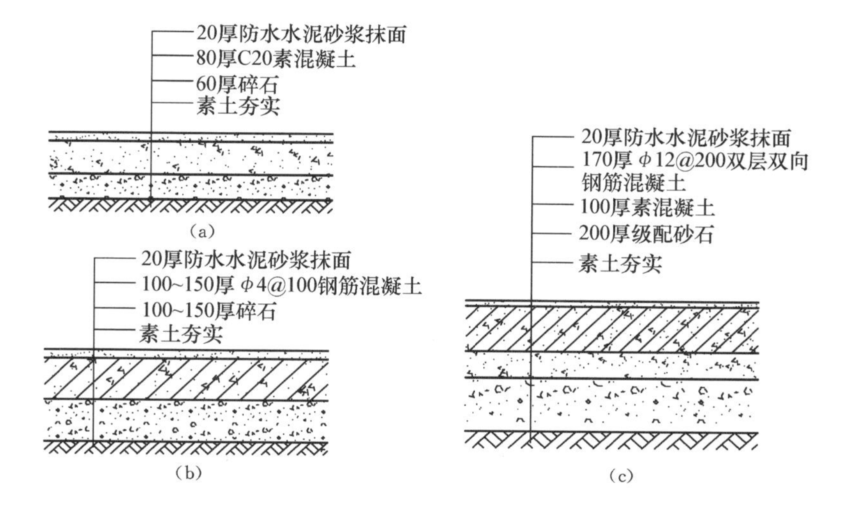


**图 4-84　瀑布承水潭潭底结构图**

(a) 瀑身高度小于 2 m；(b) 瀑身高度约为 3 m；(c) 瀑身高度约为 5 m

瀑布的常见做法分人工型与仿天然型，如图 4-85、图 4-86 所示。

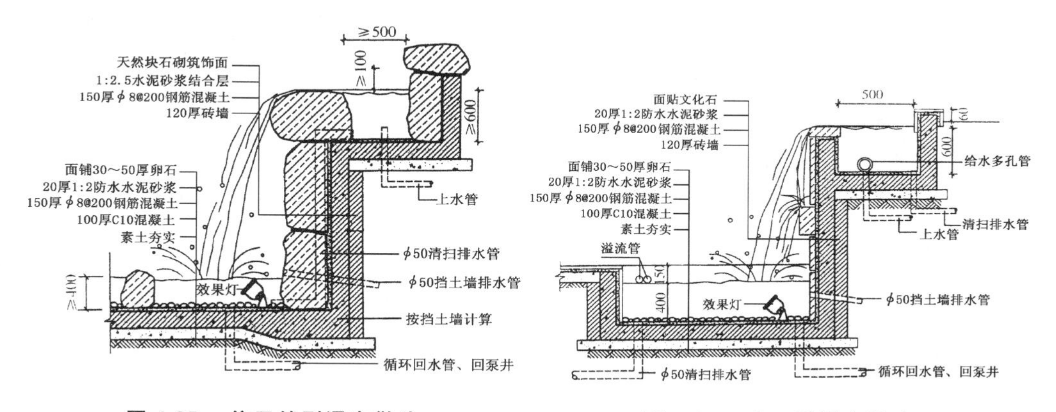


**图 4-85　仿天然型瀑布做法**

**图 4-86　人工型瀑布做法**

### 3）瀑布供水方式

瀑布的设计必须保证能够获得足够的水源供给。如果园址内有天然水源，可直接利用水的位差供水，如有天然水源的森林公园等。对于绝大多数人工瀑布，则采用水泵循环的供水方式。

比如，在大型假山瀑布中常采用离心泵，泵房设置在假山内。绝大多数小型瀑布会在承水潭内设置潜水泵循环供水。瀑布用水对水质要求较高，一般都应配置过滤设备来净化水体（见图 4-87）。

### 4）瀑布的水力计算

（1）瀑布规模

瀑布规模主要取决于瀑布的落差（跌落高度）、瀑布宽度及瀑身形状。如按落差高低区分，瀑布可分为三类：小型瀑布，落差小于 2 m；中型瀑布，落差 2 ～ 3 m；大型

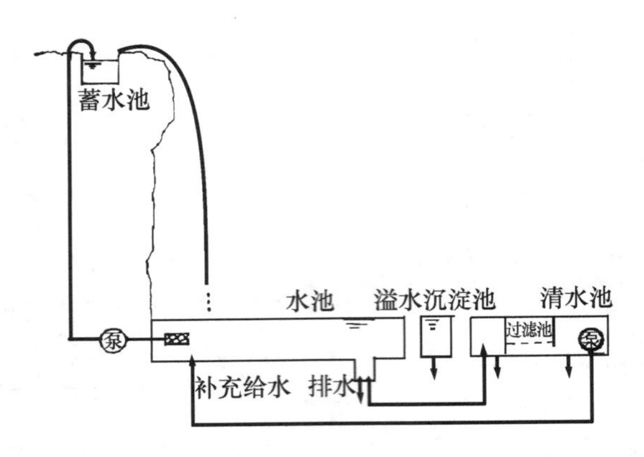


图 4-87　瀑布循环供水及净水装置示意

瀑布,落差大于 3 m。

瀑布因水量不同,会产生不同的视觉、听觉效果。因此,落水口的水流量和落水高差的控制成为设计的关键参数。以 3 m 高的瀑布为例:当落水口(堰口)水厚 3～5 mm 时为沿墙滑落,当水厚为 10 mm 时为一般瀑布,当水厚为 20 mm 时才能构成气势宏大的瀑布。同时,一般瀑布落差越大,所需水量越多;反之,需水量越小。

(2) 水力计算

① 瀑布跌落时间的计算。

瀑布跌落时间 $t$ 的计算公式为

$$t = \sqrt{\frac{2h}{g}} \tag{4-4}$$

式中　$t$—— 瀑布跌落时间,s;

$h$—— 瀑布跌落高度,m;

$g$—— 重力加速度,9.8 $m/s^2$。

② 瀑布体积计算。

每米宽度瀑布所需水体积 $V$ 的计算公式为

$$V = \alpha b h \tag{4-5}$$

式中　$V$—— 瀑布每米宽度所需水体积,$m^3/m$;

$\alpha$—— 系数,考虑瀑布在跌落过程中与空气摩擦造成的水量损失,可取 1.05～1.1,大型瀑布取上限,小型瀑布取下限;

$b$—— 瀑身的厚度,m;

$h$—— 瀑布的跌落高度,m。

③ 瀑布流量计算。

为了使瀑布完整、美观与稳定,瀑布的流量必须满足在跌落时间为 $t$(s) 的条件下,达到瀑身水体体积为 $V$($m^3$),故每米宽度的瀑布,设计流量 $Q$ 的计算公式为

$$Q = \frac{V}{t} \tag{4-6}$$

式中 $Q$—— 瀑布每米宽度的流量,$m^3/(s \cdot m)$;

$V$—— 瀑布体积,$m^3$;

$t$—— 瀑布的跌落时间,s。

(3) 瀑布水力计算举例

建造一座悬挂式瀑布,跌落高度 3 m,瀑身宽度 1 m,计算瀑布的流量。

① 跌落时间

$$t = \sqrt{\frac{2h}{g}} = \sqrt{\frac{2 \times 3}{9.8}}\ \text{s} = 0.78\ \text{s}$$

② 瀑身体积

由于跌落高度为 3 m,属大型瀑布,取瀑身厚度 $b = 0.02$ m,瀑身宽度为 1 m,取 1.1,则瀑身体积

$$V = \alpha bh = 1.1 \times 0.02 \times 3\ \text{m}^3 = 0.066\ \text{m}^3$$

③ 瀑布流量

$$Q = \frac{V}{t} = \frac{0.066}{0.78} \times 1000\ \text{L/s} = 84.6\ \text{L/s}$$

计算后根据 $Q$ 选择泵型 ,其扬程需大于落差,并尽量选用大流量的泵,这样可通过在出水管设置调节阀来控制出水量。

## 4.5.2 跌水

跌水是指呈台阶状突然下落的水态,也可看成是呈阶梯式的多级跌落瀑布。在水景设计中,跌水是善用地形、美化地形的一种最理想的水态,在城市广场、公园、住宅小区经常利用跌水处理高差地形,构成主体景观(见图 4-88、图 4-89)。外国园林如意大利的庄园,更是普遍利用山坡地,建造台阶式的跌水。

**图 4-88 广州云台花园跌水景观**

**图 4-89 中国香港中银大厦室外跌水景观**

### 1) 跌水的形式及做法

跌水的外形就像一道阶梯,其台阶有高有低、层次有多有少,构筑物的形式也较

自由,故产生了形式不同、水量不同、水声各异的丰富多彩的跌水。其中最常见的形式有两种:一种是每一层分别设水槽,水经堰口溢出,其跌水形式较柔和;另一种每层不设水槽,水从台阶顶部层叠翻滚而下,溅起浪花,其形式较活泼,更能激发游人进行亲水活动。跌水的构筑方法与瀑布基本一样,只是跌水所使用的材料更加灵活多样,如砖块、混凝土、天然石板等(见图 4-90)。

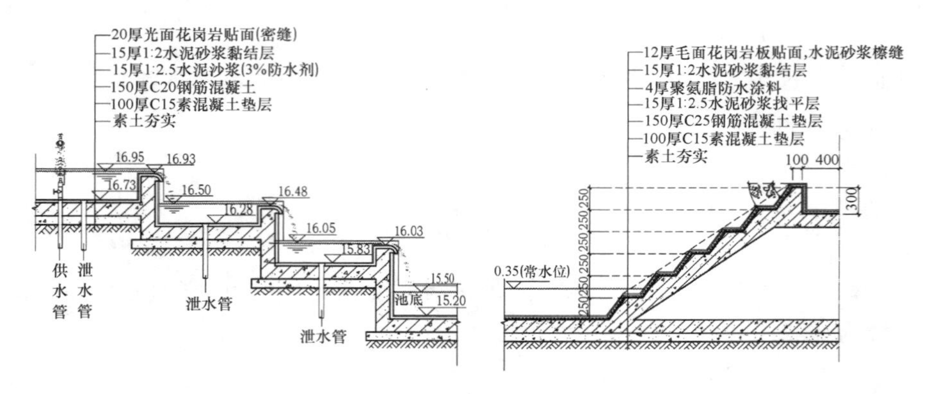


**图 4-90 常见跌水形式及做法**

### 2)跌水水景设计

人工跌水与瀑布一样,其流动性一般用循环水泵来维持,水量过大则能耗大,长期运转费用高;水量过小则达不到预期的设计效果。因此,根据水景的规模确定适当的水流量十分重要。

(1)跌水水景的水力学特征及计算

跌水水景实际上是水力学中的堰流和跌水在实际生活中的应用,跌水水景设计中常用的堰流形式为溢流堰,常用溢流堰的形式如图 4-91 所示。

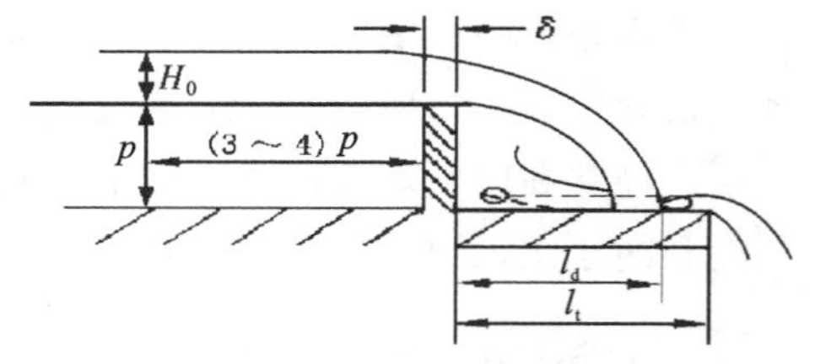


δ—堰顶宽,即跌水的挡水墙厚度
$H_0$—距堰壁(3~4)p处的堰前静水头

**图 4-91 常用溢流堰示意**

根据 $\delta$ 和 $H_0$ 的相对尺寸,堰流流态一般分为薄壁堰流、实用堰流、宽顶堰流三种形式,具体如下:

① $\delta/H_0 \leqslant 0.67$ 时为薄壁堰流;

② $0.67 \leqslant \delta/H_0 < 2.5$ 时为实用堰流;

③ $2.5 \leqslant \delta/H_0 < 10$ 时为宽顶堰流;

④ $\delta/H_0 \geqslant 10$ 时为明渠水流,不是堰流。

在跌水水景设计中,常用堰流形态为宽顶堰流。

当跌水水景的结构尺寸确定以后,首先要确定跌水流量 $Q$。当水流从堰顶以一定的初速度 $v_0$ 落下时,它会产生一个长度为 $l_d$ 的水舌。若 $l_d$ 大于跌水台阶宽度 $l_t$,则水流会跃过跌水台阶;若 $l_d$ 太小,则有可能出现水舌贴着跌水墙落下从而形成壁流的现象。这两种情况的出现主要与跌水流量 $Q$ 的大小有关,设计时应尽量选择一个恰当的流量以避免上述现象的发生。

① 跌水流量计算。

根据水力学计算公式，跌水流量 $Q$ 的计算公式可简化为

$$Q = mbH^{1.5} \tag{4-7}$$

式中 $Q$—— 流量，L/s；

$m$—— 流量系数，采用直角宽顶堰时，取 1 420；

$b$—— 堰口净宽，m；

$H$—— 堰前水头，$H = H_0 + v_0^2/2g$，m；

$H_0$—— 堰前静水头，即堰口前水深，m；

$v_0$—— 堰前流速，m/s。

由于 $v_0$ 很小，可忽略不计，近似取 $H = H_0$。其中，堰前水头一般先凭经验选定、试算，通常 $H$ 的初试值可选为 0.02～0.05 m。$H$ 初值选定后，根据上述公式算出跌水流量 $Q$，由于 $Q$ 值为试算结果，还须根据跌水水舌的长度对 $Q$ 的大小做进一步的校核和调整。

② 校核水舌长度。

根据水力学的计算公式，溢流堰的跌落水舌长度 $l_d$ 的计算公式为

$$l_d = 4.30D^{0.27}p \tag{4-8}$$

$$D = q^2/(g \cdot p^3)$$

式中 $q$—— 堰口单宽流量，$q = Q/b$，$m^3/(s \cdot m)$；

$p$—— 跌水墙高度，m；

$g$—— 重力加速度，9.81 $m/s^2$。

上式中各参数已知，可计算出跌水水舌长度 $l_d$。为了防止水舌跃过跌水台阶或贴着跌水墙，同时考虑到水舌落到跌水台阶(宽度为 $l_t$)上引起溅射，一般 $l_d$ 应在 $0.1\sim0.67l_t$，如计算的 $l_d$ 不在此范围内，则应调整堰口前水深，重新试算流量 $Q$，并按上述步骤校核 $l_d$ 直至满足要求。

一般情况下，跌水流量越小则 $l_d$ 越小，消耗的动力越小，对降低水景的长期运转费用越有利。有时，当计算出的 $l_d$ 较小，又不想增大 $Q$ 时，可以在溢流堰的出口增加一段檐口，以改善堰流的出流条件，防止水流贴壁。

(2) 某工程跌水水景的设计

某宾馆根据其地形条件在大堂内设计一溢流式跌水景，为扇形结构，第一级跌水高度 $p$ 为 1 m，堰口为弧线形，长度 $b = 14.65$ m，堰顶宽 $\delta = 0.15$ m，跌水台阶宽度 $l_t = 0.7$ m。

① 计算跌水流量 $Q$。

根据宾馆大堂环境的要求，跌水流量不需太大，因此，初始选定堰前水头 $H = 0.02$ m，根据堰流的出口形式，流量系数 $m = 1\ 420$，因此，试算流量

$$Q = mbH^{1.5} = 1\ 420 \times 14.65 \times 0.02^{1.5}\ \text{L/s} = 58.84\ \text{L/s}$$

② 校核跌水水舌 $l_d$。

根据试算流量 $Q$ 可求出跌水景溢流口的单宽流量

$$q = Q/b = 58.84/14.65 \times 1/1\,000\ \mathrm{m^3/(s \cdot m)} = 4.016 \times 10^{-3}\ \mathrm{m^3/(s \cdot m)}$$

由此得

$$D = q^2/(g \cdot p^3) = 1.644 \times 10^{-6}$$

跌水水舌长度

$$l_d = 4.30 \times D^{0.27} \times p = 0.118\ \mathrm{m}$$

$$0.1 < l_d < 0.67 l_t$$

经校核,跌水水景水舌长度 $l_d$ 在合理范围内,因此,选定的流量可作为选用跌水水景循环水泵的依据。

## 4.6 喷泉工程

喷泉也称喷水,像流水、落水一样,喷泉也是一种自然现象,是承压水的地面露头。它在压力的作用下,向上喷涌形成壮美的景观。人工喷泉则是人们为了造景需要,在公园、街道、广场及公共建筑等处建造的,具有装饰性的喷水装置。它对城市环境具有多种价值,不仅能湿润周围空气、清除尘埃,而且能通过水珠与空气的撞击产生大量对人体有益的负氧离子,增进人的身体健康。婀娜多姿的喷泉造型、随着音乐欢快跳动的水花,配上色彩纷呈的灯光,既能美化环境、提高城市文化艺术面貌,又能使人精神振奋,给人以美的享受。近年来随着电子工业的发展,新技术、新材料的广泛应用,喷泉设计更是丰富多彩,新型喷泉层出不穷,成为城市主要景观之一。

### 4.6.1 喷泉的类型与设计要求

**1) 喷泉的分类**

喷泉根据其外形可分为水泉和旱泉,其类型可进行以下划分。

① 模仿花束、水盘、莲蓬、气瀑、云雾、牵牛花等的“自然仿生基本型”。

② 瀑布、水幕、连续跌落水跃式等的“人工水能造景型”。

③ 具有雕塑、纪念小品的“雕塑装饰型”。

④ 与音乐一起协调同步喷水的“音乐喷泉型”。

**2) 喷泉的场地及环境设计**

(1) 场地及水池形状的选择

喷泉的建造场地和水池形状的选择通常应依据两个原则:一是整体原则。喷泉处于特定的地理、人文环境中,是环境的一个组成部分,喷泉选址和几何尺度的确定必须服从环境的整体要求;二是实用原则,在总体规划下,喷泉的主题、形状、大小,以及投资规模的确定应符合实际需要。

(2) 主题、形式、喷水景观的设计

① 主题式喷泉,要求环境能提供足够的喷水空间与联想空间。

② 装饰性喷泉,要求以浓绿的常青树群为背景,形成一个静谧、悠闲的园林空间。

③ 与雕塑组合的喷泉，需要开敞的草坪与精巧、简洁的铺装作为衬托。

④ 庭院、室内空间和屋顶花园的喷泉小景，宜衬以山石、花草灌木。

⑤ 节日用的临时性喷泉，最好用艳丽的花卉或醒目的装饰物作为背景。

(3) 欣赏视距与喷水高度关系

喷泉的欣赏视距与喷水高度关系如图 4-92 所示。

① 大型喷泉的欣赏视距为中央喷水高度的 3 倍。

② 中型喷泉的欣赏视距为中央喷水高度的 2 倍。

③ 小型喷泉的欣赏视距为中央喷水高度的 1 ～ 1.5 倍。

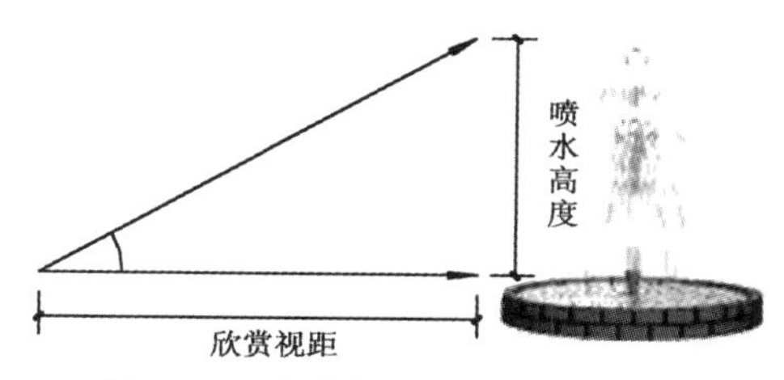


图 4-92　欣赏视距与喷水高度关系

### 4.6.2 喷泉的水源及供水形式

喷泉的水源需用无色无味、不含杂质、较为纯净的水，以防堵塞喷头。喷泉的水源大多数采用城市自来水，有条件的地方也可利用天然水源，如河水、湖水等。目前最为常用的供水方式为循环供水和非循环供水两种。循环供水分为离心泵循环供水和潜水泵循环供水两种方式。

**1）循环供水**

(1) 循环供水系统原理

循环供水系统的工作原理是水源通过水泵提水被送到供水管，然后进入配水槽(主要使各喷头有同等压力)，再经过控制阀门，最后经喷嘴喷出。当水回落至水池，经过滤、净化后回流到水泵循环供水。如果喷水池水位超过设计水位，水就经溢流口流出，进入排水井排走。当水池水质太差时，水可通过格栅沉泥井进入泄水管排出(见图 4-93)。

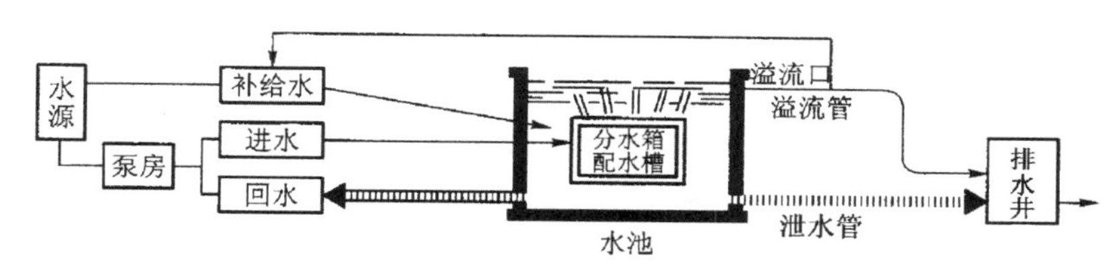


图 4-93　喷泉循环供水系统原理

(2) 离心泵循环供水

离心泵循环供水能保证喷水稳定的高度和射程，适合各种规模和形式的水景工程。该供水方式的特点是要另设计泵房和循环管道，水泵将池水吸入后经加压送入供水管道至水池中,使水得以循环利用(见图4-94)。其优点是耗水量小,运行费用低,符合节约用水原则,在泵房内即可调控水形变化,操作方便,水压稳定。缺点是系统复杂,占地大,造价高,管理复杂。

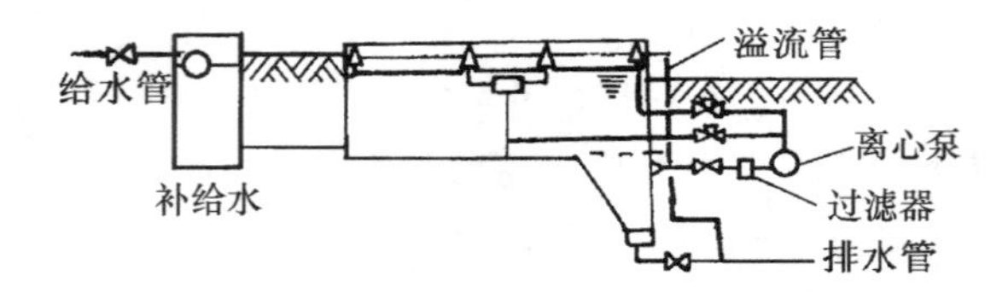


图4-94 离心泵循环供水形式

(3) 潜水泵循环供水

潜水泵供水与离心泵供水一样都适合于各种类型的水景工程,只是安装的位置不同。潜水泵直接安装在水池内与供水管道相连,水经喷头喷射后落入池内,直接吸入泵内循环使用(见图4-95)。其优点是布置灵活,系统简单,不需另建泵房,占地小,管理容易,耗水量小,运行费用低。缺点是其调控不如离心泵专设泵房那样方便。

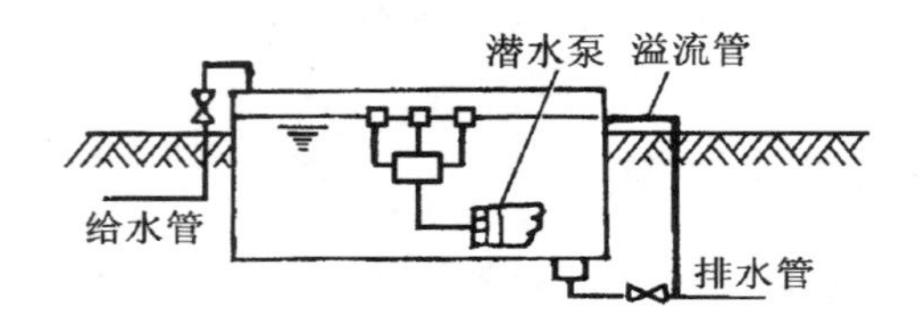


图4-95 潜水泵循环供水形式

**2) 非循环供水**

小型喷泉可直接采用非循环供水,即城市自来水。自来水供水管直接接入喷水池内与喷头相接,利用自来水水压给水喷射后即经溢流管排走(见图4-96)。其优点是供水系统简单,占地少,造价低,管理简单;其缺点是给水不能重复使用,耗水量大,运行费用高,不符合节约用水的要求,同时由于供水管网水压不稳定,水形难以保证。

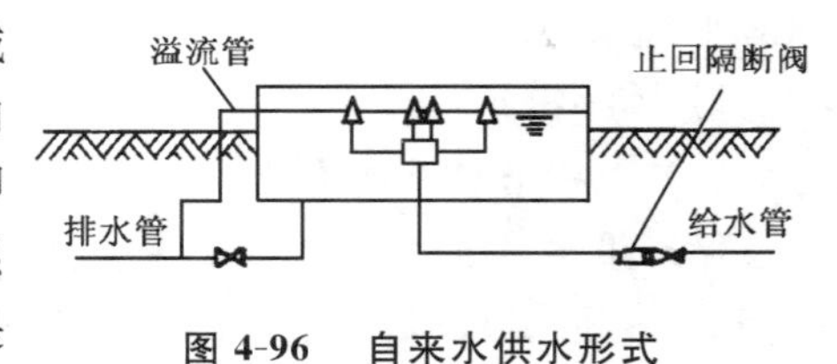


图4-96 自来水供水形式

## 4.6.3 常用喷头类型与水造型

喷头是喷泉的重要组成部分。当水受动力驱压后流经喷头,通过喷嘴造型喷出理想的水流形态。因此,喷头的形式、结构、材料、制造工艺以及出水口的粗糙度等,都会对喷水景观产生很大的影响。喷头工作时,高速水流会对喷嘴壁产生很大的冲击和摩擦。因此,喷头的材料多选用耐磨性好,不易腐蚀,又具有一定强度的铜或不锈钢等材料制造。

喷泉喷头一般有三种基本类型,即直流式、水膜式和雾化式。不同类型喷头的排列与组合,可以构成千姿百态的喷泉形式。其类型的选择要综合考虑喷泉造型的要求、组合形式、控制方式、环境条件和经济现状等因素。

目前园林水景中使用的喷头类型很多，常用的有以下几种。

**1）直射喷头**

直射喷头也称直流喷头，它能喷射出单一的水线，是目前应用最广的一种喷头。其构造简单，一般垂直射程在 15 m 以下，喷水线条清晰，可单独使用，也可组合造型。直射喷头可分为定向型、可调定向型和万向型，当承托底部装有球形接头时，可做一定角度方向的调整。其中万向型直射喷头的主要性能参数如表 4-14 所示。

**表 4-14 万向型直射喷头的主要性能参数**

| 喷头类型 | 连接尺寸/mm | 技术参数 | | | 喷射形状 |
|---|---|---|---|---|---|
| | | 压力/kPa | 流量/($m^3$/h) | 喷射高度/m | |
| 万向型直射喷头 | 10 | 50～150 | 0.1～1 | 2.5～5 | |
| | 15 | 50～150 | 0.5～1.5 | 3.5～8 | |
| | 20 | 50～150 | 1～3 | 3.5～8 | |
| | 25 | 50～150 | 2.5～4 | 3.5～8 | |
| | 40 | 50～150 | 3～5 | 3.5～8 | |
| | 50 | 50～150 | 5～8 | 3.5～8 | |
| | 65 | 70～150 | 10～15 | 3.5～10 | |

**2）多孔喷头**

多孔喷头是应用较广的一种喷头，由多个直流喷嘴组成，该喷头喷水层次丰富，水姿变化多样，视感好。如三层花喷头，由中心直上和两圈不同层次的直流喷嘴组成，喷水形成中心水柱和两层向外喷射的抛物线状水花，其主要性能参数如表 4-15 所示。

**表 4-15 三层花喷头的主要性能参数**

| 喷头类型 | 连接尺寸/mm | 技术参数 | | | | 喷射形状 |
|---|---|---|---|---|---|---|
| | | 压力/kPa | 流量/($m^3$/h) | 喷射高度/m | 覆盖直径/m | |
| 三层花喷头 | 15 | 20～30 | 1.1～1.6 | 1～1.5 | 0.8～1.5 | |
| | 20 | 20～40 | 3.1～5.4 | 1～2 | 1.9～3.5 | |
| | 25 | 20～50 | 3.6～7.2 | 1～3 | 1.2～4.5 | |
| | 40 | 20～65 | 5.7～12 | 1～4 | 1.6～8 | |
| | 50 | 20～80 | 7.2～16.7 | 1～5 | 2.5～10 | |
| | 65 | 20～100 | 14～34 | 1～8 | 3～11.7 | |
| | 75 | 20～160 | 15.3～44.2 | 1～10 | 3.8～13 | |
| | 100 | 20～250 | 42.3～145.6 | 1～15 | 4.5～15 | |

#### 3)掺气喷头

掺气喷头是利用压力水喷出时，在喷嘴附近形成负压区，水压差将空气和水吸入，接着与喷嘴内喷水混合后一起喷出。该喷头形成水汽混合的白色膨大水体，涌出水面，粗犷挺拔，照明效果明显。掺气喷头的主要类型有玉柱喷头、冰塔(雪松)喷头和涌泉(鼓泡)喷头，其主要性能参数分别见表4-16～表4-18。

表4-16 玉柱喷头的主要性能参数

| 喷头类型 | 连接尺寸/mm | 技术参数 | | | 喷射形状 |
|---|---|---|---|---|---|
| | | 压力/kPa | 流量/($m^3$/h) | 喷射高度/m | |
| 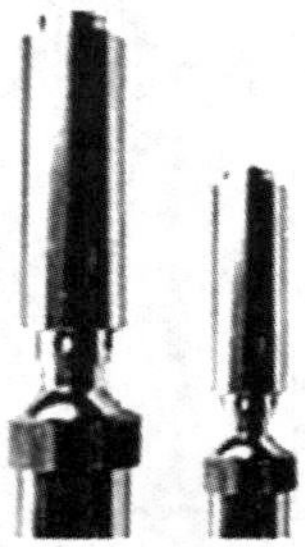 玉柱喷头 | 15 | 50～100 | 2.2～2.9 | 1.2～5 |  |
| | 20 | 50～150 | 2.2～3.8 | 1.2～6 | |
| | 25 | 50～180 | 2.2～6 | 1.2～6.5 | |
| | 40 | 50～200 | 2.2～15 | 1.2～7 | |
| | 50 | 50～250 | 2.2～24.7 | 1.2～8 | |
| | 65 | 50～280 | 2.2～32 | 1.2～8.5 | |
| | 75 | 50～300 | 2.2～42 | 1.2～9 | |

图4-17 冰塔(雪松)喷头的主要性能参数

| 喷头类型 | 连接尺寸/mm | 技术参数 | | | 喷射形状 |
|---|---|---|---|---|---|
| | | 压力/kPa | 流量/($m^3$/h) | 喷射高度/m | |
|  冰塔(雪松)喷头 | 20 | 70～150 | 3.2～8.2 | 0.5～3 |  |
| | 25 | 70～180 | 5.1～10.4 | 0.5～4 | |
| | 40 | 70～200 | 6.5～17.3 | 0.5～5 | |
| | 50 | 70～250 | 12.7～29.3 | 0.5～6 | |
| | 65 | 70～350 | 17.3～51 | 0.5～8 | |
| | 75 | 70～500 | 21.8～93.1 | 0.5～12 | |

表 4-18 涌泉(鼓泡)喷头的主要性能参数

| 喷头类型 | 连接尺寸 / mm | 技术参数 | | | 喷射形状 |
|---|---|---|---|---|---|
| | | 压力 / kPa | 流量 /($m^3$/h) | 喷射高度 / m | |
| 涌泉（鼓泡）喷头 | 15 | 50 ～ 100 | 1.5 ～ 3 | 0.15 ～ 0.3 | |
| | 20 | 50 ～ 100 | 5 | 0.2 ～ 0.35 | |
| | 25 | 50 ～ 100 | 3.5 ～ 8 | 0.3 ～ 0.5 | |
| | 40 | 50 ～ 100 | 9 ～ 13 | 0.4 ～ 0.6 | |
| | 50 | 60 ～ 100 | 17 ～ 18 | 0.4 ～ 0.8 | |
| | 65 | 100 ～ 150 | 18 ～ 30 | 0.5 ～ 1.0 | |
| | 75 | 100 ～ 150 | 25 ～ 40 | 0.5 ～ 1.0 | |
| | 100 | 100 ～ 150 | 35 ～ 65 | 0.6 ～ 1.3 | |

**4）水膜喷头**

水膜喷头可喷射出薄膜状水花，其种类很多，大多数是在出水口的前面有一个可以调节的形状各异的反射器，当水流经反射器时，反射器迫使水流按预定角度喷出一定造型的水膜，如半球形、牵牛花形。还有一种喷头的喷嘴为扁平状，喷水时水流自扁平喷嘴的缝隙中喷出，形成扇形水膜。水膜喷头的主要性能参数如表 4-19 ～ 表 4-21 所示。

表 4-19 半球形喷头的主要性能参数

| 喷头类型 | 连接尺寸 / mm | 技术参数 | | | | 喷射形状 |
|---|---|---|---|---|---|---|
| | | 压力 / kPa | 流量 /($m^3$/h) | 喷射高度 / m | 覆盖直径 / m | |
| 半球喷头 | 15 | 5 ～ 8 | 1 | 0.2 | 0.3 |  |
| | 20 | 5 ～ 8 | 1.5 | 0.25 | 0.5 | |
| | 25 | 6 ～ 10 | 2 | 0.25 | 0.6 | |
| | 40 | 6 ～ 10 | 3 | 0.4 | 1.0 | |
| | 50 | 10 ～ 15 | 5 | 0.5 | 1.2 | |
| | 75 | 10 ～ 20 | 12 | 0.5 | 1.5 | |
| | 100 | 10 ～ 20 | 15 | 0.5 | 2.0 | |

表 4-20 牵牛花形喷头的主要性能参数

| 喷头类型 | 连接尺寸/mm | 技术参数 | | | | 喷射形状 |
|---|---|---|---|---|---|---|
| | | 压力/kPa | 流量/($m^3$/h) | 水膜高度/m | 覆盖直径/m | |
| 牵牛花喷头 | 15 | 5～8 | 1 | 0.2 | 0.3 | |
| | 20 | 5～8 | 2 | 0.25 | 0.5 | |
| | 25 | 5～8 | 3 | 0.25 | 0.6 | |
| | 40 | 6～10 | 4 | 0.4 | 1.0 | |
| | 50 | 6～10 | 7 | 0.5 | 1.5 | |
| | 75 | 10～20 | 18 | 0.5 | 1.6 | |
| | 100 | 10～20 | 28 | 0.55 | 2.2 | |

**5）球状喷头**

球状喷头是在圆球形或半球形的不锈钢壳体上，装有数十个放射形的短管，又在每个短管的顶部装一个半球喷头。当喷头喷水时，能形成闪闪发光的球形体，球体停喷时造型似蒲公英。该喷头灯光效果好，对水质要求高，必须安装过滤器。蒲公英喷头的主要性能参数如表 4-22 所示。

表 4-21 扇形喷头的主要性能参数

| 喷头类型 | 连接尺寸/mm | 技术参数 | | | | 喷射形状 |
|---|---|---|---|---|---|---|
| | | 压力/kPa | 流量/($m^3$/h) | 喷射高度/m | 覆盖直径/m | |
| 扇形喷头 | 15 | 20～50 | 3～8 | 0.3～0.6 | 0.4～0.8 | |
| | 25 | 20～80 | 10～30 | 0.3～0.8 | 0.6～1.2 | |
| | 40 | 20～100 | 14～48 | 0.3～1.0 | 0.8～1.5 | |
| | 50 | 20～150 | 18～57 | 0.3～1.3 | 1.0～2.2 | |

表 4-22 蒲公英喷头的主要性能参数

| 喷头类型 | 连接尺寸/mm | 技术参数 | | | | 喷射形状 |
|---|---|---|---|---|---|---|
| | | 压力/kPa | 流量/($m^3$/h) | 喷射高度/m | 覆盖直径/m | |
| 蒲公英喷头 | 40 | 80～100 | 8～15 | 1.3 | 0.8 | |
| | 50 | 100～150 | 20～25 | 1.5 | 1.0 | |
| | 65 | 100～150 | 40～50 | 2.0 | 1.5 | |
| | 75 | 100～150 | 65 | 2.3 | 2.0 | |
| | 100 | 100～150 | 80 | 2.5 | 2.3 | |

**6）旋转喷头**

旋转喷头是利用压力将水送至喷头后，借助驱动孔的喷水，靠水的反推力带动回转器转动，使喷头不断转动而形成欢乐愉快的水姿，并形成各种扭曲的线形，飘逸荡漾、婀娜多姿。常见的有旋转花喷头、风水车喷头，其主要性能参数如表 4-23、表 4-24 所示。

**表 4-23　旋转花喷头的主要性能参数**

| 喷头类型 | 连接尺寸/mm | 技术参数 | | | | 喷射形状 |
|---|---|---|---|---|---|---|
| | | 压力/kPa | 流量/$(m^3/h)$ | 喷射高度/m | 覆盖直径/m | |
| 旋转花喷头 | 20 | 40～80 | 2.2～4.2 | 1.5～5 | 0.5～1.0 | |
| | 25 | 40～120 | 3.4～8.5 | 1.5～7 | 1.0～1.5 | |
| | 50 | 40～150 | 14～27 | 1.5～8 | 1.5～2.0 | |
| | 65 | 40～150 | 20～39 | 1.5～9 | 2.0～3.0 | |
| | 75 | 40～180 | 29～62 | 1.5～10 | 3.0～4.0 | |

**表 4-24　风水车喷头的主要性能参数**

| 喷头类型 | 连接尺寸/mm | 技术参数 | | | | 喷射形状 |
|---|---|---|---|---|---|---|
| | | 压力/kPa | 流量/$(m^3/h)$ | 喷射高度/m | 覆盖直径/m | |
| 风水车喷头 | 20 | 40～80 | 2.2～4.2 | 1.5～5 | 0.5～1.0 | |
| | 25 | 40～120 | 3.4～8.5 | 1.5～7 | 1.0～1.5 | |
| | 50 | 40～150 | 14～27 | 1.5～8 | 1.5～2.0 | |
| | 65 | 40～150 | 20～39 | 1.5～9 | 2.0～3.0 | |
| | 75 | 40～180 | 29～62 | 1.5～10 | 3.0～4.0 | |

**7）喷雾喷头**

喷雾喷头一般在套筒内装有螺旋状导流板，水沿着导流板螺旋运动，当高压水由出水口喷出后，能形成细细的雾状水珠，创造出朦胧的雾景效果。喷雾喷头的主要性能参数如表 4-25 所示。

表 4-25 喷雾喷头的主要性能参数

<table>
<tr><th rowspan="2">喷头类型</th><th rowspan="2">连接尺寸/mm</th><th colspan="4">技术参数</th><th rowspan="2">喷射形状</th></tr>
<tr><th>压力/kPa</th><th>流量/(m³/h)</th><th>喷射高度/m</th><th>覆盖直径/m</th></tr>
<tr><td rowspan="4">喷雾喷头</td><td>15</td><td>90～200</td><td>0.5～2</td><td>2.0～5</td><td>5～8</td><td rowspan="4"></td></tr>
<tr><td>20</td><td>90～200</td><td>0.5～2</td><td>2.0～6</td><td>5～8</td></tr>
<tr><td>25</td><td>90～200</td><td>0.6～3.5</td><td>2.5～6</td><td>5～10</td></tr>
<tr><td>50</td><td>90～200</td><td>0.6～2.7</td><td>2.5～7</td><td>5～10</td></tr>
</table>

**8）跳跳泉喷头**

跳跳泉喷头能根据选择的间距和长度，由电子设备或微处理器控制，喷射出玻璃棒般的实心水柱或断续的水流。该喷头内可带灯，喷出五颜六色的光柱，具有极强的趣味性。跳跳泉喷头的主要性能参数如表 4-26 所示。

表 4-26 跳跳泉喷头的主要性能参数

<table>
<tr><th rowspan="2">喷头类型</th><th rowspan="2">连接尺寸/mm</th><th colspan="5">技术参数</th><th rowspan="2">喷射形状</th></tr>
<tr><th>水柱直径/mm</th><th>压力/kPa</th><th>流量/(m³/h)</th><th>喷射高度/m</th><th>喷射距离/m</th></tr>
<tr><td rowspan="3">跳跳泉喷头</td><td>40</td><td>14</td><td>30～70</td><td>7.0</td><td>0.2～3.0</td><td>0.5～7.0</td><td rowspan="3"></td></tr>
<tr><td>40</td><td>16</td><td>30～70</td><td>7.0</td><td>0.2～3.0</td><td>0.5～7.0</td></tr>
<tr><td>40</td><td>18</td><td>30～70</td><td>7.0</td><td>0.2～3.0</td><td>0.5～7.0</td></tr>
</table>

**9）复合造型喷头**

复合造型喷头也称组合喷头，是由两种或两种以上喷水各异的喷嘴，按造型需要组合成一个大喷头。这种喷头种类很多，能形成较为复杂、富于变化的花形。如玉蕊喇叭花喷头，在喇叭形水膜中心有一水柱垂直喷出形成花蕊。玉蕊喇叭花喷头的主要性能参数如表 4-27 所示。

表 4-27 玉蕊喇叭花喷头的主要性能参数

<table>
<tr><th rowspan="2">喷头类型</th><th rowspan="2">连接尺寸/mm</th><th colspan="4">技术参数</th><th rowspan="2">喷射形状</th></tr>
<tr><th>压力/kPa</th><th>流量/(m³/h)</th><th>喷射高度/m</th><th>喷洒直径/m</th></tr>
<tr><td rowspan="5">玉蕊喇叭花喷头</td><td>15</td><td>60～100</td><td>1～2</td><td>0.8～1.5</td><td>0.3</td><td rowspan="5"></td></tr>
<tr><td>20</td><td>80～150</td><td>2～3</td><td>1～2</td><td>0.5</td></tr>
<tr><td>25</td><td>100～200</td><td>2.5～6</td><td>1.5～3</td><td>0.6</td></tr>
<tr><td>40</td><td>130～280</td><td>5～10</td><td>1.8～5</td><td>1.0</td></tr>
<tr><td>50</td><td>150～280</td><td>9～14</td><td>2～5</td><td>1.5</td></tr>
</table>

以上各种喷头经过艺术组合、有机搭配，能产生多种多样的组合变化，形成气势磅礴的喷水景观。在喷头种类的选择上要注意其与水形的搭配，要有主次之分，做到相辅相成。同时，一组喷泉景观中，喷头种类不宜过多，一般不超过三种（见图 4-97）。

图 4-97 组合水景造型示例

### 4.6.4 喷泉的组成及设计要点

喷泉最常见的设置形式可分为池喷和旱喷两种，其组成及做法有不同之处，下面分别进行介绍。

**1）池喷**

池喷是使用最多的一种喷泉形式。它以水池为依托，喷水可采用单喷或群喷，并可以与灯光和音乐结合起来，形成光控、音控喷泉。池喷的主要结构如图 4-98 所示。

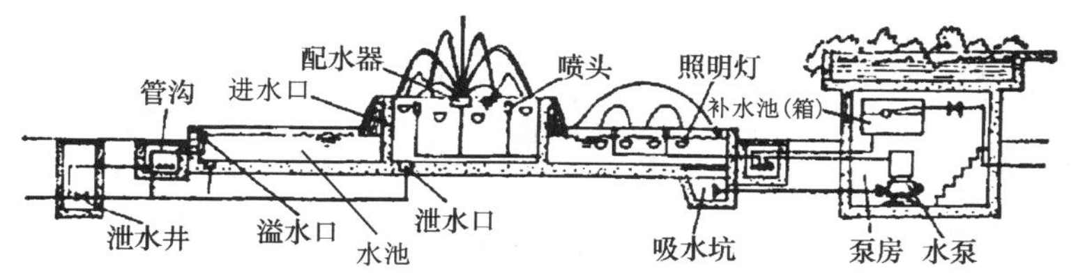


图 4-98 池喷的主要结构

（1）水池

水池是池喷的重要组成部分，除维持正常的水位以保证喷水外，其本身也能独立成景，可以说是集审美功能与实用功能于一体的人工水景。

水池的形状可根据周围环境灵活设计。水池大小则要结合喷水高度来考虑，喷水越高，则水池越大，一般水池半径为最大喷高的 1 ～ 1.3 倍，以保证设计风速下水滴不致大量被吹至池外，并防止水的飞溅，保证行人通行、观赏等无碍。实践中，如用潜水泵供水，当水泵停止时，水位急剧升高，需考虑水池容积的预留。因此，按经验水池的有效容积不得小于最大一台水泵 3 min 的出水量。水池水深则应根据潜水泵、喷头、水下灯具的安装要求确定,综合考虑水池设计池深以 500 ~ 1 000 mm 为宜。

水池由基础、防水层、池底、压顶等部分组成,其做法见本章水池工程部分。

(2) 进水口

进水口可以设置在水池的液面下部,且设置应尽量隐蔽,其造型需与喷水池造型相协调。其常见做法如图 4-99 所示。

(3) 泄水口

为便于清扫、检修和防止停用时水质腐败或结冰,水池需设泄水口。泄水口设在水池最低位置处,泄水口处可设沉泥井,并设格栅或格网防止杂物堵塞,其做法如图 4-100 所示。

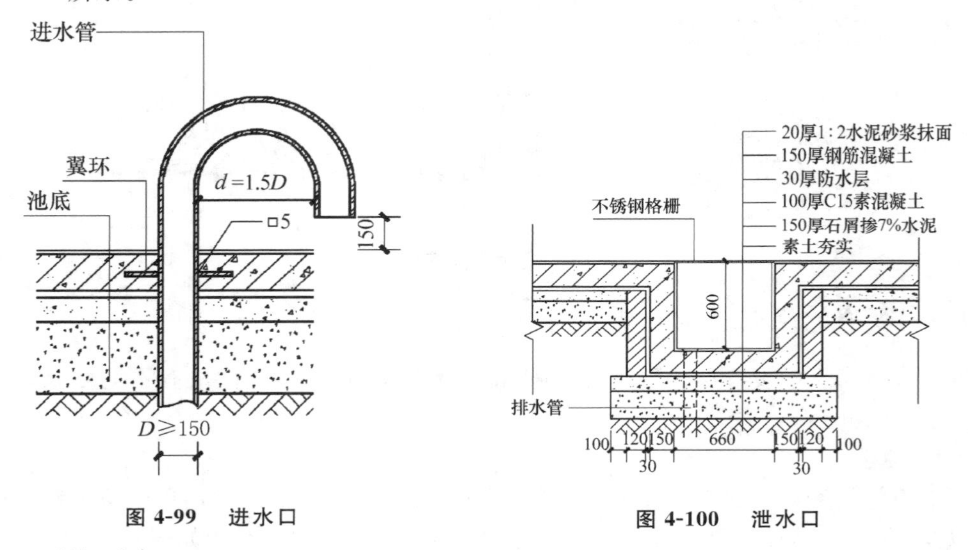


图 4-99 进水口

图 4-100 泄水口

(4) 溢水口

为保证喷水池水面具有一定的高度,可设置溢水口,水位超过溢水口标高后水就会流走,如水池面积过大,溢水口可设置多个。溢水口的常见形式有堰口式、侧控式及平控式,如图 4-101 所示。

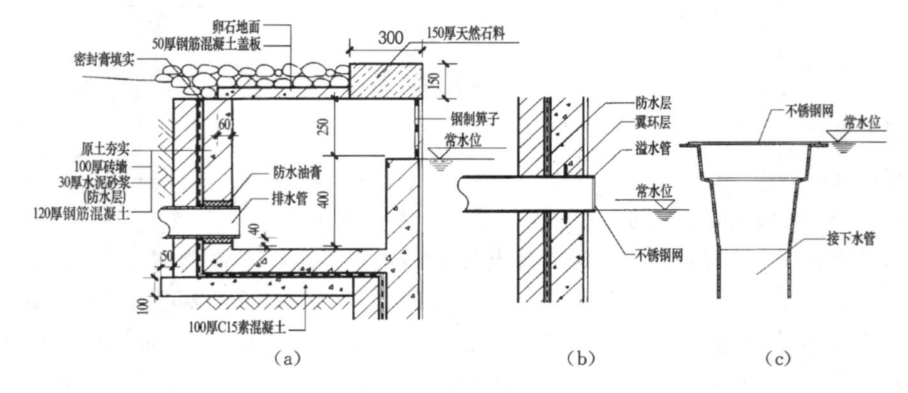


图 4-101 溢水口

(a) 堰口式溢水口(溢水坑); (b) 侧控式溢水口; (c) 平控式溢水口

(5) 泵房(泵坑)

泵房是指安装水泵等提水设备的常用构筑物。在喷泉工程中，凡采用清水离心泵循环供水的都要单独设置泵房，而采用潜水泵的则不需要设置泵房，一般在池底设置泵坑。

① 离心泵泵房：泵房的形式按照泵房与地面的关系可分为地上式、地下式、半地下式三种。其中地下式泵房因不影响喷泉环境景观，园林中使用较多。一般采用砖混结构或钢筋混凝土结构，特点是需做好防水处理，地面应有不小于 0.5% 的坡度排水，坡向集水坑，且集水坑宜设水位信号计和自动排水泵(见图 4-102)。

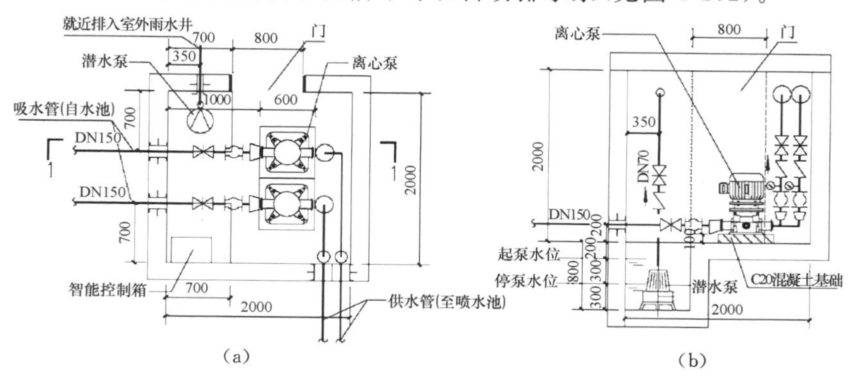


**图 4-102　离心泵泵房做法**

(a) 泵房平面图；(b)1—1 剖面图

为解决地上式及半地下式水泵泵房造型与环境不协调的问题，常采取以下措施。

a. 将泵房设在附近建筑物的管理用房或地下室内。

b. 将泵房或其进出口装饰成花坛、雕塑或壁画的基座、观赏或演出平台等。

c. 将泵房设计成造景构筑物，如设计成亭台水榭、装饰成跌水陡坎、隐蔽在山崖瀑布的下方等。

② 潜水泵泵坑：潜水泵安装较简便，可直接置于池底，也可在池底设置泵坑，兼做泄水坑。泄水时水泵的吸水口兼作泄水口，利用水泵泄水(见图 4-103)。

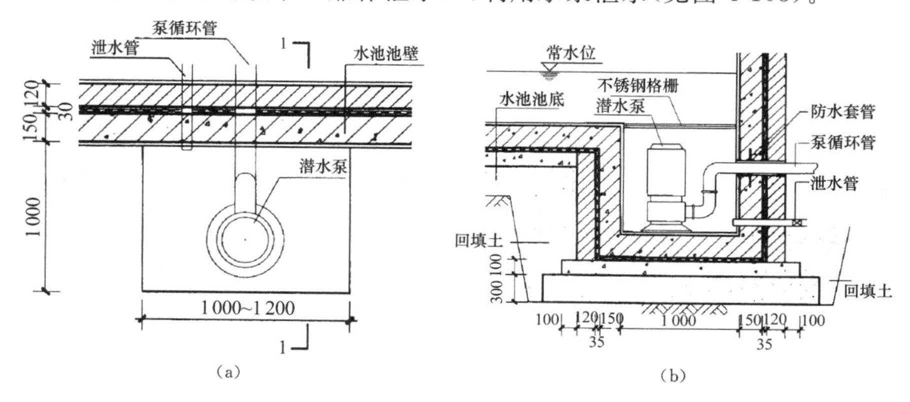


**图 4-103　潜水泵泵坑做法**

(a) 泵坑平面图；(b)1—1 剖面图

(6) 补水池(箱)

因喷水池水量会有损失，为向水池补水和维持水量平衡，需要设置补水池(箱)。在池(箱)内设水位控制器(杠杆式浮球阀、液压式水位控制器等)，保持水位稳定。并在水池与补水池(箱)之间用管道连通，使两者水位维持相同。其原理如图 4-104 所示。

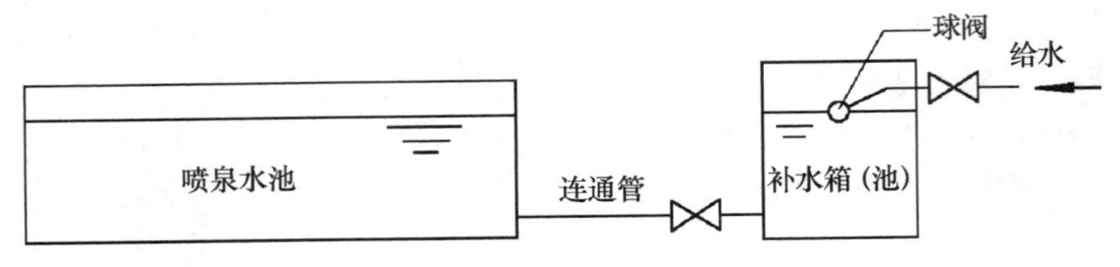


图 4-104　补水池(箱)示意

**2) 旱喷**

所谓“旱喷”，是用藏于地下的承接集水池(沟)代替地面的承接水池，配水管网、水泵、喷头及彩灯都安装在地下集水池(沟)内，集水池(沟)顶铺栅形盖板，且盖板与周围地坪平齐。喷泉运行时，喷泉水柱从地面上冒出，散落在地上，并迅速流回地下集水池(沟)由水泵循环供水。旱喷常结合广场进行设计，相对于池喷，它融娱乐、观赏于一体，具有较高的趣味性和可参与性。同时，停喷后不阻碍交通，可照常供人行走，也较节水，非常适合于宾馆、商场、街景小区等。

旱喷效果的好坏取决于喷泉造型的设计与选择，同时施工中要处理好水的收集及循环系统。其设计要点如下。

① 喷射孔距离与喷出水柱高度有关。一般喷高 2 m，间距在 1 ～ 2 m；喷出水柱高度 4 m 左右，横向可在 2 ～ 4 m，纵向在 1 ～ 2 m。

② 旱喷下部可以是集水池(见图 4-105)，也可以是集水沟(见图 4-106)，在沟、池中设集水坑，坑上应有铁箅，上敷不锈钢丝网，防止杂物进入水管，回收水进入集水砂滤装置后，方可再由水泵压出。其中喷头上端箅子有外露与隐蔽两种。外露箅可采用不锈钢、铜等材料，直径 400 ～ 500 mm，正中为直径 50 ～ 100 mm 的喷射孔，使用时往往与效果射灯一起安装。隐蔽箅采用铸铁箅，箅上宜放不锈钢丝网，上面再铺卵石层，也可在箅上虚放花岗岩板。

③ 旱喷地下集水池(沟)的平面形状，取决于所在地的环境、喷泉水形及规模，主要形状有长条形、圆环形、梅花形、S 形及组合形等。集水池(沟)的断面形状为矩形，有效水深不小于 90 cm，集水池(沟)的有效容积取决于距水泵最远的喷头喷射、回落及地面流入集水池(沟)所需时间，即集水池(沟)的有效容积必须满足在这段时间内最大循环流量的水量。

④ 所有喷水散落地面后，经 1% 坡面流向集水口。水口可采用活动盖板，留 10 ～ 20 mm 宽缝回流或采用箅子。池顶或沟顶应采用预制钢筋混凝土板，以备大修、翻新。

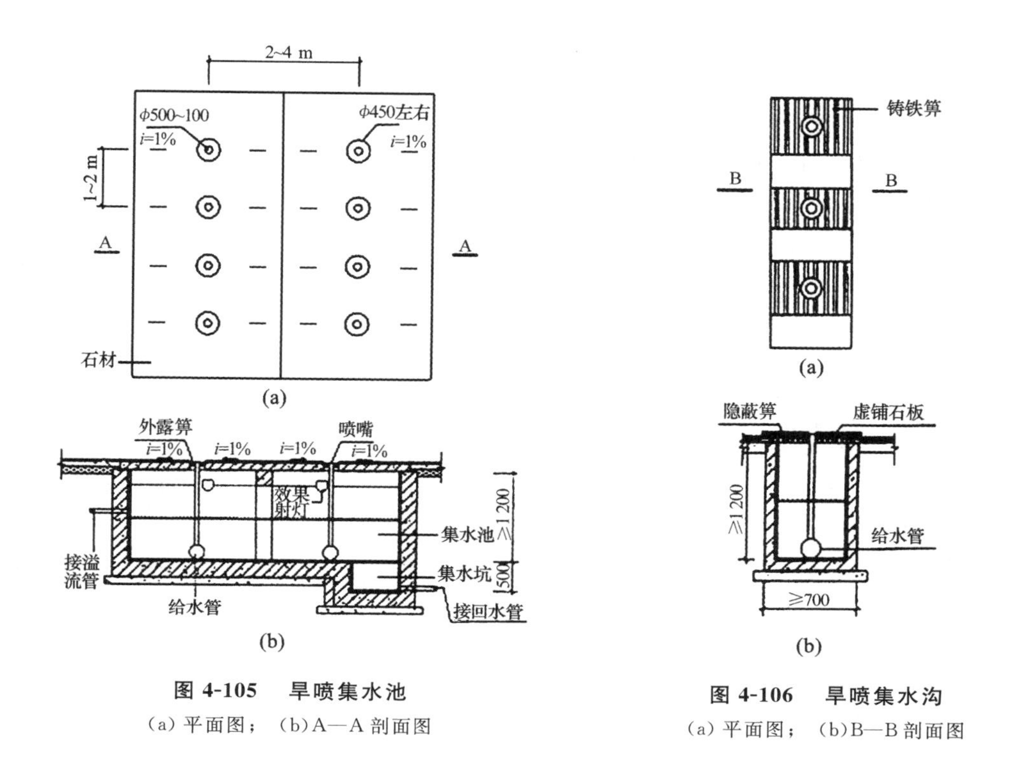


**图 4-105 旱喷集水池**

(a) 平面图； (b) A—A 剖面图

**图 4-106 旱喷集水沟**

(a) 平面图； (b) B—B 剖面图

## 4.6.5 喷泉水力计算

喷泉设计中为了达到预计的水形，必须进行水力计算。主要是计算喷泉的总流量、管径和扬程，为喷泉的管道布置和水泵的选择提供参数。

**1）单个喷头的流量**

$$q = uf\sqrt{2gH} \times 10^{-3} \tag{4-9}$$

式中 $q$—— 单个喷头的流量，L/s；

$u$—— 流量系数，一般为 0.62 ～ 0.94；

$f$—— 喷嘴断面面积，$mm^2$；

$g$—— 重力加速度，$m/s^2$；

$H$—— 喷头入口水压，米水柱。

**2）总流量**

喷泉总流量（$Q$）是指在某一段时间内同时工作的各个喷头流量之和的最大值。其中，单个喷头的流量可按式（4-9）求出，也可直接从所选喷头提供的参数中获取。

$$Q = q_1 + q_2 + \cdots + q_n \tag{4-10}$$

**3）管径**

$$D = \sqrt{\frac{4Q}{\pi v}} \tag{4-11}$$

式中 $D$—— 管径，mm；

$Q$—— 管段流量,L/s;

$\pi$—— 圆周率,取 3.141 6;

$v$—— 流速,m/s。

注:在喷泉的管网计算中,根据喷泉管网的特点以及为了获得等高的射流,按经验一般较经济的流速 $v \leqslant 1.5$ m/s。

**4) 扬程**

$$H = h_1 + h_2 + h_3 \tag{4-12}$$

式中 $H$—— 总扬程,m;

$h_1$—— 设备扬程(即喷头工作压力,也即垂直直射喷头设计最大喷高),m;

$h_2$—— 损失扬程(水头损失),m;

$h_3$—— 地形扬程(水泵最高供水点至抽水水位的高差),m。

其中,损失扬程是计算的关键。损失扬程分为沿程水头损失和局部水头损失,其简化公式为

$$h_2 = 1.2Li + 3 \tag{4-13}$$

式中 $L$—— 计算管段的长度,m;

$i$—— 管道单位长度的水头损失(可根据管道内水流量和流速查水力计算表),mm/m;

1.2—— 水头损失系数,按经验,管道局部水头损失占沿程水头损失的 20%;

3—— 水泵管道阻力扬程。

在实际工作中,由于损失扬程计算仍较复杂,一般可粗略取 $h_1 + h_3$ 之和的10% ~ 30% 作为损失扬程。

**5) 水泵泵型的选择**

水泵是喷泉工程给水系统重要的组成部分。其中泵的种类和型号较多,在喷泉工程系统中主要使用的是潜水泵,卧式或立式离心泵在一定场地环境下也有使用。同时,小型喷泉也可用管道泵、微型泵等。

(1) 潜水泵性能

潜水泵相对于离心泵具有体积小、质量轻、移动方便、安装简易、不需建造泵房等优点,其泵体与电动机在工作时均要浸入水中。在喷泉工程中常用的潜水泵型号为 QS 系列,如 QS65-10-3。其中 QS 代表水浸式潜水泵;65 代表流量,单位 $m^3$/h;10 代表扬程,单位 m;3 代表额定功率,单位为 kW。表 4-28 为部分常用 QS 潜水泵性能参数表。

**表 4-28 QS 潜水泵主要性能参数表**

| 水泵型号 | 流量/($m^3$/h) | 扬程/m | 功率/kW | 出口直径/cm | 水泵型号 | 流量/($m^3$/h) | 扬程/m | 功率/kW | 出口直径/cm |
|---|---|---|---|---|---|---|---|---|---|
| QS25-17-2.2 | 25 | 17 | 2.2 | 6.35 | QS65-13-4 | 65 | 13 | 4 | 10.16 |
| QS40-13-2.2 | 40 | 13 | 2.2 | 7.62 | QS40-28-5.5 | 40 | 28 | 5.5 | 7.62 |

续表

| 水泵型号 | 流量/($m^3$/h) | 扬程/m | 功率/kW | 出口直径/cm | 水泵型号 | 流量/($m^3$/h) | 扬程/m | 功率/kW | 出口直径/cm |
|---|---|---|---|---|---|---|---|---|---|
| QS65-7-2.2 | 65 | 7 | 2.2 | 10.16 | QS65-18-5.5 | 65 | 18 | 5.5 | 10.16 |
| QS15-26-2.2 | 15 | 26 | 2.2 | 6.35 | QS120-10-5.5 | 120 | 10 | 5.5 | 15.24 |
| QS40-16-3 | 40 | 16 | 3 | 7.62 | QS100-15-7.5 | 100 | 15 | 7.5 | 15.24 |
| QS65-10-3 | 65 | 10 | 3 | 10.16 | QS30-54-7.5 | 30 | 54 | 7.5 | 7.62 |
| QS40-21-4 | 40 | 21 | 3 | 7.62 | QS80-24-7.5 | 80 | 24 | 7.5 | 12.7 |
| QS80-12-4 | 80 | 12 | 4 | 12.7 | — | — | — | — | — |

(2) 泵型选择

水泵的选择要做到“双满足”，即流量满足、扬程满足。其中泵扬程选择高与低对泵工作影响很大，扬程选择低了，泵流量小或不出水；扬程选择高了，泵工作时上窜，造成机械摩擦增大，进而损坏潜水泵。因此，要合理确定流量和扬程两个指标。

① 流量确定：按喷泉同时工作时各喷头流量之和来确定。

② 扬程确定：按喷泉水力计算总扬程确定。在计算中，应选用整个系统中最不利点(要求工作压力最大，离水泵距离为最远点)作为计算基础。

③ 水泵选择：根据总流量和总扬程查水泵性能表，所选型号的扬程和流量应稍大于计算值，适当留有余地。如喷泉要用两个或两个以上水泵供水时，应用总流量除以水泵数求出每台水泵流量，扬程不变，再根据该流量和扬程选择泵型。

**6) 实例计算**

某广场设计一循环供水组合式喷泉，采用独立水泵供水，其中中心喷头 1 个，流量 15 $m^3$/h，工作压力为 100 kPa，外圈喷头 4 个，单个流量 10 $m^3$/h，工作压力 60 kPa，同时水泵最高供水点比抽水处高 0.6 m，管道供水距离约 5 m，请选择水泵型号。

(1) 流量计算

总流量：$Q=(15+4\times10)\ m^3/h=55\ m^3/h$

(2) 扬程计算

根据钢管水力计算表，查得流量 $Q=55\ m^3/h$，流速 $v\leqslant1.5$ m/s 时，所选管道直径为 125 mm，管道单位长度的水头损失 $i$ 为 22 mm/m。

扬程：$H=h_1+1.2Li+3+h_3$

$$=[100\times0.1+1.2\times5\times(22/1000)+3+0.6]\ m\approx13.7\ m$$

(3) 泵型选择

利用表 4-28，以流量 = 55 $m^3$/h，扬程 $H=13.7$ m，查得适用的泵型为 QS65-18-5.5 潜水泵。

### 4.6.6 喷泉常用管材及管网布置

**1) 喷泉常用管材**

喷泉管道的材料主要有镀锌钢管、无缝钢管、不锈钢管、铸铁管及 PVC 塑料管等。

① 镀锌钢管与无缝钢管最常用。

② 不锈钢管:喷泉质量要求高时,采用不锈钢管。

③ 铸铁管:耐腐蚀、价格较便宜,管径大于 250 mm 的输水干管可采用铸铁管。

④ PVC塑料管:强度高、质轻、运输方便,管道的弯曲、焊接加工方便,管件齐全,耐腐蚀性能良好,且价格较便宜。主要缺点是质脆,经受冲击的性能差,容易破损。

**2) 喷泉管网的基本形式**

喷泉管网的基本形式可分为以下两大类。

(1) 按管网的形状分类

① 树枝式管网,即管网布置呈树枝状,该管网水泵至每个或每组喷头的距离应基本相同,以保证各喷头的喷射高度与水形相同且同步(见图 4-107)。

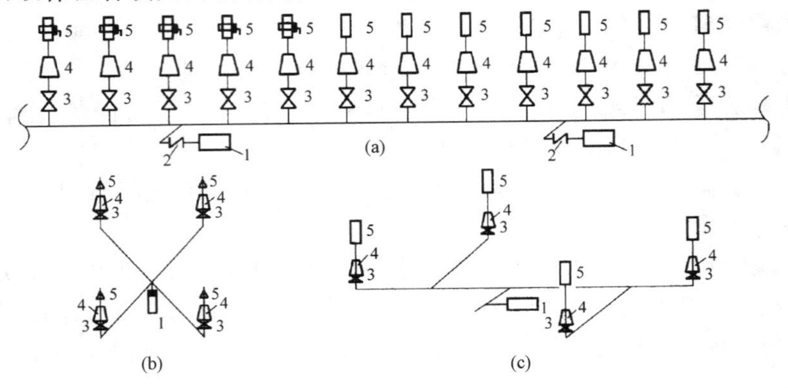


**图 4-107 树枝式管网**

(a) 长条形; (b) 交叉带; (c) 分支形

1— 潜水泵;2— 逆止阀;3— 阀门;4— 大小头;5— 喷头

② 配水器(稳压罐)配水管网。配水器用钢板焊接而成,可用球形或圆柱形,具有一定的容积,能储存足够的水量,以便向各喷头或水景提供稳定的水量。具有简化管网、减短管道长度、减少水头损失、降低噪声等优点(见图 4-108)。

③ 环状管网,管网呈圆环形或正多边形,圆环的直径大小取决于水池尺寸及水景水形、喷头个数。根据环的数量可分为单环和多环环状管网两种,且工作压力相等的喷头或水景水形,应采用同一个圆环(见图 4-109)。

④ 组合管网,即将树枝式管网、配水器(稳压罐)配水管网及环状管网,组合成混合式管网。

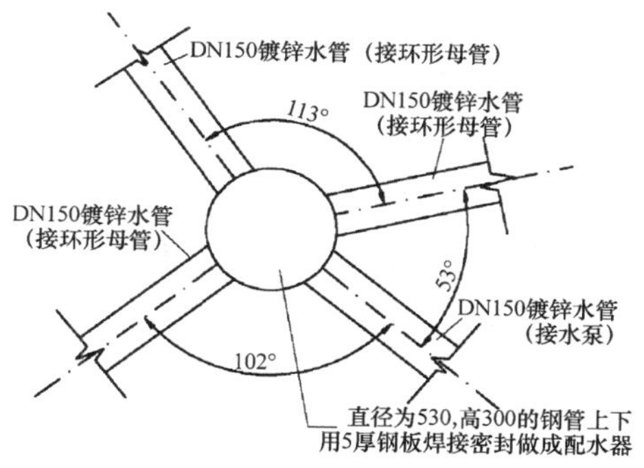


图 4-108　配水器配水管网

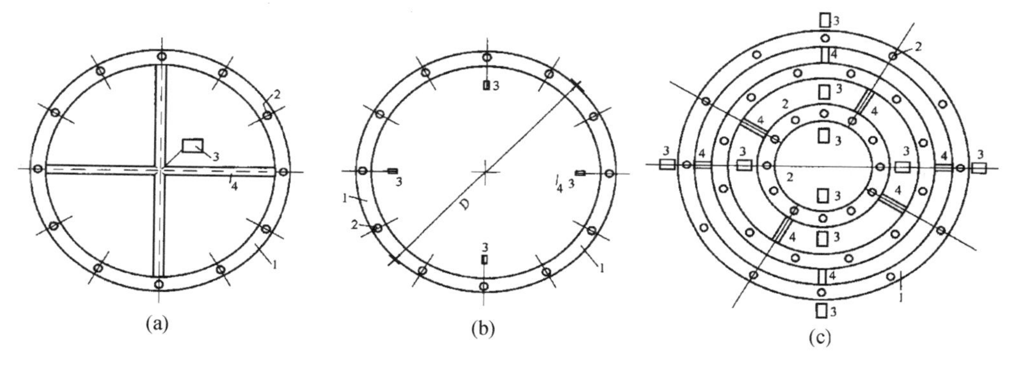


图 4-109　环状管网

(a) 单环集中供水环状管网；(b) 单环多点供水环状管网；(c) 多环多点供水环状管网

1— 环状输水管；2— 喷头连接支管；3— 潜水泵；4— 径向输水管；$D$— 外径

(2) 按供水方式分类

① 集中供水管网，即整个管网只有 1 个集中供水点。

② 多点供水管网，即整个管网有多个供水点供水，以便维持管网内压力恒定。

**3）喷泉管网的布置要点**

喷泉的管网主要由输水管、配水管、补给水管、溢水管和泄水管等组成。其管道布置要点如下。

① 在小型喷泉中，管道可直接埋在池底下的土中。在大型喷泉中，如管道多而复杂时，应将主要管道铺设在能通行人的渠道中，在喷泉底座下设检查井。只有那些非主要管道才可直接铺设在结构物中或置于水池内。管网布置应排列有序，整齐美观。

② 为了使喷水获得等高的射流，环形配水管网多采用十字供水。

③ 喷水池内由于水的蒸发及喷射过程中一部分水会被风吹走等，池内水量会有损失，因此，在水池中应设补给水管。补给水管和城市给水管连接，并在管上设浮球阀或液位继电器，随时补充池内的水量损失，以保持池内水位的稳定。

④ 水池的溢水管直通城市雨水井，其管径大小应为喷泉总进水口面积的一倍，

也可根据暴雨强度计算,且管道应有不小于 0.3% 的顺坡。

⑤ 水池的泄水管一般采用重力泄水,大型喷泉应设泄水阀门,小型水池只设泄水塞等简易装置。泄水管管径 100 mm 或 150 mm,可直通城市雨水井。

⑥ 连接喷头的水管不能有急剧的变化,如有变化必须使水管管径逐渐由大变小,并且喷头前必须有一段直管,其长度不应小于喷头直径的 20 倍,以保证射流的稳定。

⑦ 对每一个或每一组具有相同高度射流的管道,应有自己的调节设备。一般用阀门或整流圈来调节流量和水压。

### 4.6.7 喷泉照明

夜晚,通过灯光的渲染,喷泉水景被赋予绚丽的色彩,更具魅力,因此,喷泉照明也是喷泉设计的重要内容。根据灯具的安装位置,喷泉照明可分为水上环境照明和水下照明两种方式。

**1) 水上环境照明**

水上环境照明所用灯具主要有 PAR 灯、光纤灯、激光灯、变色探照灯等。灯具多安装于附近的建筑设备上,其照射对象是喷泉水景及水池水面,与水下彩灯配合,强化水景的整体渲染效果。

**2) 水下照明**

(1) 水下灯具的种类

① 按灯壳材料不同分为塑料灯、铝合金灯、黄铜灯和不锈钢灯四种。

② 按光源和发光原理不同分为白炽灯、金属卤化物灯、汞灯及 LED 灯四类。其中,LED 灯具有光效高、光色好、节能、使用寿命长等优点,目前已被广泛应用于水下彩灯渲染,并有逐步取代其他光源的趋势。

(2) 水下彩灯的安装与布置

① 灯具的安装:喷泉水下照明,灯具置于水中,多隐蔽,其最佳入水深度(水面与灯具防水玻璃之间的距离)为 50 ～ 100 mm,过深会影响亮度,过浅会受到落水的冲击,影响使用寿命。

② 灯具的分布:水下彩灯是围绕着照射对象设置的,主要为了欣赏水面波纹,并能随水花的散落映出闪烁的光,其照射的方向、位置与喷水姿态有关(见图 4-110)。

水下彩灯布置时,要注意游客的视觉效果。黄、绿、蓝色的透射系数较高,宜布置在游客主导视线的喷头的背面;红色的透射系数较低,为避免色彩被水雾蔽隔而影响照度,宜布置在较接近于游客的部位。

配光时,还应注意防止多种色彩相重叠,因重叠后会合成白光,造成局部的色彩损失。

### 4.6.8 喷泉的控制方式

目前,喷泉系统的控制方式常采用手动控制、程序控制、音响控制三种。

**1) 手动控制**

手动控制是最常见和最简单的控制方式,仅用开关水泵来控制喷泉的运行。其

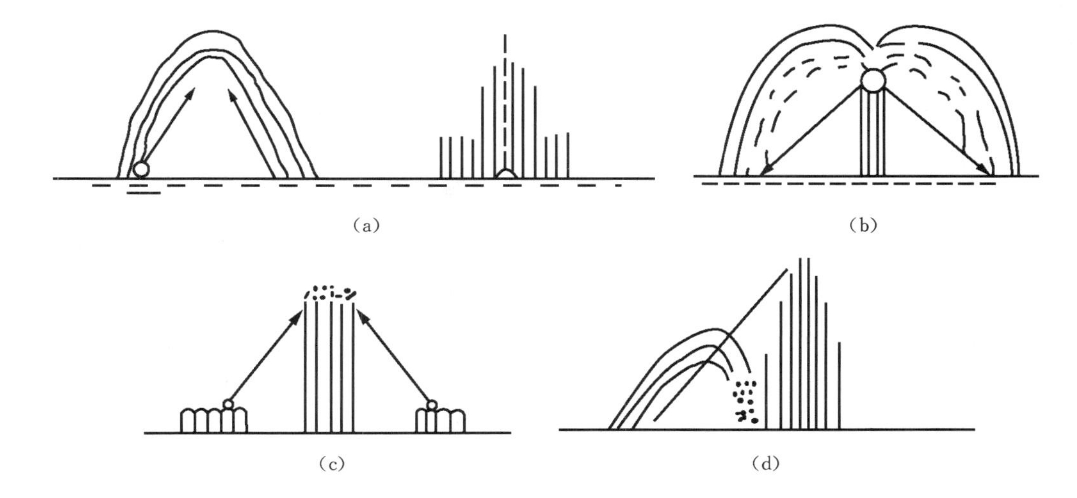


**图 4-110 水下彩灯照射方位与部位**

(a) 照射方向与喷水方向平行；(b) 照射定位于喷头溅落处；
(c) 照射于喷水顶部；(d) 给水穿过水幕照射水柱

特点是各管段的水压、流量和喷水姿态比较固定，缺乏变化，但成本低廉，适用于简单的小型喷泉。

**2）程序控制**

程序控制通常是利用时间继电器按照编好的时间程序控制水泵、电磁阀、彩色灯等的启闭，从而实现可以自动变换的喷水水姿。相比手动控制，程序控制有丰富的水形变化。图 4-111 为喷泉编程程序控制图。

| 名称 | 编号 | 数量 | 时间（s） | | | | | | | | | | | | | | | | | | | | | | | |
|---|---|---|---|---|---|---|---|---|---|---|---|---|---|---|---|---|---|---|---|---|---|---|---|---|---|---|
| | | | 5 | 10 | 15 | 20 | 25 | 30 | 35 | 40 | 45 | 50 | 55 | 60 | 65 | 70 | 75 | 80 | 85 | 90 | 95 | 100 | 105 | 110 | 115 | 120 |
| 水泵 | 09 | 1 | | | | | | | | | | | | | | | | | | | | | | | | |
| | 08 | 1 | | | | | | | | | | | | | | | | | | | | | | | | |
| 电动磁阀 | 22 | 1 | | | | | | | | | | | | | | | | | | | | | | | | |
| | 23 | 1 | | | | | | | | | | | | | | | | | | | | | | | | |
| | 24 | 1 | | | | | | | | | | | | | | | | | | | | | | | | |
| | 25 | 1 | | | | | | | | | | | | | | | | | | | | | | | | |
| | 26 | 1 | | | | | | | | | | | | | | | | | | | | | | | | |
| | 27 | 1 | | | | | | | | | | | | | | | | | | | | | | | | |
| 水下彩灯 | 12 | 8 | | | | | | | | | | | | | | | | | | | | | | | | |
| | 13 | 8 | | | | | | | | | | | | | | | | | | | | | | | | |
| | 14 | 6 | | | | | | | | | | | | | | | | | | | | | | | | |
| | 15 | 5 | | | | | | | | | | | | | | | | | | | | | | | | |
| | 16 | 5 | | | | | | | | | | | | | | | | | | | | | | | | |
| | 11 | 4 | | | | | | | | | | | | | | | | | | | | | | | | |

**图 4-111 喷泉编程程序控制图**

为了避免因某些机械设备与电器元件的运作与计算机指令之间存在的滞后时间对喷泉水形造成不协调甚至断档的现象，周期时间短的水形的水泵，可采取连续运转不停泵的办法，如图 4-111 中的 09# 水泵；周期时间较长的水形的水泵，可短期停泵,以节省电耗,如图 4-111 中的 08# 水泵,停泵 5 s运转 20 s。

图 4-111 中的水下彩灯有 6 个编号,分别代表红、黄、绿、蓝、紫与白炽,对应的数量有 8、8、6、5、5、4 盏。随着预先编制的计算机程序,各种颜色按图 4-111 的程序各自开关运作。

图 4-111 中电磁阀有 6 个编号,如第 22 号电磁阀连续开 8 s,停 1 s;再开 7 s,停 2 s;再开 6 s,停 1 s,周而复始。

**3) 音响控制**

喷泉的音响控制是使喷泉水形、彩灯与音乐的旋律同步变化,将音乐与水形变化完美结合,同时给人们以视觉和听觉的享受。其原理是将声音信号转变为电信号,经放大及其他一些处理,推动继电器或电子式开关,再去控制设在管道上的电磁阀的启闭,从而达到控制喷水的目的。喷泉一般音响控制的工作框图如图 4-112 所示。

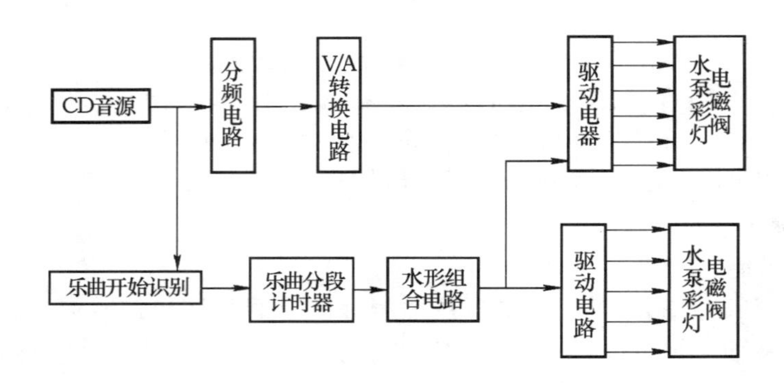


图 4-112 喷泉一般音响控制工作框图

## 4.6.9 喷泉设计步骤及实例

**1) 设计步骤**

喷泉的设计应按以下步骤进行。

① 水姿造型设计;② 喷头的选择;③ 确定喷头个数;④ 水力计算;⑤ 选泵;⑥ 配管;⑦ 绘制喷泉管线布置图。

**2) 工程实例**

北京某宾馆喷泉水景工程。

(1) 喷泉环境

该喷泉位于宾馆大门前的小广场上,是广场的构图中心。由于大门距街道较近,喷泉的观赏距离较近,视野不够开阔。

(2) 造型选择

根据所在环境分析,喷泉不宜选择太大的水池和太高的水柱。水池直径 14 m,类似马蹄形,内池直径 8 m,池壁用花岗岩砌筑。在内池的正中交错布置 3 排冰塔形水柱,最大高度 2.90 m,沿圆周设有 83 个直流形水柱,喷向池中心。落入池内的水流沿内池池壁溢入外池，在池壁上形成一周壁流。

为防止外池的水流溅出池外弄湿水池两边的主要通道，外池内布置了不易溅水的牵牛花形和涌泉形水柱。

为增加水景的层次，在内池后边的内外池之间增设了1个矩形小水池，内设涌泉形水柱。

为适应宾馆傍晚活动较多的特点，在水池内设有三色水下彩灯。水姿和彩灯均利用可编程序控制器进行程序控制。

该喷泉的平、立面效果图如图4-113所示。

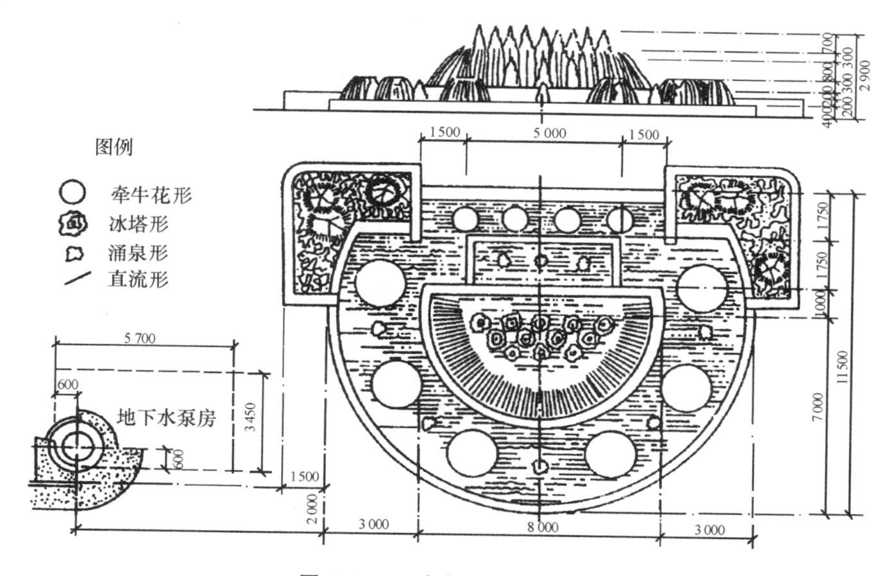


图4-113 喷泉平、立面效果图

(3) 主要工艺设备及布置

根据水景工程的造型设计要求，选用了如表4-29所列的主要喷头和设备。喷头总数113个，水下彩灯37盏，卧式循环水泵2台，泵房排水潜污泵1台，电动磁阀6个。循环总流量约300 L/s，耗电总功率62 kW。管道、设备的平面布置图如图4-114所示。

表4-29 主要工艺设备

| 编号 | 名　称 | 规格 / mm | 数量 | 编号 | 名　称 | 规格 / mm | 数量 |
|---|---|---|---|---|---|---|---|
| 1 | 牵牛花形喷头 | ϕ50 | 6 | 16 | 水泵吸水口 | ϕ100 | 2 |
| 2 | 牵牛花形喷头 | ϕ40 | 4 | 17 | 水池泄水口 | ϕ100 | 1 |
| 3 | 涌泉形喷头 | ϕ25 | 8 | 18 | 水池溢水口 | ϕ100 | 1 |
| 4 | 冰塔形喷头 | ϕ75 | 5 | 19 | 水泵 | 10Sh－19 | 1 |
| 5 | 冰塔形喷头 | ϕ50 | 4 | 20 | 水泵 | 10Sh－19A | 1 |
| 6 | 冰塔形喷头 | ϕ40 | 3 | 21 | 潜污泵 | — | 1 |
| 7 | 直流形喷头 | ϕ15 | 83 | 22 | 电动磁阀 | ϕ100 | 1 |
| 8 | 水下彩灯(黄) | P200W | 6 | 23 | 电动磁阀 | ϕ150 | 1 |
| 9 | 水下彩灯(绿) | P200W | 6 | 24 | 电动磁阀 | ϕ150 | 1 |

续表

| 编号 | 名　称 | 规格/mm | 数量 | 编号 | 名　称 | 规格/mm | 数量 |
|---|---|---|---|---|---|---|---|
| 10 | 水下彩灯(黄) | P200W | 5 | 25 | 电动磁阀 | $\phi$100 | 1 |
| 11 | 水下彩灯(绿) | P200W | 4 | 26 | 电动磁阀 | $\phi$150 | 1 |
| 12 | 水下彩灯(红) | P200W | 8 | 27 | 电动磁阀 | $\phi$150 | 1 |
| 13 | 水下彩灯(黄) | P200W | 8 | 28 | 闸阀 | $\phi$50 | 1 |
| 14 | 浮球阀 | DN50 | 1 | 29 | 闸阀 | $\phi$100 | 1 |
| 15 | 水泵排水口 | DN32 | 1 | — | — | — | — |

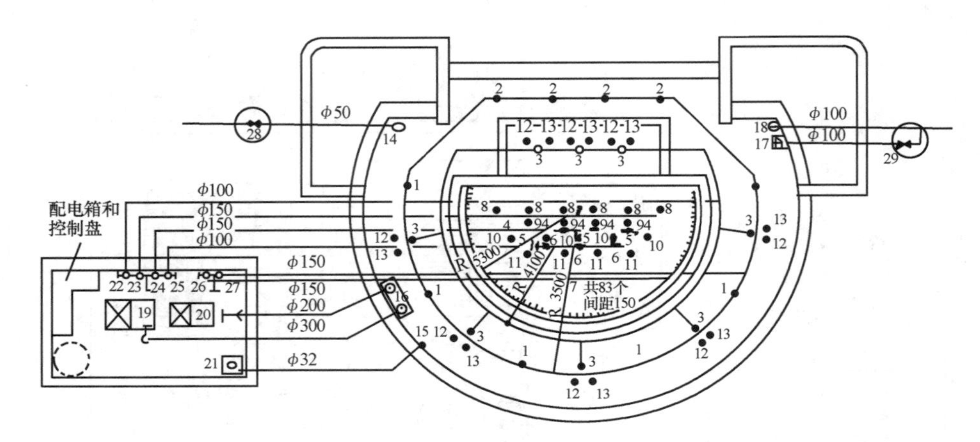


图 4-114　喷泉管道、设备平面布置图

(4) 运行控制

根据水流变换要求和喷头所需的水压要求,将所有喷头分成6组,每组有专用管道供水,分别用6个电动磁阀控制水流,每个电动磁阀只有开、关两个工位,利用可编程序控制器控制开关变化。随着水流的变换,水下彩灯也相应开关变化,使喷泉的水姿和照明按照预先输入的程序变换。喷泉程序控制表如表4-30所示。

表 4-30　喷泉程序控制表

| 名称 | 编号 | 数量 | 时间/s | | | | | | | | | | | | | | | | | | | | | | | |
|---|---|---|---|---|---|---|---|---|---|---|---|---|---|---|---|---|---|---|---|---|---|---|---|---|---|---|
| | | | 5 | 10 | 15 | 20 | 25 | 30 | 35 | 40 | 45 | 50 | 55 | 60 | 65 | 70 | 75 | 80 | 85 | 90 | 95 | 100 | 105 | 110 | 115 | 120 |
| 水泵 | 19 | 1 | | | | | | | | | | | | | | | | | | | | | | | | |
| | 20 | 1 | | | | | | | | | | | | | | | | | | | | | | | | |
| 电动磁阀 | 22 | 1 | | | | | | | | | | | | | | | | | | | | | | | | |
| | 23 | 1 | | | | | | | | | | | | | | | | | | | | | | | | |
| | 24 | 1 | | | | | | | | | | | | | | | | | | | | | | | | |
| | 25 | 1 | | | | | | | | | | | | | | | | | | | | | | | | |
| | 26 | 1 | | | | | | | | | | | | | | | | | | | | | | | | |
| | 27 | 1 | | | | | | | | | | | | | | | | | | | | | | | | |
| 水下彩灯 | 12 | 8 | | | | | | | | | | | | | | | | | | | | | | | | |
| | 13 | 8 | | | | | | | | | | | | | | | | | | | | | | | | |
| | 18 | 6 | | | | | | | | | | | | | | | | | | | | | | | | |
| | 19 | 5 | | | | | | | | | | | | | | | | | | | | | | | | |
| | 10 | 5 | | | | | | | | | | | | | | | | | | | | | | | | |
| | 11 | 4 | | | | | | | | | | | | | | | | | | | | | | | | |

# 5 假 山 工 程

假山是中国传统园林的重要组成部分，它独具中华民族文化艺术魅力，所以在各类园林中得到广泛应用。假山工程是园林建设的专业工程，也是本书介绍的重点内容。

## 5.1 概述

### 5.1.1 假山与置石的概念

人们通常所说的假山实际上包括假山和置石两个部分。

假山是以造景游览为主要目的，充分结合其他多方面的功能作用，以土、石等为材料，以自然山水为蓝本并加以艺术的提炼和夸张，由人工再造的山水景物的统称。假山根据使用土石的情况，可以分为以下四种。

① 土山。土山以泥土作为基本堆山材料，在陡坎、陡坡处可有块石作护坡、挡土墙或蹬道，但不用自然山石在山上造景。这种类型的假山占地面积往往很大，如西安庆兴公园后部的假山。在园林工程建设中，一般用挖湖多出的土顺便堆山，以平衡土方，降低园林造价。这种土山是构成园林基本地形和基本景观背景的重要因素。

② 带石土山。带石土山又称“土包石”，是土多石少的山，其主要堆山材料是泥土，只是在土山的山坡、山脚点缀有岩石，在陡坎或山顶部分用自然山石堆砌成悬崖绝壁景观，一般还有山石做成的梯级磴道。带石土山同样可以做得比较高，但其用地面积却比较少，多用在较大的庭院中。

③ 带土石山。带土石山又称“石包土”，是石多土少的山，山体从外观看主要是由自然山石造成的，山石多用在山体的表面，由石山墙围成假山的基本形状，墙后则用泥土填实。这种土石结合露石不露土的假山，占地面积较小，但山的特征最为突出，适于营造奇峰、悬崖、深峡、崇山峻岭等多种山地景观，在江南园林中数量最多。

④ 石山。石山的堆山材料主要是自然山石，只在石间空隙处填土配植物。这种假山一般规模都比较小，主要用在庭院、水池等空间比较闭合的环境中，或者作为瀑布、喷泉的山体应用。

⑤ 园林塑山。近年流行的园林塑山，采用石灰、砖、水泥等非石质性材料经过人工塑造而成。园林塑山又可分为塑山和塑石两类。园林塑山在岭南园林中出现较早，

经过不断发展,已成为一种专门的假山工艺。园林塑山根据骨架材料的不同,又可分为两类:砖骨架塑山,以砖作为塑山的骨架,适用于小型塑山及塑石;钢骨架塑山,以钢骨架作为塑山的骨架,适用于大型塑山。

置石是以山石为材料做独立性或附属性的造景布置,主要表现山石的个体美或局部的组合,不具备完整的山形。置石可分为特置、散置和群置等。

一般来说,假山的体量大而集中、布局严谨、可观可游,令人有置身于自然山林之感;置石则体量较小、布置灵活,以观赏为主,同时也结合一些功能方面的要求。在我国悠久的园林艺术发展的历史过程中,历代有名的和无名的假山匠师们吸取了土作、石作、泥作等方面的工程技术和中国山水画的传统理论与技法,通过实践创造了我国独特、优秀的假山工艺。随着科技的不断创新与发展,将会有更多、更新的材料和技术工艺应用于假山工程中。古代园林艺术值得我们发掘、整理、借鉴,我们应在继承的基础上把这一民族文化传统发扬光大。

### 5.1.2 假山的沿革

从历史记载看,我国苑囿中的假山堆造是从秦汉开始的。据史料记载:“秦始皇作兰池,引渭水,东西二百里,南北二十里,筑土为蓬莱山。”(《太平御览》引《三秦记》)。到了汉代,有关人工堆山的记载渐多,把石头作为造景和观赏的对象在园林中使用的记载始见于汉。《西京杂记》中记载汉景帝的兄弟梁孝王筑兔园(公元前156年):“园中有百灵山,山有肤寸石、落猿岩、栖龙岫。”又记汉武帝时茂陵富人袁广汉于北邙山下筑园,“激流水注其间。构石为山,高十余丈,连延数里”,说明当时不仅能叠石堆山,而且还堆了假山洞。翻开我国园林的叠山史,可以看出叠山、置石大体可以分为以下四个阶段。

**1)第一阶段**

崇尚真山大壑、深岫幽谷的形式,以土筑或土石兼用,自然地模仿山林泽野,无论形态、体量都追求与真山相似,规模宏大,创作方法以单纯写实为主。这一时期造山的特点是写实,是以土山带石为主,一切仿效真山,在尺度上也接近真山大小。

**2)第二阶段**

盛唐以后,社会条件的变化和禅宗的兴起,使得中国士大夫的心理愈加封闭,性格愈加内向,形成了追求宁静、和谐、淡泊、清幽的审美情趣,以直觉观感、沉思冥想为创作构思,以自然简练、含蓄为表现手法的艺术思维习惯,像王维《汉江临泛》中“江流天地外,山色有无中”的意境那样“言有尽而意无穷”。这时的园林是所谓移天缩地于一园的写意山水。“会心处,不必在远”,小园、小山足可销魂。曾先后出现“三亩园”“一亩园”“半亩园”“勺园”“残粒园”。因此,当时置石的风格是浪漫并富有夸张味道的。白居易的“聚拳石为山,围斗水为池”、李渔的“一卷代山,一勺代水”,都和绘画中的“竖画三寸,当千仞之高;横墨数尺,体百里之迥”同出一辙。这时的石,体现了抽象的意境,它的色彩、结构、线条与广泛驰骋的形象联想凝聚在一起,山川溪石被注入了情感，启迪着欣赏者的艺术联想，任人神游。士大夫对假山的爱好，已集中于奇峰怪石。当时视太湖石为珍品，以透、漏、瘦、皱、丑为品评湖石的标准。

透 —— 此通于彼，彼通于此，若有道路可行。

漏 —— 石上有眼，四面玲珑。

瘦 —— 壁立当空，孤峙无依。

皱 —— 石上的褶皱。

丑 —— 奇形怪状。

**3）第三阶段**

明清时期，我国画坛中除了继承古代绘画“外师造化，中得心源”的精神，还出现了一些以王履为代表、摆脱古人成法的束缚、走向大自然的画家。王履总结出“吾师心，心师目，目师华山”的见解，认为客观现实是山水画的本源。当时假山艺术的特点是体现真山的一个局部，自己好像处于大山之麓，“虽云万重岭，所玩终一丘”“截溪、断谷，私此数石者，为吾用也”，而那“奇峰、绝障，累累乎墙外”。张南垣主张“曲岸回砂、平岗小坂、陵阜陂陀”“然后错之以石”；计成的“嘉树稍点玲珑石块”“墙中嵌理壁岩，顶植卉木垂罗”，造成一种似有深境的艺术效果，像绘画中的空白，像《琵琶行》中的“此时无声胜有声”般的含蓄，意境的确更广阔。这一时期的代表作，如北京北海公园的静心斋，表现了山峦、溪水、峭壁、岫、峡谷…… 景象丰富、真实，千山万壑被爬山廊截在园外，洞里的奥妙、廊外的峻岭，任人们尽情神游。这一时期的优秀作品很多，苏州的环秀山庄就是非常杰出之作。其假山以玲珑剔透为特征，以微茫、惨淡为妙境，使我国假山艺术达到新的高峰。

**4）第四阶段**

近代园林中的叠山、置石，不仅用传统的写意手法表现山的神韵，还用局部尽量写实的手法，对山的体态、轮廓、气势、皴斫、植物配置等进行精心的布置，着意表现祖国山河的时代精神和面貌。广州白天鹅宾馆的“故乡水”园林，表达了对祖国和故乡山水的歌颂，牵动着游子的心；上海龙华公园的巨岩，巍然屹立，体现了中华民族的奋斗精神；上海植物园的四季假山，欢快、明朗、欣欣向荣；杭州植物园的小溪，自然、优美；北京钓鱼台的山石，典雅、端庄。现代假山不仅探索、发展了新的内容和形式，而且体现了新时代的审美情趣。造园家文树基先生提出了以表现力感为现代假山石美品评的标准，即刚、钫、壮、旷、昂，受到了园林界的推崇。

由于选石、用石的丰富，叠石的手法也更有风采，如花岗岩大卵石，形体厚朴、沉实、圆浑、古拙，用以置石很有岭南的地方特色。近些年来，又选用昌平石布置山石小品，脱离了过去常用的流云、堆秀等叠石方式，强调有节奏的形式美，创造了另一种装饰风格的表现手法。

这一时期的另一个特点是人工岩景观和工艺的发展。塑山工艺大约可以追溯到100多年前，最初是灰塑，其风格与同时期的叠山风格近似，多见于私人的小园子。

20世纪50年代初首先在北京动物园用钢筋混凝土塑造了狮虎山。20世纪60年代后塑山工艺在广州有很大的发展，塑山、塑石、塑竹、塑木，以假乱真，深受人们喜爱。全国各地有许多优秀的塑山作品，如广州花园酒家的那些高大挺拔的塑山作品等。

随着人们的不断探索，一些新型的人工岩也逐渐研制成功，并应用于山石景观的创造，如纤维强化树脂(FRP)、玻璃纤维增强水泥(GRC)、碳纤维增强混凝土(CFRC)。这些人工岩具有天然山石的纹理、质感与色彩，结合现代建筑的施工技术，不仅可以创作精致细腻的山石景观，在塑造体量巨大、气势恢宏的山水景观中尤其表现出极强的优势。这类假山造型简洁、整体感极强，与现代园林风格非常协调，并且结合现代山石景观创作者对自然地貌景观的认识、理解和掌握，不断创造出新颖独特的作品，更加体现了假山源于自然、高于自然的创作原则。

### 5.1.3 假山的功能

假山在中国园林中的运用如此广泛并不是偶然，人工造山都是有目的的。中国园林要求达到“虽由人作，宛自天开”的高超的艺术境界，为了满足游览活动的需要，必然要建造一些体现人工美的园林建筑。但就园林的总体要求而言，在景物外貌的处理上要求人工美从属于自然美，并把人工美融合到体现自然美的园林环境中去。假山之所以得到广泛的应用，主要原因是假山可以满足这种要求和愿望。具体而言，假山和置石有以下几方面的功能和作用。

**1）作为自然山水园的主景和地形骨架**

一些采用主景突出布局方式的园林尤其重视这一点。或以山或以山石驳岸的水池作主景，整个院子的地形骨架、起伏、曲折皆以此为基础来变化。诸如金代在太液池中用土石相间的手法堆叠的琼华岛(今北京北海公园的白塔山)、明代南京徐达王府的西园(今南京的瞻园)、明代所建的今上海豫园、清代扬州的个园和苏州的环秀山庄等，总体布局都是以山为主、以水为辅，其中建筑并不一定占主要的地位，名为园林实为假山园。

**2）作为园林划分空间和组织空间的手段**

这对于采用集锦式布局的园林尤为重要和明显。用假山组织空间还可以作为障景、对景、背景、框景、夹景等手法灵活运用，例如，清代所建的北京圆明园、颐和园的某些局部，苏州的网师园、拙政园某些局部，承德的避暑山庄等。中国园林善于运用“隔景”的手法，根据用地功能和造景特色将园子化整为零，形成丰富多彩的景区，这就需要划分和组织空间。划分空间的手段很多，但利用假山划分空间是从地形骨架的角度来划分，具有自然、灵活的特点。特别是用山水相映成趣的手法来组织空间，使空间更富于变化的风格，如圆明园的“武陵春色”，要表现世外桃源的意境，利用土山分隔成独立的空间，其中又运用两山夹水、时收时放的手法做出桃花溪、桃花洞、渔港等地形变化，于极狭处见辽阔，似塞又通，由暗窥明，给人以“山重水复疑无路，柳暗花明又一村”的联想。颐和园仁寿殿和昆明湖之间的地带，是宫殿区和居住、游览区的交界，这里用土山带石的做法堆了一座假山。这座假山在分隔空间的同时结合了障景处理：在宏伟的仁寿殿后面把园路收缩得很窄，并采用“之”字线形穿山谷道，一出谷则辽阔、疏朗、明亮的昆明湖突然展现在面前。这种“欲放先收”的造景手法取得了很好的实际效果。此外，苏州拙政园的枇杷园和远香堂、腰门一带的空间用假山结合云墙的方式划分空间，从枇杷园内通过圆形洞门北望香云蔚亭，又以山石作为前置夹景，都是成功的例子。

**3）作为点缀园林空间和陪衬建筑、植物的手段**

山石的这种作用在我国南、北方各地园林中均有所见，尤以江南私家园林运用最广泛。如苏州留园东部庭院的空间基本上是用山石和植物装点的，有的以山石作花台，有的以石峰凌空，有的以粉墙散置，有的以竹、石结合作为廊间转折的小空间和窗外的对景。例如“揖峰轩”庭院，在大天井中部立石峰，天井周围的角落里布置自然多变的山石花台，就是小天井或一线夹巷，也布置以合宜体量的特置石峰。游人环游其中，一个石景往往可以兼作几条视线的对景。石景又以漏窗为框景，增添了画面层次和明暗变化。这种“步移景异”“小中见大”的手法主要是运用山石小品来完成的，足见利用山石小品点缀园景具有“因简易从，尤特致意”的特点。

**4）作为驳岸、挡土墙、护坡和花台**

在较陡的土山坡地常散置山石以护坡。这些山石可以阻挡和分散地面径流，降低地面径流的流速从而减少水土流失。例如，北京北海公园的琼华岛南山部分的群置山石、颐和园龙王庙土山上的散点山石等，都有减小雨水冲刷的效用。在更陡的山上往往开辟自然式的台地，在山的内侧所形成的垂直土面多采用山石做挡土墙。自然山石挡土墙的功能和形式与普通挡土墙的相同，但在外观上曲折、起伏，凸凹多致。例如，颐和园圆朗斋、写秋轩，北海公园的酣古堂、亩鉴室周围，都是自然山石挡土墙的佳品。

在用地面积有限的情况下要堆起较高的土山，常利用山石做山脚的藩篱。这样，由于土易崩而石可壁立，既可以缩小土山所占的底盘面积，又具有相当的高度和体量，如北京颐和园仁寿殿西面的土山、无锡寄畅园西岸的土山都是采用的这种做法。江南私家园林中还广泛地利用山石做花台，种植牡丹、芍药和其他观赏植物，并用花台来组织庭院中的游览路线，或与壁山结合，或与驳岸结合。在规整的建筑范围中创造自然、疏密的变化，这和我国传统的篆刻艺术有不少相通的手法，有异曲同工的艺术效果。

**5）作为室内外自然式的家具或器设**

石屏风、石榻、石桌、石几、石凳、石栏等既不怕日晒夜露，又可用于造景。例如，现置无锡惠山山麓的唐代“听松石床”（又称“偃人石”），床、枕兼得于一石，石床另端又镌有李阳冰所题的篆字“听松”，是实用结合造景的好例子。此外，山石还可用作室内外楼梯（称为云梯）、园桥、汀石，以及镶嵌的门、窗、墙等。

这里要着重指出的是，假山和置石的这些功能都是和造景密切结合的，它们可以因高就低、随势赋形。山石与园林中其他组成因素，诸如建筑、园路、广场、植物等，组成各式各样的园景，使人工建筑物和构筑物自然化，减少建筑物线条平淡、生硬的缺陷，增加自然、生动的气氛，使人工美通过假山或山石的过渡与自然山水园林的环境取得协调。因此，假山成为表现中国自然山水最普遍、最灵活和最具体的一种造景手段。

### 5.1.4 假山常用石材

#### 1) 假山材料的分类

(1) 峰石

峰石一般是选用奇峰怪石，多用于建筑物前做庭园山石小品，大块峰石可用于假山收顶。

(2) 叠石

叠石要求质好形宜，用于山体外层堆叠，常选用湖石、黄石和青石等。

(3) 腹石

腹石用于填充山体，其形态没有特殊要求，但用量较大，一般可就地取材。

(4) 基石

基石位于假山底部，多选用巨型块石，形态要求不高，但需要坚硬、耐压。

#### 2) 几种常用的假山石料

从一般掇山来看，常用的石料可以概括为湖石、黄石、青石、石笋及其他石品五大类(见图 5-1)，每一大类又因产地地质条件不一而分为多种。

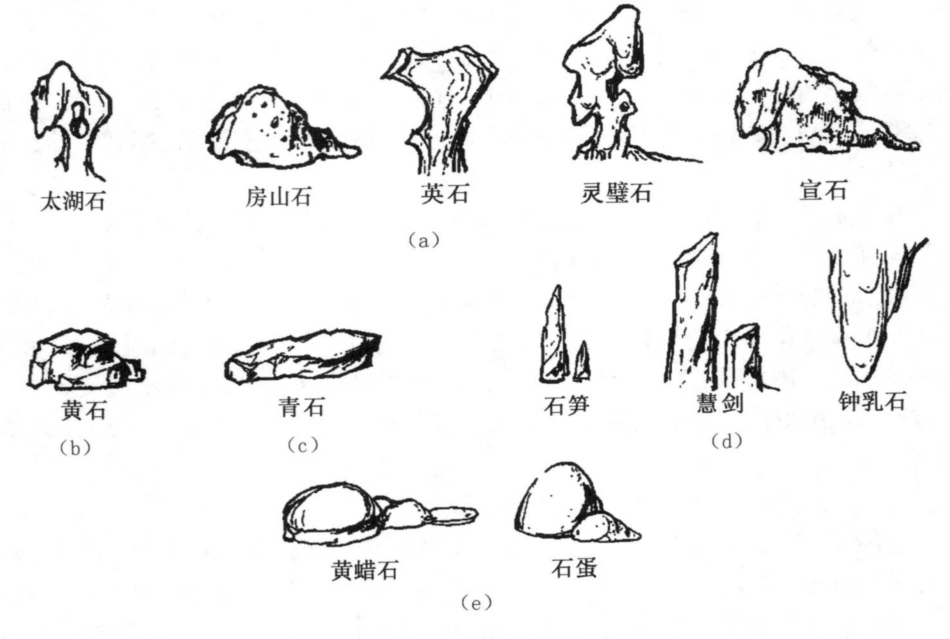


**图 5-1　各类假山材料**

(a) 湖石；(b) 黄石；(c) 青石；(d) 石笋；(e) 其他石品

(1) 湖石

湖石因原产太湖一带而得名，它是一种经过溶融的石灰岩，在我国分布很广，除太湖一带盛产外，北京、广东、江苏、山东、安徽等地均有出产。各地湖石只是在色泽、纹理和形态方面有些差别。

① 太湖石。真正的太湖石产于苏州所属太湖中的洞庭西山，亦称南太湖石，据说以其中销夏湾一带出产的太湖石品质最为优良。太湖石质坚而脆，由于风浪或地下水的溶融作用，其纹理纵横、脉络显隐。石面上遍布坳坎，称为“弹子窝”，扣之有微声，并形成自然的缝、沟、窝、穴、洞、环。有的窝洞相套、玲珑剔透，如同天然的雕塑品，观赏价值较高，因此常选其中形体险怪、嵌空穿眼者作为特置石峰。太湖石广泛用于假山和置石，尤以特置效果更佳。

与太湖石相近的，还有产于宜兴张公洞、善卷洞一带山中的宜兴石，南京附近的青龙山石和龙潭石。济南一带则有一种少洞穴、多竖纹、形体顽劣的被称为仲宫石的湖石，呈青灰色而细纹不多，形象雄浑，如济南趵突泉、黑虎泉都用这种山石掇山。

② 房山石。房山石因产于北京房山而得名。新采者呈土红色、橘红色或更淡一些的土黄色，日久后表面略带些灰黑色。房山石的质地不如太湖石那样脆，有一定的韧性。由于房山石也具有太湖石的窝、沟、环、洞等变化，故也有人称之为北太湖石。其特征除了在颜色上与太湖石有明显区别，容重亦比太湖石的大，扣之无共鸣声，多密集的小孔穴而少有大洞，因此外观比较沉实、浑厚和雄壮，这与太湖石的轻巧、清秀、玲珑形成鲜明的对比。与房山石比较接近的还有产自镇江的山石，其形态多变、色泽淡黄清润，扣之有微声；也有灰褐色的，石多穿眼相通。

③ 英石。英石原产于广东英德一带，以盲仔峡所产为著，是岭南园林掇山的主要用石。小而奇特的英石，常用于制作几案作品。英石质坚而脆，用手指弹扣有较响的共鸣声，淡青灰色，有的间有白脉纹络。这种山石多为中、小形体，鲜见大块。英石又可分为白英、灰英和黑英三种，一般所见以灰英居多，白英和黑英甚为罕见，故多用作特置或散点。

④ 灵璧石。灵璧石原产于安徽灵璧，石产土中，被赤泥渍满，须刮洗方显本色。其石中灰色且甚为清润，质地亦脆，用手弹亦有共鸣声，石面有坳坎的变化，石形亦千变万化，但其眼少且有婉转回折之势，须借人工以全其美。灵璧石可掇山石小品，但多作盆景石玩之用。

⑤ 宣石。宣石产于安徽宁国，其色有如积雪覆于灰色石上，又由于为赤土积渍而带些赤黄色，非刷净不见其质，故愈旧愈白。由于宣石有积雪般的外貌，扬州个园的冬山、深圳锦绣中华的雪山均以其作为掇山用石，效果甚佳。

(2) 黄石

黄石的产地很多，苏州、常州、镇江等地皆有所产，其中以常熟虞山的自然景观最为著名。其石形体顽劣，是一种橙黄色的细砂岩，见棱见角，节理面近乎垂直，雄浑沉实，平整大方，块钝而凌锐，具有强烈的光影效果。上海豫园的大假山、苏州耦园的假山和扬州个园的秋山均为黄石掇成的佳作。

(3) 青石

青石产自北京西郊一带，为一种青灰色的细砂岩。青石横向纹理显著，也有交叉互织的斜纹，形体呈片状。青石在北京运用较多，如圆明园武陵春色的桃花洞、北海公园的濠濮涧和颐和园后湖某些局部均采用了青石。青石多用于假山和磴道。

(4) 石笋

石笋为外形修长如竹笋的一类山石的总称。其产地颇广，石笋皆卧于山土中，采出后直立地上，园林中常作独立小景布置，多与竹类配置，如扬州个园的春山、北京紫竹院公园的江南竹韵等。常见的石笋有以下几种。

① 白果笋。白果笋是在青灰色的细砂岩中沉积了一些卵石，犹如银杏所产的白果嵌在石中而得名。北方则称之为子石或子母剑，剑喻其形，子即卵石，母为细砂岩。白果笋在我国园林中运用广泛，有人把头大而圆的称为虎头笋，头尖而小的称为凤头笋。

② 乌炭笋。顾名思义，这是一种乌黑色的石笋，它比煤炭的颜色稍浅而少光泽。如用浅色景物作背景，乌炭笋的轮廓就更加清新，可收到较好的对比效果。

③ 慧剑。慧剑是一种净面青灰色或灰青色的石笋，北京的假山师傅沿称其为慧剑。北京颐和园前山东腰数丈高的大石笋就是这样的慧剑。

④ 钟乳石。钟乳石为石灰岩溶融而成。可将钟乳石倒置或正放，用以点缀园景，如北京故宫御花园就是用这种石笋做特置小品的。

(5) 其他石品

园林假山石料除上述四类之外，还有诸如木化石、松皮石、石珊瑚、石蛋和黄蜡石等其他石品。木化石古老质朴，常用作特置或对置；松皮石是一种暗土红且石质中杂有石灰岩的交织细片，石灰岩部分经长期溶融或人工处理之后脱落成空洞块，外观像松树皮般斑驳突出；石蛋为产于海边、江边和旧河床的大卵石，有砂岩及其他质地，在岭南园林中运用较多，如广州动物园的猴山、广州七十二烈士陵园等处均大量采用；黄蜡石色黄，表面若有蜡质感，质地如卵石，多块料而少有长条形，广东、广西等地园林广泛运用，如深圳市人民公园、广西南宁市盆景园即大量采用了黄蜡石。各类山石特征如表5-1所示。

表5-1 山石特征类型

| 山石种类 | | 主要产地 | 特征 | 园林用途 |
|---|---|---|---|---|
| 湖石 | 太湖石 | 江苏太湖 | 质坚而脆，纹理纵横，脉络显隐，沟、缝、穴、洞遍布，色彩较多，为石中精品 | 掇山、特置 |
| | 房山石 | 北京房山 | 石灰暗，新石红黄，日久变灰黑色，质韧，也有太湖石的一些特征 | 掇山、特置 |
| | 英石 | 广东英德 | 质坚而脆，淡青灰色，扣之有声 | 掇山及几案平台 |
| | 灵璧石 | 安徽灵璧 | 灰色清润，石面坳坎变化，石形千变万化 | 山石小品及盆品石玩 |
| | 宣石 | 安徽宁国 | 有积雪般的外貌 | 散置、群置 |
| 黄石 | | 产地较多，常熟、常州、苏州等地皆产 | 形体顽劣，见棱见角，节理面近乎垂直，雄浑、沉实 | 掇山、置石 |

续表

| 山石种类 | | 主要产地 | 特　征 | 园林用途 |
| --- | --- | --- | --- | --- |
| 青石 | | 北京西郊洪山 | 多呈片状，有交叉互织的斜纹理 | 掇山、筑岸 |
| 石笋 | 白果笋 | 产地较多 | 外形修长，形如竹笋 | 常作独立小景 |
| | 乌炭笋 | | | |
| | 慧　剑 | | | |
| | 钟乳石 | | | |
| 其他石品 | | 各地 | 随石类不同而不同 | 掇山、置石 |

### 5.1.5　山石采运

山石的开采和运输皆因石材种类和施工条件而有所不同，但总的要求是减少山石的损坏，尽可能地少留人工痕迹，以下简单介绍几种假山石的采运方法。

**1）单块山石**

单块山石是指以单体的形式存在于自然界的石头。它因存在的环境和状态不同又有许多类型。对于半埋在土中的山石，有经验的假山师傅只需用手或铁器轻击山石，便可从声音中大致判断山石埋得深浅，以决定取舍，并用适宜挖掘的方法采集，这样既可以保持山石的完整又可以不太费工力。现在绿地置石中用得越来越多的卵石，则直接用人工搬运或用吊车装载。

**2）整体的连山石或黄石、青石**

这类山石一般质地较硬，采集起来不容易。在实际中最好采取凿掘的方法，把它从整体中分离出来；也可以采取爆破的方法，不仅可以收到事半功倍的效果，而且还可以得到理想的石形。凿眼时，一般孔径 5 cm、孔深 25 cm。可以炸成每块 0.5 ～ 1 t 重的石块，有少量更大一些，不可炸得太碎，否则观赏价值降低且不便施工。

**3）湖石、水秀石**

湖石、水秀石分别为质脆和质地松软的石料，在挖掘过程中要把需要的部分开槽先分割出来，并尽可能缩小分离的剖面。在运输中应尽量减少大的撞击、震动，以免损伤需要的部分。对于较脆的石料，尤其是形态特别的湖石在运输的过程中，需要对重点部分或全部用柔软的材料填塞、衬垫，最后用木箱包装。

## 5.2　假山的布局形式

### 5.2.1　置石

在园林工程建设中，将形态独特的单体山石或由几块、十几块小型山石构成的园林小景称为置石。置石通常所用石材较少，结构较简单，对施工技术也没有专门的要求，容易掌握。但是，因为置石是单独欣赏的对象，所以对石材的可观性要求较高，对置石平面位置安排、立面强调、空间趋势等也有特别的要求。置石的特点：以少胜多、以简胜繁、量少质高、篇幅不大，但要求目的明确、布局严谨、手法简练。依布置形式不同，置石可分为如下几类。

**1）特置**

特置也称孤置、孤赏、峰石，大多由单块山石布置成独立的石景(见图 5-2)。特置要求石材体量大，有较突出的特点，或有许多褶皱，或有许多或大或小的窝洞，或石质半透明、扣之有声，或奇形怪状、形似某物。

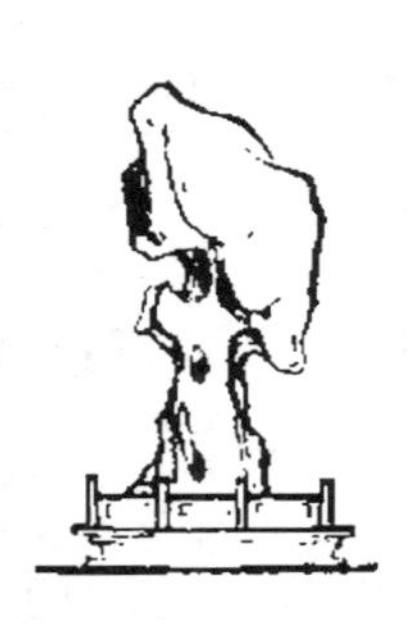

**图 5-2　特置**

我国园林著名的特置石有：深绉千纹的“绉云峰”(杭州)；玲珑剔透、千穴百孔的“玉玲珑”(上海)；体量特大，姿态超凡，遍布涡、洞的“瑞云峰”(苏州)；横卧、雄浑且遍布青色小洞的“青之岫”(北京)；兼透、漏、瘦于一石，亭亭玉立、高耸入云的“冠云峰”(苏州)；形神兼备的“大鹏展翅”和“猛虎回头”(广州)。

这些置石的共同特点是巨、透、漏、象形。特置就是要充分发挥单体山石的观赏价值，做到物尽其用。特置石设计一般包括以下三个方面。

(1) 平面布置设计

特置石作为局部的构图中心，一般观赏性较强，可观赏的面较多，所以，设计时可以将它放在多个视线的交点上，例如，大门入口处、多条道路交汇处、有道路环绕的一个小空间等。特置石一般以其石质、纹理轮廓等适宜于中近距离观赏的特征吸引人，所以要求有恰当的视距。在主要观赏面前必须给游人留出停留的空间视距，一般为 25 ～ 30 m，以石质取胜者可近些，而轮廓线突出、优美或象形者，视距应适当远些。设计时视距要限制在要求范围内，视距 $L$ 与石高 $H$，要符合 $H:L=1:4\sim3:7$ 的数量关系。为了将视距限制在要求范围内，在主要观赏面之前，可在局部扩大路面，或植可供活动的草皮、建平台等，也可在适当的位置设少量的座凳等。特置石也可安置在大型建筑前的绿地中。

(2) 立面布置设计

一般特置石应放在平视的高度上，可以建台来抬高山石。主要观赏面要求变化丰富、特征突出。如果山石有某处缺陷，可用植物或其他办法来弥补。为了强调其观赏效果，可用粉墙等背景来衬托置石，也可构框作框景。在空间处理上，或利用园路环绕，或在天井中间、廊之转折处，或近周为低矮草皮、地面铺设而较远处用高密植物围合，以形成一种凝聚的趋势，并选沉重、厚实的基层来突出特置石。

（3）工程结构设计

特置石在工程结构方面要求稳定和耐久，关键是掌握山石的重心线，使山石本身保持重心的平衡。我国传统的做法是用石榫头稳定，榫头一般不用很长，十几厘米到二十几厘米即可，根据石之体量而定。但榫头的直径要比较大，周围留有 3 cm 左右。石榫头必须正好在重心线上，基磐上的榫眼比石榫的直径略大一点，但应该比石榫头的长度要深一点，这样可以避免因石榫头顶住榫眼底部而使石榫头周边不能和基磐接触。吊装山石之前，只需在石榫眼中浇灌少量黏合材料，待石榫头插入时，黏合材料便自然地充满了空隙的地方（见图 5-3）。

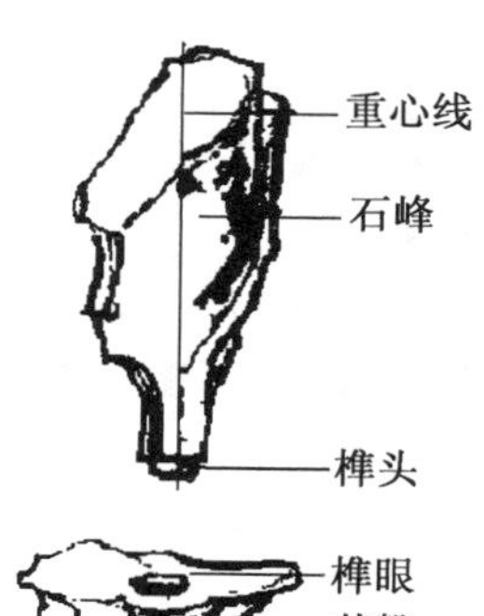


图 5-3 石榫示意

**2）孤置**

孤立独处地布置单个山石，并且山石是直接放置在或半埋在地面上，这种石景布置方式称为孤置。孤置石景与特置石景主要的不同是没有基座承托石景，石形的罕见程度及山石的观赏价值都没有特置石的高。

孤置石景一般能够起到点缀环境的作用，常常被当作园林局部的一般陪衬景物使用，也可布置在其他景物之旁。作为附属的景物，孤置石可以布置在路边、草坪上、水边、亭旁、树下，也可以布置在建筑或园墙的漏窗或取景窗后，与窗口一起构成漏景或框景。

在山石材料的选择方面，孤置石的要求并不高，只要石形是自然的，石面是风化而不是人工劈裂或雕琢形成的，都可以使用。当然，石形越奇特，观赏价值越高，孤置石的布置效果也会越好。

**3）对置**

两个山石布置在相对的位置上，呈对称或者对立、对应状态，这种置石方式即是对置（见图 5-4）。两块山石的体量大小、姿态方向和布置位置，可以对称，也可以不对称。前者叫对称对置，而后者则叫不对称对置。

对置的石景可起到装饰环境的配景作用，其布置一般是在庭院门前两侧、园林主景两侧、路口两侧、园路转折点两侧、河口两岸等环境条件下。

图 5-4 对置

选用对置石的材料要求稍高，石形应有一定的奇特性和观赏价值，多选能够作为单峰石使用的山石。两块山石的形状不必对称，大小高矮可以一致也可以不一致。在取材困难的地方，也可以小石拼成单峰石形状，但须用两三块稍大的山石封顶，并掌握平衡，使之稳固而无倾倒的隐患。

**4）散置**

散置是将山石零星放置，所谓“攒三聚五”，散漫布置，有立有卧，或大或小(见图5-5)。散置之石既要不使人感到零乱散漫或整齐划一，又要有自然的情趣，若断若续、相互连贯、彼此呼应。散置的运用范围较广，在掇山的山脚、山坡、山头，在池畔水际、溪涧河流，在林下，在花径中，在路旁，都可以散置山石而得到意趣。例如，山脚部分常以岩石横卧，半含土中，然后又有或大或小、或横或竖的块石散置直到平坦的山麓，仿若山岩余脉和山间巨石散落或风化后残存的岩石。一般山石的散置要力求自然，为种植、保持水土创造条件；山顶山石的散置要好似强烈风化过程中留下的较坚固的岩石。总之，散置无定式，随势随形而定点。

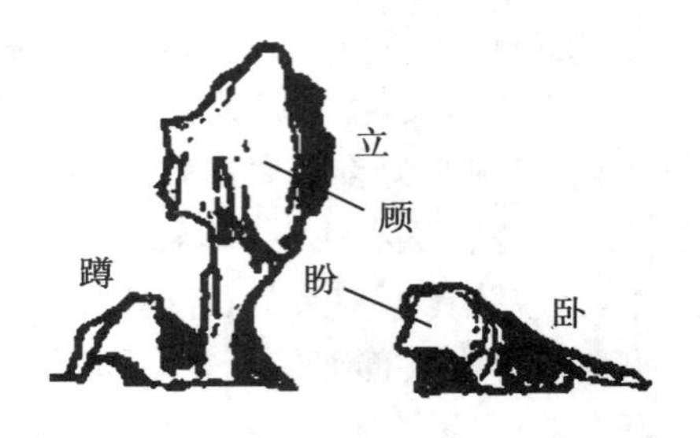


图 5-5　散置

**5）群置**

山石成群布置，作为一个群体来表现，称为群置，也称为聚点(见图5-6)。群置的手法看气势，关键在于一个“活”字，要求石块大小不等、体形各异，布置时疏密有致、前后错落、左右呼应、高低不一，形成生动的自然石景。

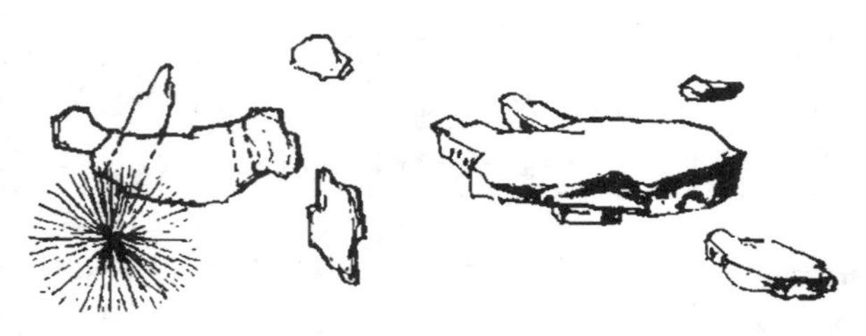

图 5-6　群置

群置的运用很广，如在建筑物或园林的角隅部分常用群置块石的手法来配饰，这在传统上叫“抱角”或“镶隅”。另外，“蹲配”是山石在台阶踏跺(涩浪)边的处理，以体量大而高者为“蹲”，体量小而低者为“配”。明代画家龚贤所著《画诀》说：“石必一丛数块，大石间小石，然后联络。面宜一向，即不一向亦宜大小顾盼。石小宜平，或在水中，或从土出，要有着落。”又说：“石有面、有足、有腹。亦如人之俯、仰、坐、卧，启独树则然乎。”所以在群置时要考虑到这些，虽然寥寥数块山石却要主次分明、高低错落，如此才可以“寸石生情”。

**6）山石器设**

用自然山石作室外环境中的家具器设，如作为石桌、石凳、石几、石水钵、石屏风等，既有实用价值，又有一定的造景效果。这种石景布置的方式即是山石器设。

作为一类休息用地的小品设施，山石器设宜布置在其侧方或后方有树木遮阴之处，如在林中空地、树林边缘地带、行道树下等，以免因夏季日晒而游人无法使用。除承担一些实用的功能外，山石器设还用来点缀环境，以增强环境的自然气息。特别是在起伏曲折的自然式地段，山石器设能够很容易地与周围的环境相协调，而且不怕日晒雨淋，不会锈蚀腐烂，可在室外环境中代替铁木制作的桌子、椅子。

用作山石器设的石材，应根据其用途来选择。如果作为石几或石桌的面材，则应选片状山石，或至少有一个平整表面的块状山石；如果用作桌、几的脚柱，则要选敦实的块状山石；如果是用作香炉，则应选孔洞密布的玲珑形山石。江南园林也常结合花台做几案处理，这种做法可以说是一种无形的、附属于其他景物的山石器设。

**7）山石与水域结合**

山水是自然景观的基础，“山因水而润，水因山而活”，园林工程建设中将山水结合得好，就可造出优美的景观。例如，用条石作湖泊、水池的驳岸，坚固、耐用，能够经受住大的风吹浪打；同时在周围平面线条规整的环境中应用，不但比较统一，而且可使这个园林空间显得更规整、有条理、严谨、肃穆而有气势。北京颐和园的南湖一带就使用花岗石条石驳岸。

由于山石轮廓线条比较丰富，有曲折、凹凸变化，石体不规则，有透、漏、皱、窝等特征，这些石体用在溪流、水池、湖泊等最低水位线以上部分堆叠、点缀，可使水域总体上有很自然、丰富的景观效果，非常富有情趣和诗情画意。江南园林的驳岸及北京颐和园的知春亭、后湖、谐趣园等部分皆应用了这种假山、石驳岸，景观效果非常突出。

山石也常用来点缀湖面，做小岛或礁石，使水域的水平变化更为丰富。

**8）山石与建筑相结合**

在许多自然式园林中，园林建筑多建在自然山石上。在自然山石上建房有许多优点。首先，用坚硬的整体山石作基地，不易进水、不易冻裂，并且承载力较大，不仅稳固，而且不易发生不均匀的沉降。其次，节约资金。房屋建筑的基础部分往往占投资费用的很大部分，包括材料费、运输费、人工费等方面。如果在坚实的山石上建房，地基的处理就容易得多，可以节约一大笔费用。最后，在山上设置建筑，可以让人更容易与大自然亲近，因为建筑与自然分布的山石、植物或水体结合，可以营造一种舒适的居住、生活环境。

在园林特别是自然山水园林和写意园林中，经常通过用山石对人工的整体性建筑进行以下几种局部处理，造成一种建筑物就建在自然的山上、崖边或山隅的效果，借用这一错觉来满足人们亲近自然的愿望。

（1）*山石踏跺*

山石踏跺是用扁平的山石台阶的形式连接地面，强调建筑出入口的山石堆叠体。山石踏跺不仅可作为台阶出入建筑，而且有助于处理由人工建筑到自然环境之间的过渡。石材选择扁平状的，不一定都要求为长方形，各种角度的梯形甚至是不等边的三角形，更富于自然的外观。每级高度为 10 ～ 30 cm，或更高一些，各阶的高度不一定完全相等。每阶山石向下坡方向有 2% 的倾斜坡度，以便排水。石阶断面要求上挑下收，以免人们上台阶时脚尖碰到石阶上沿。用小石块拼合的石级，要注意“压茬”，即在上面的石头要压住下面的石缝。

踏跺的形式必须灵活运用,恰到好处地增添自然气氛。

踏跺常和蹲配配合使用,来装饰建筑的入口,其作用与垂带、石狮、石鼓等装饰品的作用相当,但外形不像前者那样呆板,而是富于变化。它一方面可作为石块两端支撑的梯形基座,另一方面也可用来遮挡踏跺层叠后的最后茬口。与踏跺配合使用的蹲配在构图时须对比鲜明、相互呼应、联系紧密,务必在建筑轴线两旁保持均衡。

(2) 抱角和镶隅

建筑物相邻的墙面相交成直角,直角内的围合空间称为内拐角,而直角外的发散空间称为外拐角。外拐角之外以山石环抱之势紧抱基角墙面,称为抱角;内拐角以山石填其内,称为镶隅。本来是用山石抱外角和镶内角,反而像建筑坐落在自然的山岩上,效果非常精妙。抱角和镶隅的体量均须与墙体所在的空间取得协调。一般情况下,大体量的建筑抱角和镶隅的体量需较大,反之宜较小。抱角和镶隅的石材及施工,必须使山石与墙体,特别是可见部位能密切吻合。

镶隅的山石常结合植物,一部分山石紧砌墙壁,另一部分与其自然围合成一个空间,内部添土,栽植轻盈的观赏植物。植物、山石的影子投放到墙壁上,植物在风中摇曳,使本来呆板、僵硬的直角线条和墙面显得柔和,壁山也显得更加生动。与镶隅相似,沿墙建的折廊与墙形成零碎的空间,在其间缀以山石、植物,既可补白,又可丰富沿途景观。

(3) 粉壁置石

粉壁置石就是以墙为背景,在建筑物出口对面的墙面或山墙的基础部位做山石布置,也称壁山。这是传统的园林手法,即"以粉壁为纸,以石为绘也"。山石多选湖石、剑石,仿古山石画的意境,主次分明,有起有伏,错落有致。常配以松柏、古梅、修竹或以框收之,好似美妙的画卷。山石在布置时,不能全部靠墙,应限定距离,以使石景有一定的景深和层次变化。山石与墙之间要做好排水,以免长期积水泡胀墙体。

在园林中,往往单独专门建一段墙体,用粉壁置石来构景,常做障景、隔景等。江南庭院园林中,这种布置随处可见。

(4) 尺幅窗和无心画

这种手法是清代李渔首创的。他把墙上原本挂山水画的位置做成漏窗,然后在窗外布置竹石小品之类,使景入画,以景代画,比之于画又有不同。阳光洒下有倩影,微风吹来能摇动,且伴有悦耳的沙沙声。以粉墙为背景,山石、植物投影其上,有窗花剪影的效果,精美绝妙,这个窗就称为尺幅窗,窗内景称为无心画。

尺幅窗和无心画形式考究:精致的边框,精雕细刻,或用简洁大方的图案作饰边;所叠山石最高处,在镜框高度的1/2～3/4,其他地方留白;旁植修竹或其他姿态潇洒的树种,将一部分枝叶或全株纳入画中,构成虚实对比;以粉墙为背景,相当于宣纸;画的左右两边可题对联,用以点题。茶室、展览室、音乐间等相对幽静和高雅的空间环境,可布置此景。

(5) 云梯

用山石扒砌的室外楼梯,山石凹凸起伏,梯阶时隐时现,故称云梯。设计云梯时,应注意以下几点。

① 云梯必须与环境相协调，不能孤立使用。周围环境必须有置石、假山或真实的山体，云梯是假山或真山体的延续和必要组成部分。从云梯上楼，仿佛有上山的感受，每一石阶高程可适当加大，从而使人爬云梯时感觉费力，创造高的境界。离开了山石的环境，云梯就会显得做作和突然。

② 最忌云梯暴露无遗。完全显露出来的云梯，缺乏含蓄的意味，散失了“云”形态多变、隐现不定的意境，云梯也就没有了价值。设计时，云梯的一面沿墙或绕壁山，而另一面堆叠的山石大多应高出台阶的高程，有时甚至可以与人同高，使台阶大多隐藏。在一定视距范围内仰视云梯，台阶上的人如同在云山中出没的仙人。

③ 起步向里缩。开始时在台阶之外，用立石、大石、叠石等遮挡大部分视线。也可与花池、花台、山洞等相连，融入环境中，使起步比较隐蔽。

④ 要求占用空间小，视距短。因云梯是以山石蹬道代替楼梯或于梯旁点缀山石，故要求满足功能上的需要，体量无须过大。为了减少云梯基部的山石工程量，往往采用大石悬、挑等做法。而云梯作为景观，观赏视距应该较小，以增加高入云端的感觉。

**9）山石与植物结合的设计**

山石与植物主要以花台的形式结合，即用山石堆叠花台的边台，内填土，栽植植物；或在规则的花台中，用植物和山石组景。

山石花台提高了栽植土壤的高度，使一部分不耐水渍的花木，如牡丹、芍药、兰花等花大、香浓、色正的花木能够健康生长。山石花台也可与自然式的游园道取得协调，还可以增大视角，使花木山石在正常观赏视角范围内，不至于使游客蹲下观花闻香，所以山石花台被南方园林广泛采用。

花台与驳岸的功能相似，一个为挡水，另一个为挡土。两者的砌法基本相同，均有基础、墙体，以自然山石镇压。不同之处在于，驳岸着重观赏临水面，而山石花台主要观赏背土面，故要尽可能使山石堆砌手法多变，以丰富花台的平、立面构图。

### 5.2.2 掇山

假山用料多、体量大，山体形态变化丰富，因此布局严谨，手法多变，是艺术与技术高度结合的园林造型艺术。在传统的中国园林中，历代假山匠师多以山水画论为指导，将自然山石掇合成假山，其工艺过程包括选石、采运、相石、立基、拉底、中层、结顶。先构思立意，确立造山之目的，再以专门的手法掇合成千变万化的各种山水单元，如峰、峦、顶、岭、壁、岩、洞、谷、岫、麓、矶等。

假山布置最根本的法则是“巧于因借，因地制宜”“有真为假，做假成真”（计成《园冶》）。具体要注意以下几点。

**1）山水结合，相映成趣**

中国园林把自然风景看成是一个综合的生态环境景观，山水又是自然景观的主要组成部分。如果片面地强调堆山掇石而忽略了其他因素，其结果必然是“枯山”“童山”，从而缺乏自然的活力。上海豫园黄石大假山的特色主要在于以幽深曲折的山洞破山腹后流入山下的水池;苏州环秀山庄山峦拱伏构成主体,弯月形水池环抱山体两面,一条幽谷山涧贯穿山体再入水池;南京瞻园因用地南北狭长而使假山各居南北,池在两山麓又以长溪相沟通。这些都是山水结合的成功之作。苏州拙政园中部以水为主,池中造山作为对景,山体又被水池的支脉分割为主次分明而又有密切联系的两座岛山,这为拙政园的地形奠定了关键性的基础。假山在古代称为"山子",足见"有假为真"指明真山是造山之母。真山是以自然山水为骨架的自然综合体,那就必须基于这种认识来布置假山,才有可能获得"做假成真"的效果。

**2) 相地合宜,造山得体**

自然山水景物是丰富多样的,在一个具体的园址上究竟要在什么位置上造山,造什么样的山,采用哪些山水地貌组合单元,都必须结合相地、选址,因地制宜地把主观要求和客观条件的可能性及所有的园林组成因素作统筹的安排。《园冶·相地》谓:"如方如圆,似扁似曲。如长弯而环壁,似扁阔以铺云。高方欲就亭台,低凹可开池沼。卜筑贵从水面,立基先究源头。疏源之去由,察水之来历。"如果用这个理论去观察北京北海公园静心斋的布置,便可了解相地和山水布置间的关系。承德避暑山庄在澄湖中设青莲岛,岛上建烟雨楼以仿嘉兴之烟雨楼,而在澄湖东部辟小金山为仿镇江金山寺。这两处的假山在总的方面是模拟名景,但具体处理时又考虑了当地环境条件,因地制宜,使得山水结合有若自然。

**3) 巧于因借,混假于真**

这也是因地制宜的一个方面,就是充分利用环境条件造山。如果园之远近有自然山水相因,那就要灵活地加以利用。在真山附近造假山是用混假于真的手段取得真假难辨的造景效果。位于无锡惠山东麓的寄畅园借九龙山、惠山于园内作为远景,在真山前面造假山,如同一脉相承。北京颐和园仿寄畅园建谐趣园,于万寿山东麓造假山、于万寿山之北隔长湖造假山有类似的效果。真山、假山夹水对峙,取假山与真山山麓相对应,极尽曲折收放之变化,令人莫知真假。特别是自东西望时,有西山为远景,效果就更逼真了。

混假于真的手法不仅可用于布局取势,也可用于细部处理。承德避暑山庄外八庙的假山、庄内的假山,北京颐和园的桃花沟螯画中游等都是以本山裸露的岩石为材料,把人工堆的山石和自然露岩相混布置,也都收到了"做假成真"的效果。

**4) 独立端严,次相辅弼**

在设计假山时想要主景突出,应先立主体,再考虑如何搭配,以次要景物突出主体景物。北海公园画舫斋中的古柯庭就以古槐为主题,庭院的建筑和置石都是围绕这株古槐布置的。布局时应先从园的功能和意境出发,并结合用地特征来确定宾主之位。假山必须根据其在总体布局中的地位和作用来安排,最忌不顾大局和喧宾夺主。确定假山的布局地位后,假山本身还有主从关系的处理问题。《园冶》提出"独立端严,次相辅弼"就是强调先定主峰的位置和体量,然后再辅以次峰和配峰。

**5) 三远变化,移步换景**

假山在处理主次关系的同时还必须结合"三远"的理论来安排。宋代郭熙《林泉高致》说："山有三远：自山下而仰山巅，谓之高远；自山前而窥山后，谓之深远；自近山而望远山，谓之平远。"又说："山近看如此，远数里看又如此，远十数里看又如此，每远每异，所谓山行步步移也。山正面如此，侧面又如此，背面又如此，每看每异，所谓山形面面看也。如此，是一山而兼数百山之形状，可得不悉乎？"

假山在处理三远变化时，高远、平远比较容易做到，而深远做起来却不是很容易。它要求在游览路线上能给人山体层层深厚的观感。这就需要统一考虑山体的组合和游览路线的开辟两个方面。苏州环秀山庄的湖石假山并不像某些园林以奇异的峰石取胜。清代假山哲匠戈裕良从整体着眼、局部着手，在面积很有限的地盘上掇出逼似自然的石灰岩山水景。整个山体可分为三部分：主山居中而偏东南，客山远居园之西北角，东北角又有平岗拱伏，这就有了布局的三远变化。就主山而言，又有主峰、次峰和配峰的安置，它们呈不规则形式错落相安。主峰比次峰高 1 m 多，次峰又比配峰高，因此高远的变化也初具安排。而更难能可贵之处在于，有一条能最大限度发挥山景三远变化的游览路线贯穿山体。无论自平台北望或跨桥、过栈道、进山洞、跨谷、上山，均可展示一幅幅的山水画面。既有"山形面面看"，又具"山形步步移"。假山不同于真山，多为中、近距离观赏，因此主要靠控制视距实现。此园"以近求高"，把主要视距控制在 1∶3 以内，实际尺寸并不很大，而身历其境却又如置身于下山幽谷之中，达到了"岩峦洞穴之莫穷，涧壑坡矶之俨是"的艺术境界，堪称湖石假山之极品。

**6）远观山势，近看石质**

"远观势，近观质"，这是山水画理，既强调了布局和结构的合理性，又重视细部处理。"势"是指山水的形式，亦即山水的轮廓、组合与所体现的动势和性格特征。置石和掇山亦如作文，一石即一字，数石组合即用字组词，由石组成峰、峦、洞、壑、岫、坡、矶等组合单元又有如造句，由句成段落即类似一部分山水景色，然后由各部山水景组成一整篇文章，这就像造一个园子，园之功能和造景的意境结合便是文章的命题，这就是"胸有成山"的内容。

就一座山而言，其山体可分为山麓、山腰和山头部分。《园冶》说："未山先麓，自然地势之嶙嶒。"这是山势的一般规律。石可壁立，当然也可以从山麓就立峭壁。

合理的布局和结构还必须落实到假山的细部处理上，这就是"近看质"的内容，与石质和石性有关。例如，湖石类属石灰岩，因降水中有碳酸的成分，对湖石可溶于酸的石质产生溶蚀作用，使石面产生凹面。由凹成涡，涡再纵向发展成为纹，纹深成隙，隙冲宽了成沟，沟向深度溶蚀成环，环被溶透成洞，洞与环的断裂面便形成锐利的曲形锋面。于是，大小沟纹交织，层层环洞相套，这就形成湖石外观圆润柔曲、玲珑剔透、涡洞相套、皴纹疏密的特点，亦即山水画中荷叶皴、披麻皴、解索皴大多所宗之本。而黄石作为一种细砂岩，是方解型节理，由于成岩过程的影响和风化的破坏，它的崩落是沿节理面分解，形成大小不等、凹凸成层和不规则的多面体。石之各方的石面平如削斧劈，面和面的交线又形成锋芒毕露的棱角线或称峰面。于是外观方正刚直、浑厚沉实、层次丰富、轮廓分明，亦即山水画皴法中大斧劈、小斧劈、折带皴等所宗。但是，石质和皴纹的关系是很复杂的，也有花岗岩的大山具有荷叶皴，砂岩也有极少数具有湖石的外观，只能说一般的规律是这样的。如果说得更简单一些，至少要分竖纹、横纹和斜纹几种变化。掇山置石必须讲究皴法才能做到“掇山莫知山假”。

**7）寓情于石，情景交融**

假山很重视内涵和外表的统一，常运用外形、比拟和激发联想的手法造景。所谓“片山有致，寸石生情”，也是要求无论置石或掇山都讲究“弦外之音”。中国自然山水园林的外观是力求自然的，但究其内在的意境而言又完全受人的意识支配。这包括长期相为因循的“一池三山”“仙山琼阁”等寓为神仙境界的意境，“峰虚五老”“狮子上楼台”“金鸡叫天门”等地方性传统程式，“十二生肖”及其他各种象形手法，“武陵春色”“濠濮涧想”等寓意隐匿或典故性的追索，“艮岳”仿杭州凤凰山、苏州洽隐园水洞仿小林屋洞等寓名山大川和名园的手法，以及寓自然山水性情的手法和寓四时景色的手法等。这些寓意又可结合石刻题咏，使之具有综合性的艺术价值。

扬州个园之四季假山是寓四时景色方面别出心裁的佳作。春山是序幕，于花台的挺竹中置石笋以象征“雨后春笋”；夏山选用灰白色太湖石作积云式叠山，并结合荷池、夏荫来体现夏景；秋山是高潮，选用富于秋色的黄石叠高垒胜以象征“重九登高”的俗情；冬山是尾声，选用宣石为山，宣石有如白雪覆石面，皑皑耀目，山后种植台中植蜡梅，加以墙面上风洞的呼啸效果使冬意更浓。冬山和春山仅隔一墙，却又开透窗。自冬山可窥春山，有冬去春来之意。像这样既有内在含义，又有自然外观的时景假山园在众多的园林中是很富有特色的，也是罕有的实例。

### 5.2.3 假山设计的图纸表现

作为假山材料的山石千姿百态，它不同于建筑材料的砖瓦具有一定的规格，这就给假山设计带来了困难，同时，也使得假山设计有别于建筑图。一般来说，假山设计要完成的图纸有下述几种。

**1）总平面图**

总平面图标出所设计的假山在全园的位置，以及与周围环境的关系。比例根据假山的大小一般可选用 1∶1 000 ～ 1∶200。

**2）平面图**

平面图表示主峰、次峰、配峰在平面上的位置及相互间的关系，并标上标高，如果所设计的假山有多层，要分层画出平面图。比例根据假山的大小一般可选用 1∶300 ～ 1∶50。

**3）主要立面图**

立面图表现山体的立面造型及主要部位高度，与平面图配合，可反映出峰、峦、洞、壑的相互位置。为了完整地表现山体各面形态，便于施工，一般应绘出前、后、左、右四个方向的立面图。

**4）透视图**

用透视图可以形象、生动地表示出设计意图，并可解决某些假山师傅不识图的问题。

#### 5）主要断面图

必要时可画一至数个主要横、纵断面图，比例根据具体情况而定。

## 5.3 假山的分层结构与施工

### 5.3.1 施工前期的准备

#### 1）施工材料的准备

（1）山石备料

要根据假山设计意图，确定所选用的山石种类，最好到产地直接对山石进行初选，初选的标准可适当放宽。变异大的、孔洞多的和长条形的山石可多选一些，石形规整、石面非天然生成而是爆裂面的、无孔洞的矮墩状山石可少选或不选。在运回山石过程中，对易损坏的奇石应给予包扎防护。山石材料应在施工之前全部运进施工现场，并将形状最好的一个石面向上方放置。山石在现场不要堆起来，而应平摊在施工场地周围待选用。如果假山设计的结构形式是以竖立式为主，则需要的长条形山石比较多；在长条形山石数量不多时，可以在地面将形状相互吻合的短石用水泥砂浆对接在一起，形成长条形山石留待选用。山石备料数量，应根据设计图估算出来。为了适当扩大选石的余地，在估算的数量上应再增加 1/4 ～ 1/2，这就是假山工程的山石备料总量了。

（2）辅助材料准备

堆叠山石所用的辅助材料，主要是指在叠山过程中需要消耗的一些结构性材料，如水泥、石灰、砂及少量颜料等。

水泥：在假山工程中，水泥需要与砂混合，配成水泥砂浆和混凝土后再使用。

石灰：在古代，假山的胶结材料就是以石灰浆为主，再加进糯米浆使其黏合性能更强。而现代假山工艺中已改用水泥作胶结材料，石灰则一般是以灰粉和素土一起，按 3∶7 的配合比配制成灰土，作为假山的基础材料。

砂：砂是水泥砂浆的原料之一，它分为山砂、河砂、海砂等，而以含泥少的河砂、海砂质地最好。在配制假山胶结材料时，应尽量用粗砂。粗砂配制的水泥砂浆与山石质地要接近一些，有利于削弱人工胶合痕迹。

颜料：在一些颜色比较特殊的山石的胶合缝口处理中，或是在以人工方法用水泥材料塑造假山和石景的时候，往往要使用颜料来为水泥配色。需要准备什么颜料，应根据假山所采用山石的颜色来确定。常用的水泥配色颜料是炭黑、氧化铁红、柠檬铬黄、氧化铬绿和钴蓝。

另外，还要根据山石质地的软硬情况，准备适量的铁爬钉、银锭扣、铁吊架、铁扁担、大麻绳等施工消耗材料。

**2）施工工具的准备**

(1) 绳索

绳索是绑扎石料后起吊搬运的工具之一。一般来说，任何假山石块，都是经过绳索绑扎后起吊搬运到施工地叠置而成的，所以绳索是很重要的工具之一。

绳索的规格很多，假山用起吊搬运的绳索是用黄麻长纤维丝精制而成的，选直径20 mm的8股黄麻绳、25 mm的12股黄麻绳、30 mm的16股黄麻绳或40 mm的18股黄麻绳，作为各种石块绑扎起吊用绳索。因黄麻绳质地较柔软，打结与解扣方便且可使用次数也较多，可以作为一般搬运工作的主要结扎工具。以上绳索的负荷值为200～1 500 kg(单根)。在具体使用时可以自由选择，灵活使用(辅助性小绳索不计在内)。

绳索活扣是吊运石料的唯一正确操作方法，它的打结法与一般起吊搬运技工所用的活结法相同。

在吊运套入吊钩或杠棒时用活结，但如何绑扎是很重要的。绑扎的原则是选择在石料(块)的重心位置处，或重心稍上的地方，两侧打成环状，套在可以起吊的突出部分或石块底面的左右两侧角端，这样便于在起吊时因重力作用而附着牢固，严防因稍事移动而滑脱的情况出现。

(2) 杠棒

杠棒是传统的搬抬运输工具，但因其简单、灵活、方便，在现阶段仍有其使用价值，所以我们还需要将其作为重要的搬运工具之一来使用。杠棒在南方取毛竹为材，直径6～8 cm。要求取节密的新毛竹根部，节间长6～11 cm为宜。毛竹杠棒长度约为1.8 m。北方杠棒多用柔韧的黄檀木，加工成扁形适合人肩扛抬。杠棒单根的负荷重量要求达到200 kg左右。较重的石料要用双道杠棒或三四道杠棒由6～8人扛抬。这时要求每道杠棒的负荷平均，避免负荷不均而造成工伤事故。

(3) 撬棍

撬棍是指用粗钢筋或六角空芯钢做成长1～1.6 m不等的直棍段，在其两端各锻打出偏宽楔形，与棍身成45°～60°角的撬头，以便将其深入待撬拨的石块底下，用于撬拨要移动的石块，这是假山施工中使用较多且重要的另一手工操作的必备工具。

(4) 破碎工具(大、小榔头)

破碎假山石料要运用大、小榔头。一般多用24磅、20磅到18磅大小不等的大型榔头，用于捶击石块需要击开的部分，是现场施工中破石用的工具之一。为了击碎小型石块或使石块靠紧，也需要小型榔头，其尺寸与形状是一头与普通榔头一样为平面，另一头为尖啄嘴状，小榔头的尖头作为修凿之用，大榔头作为敲击之用。

(5) 运载工具

对石料的较远水平运输要靠半机械的人力车或机动车。这些运输工具的使用一般属于运输业务，在此不再赘述。

(6) 垂直吊装工具

① 吊车：在大型假山工程中，为了增强假山的整体感，常常需要吊装一些巨石，

在有条件的情况下，配备一台吊车还是有必要的。如果不能保证有一台吊车在施工现场随时待用，也应做好用车计划，在需要吊装巨石的时候临时租用吊车。一般的中小型假山工程和起重重量在 1 t 以下的假山工程，都不需要使用吊车，而用其他方法起重。

② 吊秤起重架：这种杆架实际上是由一根主杆和一根臂杆组合成的可作大幅度旋转的吊装设备。架设这种杆架时，先要在距离主山中心点适宜位置的地面挖一个深 30 ～ 50 cm 的浅窝，然后将直径 150 mm 以上的杉杆直立在其上作为主杆。主杆的基脚用较大石块围住压紧，使其不移动；而杆的上端则用大麻绳或用 8 号铅丝拉向周围地面上的固定铁桩并拴牢绞紧。铅丝应以 2 ～ 4 根为一股，将 6 ～ 8 股铅丝均匀地分布在主杆周围。固定铁桩直径应在 30 mm 以上，长 50 cm 左右，其下端为尖头，朝着主杆的外测斜着打入地面，只留出顶端供固定铅丝用。然后在主杆上部适当位置吊拴直径在 120 mm 以上的臂杆，利用械杆作用吊起大石并安放到合适的位置上。

③ 起重绞磨机：在地上立一根杉杆，杆顶用 4 根大绳拴牢，由人从四个方向拉紧并服从统一指挥，既能扯住杉杆，又能随时做松紧调整，以便吊起山石后能做水平方向移动。在杉杆的上部还要拴上一个滑轮，再用一根大绳或钢丝绳从滑轮穿过，绳的一端拴吊着山石，另一端再穿过固定在地面的第二个滑轮，与绞磨机相连。转动绞磨，山石就被吊起来了。

④ 手动铁链葫芦（铁辘轳）：简单实用，是假山工程必备的一种起重设备。使用这种工具时，也要先搭设起重杆架。可用两根结实的杉杆，将其上端紧紧拴在一起，再将两杉杆的柱脚分开，使杆架构成一个三脚架。然后在杆架上端拴两条大绳，从前后两个方向拉住并固定杆架，绳端可临时拴在地面的石头上。将手动铁链葫芦挂在杆顶，就可用来起吊山石。起吊山石的时候，可以通过拉紧或松动大绳和移动三脚架的柱脚，来移动和调整山石的平面位置，使山石准确地吊装到位。

（7）嵌填装饰用工具

假山施工中，嵌缝修饰需用一简单的手工工具，像泥塑艺术家用的塑刀一样，用大致宽 20 mm、长约 300 mm、厚为 5 mm 的条形钢板制作，呈正反 S 形，俗称“柳叶抹”。

为了修饰抹嵌好的灰缝，使之与假山混于一体，除了在水泥砂浆中加颜料，还要用毛刷蘸水轻轻刷去砂浆的毛渍。一般用油漆工常用的大、中、小三种型号的漆帚作为修饰灰缝表面的工具。蘸水刷光的工序，要待所嵌的水泥缝初凝后开始，不能早于初凝之前（嵌缝约 45 min 后），以免将灰缝破坏。

**3）假山工程量估算**

假山工程量一般以设计的山石实用吨位数为基数来推算，并以工日数来表示。假山采用的山石种类不同、假山造型不同、假山砌筑方式不同，都会影响工程量。由于假山工程的影响因素太多，每工日的施工定额也不容易统一，因此准确计算工程量有一定难度。根据十几项假山工程施工资料统计的结果，包括放样、选石、配制水泥砂浆及混凝土、吊装山石、堆砌、刹垫、搭拆脚手架、抹缝、清理、养护等全部施工工作在内的山石施工平均工日定额，在精细施工条件下，应为 0.1 ～ 0.2 t；在大批量粗放施工的情况下,则应为 0.3 ~ 0.4 t。

**4) 施工人员配备**

假山工程是一门造景技艺。我国传统的叠山艺人,多有较高的艺术修养。他们不仅能诗善画,而且对自然界山水的风貌有很深刻的认识。他们有丰富的施工经验,有的还出身叠山世家。一般由他们担任师傅,组成专门的假山工程队,另外还有石工、起重工、泥工、壮工等,人数不多,一般 8 ~ 10 人,他们一专多能,能相互支持,密切配合。

### 5.3.2 假山基础施工

假山施工第一阶段的程序,首先是制作假山模型、定位与放线,其次是进行基础施工,最后就是做山脚部分。山脚做好后才进入第二阶段,即山体、山顶的堆叠阶段。

**1) 假山模型的制作**

① 熟悉设计图纸,图纸包括假山底层平面图、顶层平面图、立面图、剖面图及洞穴、结顶等大样图。

② 选用适当的比例(1∶20 ~ 1∶50)根据大样平面图,确定假山范围及各山景的位置。

③ 制模材料可选用泥砂或石膏、水泥砂浆、橡皮泥及泡沫塑料等可塑材料。

④ 假山模型主要体现山体的总体布局及山体的走向、山峰的位置、主次关系和沟壑洞穴、溪涧的走向,尽量做到体量适宜、布局精巧,体现出设计的意图,为假山施工提供参考。

**2) 假山的定位与放线**

在假山平面设计图上按 5 m × 5 m 或 10 m × 10 m(小型的石假山也可用2 m ×2 m)的尺寸绘出方格网,在假山周围环境中找到可以作为定位依据的建筑边线、围墙边线或园路中心线,并标出方格网的定位尺寸。

按照设计图方格网及其定位关系,将方格网放大到施工场地的地面。在假山占地面积不大的情况下,方格网可以直接用白灰画到地面;在占地面积较大的大型假山工程中,可以用测量仪器将各方格交叉点测设到地面,并在点上钉下坐标桩。放线时,用几条细绳拉直连上各坐标桩,就可标示出地面的方格网。

以方格网放大法,用白灰将设计图中的山脚线在地面方格网中绘出,把假山基底的平面形状(也就是山石的堆砌范围)绘在地面上。假山内有山洞的,也要按相同的方法在地面绘出山洞洞壁的边线。

依据地面的山脚线,向外取 50 cm 宽度绘出一条与山脚线相平行的闭合曲线,这条闭合曲线就是基础的施工边线。

**3) 基础施工**

基础影响假山稳定和艺术造型,掇山必先有成局在胸,才能准确确定假山基础的位置、外形和深浅,否则假山基础既起出地面,再想改变就很困难,因为假山的重心不可超出基础。

(1) 基础类型

假山如果能坐落在天然岩上是最理想的,其他的都需要做基础。做法主要有以下几种(见图5-7)。

① 桩基础:这是一种传统的基础做法,特别是水中的假山或山石驳岸用得很广泛。

② 灰土基础:北方园林中位于陆地上的假山多采用灰土基础,因为灰土基础有比较好的凝固条件。灰土一旦凝固便不透水,可以减少土壤冻胀的破坏。灰土基础的宽度应比假山底面宽度宽出0.5 m左右,术语称为“宽打窄用”,以保证假山的重力沿压力分布的角度均匀地传递到素土层。灰槽深度为50～60 cm。高度在2 m以下的假山一般用一步素土、一步灰土(一步灰土即布灰土20～30 cm,踩实后再夯实到10～15 cm厚)。2～4 m高的假山用一步素土、两步灰土。石灰一定要选用新出窑的块灰,在现场泼水化灰。灰土的配合比采用3∶7,素土应选择黏重不含杂质的土壤。

③ 毛石或混凝土基础:现代的假山多采用浆砌毛石或混凝土基础。这类基础耐压强度大,施工速度快。

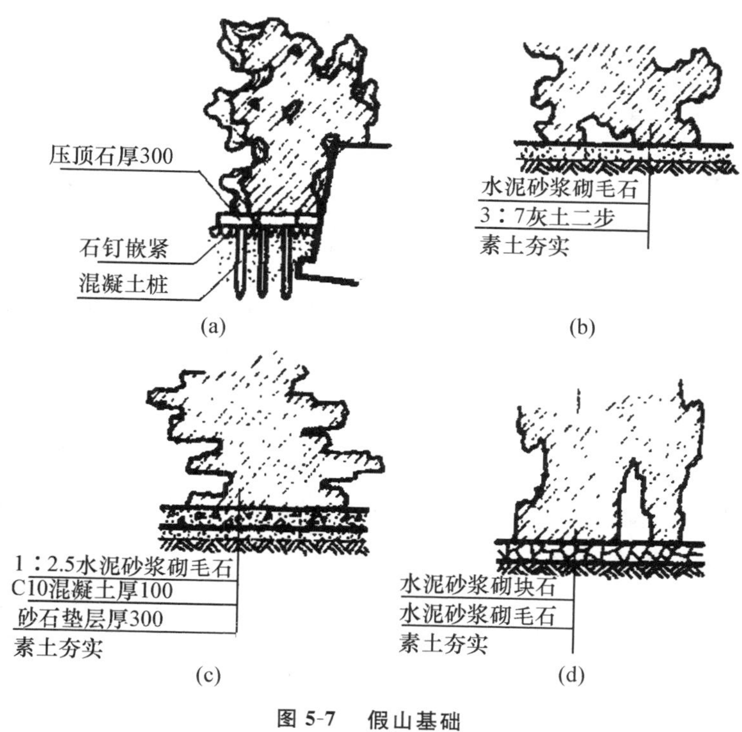


**图5-7 假山基础**

(a) 桩基础; (b) 灰土基础; (c) 混凝土基础; (d) 浆砌块石基础

(2) 基础浇筑

确定了主山体的位置和大致的占地范围,就可以根据主山体的规模和土质情况进行钢筋混凝土基础的浇筑了。浇筑基础,是为了保证山体不倾斜、不下沉。如果基础不牢而使山体发生倾斜,也就无法供游人攀爬了。

浇筑基础的方法很多,先根据山体的占地范围挖出基槽,或用块石横竖排立,于石块之间注进水泥砂浆。或用混凝土与钢筋扎成的块状网浇筑成整块基础。在基土坚实的情况下可利用素土槽浇筑,基槽宽度同灰土基。陆地上选用不低于C10的混凝土,水中采用C15水泥砂浆浆砌块石。混凝土的厚度,陆地上为10～20 cm,水中约为50 cm。水泥、砂和碎石配合的重量比为1∶2∶4至1∶2∶6。如遇高大的假山,可酌情加厚或采用钢筋混凝土替代砂浆混凝土。毛石应选未经风化的石料,用150号水泥砂浆浆砌,砂浆必须填满空隙,不得出现空洞和缝隙。如果基础为较软的土层,要对基土进行特殊处理。做法是先将基槽夯实,在素土层上铺20 cm厚钉石,尖头向下夯入土中6 cm左右,其上再铺设混凝土或砌毛石基础。至于砂石与水泥的配合比、混凝土的基础厚度、所用钢筋的直径等,则要根据山体的高度、体积、重量和土层情况而定。叠石造山浇筑基础时应注意以下事项。

① 调查了解山址的土壤立地条件,地下是否有阴沟、基窟、管线等。

② 叠石造山如采用以石山为主配植较大植物的造型,预留空白要确定准确。仅靠山石中的回填土常常无法保证有足够的土壤供植物生长,加上满浇混凝土基础,就形成了土层的人为隔断,地气接不上来,水也不易排出去,使得植物不易成活和生长不良。因此,在准备栽植植物的地方根据植物大小需预留一块不浇混凝土的空白处,即留白。

③ 从水中堆叠出来的假山,主山体的基础应与水池的底面混凝土同时浇筑,形成整体。如先浇主山体基础,待主山体基础完成后再做水池池底,则池底与主山体基础之间的接头处容易出现裂缝而产生漏水,而且日后极难处理。

④ 如果山体是在平地上堆叠,则基础一般低于地面至少2 m。山体堆叠成形后再回填土,同时沿山体边缘栽种花草,使山体与地面的过渡更加自然生动。

### 5.3.3 假山山脚施工

#### 1) 拉底

拉底是指在基础上铺置底层的自然山石。假山空间的变化都立足于底层,所以,“拉底”为叠山之本。如果底层未打破整形的格局,则中层叠石难以变化,此层山石大部分在地面以下,只有小部分露出地表,不需要形态特别好的山石。但由于它是受压最大的自然山石层,所以拉底山石要求有足够的强度,宜选用坚固没有风化的大石。

(1) 拉底时的注意事项

① 统筹向背。根据造景的立地条件,特别是游览路线和风景透视线的关系,确定假山的主次关系,再根据主次关系安排假山的组合单元,按照假山组合单元的要求来确定底石的位置和发展的走向。要精于处理主要视线方向的画面以作为主要朝向,然后再照顾次要的朝向,简化处理那些视线不可及的部分。

② 曲折错落。假山底脚的轮廓线要破平直为曲折,变规则为错落。在平面上要形成具有不同间距、不同转折半径、不同宽度、不同角度和不同支脉走向的变化,或为斜八字形,或为S形,或为各式曲尺形,为假山的虚实、明暗变化创造条件。

③ 断续相间。假山底石所构成的外观不是连绵不断的,要为中层“一脉既毕,余

脉又起”的自然变化做准备。因此在选材和用材方面要灵活，或因需要选材，或因材施用。用石之大小和方向要严格地按照皴纹的延展来决定。大小石材呈不规则的相间关系安置，或小头向下渐向外挑，或相邻山石小头向上预留空当以便向上卡接，或从外观上做出“下断上连”“此断彼连”等各种变化。

④ 紧连互咬。外观上做出断续的变化，但结构上必须一块紧连一块，接口力求紧密，最好能互相咬合。尽量做到严丝合缝，因为假山的结构是集零为整，结构上的整体性最为重要，它是影响假山稳定性的又一重要因素。假山外观所有的变化都必须建立在结构重心稳定、整体性强的基础上。在实际中山石间很难完全自然地紧密结合，可将小块的石皮填入石间的空隙部分，使其互相咬合，再填充水泥砂浆使之连成整体。

⑤ 找平稳固。拉底施工时，大多数要求基石以大而平坦的面向上，以便于后续施工，向上垒接。通常为了保持山石平稳，要在石之底部用“刹片”垫平以保持重心稳定、上面水平。北方掇山多采用满拉底石的办法，即在假山的基础上满铺一层，形成一整体石底；而南方则常采用先拉周边底石再填心的办法。

(2) 拉底的方式

假山拉底的方式有满拉底和周边拉底两种。

① 满拉底：就是在山脚线的范围内用山石满铺一层。这种拉底的做法适宜规模较小、山底面积也较小的假山，或北方冬季有冻胀破坏危险的假山。

② 周边拉底：先用山石沿假山山脚线砌一圈垫底石，再用乱石、碎砖或泥土将石圈内全部填起来，压实后即成为垫底的假山底层。这一方式适合基底面积较大的大型假山。

(3) 山脚线的处理

拉底形成的山脚线也有两种处理方式：其一是露脚方式，其二是埋脚方式。

① 露脚：在地面上直接做山脚线的垫脚石圈，使整个假山就像是放在地上似的。这种方式可以减少山石用量和用工量，但假山的山脚效果稍差一些。

② 埋脚：将山底周边垫底山石埋入土下约 20 cm，可使整座假山仿佛是从地下长出来似的。在石边土中栽植花草后，假山与地面的结合就更加紧密、自然了。

(4) 拉底的技术要求

在拉底施工中：第一，要注意选择适合的山石来做山底，不得用风化过度的松散山石；第二，拉底的山石底部一定要垫平、垫稳，保证不能动摇，以便于向上砌筑山体；第三，拉底的石与石之间要紧连互咬，紧密地扣合在一起；第四，山石之间要不规则地断续相间，有断有连；第五，拉底的边缘部分要错落变化，使山脚线弯曲时有不同的半径，凹进时有不同的凹深和凹陷宽度，要避免山脚的平直和浑圆形状。

**2）起脚**

在垫底的石层上开始砌筑假山，就叫“起脚”。

(1) 起脚边线的做法

起脚边线可以采用点脚法、连脚法和块面脚法三种做法(见图 5-8)。

① 点脚法:先在山脚线处用山石做成相隔一定距离的点,点与点之上再用片状石或条状石盖上,这样就可以在山脚一些局部造出小的洞穴,加强了假山的深厚感和灵秀感。

② 连脚法:做山脚的山石依据山脚的外轮廓变化,起伏连接,使山脚具有连续、弯曲的线性。一般的假山常用这种连续做脚方法处理山脚。采用这种山脚做法,主要应注意使做脚的山石以前错后移的方式呈现不规则的错落变化。

③ 块面脚法:这种脚也是连续的,但与连脚法不同的是,块面脚法做出的山脚线呈现大进小退的形象,山脚凸出部分与凹进部分各自的整体感都很强,而不是像连脚法那样有小幅度的曲折变化。

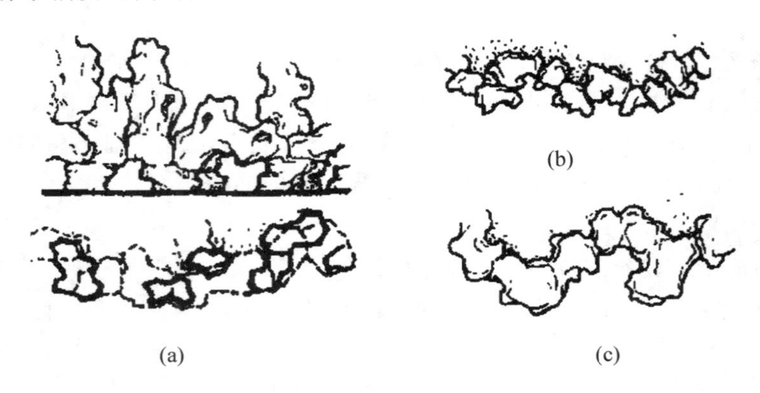

**图 5-8 起脚边线的做法**

(a) 点脚法; (b) 连脚法; (c) 块面脚法

(2) 起脚的技术要求

起脚石直接作用于山体底部的垫脚石,它和垫脚石一样,都要选择质地坚硬、形状规则、少有空穴的山石材料,以保证能够承受山体的重压。

除了土山和带石土山,假山的起脚安排宜小不宜大,宜收不宜放。起脚一定要控制在地面山脚线的范围内,宁可向内收一些,也不要向山脚线外突出。也就是说,山体的起脚要小,不能大于上部准备拼叠造型的山体。这样即使因起脚太小而导致砌筑山体时结构不稳,还有可能通过补脚来加以弥补。如果起脚太大,以后砌筑山体时造成山形臃肿、呆笨、没有一点险峻的态势时就不可挽回了。如果通过打掉一些起脚石来改变臃肿的山形,就极易使山体结构震动松散,造成整座假山倒塌。所以假山起脚还是稍小点为好。

起脚时,定点、摆线要准确。先选好山脚凸出点的山石,并将其沿着山脚线先砌筑上,待多数主要的凸出点山石都砌筑好了,再选择和砌筑平直线、凹进线处所用的山石。这样,既保证了山脚线按照设计呈弯曲转折状,避免山脚平直,又使山脚凸出部分具有最佳的形状和最好的皴纹,增加了山脚部分的景观效果。

**3) 做脚**

做脚就是用山石砌筑成山脚,它是在假山的上面部分山形山势大体施工完成以后,于紧贴起脚石外缘部分拼叠山脚以弥补起脚造型不足的一种操作技法。在施工中，山脚可以做成如下所示的几种形式（见图 5-9）。

① 凹进脚：山脚向内凹进，随着凹进的深浅宽窄不同，脚坡做成直立、陡坡或缓冲坡都可以。

② 凸出脚：向外凸出的山脚，其脚坡可做成直立状或坡度较大的陡坡状。

③ 断连脚：山脚向外凸出，凸出的端部与山脚本体部分似断似连。

④ 承上脚：山脚向外凸出，凸出部分对着其上方的山体悬垂部分，起着均衡上下重力和承托山顶下垂之势的作用。

⑤ 悬底脚：局部地方的山脚底部做成低矮的悬空状，与其他非悬底山脚构成虚实对比，可增强山脚的变化。这种山脚最适于用在水边。

⑥ 平板脚：片状、板脚山石连续地平放山脚，做成如同山边小路一般的造型，突出了假山上下的横竖对比，使景观更为生动。

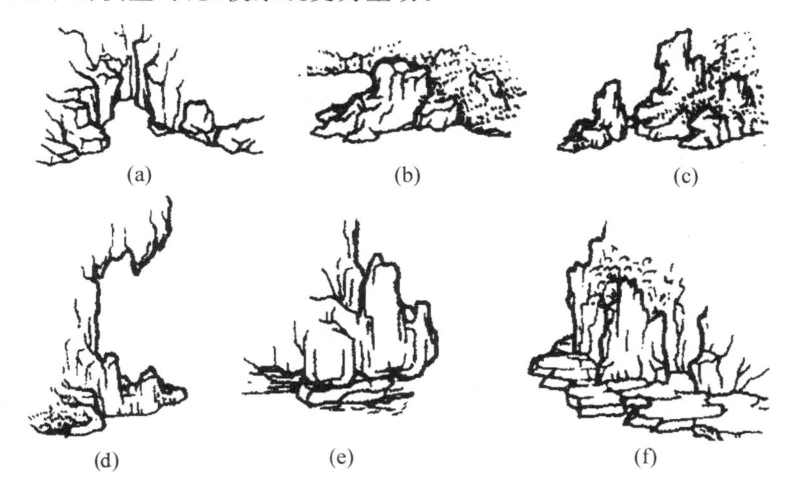


**图 5-9 山脚的造型**

(a) 凹进脚；(b) 凸出脚；(c) 断连脚；(d) 承上脚；(e) 悬底脚；(f) 平板脚

## 5.3.4 山体的结构与施工

假山山体的施工，主要是通过吊装、堆叠、砌筑操作来完成假山的造型。由于假山可以采用不同的结构形式，因此在山体施工中也就相应要采用不同的堆叠方式。而在基本的叠山技术方法中，不同结构形式的假山也有一些共同的地方。下面就对这些相同和不同的施工方法做一些介绍。

**1）山体结构**

山体内部的结构形式主要有四种，即环透式结构、层叠式结构、竖立式结构和填充式结构。这几种结构的基本情况和设计要点如下（见图 5-10）。

（1）环透式结构

它是指利用有多种不规则孔洞和孔穴的山石，组成具有曲折环形通道或通透形空洞的一种山体结构。所用山石多为太湖石和石灰岩风化的怪石。

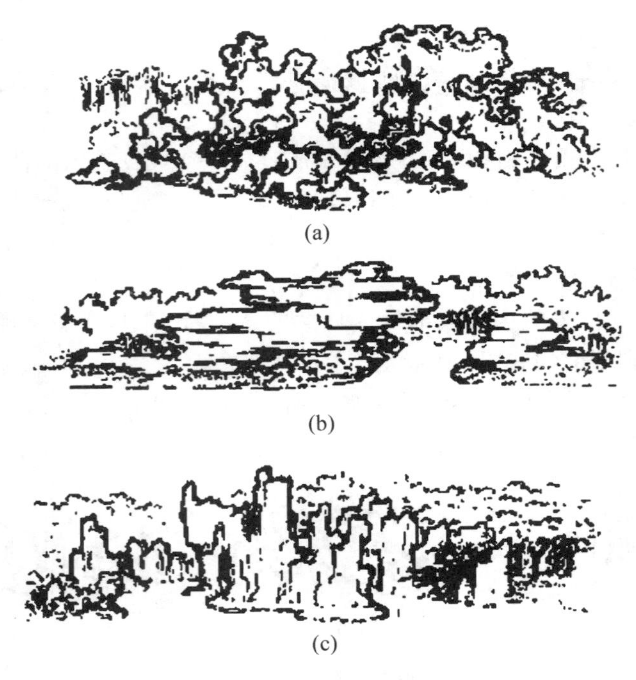

图 5-10　几种常见山体结构形式

(a) 环透式假山；(b) 层叠式假山；(c) 竖立式假山

(2) 层叠式结构

假山结构若采用层叠式，则假山立面的形象就具有丰富的层次感，一层层山石叠砌为山体，山形朝横向伸展，或敦实厚重，或轻盈飞动，容易获得多种生动的艺术效果。在叠山方式上，层叠式假山又可分为下述两种。

① 水平层叠：每一块山石都采用水平状态叠砌，假山立面的主导线条都是水平线，山石向水平方向伸展。

② 斜面层叠：山石倾斜叠砌成斜卧状、斜升状，石的纵轴与水平线形成一定的夹角，角度为 10°～30°，最大不超过 45°。

层叠式假山石材一般可用片状山石。用片状山石叠砌的山体，其山形常有“云山千叠”般的飞动感。体形厚重的块状、墩状自然山石，也可以用于层叠式假山。由这类山石做成的假山，山体充实，孔洞较少，具有浑厚、凝重、坚实的景观效果。

(3) 竖立式结构

这种结构形式可以塑造假山挺拔、雄伟、高大的艺术形象。山石全部采用立式砌叠，山体内外的沟槽及山体表面的主导皴纹线，都是从下至上竖立着的，因此整个山势呈向上伸展的状态。根据山体结构的不同竖立状态，这种结构形式又分为直立结构和斜立结构两种。

① 直立结构：山石全部采取直立状态叠砌，山体表面的沟槽及主要皴纹线都相互平行并保持直立。采取这种结构的假山，要注意山体在高度方向上的起伏变化和在平面上的前后错落变化。

② 斜立结构：构成假山的大部分山石都采取斜立状态叠砌，山体的主导皴纹线

也是斜立的。山石与地面的夹角在45°～90°。这个夹角一定不能小于45°，否则就成了斜卧状态而不是斜立状态。假山主体部分的倾斜方向和倾斜程度应是整个假山的基本倾斜方向和倾斜程度。山体陪衬部分则可以分为1～3组，分别采用不同的倾斜方向和倾斜程度，与主山形成相互交错的斜立状态，这样能够增加变化，使假山造型更具动感。

采用竖立式结构的假山，多用长条状或长片状的山石，矮而短的山石不能多用。这是因为，长条形的山石易于砌出竖直的线条。但长条形山石在用水泥砂浆黏合成悬垂状时，全靠水泥的黏结力来承受其重量。因此，对石材质地就有了新的要求。一般要求石材质地粗糙或石面密布小孔，用水泥砂浆作黏合材料时附着力很强，容易将山石黏合牢固。

（4）填充式结构

一般的土山、带土石山和个别的石山，或者在假山的某一局部山体中，都可以采用这种结构形式。这种假山的山体内部是由泥土、废砖石或混凝土材料填充起来的，因此其结构上的最大特点就是填充。按填充材料及其功能的不同，可以将填充式假山结构分为以下三种。

① 填土结构：山体全由泥土堆填构成，或在用山石砌筑的假山壁后、假山穴坑中用泥土填实，都属于填土结构。假山采取这种结构形式，既能够造出陡峭的悬崖绝壁，又可少用山石材料，降低假山造价，而且能够保证假山有足够大的规模，也十分有利于假山上的植物配置。

② 砖石填充结构：以无用的碎砖、石块、灰块和建筑渣土作为填充材料，填埋在石山的内部或者土山的底部，既可增大假山的体积，又处理了园林工程中的建筑垃圾，一举两得。这种方式在一般的假山工程中都可以应用。

③ 混凝土填充结构：有时需要砌筑的假山山峰又高又陡，但在山峰内部填充泥土或碎砖石都不能保证结构的牢固，山峰容易倒塌。在这种情况下，就应该用混凝土来填充，以混凝土作为骨架，从内部将山峰凝固成一个整体。混凝土采用水泥、砂、石按1∶2∶4～1∶2∶6的比例搅拌配制而成，主要是作为假山基础材料及山峰内部的填充材料。混凝土填充的方法：先用山石将山峰砌筑成一个高70～120 cm（要高低错落）、平面形状不规则的山石筒体，然后用C15混凝土浇筑至筒的最低口处。待混凝土基本凝固时，再砌筑第二层山石筒体，并按相同的方法浇筑混凝土。如此操作，直至封顶为止，就能够砌筑起高高的山峰。

**2）山洞结构**

大中型假山一般要有山洞。山洞使假山幽深莫测，对于营创山景的幽静和深远意境是十分重要的。山洞本身也有景可观，能够引起游人极大的游览兴趣。在假山山洞的设计中，还可以使假山山洞产生更多的变化，从而更加丰富其景观内容。

（1）洞壁的结构形式

从结构特点和承重分布情况来看，假山洞壁可分为以山石墙体承重的墙式洞壁和以山石洞柱为主、山石墙体为辅而承重的墙柱式洞壁两种形式。

① 墙式洞壁：这种结构形式是以山石墙体为基本承重构件的。山石墙体是用假

山石砌筑的不规则石山墙,用作洞壁具有整体性好、受力均匀的优点。但洞壁内表面比较平,不易做出大幅度的凹凸变化,因此洞内景观比较平淡。采用这种结构形式做洞壁,所需石材总量比较多,假山造价稍高。

② 墙柱式洞壁:由洞柱和柱间墙体构成的洞壁,就是墙柱式洞壁。在这种洞壁中,洞柱是主要的承重构件,而洞墙只承担少量的洞顶荷载。由于洞柱承担了主要的荷载,柱间墙就可以做得比较薄,从而节约洞壁所用的山石。墙柱式洞壁受力比较集中,壁面容易做出大幅度的凹凸变化,洞内景观自然,所用石材的总量比较少,因此,假山造价可以降低一些。洞柱有连墙柱和独立柱两种。独立柱有直立石柱和层叠石柱两种做法。直立石柱用长条形山石直立起来作为洞柱,在柱底有固定柱脚的座石,在柱顶有起联系作用的压顶石。层叠石柱则用块状山石错落地层叠砌筑而成,柱脚、柱顶也可以用垫脚座石和压顶石。

(2) 山洞洞顶设计

由于一般条形假山的长度有限,大多数条石的长度都在 1 ~ 2 m,如果山洞设计宽度为 2 m 左右,则条石受制于长度就不能直接用作洞顶石梁,要采用特殊的方法才能做出洞顶来。因此,假山洞的洞顶结构一般都要比洞壁、洞底复杂一些。从洞顶的常见做法来看,其基本结构形式有三种,就是盖梁式、挑梁式和拱券式。下面就这三种洞顶结构来考察它们的设计特点。

① 盖梁式洞顶:假山石梁或石板的两端直接放在山洞两侧洞柱上,呈盖顶状,这种洞顶结构形式就是盖梁式。盖梁式结构的洞顶整体性强,结构比较简单,也很稳定,因此是造山中最常用的结构形式之一。但是由于受石梁长度的限制,采用盖梁式洞顶的山洞不宜做得过宽,而且洞顶的形状往往太平整,不像自然的洞顶。因此,在洞顶设计中就应对假山施工提出要求,尽量采用不规则的条形石材来做洞顶石梁。石梁在洞顶的搭盖方式一般有以下几种(见图 5-11)。

a. 单梁盖顶:洞顶由一条石梁盖顶受力。

b. 双梁盖顶:使用两条长石梁并行盖顶,洞顶荷载分布于两条梁上。

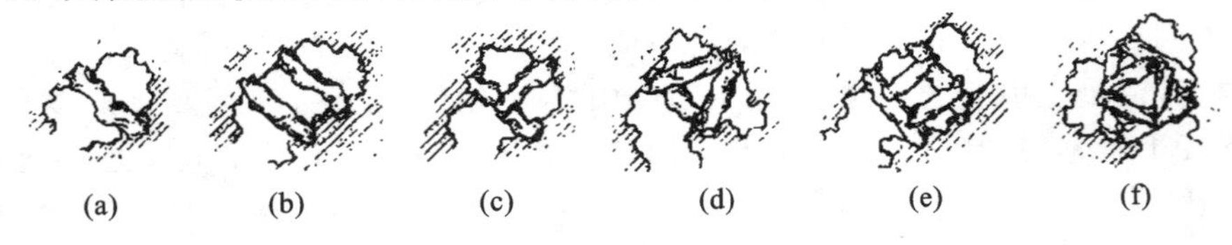


**图 5-11 洞顶梁盖搭盖方式**

(a) 单梁; (b) 双梁; (c) 丁字梁; (d) 三角梁; (e) 井字梁; (f) 藻井梁

c. 丁字梁盖顶:由两条长石梁相交成丁字形,作为盖顶的承重梁。

d. 三角梁盖顶:三条石梁呈三角形搭在洞顶,由三梁共同受力。

e. 井字梁盖顶:两条石梁纵向并行,另外两条石梁横向并行搭盖在纵向石梁上,多梁受力。

f. 藻井梁盖顶:洞顶由多梁受力,其梁头交搭成藻井状。

② 挑梁式洞顶:用山石从两侧洞壁洞柱向洞中央相对悬挑伸出,并合拢做成洞顶,这种结构就是挑梁式洞顶结构,如图 5-12(a) 所示。

③ 拱券式洞顶：这种结构形式多用于较大跨度的洞顶，是用块状山石作为券石，以水泥砂浆作为黏合剂，按顺序起拱，做成拱形洞顶。这种洞顶的做法也有称作造环桥法的，其环拱所承受的重力是沿着券石从中央向两侧相互挤压传递，能够很好地向洞柱和洞壁传力，因此不会像挑梁式和盖梁式洞顶那样将石梁压裂，将挑梁压塌。由于用于洞顶的石材不是平直的石梁或石板，而是多块不规则的自然山石，其结构形式又使洞顶顶壁连成一体，因此，这种结构的山洞洞顶整体感很强，洞景变化自然，与自然山洞形象相近。在拱券式结构的山洞施工过程中，当洞壁砌筑到一定高度后，须先用脚手架搭起操作平台，而后人在平台上进行施工，这样就能够方便操作，同时也容易对券石进行临时支撑，能够保证拱券施工质量，如图 5-12(b) 所示。

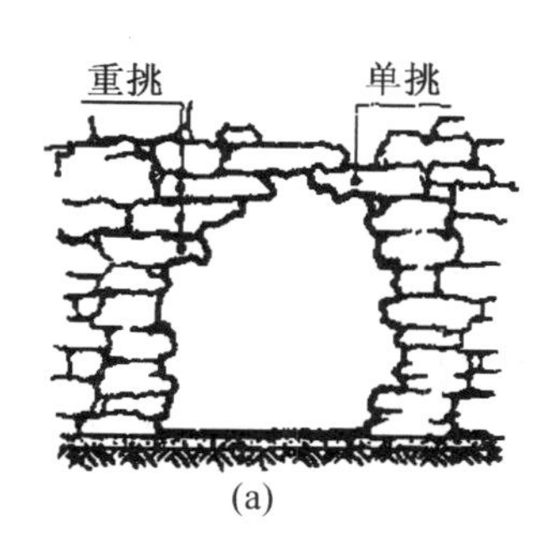

(a)

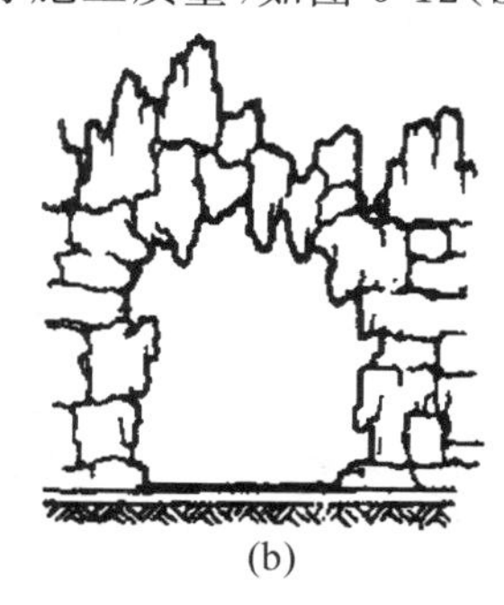
(b)

**图 5-12 洞顶类型**

(a) 挑梁式洞顶；(b) 拱券式洞顶

**3）山顶结构**

山顶立峰，俗称为“收头”，常作为假山的最后一道工序，所以它实际就是山峰部分造型上的要求，具有不同的结构特点。凡“纹”“体”“面”“姿”为观赏最佳者，多用于收头之中。不同峰顶及其要求如下。

(1) 堆秀峰：其结构特点在于利用强大的重力镇压全局，它必须保证山体重力线垂直于地面中心，并起均衡山势的作用。

(2) 流云顶：流云顶重在挑、飘、环、透。因为其中层已大体有了较为稳固的结构关系，所以一般在收头的时候不宜做特别突出的处理，但要求把环透飞舞的中层收合为一。在用料方面，常要用与中层形态和色彩类似的石料，以便将开口自然收压于石下，它本身可能形成一个新的环透体，但也可能作为某一挑石的后盾，掇压于后，这样既不会破坏流云顶飘逸的特色，又能保证叠石的绝对安全。除用一块山石外，还可以利用多块山石巧安巧斗，充分发挥叠石手法的多变性，从而创造出变化多端的流云顶，但应注意避免形成头重脚轻的不协调现象。

(3) 剑立峰：凡利用竖向石纵立于山顶者，称之为剑立峰。剑立峰要求基石稳重，同时在剑石安放时必须充分落实，并与周围石体靠紧，力求重心平衡。

**4）山体的堆叠手法**

假山有峰、峦、洞、壑等各种组合单元的变化，山石之间的结合、拼叠也有很多方式，匠师们称之为技法、手法。这些技法是历代工匠、技师们从自然山石景观中归纳总结出来的,在实际运用过程中应因地制宜、随机应变、灵活运用,不能教条、呆板、硬套。

(1) 安

将一块山石平放在一块至几块山石之上的叠石方法就叫作"安"。这里的"安"字又有安稳的意思,即要求平放的山石要放稳,不能摇动,石下不稳处要用刹石垫实刹紧。"安"的手法主要用在要求山脚空透或在石下需要做眼的地方。根据安石下面支撑石的多少,这种技法又分为单安、双安、三安三种形式(见图 5-13)。

① 单安:把山石安放在一块支撑石上面。

② 双安:以两块支撑石做脚而安放山石的形式。

③ 三安:将山石平放在三块分离的支撑石之上就是三安。三安手法也可用于安置园林石桌、石凳。

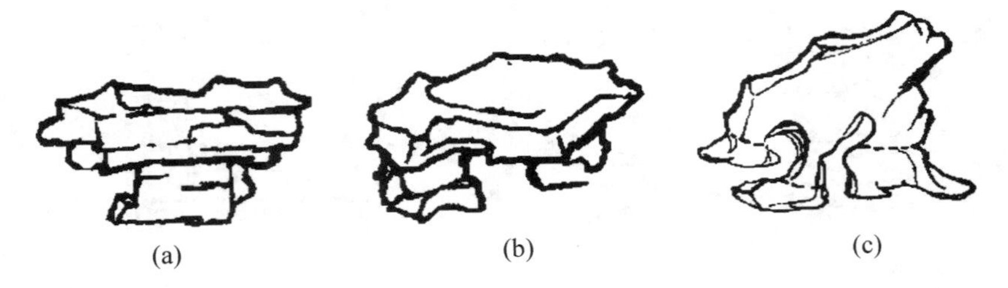


**图 5-13 安的类型**

(a) 单安; (b) 双安; (c) 三安

(2) 压

为了稳定假山悬崖或使出挑的山石保持平衡,用重石镇压悬崖后部或出挑山石的后端,这种叠石方法就是"压"。压的时候,要注意使重石的重心位置落在挑石后部适当的地方,使其既能压实挑石,又不会因压得太靠后而导致挑石翘起翻倒,如图 5-14(a) 所示。

(3) 错

"错"即错落叠石,上石和下石采取错位相叠,而不是平齐叠放,如图 5-14(b) 所示。"错"的技法可以使层叠的山石具有更多变化,叠砌体表面更易形成沟槽、凹凸和参差的形体特征,使山形更加生动自然。

(4) 搭

用长条形石或板状石跨过其下方两边分离的山石,并盖在分离山石之上的叠石技法称为"搭",如图 5-14(c) 所示。"搭"的技法主要用于处理假山上的石桥和山洞盖顶。所用的山石形状一定要避免过于规则,要用自然形状的长条形石。

(5) 连

山石之间水平衔接,称为"连",如图 5-14(d) 所示。相连的山石在其连接处的茬口形状和石面皴纹要尽量相互吻合,做到严丝合缝最理想,多数情况下只能要求基本吻合。吻合的目的不仅在于求得山石外观的整体性,更是在结构上浑然一体。茬口

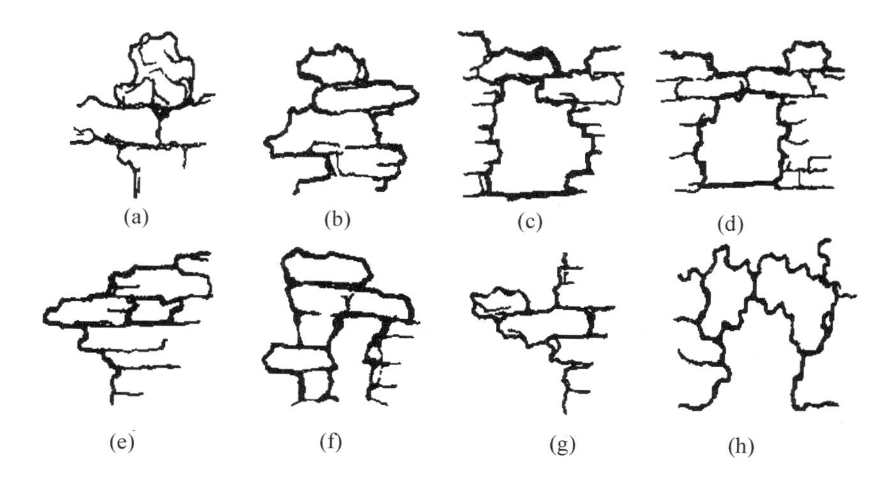

图 5-14 假山堆叠技法(一)

(a) 压；(b) 错；(c) 搭；(d) 连；(e) 夹；(f) 挑；(g) 飘；(h) 顶

中的水泥砂浆一定要填塞饱满，接缝表面应随着石形变化而变化，要抹成平缝，以便使山石完全连成整体。

(6) 夹

在上下两层山石之间，塞进比较小的山石并用水泥砂浆固定下来，就可在两层山石间做出洞穴和孔眼，这种技法称为“夹”，如图 5-14(e) 所示。其特点是二石上下相夹，所做孔眼如同水平槽缝。此外，向直立的两块峰石之间塞进小石并加以固定，也是一种“夹”的方法。这种“夹”法的特点是二石左右相夹，所形成的孔洞主要是竖向槽孔。“夹”这一技法是假山造型中做眼的主要方法之一。

(7) 挑

“挑”又叫“出挑”“外挑”或“悬挑”，是利用长条形山石作挑石，横向伸出其下层山石之外，并以下层山石支承重量，再用另外的重石压住挑石的后端，使挑石平衡地挑出，如图 5-14(f) 所示。这是运用很广泛的一种山石堆叠方法。在出挑中，挑石的伸出长度一般可为其本身长度的 1/3 ～ 1/2。挑出一层不够远，则还可继续挑出一层至数层。就现代的假山施工技术而言，一般都可以出挑 2 m 多。出挑成功的关键在于挑石的后端一定要用重石压紧，这就是明代计成在谈到做假山悬崖时所说的“等分平衡法”。

(8) 飘

当出挑山石的形状比较平直时，在其挑头置一小石，呈飘飞状，可使假山形状变得生动，这种叠石手法就叫“飘”，如图 5-14(g) 所示。

(9) 顶

立在假山上的两块倾斜山石，将其顶部靠在一起，如顶牛状，这种叠石方法叫作“顶”，如图 5-14(h) 所示。

(10) 斗

"斗"就是用分离的两块山石的顶部,共同顶起另一块山石,如同争斗状,如图5-15(a)所示。"斗"的方法常用在假山上做透穿的孔洞,它是环透式假山最常用的叠石手法之一。

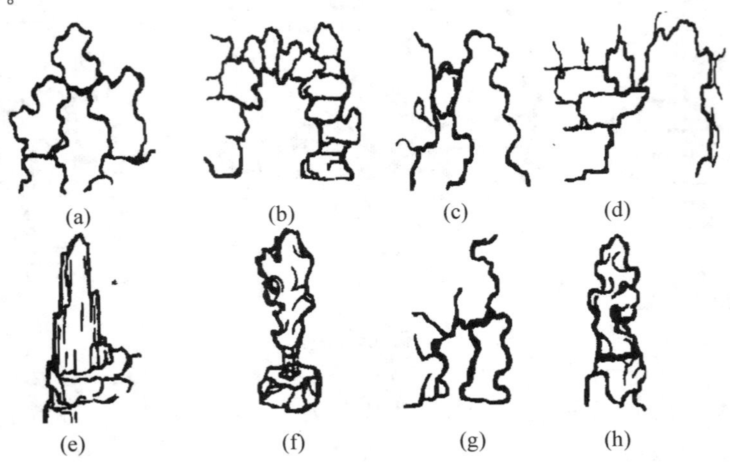


**图 5-15 假山堆叠技法(二)**

(a) 斗; (b) 券; (c) 卡; (d) 托; (e) 剑; (f) 榫; (g) 撑; (h) 接

(11) 券

"券"就是用山石作为券石来起拱做券,所以也叫拱券,如图5-15(b)所示。正如清代假山艺匠戈裕良所说,做山洞"只将大小石钩带联络,如造环桥法,可以千年不坏。要如真山洞壑一般,然后方称能事"。如现存苏州环秀山庄之太湖石假山中的环、岫、洞皆为拱券结构,至今已经历时200多年,稳固依然,不塌不毁。

(12) 卡

"卡"为在两个分离的山石上部,用一块较小山石插入二石之间的楔口而卡在其中,从而达到将二石上部连接起来,并在其下做洞的叠石方法,如图5-15(c)所示。在自然界中,山上崩石被下面山石卡住的情况也很多见。如云南石林的"千钧一发"石景、泰山和衡山的"仙桥"山景等。

(13) 托

"托"即从下端伸出山石去托住悬、垂山石的做法,如图5-15(d)所示。如南京瞻园水洞的悬石,在其内侧视线不可及处有从石洞壁上伸出的山石托住洞顶悬石的下端,就是采用的"托"法。

(14) 剑

用长条形峰石直立在假山上,作为假山山峰的收顶石或作为山脚、山腰的小山峰,使峰石直立如剑,挺拔峻峭,这种叠石技法叫作"剑",如图5-15(e)所示。在同一座假山上,采用"剑"法布置的峰石不宜太多,否则会显得如同"刀山剑林"一般,是假山造型应尽量避免的。剑石相互之间的布置状态应该多加变化,要大小有别、疏密相间、高低错落。

(15) 榫

“榫”是在上下相接两石石面凿出的榫头与榫眼相互扣合，将高大的峰石立起来，如图 5-15(f) 所示。这种方法多用来竖立单峰石，做成特置的石景；也有用来立起假山峰石的，如北京圆明园紫碧山房的假山便用此法。

(16) 撑

“撑”是在重心不稳的山石下面，用另外的山石加以支撑，使山石稳定，并在石下造透洞，如图 5-15(g) 所示。支撑石要与其上的山石连接成整体，要融入整个山体结构中。

(17) 接

短石连接为长石称为“接”，山石之间竖向衔接也称为“接”，如图 5-15(h) 所示。接口平整时可以接，接口虽不平整但二石的茬口凹凸相吻合者，也可接。接口处在外观上要依皴纹连接，至少要分出横竖纹来。

(18) 拼

假山全用小石叠成，则山体显得琐碎、零乱；全用大石叠山，则运输、吊装、叠山过程中又很不方便。因此，在叠石造山中用小石组合成大石的技法，这就是“拼”，如图 5-16(a) 所示。有一些假山的山峰叠好后，发现峰体太细，缺乏雄壮气势，这时就要采用“拼”的手法来“拼峰”，将其他一些较小的山石拼合到峰体上，使山峰雄厚起来。

(19) 贴

在直立大石的侧面附加一块小石，称之为“贴”，如图 5-16(b) 所示。这种手法主要用于使过于平直的大石石面形状有所变化，使大石形态更加自然，更加具有观赏性。

(20) 背

在采用斜立式结构的峰石上部表面，附加一块较小山石，使斜立峰石的形象更为生动，这种叠石状况有点像大石背着小石，所以称之为“背”，如图 5-16(c) 所示。

(21) 肩

为了加强立峰的形象变化，在一些山峰微凸的肩部立起一块较小的山石，使山峰的这一侧轮廓出现较大的变化，有助于改变整个山峰形态的缺陷部位，这种技法称为“肩”，如图 5-16(d) 所示。

(22) 挎

在山石外轮廓形状单调而缺乏凹凸变化的情况下，可以在立石的肩部“挎”一块山石，犹如人挎包一样，如图 5-16(e) 所示。挎石要充分利用茬口咬合，或借助上面山石的重力加以稳定，必要时在受力处用钢丝或其他铁具辅助进行稳定。

(23) 悬

在下面是环孔或山洞的情况下，使山石从洞顶悬吊下来，这种叠石方法叫作

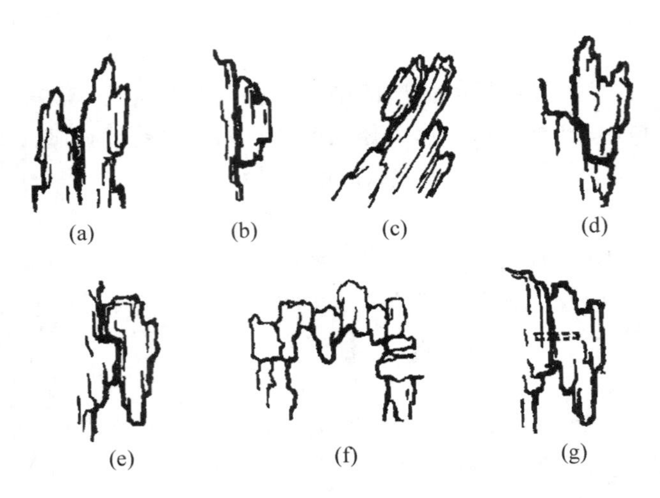


**图 5-16 假山堆叠技法(三)**

(a) 拼; (b) 贴; (c) 背; (d) 肩; (e) 挎; (f) 悬; (g) 垂

"悬",如图 5-16(f) 所示。在山洞中,随处做一些洞顶的悬石,能够很好地增加洞顶的变化,使洞顶景观就像溶洞中倒悬钟乳石一样。设置悬石,一定要将其牢固地嵌入洞顶。若恐悬之不坚,也可在视线看不到的地方附加铁活稳固设施,如南京瞻园水洞之悬石。

(24) 垂

山石从一个大石的顶部侧位倒挂下来,形成下垂的结构状态,这种技法称为"垂",如图 5-16(g) 所示。"垂"与"悬"的区别在于:一为中悬,一为侧垂。"垂"与"挎"的区别在于,"垂"以倒垂之势取胜。"垂"的手法往往能够造出一些险峻状态,因此多被用于立峰上部、悬崖顶上、假山洞口等处。

熟练地运用以上所述叠石技法,就可以创造出许许多多峻峭挺拔、形式各异的假山景观。用这些叠石技法堆叠山石,还要同时结合着进行石间胶结、抹缝等操作,才能真正将山体砌叠起来。

**5) 山体的辅助结构施工**

叠山施工中,无论采用哪种结构形式,都要解决山石与山石之间的固定与衔接问题,而这方面的技术方法在任何结构形式的假山中都是通用的。

山体的辅助结构是与主体结构相对而言的。其用主要山石本体以外的结构方法,以满足加固要求。实际上辅助结构常是总体结构中的关键所在,在施工程序上它几乎和主体结构是同时进行的。

山体的辅助结构施工方法大致有以下几种(见图 5-17)。

(1) 刹

在操作过程中,常有"打刹""刹一块"等说法,是在石下放一石,以托垫石底,保持其平稳。叠石均力求大面或坦面朝上,而底面必然残缺不全、凹凸不平,为求其平衡稳固,就必须利用不同种类的小型石块填补于石下,对此称为"打刹",而小石本身

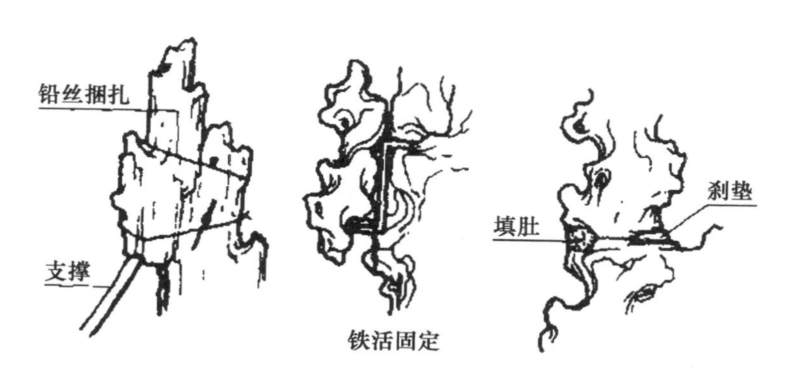


图 5-17　辅助结构施工方法

称为“刹”。为了弥补叠石底面的缺陷，刹石是叠山的关键环节。下面对几类刹石作一下介绍。

① 材料。

a. 青刹：一般有青石类的块刹与片刹之分。块状的无显著内外厚薄之分，片状的有明显的厚薄之分，一般常用于一些缝中。

b. 黄刹：一般湖石类之刹称为黄刹，常为平滑断面或节理石，多呈圆团状或块状，适用于太湖石的叠石当中。

无论哪种刹石，都要求质地密结，性质坚韧，不易松脆，且大小不一，小者掌指可取，大者双手难持，可随机应变。

② 应用方式。

a. 单刹：因单块最为稳固，无论底面大小，刹石都力求用单块解决问题，严防碎小。一块刹石称为单刹。

b. 重刹：用单刹力所不及者，可重叠使用，重一、重二、重三均可，但必须卡紧，使其无脱落的危险。

c. 浮刹：凡不起主要作用而填入底口者，可美其石体，更便于抹灰，这种刹石为浮刹。

③ 操作要点。

尽量因口选刹，避免就刹选口（“口”是指底石面准备填刹的地方）。

叠石底口朝前者为前口，朝后者为后口，刹石应前后左右照顾周全，需在四面找出吃力点，以便控制全局。

打刹必须在确定山石的位置以后再进行，所以应先用托棍将实体顶稳，不能滑脱。

向石底放刹，必须左右横握，不得上下手拿，以防压伤。

安放刹石的要求和叠石相同，均力求大面朝上。

用刹常薄面朝内插入，随即以平锤式撬棍向内稍加锤打，以求达到最大吃力点，俗称“随口锤”或“随紧”。

若几个人围着刹石同时操作，则每面刹石向内锤打，用力不得过猛，锤至稳固即可停止,否则会因用力过大以毫厘之差而使其他刹石失去作用,或因为用力过大,而砸碎刹石。

若叠石处于前悬状态,必须使用刹块,这时必须先打前口再打后口,否则会因次序颠倒而造成叠石塌落现象。

施工人员应一手扶石,一手打刹,随时察觉其动态与稳固情况。

山石之中,刹石外表可凹凸多变,以增加石表之"魂",在两个巨石跌落时相接,刹的表面应当缓其接口变化,使上下叠石相接自如,不致生硬。

(2) 支撑

山石吊装到山体一定位点上,经过位置、姿态的调整后,将山石固定在一定的状态上,这时就要先进行支撑,使山石临时固定下来。支撑材料应以木棒为主,以木棒的上端顶着山石的某一凹处,木棒的下端则斜着落在地面,并用一块石头将棒脚压住。一般每块山石都要用 2 ～ 4 根木棒支撑,因此,工地上最好多准备一些长短不同的木棒。此外,铁棍或长条形山石也可以作为支撑材料。用支撑固定方法主要是针对大而重的山石,这种方法对后续施工操作将会造成一些阻碍。

(3) 捆扎

为了将调整好位置和姿态的山石固定下来,还可以采用捆扎的方法。捆扎法比支撑法简单,而且对后续施工基本没有阻碍。这种方法最适宜用于体量较小的山石的固定,对体量特大的山石则还应该辅之以支撑方法。山石捆扎固定一般采用 8 号或 10 号铅丝。用单根或双根铅丝做成圈,套上山石,并在山石的接触面垫上或抹上水泥砂浆后再进行捆扎。捆扎时铅丝圈先不必收紧,应适当松一点,然后再用小钢钎将其绞紧,使山石无法松动。

(4) 铁活固定

对质地比较松软的山石,可以用铁耙钉打入两块联结的山石上,将两块山石紧紧地抓在一起,每一处连接部位都应该打入 2 个或 3 个铁耙钉。对质地坚硬的山石连接,要先在地面用银锭扣连接好后,再作为一整块山石用在山体上。在山崖边安置坚硬的山石时,使用铁吊架,也能达到固定山石的目的。

(5) 填肚

山石接口部位有时会有凹缺,使石块的连接面积缩小,也使两块山石之间呈断裂状,没有整体感。这时就需要"填肚"。所谓填肚,就是用水泥砂浆把山石接口处的缺口填补起来,一直要填至与石面平齐。

(6) 勾缝与胶结

没有发明石灰以前,只能采用干砌或用素泥浆砌。从宋代李诫所撰《营造法式》中可以看到用灰浆砌假山,并用粗墨调色勾缝的记载,因为当时太湖石风行,宜用色泽相近的灰白色砂浆勾缝。此外,勾缝的材料还有桐油石灰(或加纸筋)、石灰纸筋、明矾石灰、糯米浆拌石灰等,也可用湖石勾缝再加青煤、黄石勾缝后刷铁屑盐卤等,使之与石色相协调。

现代掇山广泛使用水泥砂浆,勾缝用“柳叶抹”,有勾明缝和勾暗缝两种做法。一般是水平向缝都勾明缝,在需要时将竖缝勾成暗缝,即在结构上结成一体,而外观上似自然山石缝隙。勾明缝不能过宽,最好不要超过 2 cm,如缝过宽,可用随形之石块填后再勾浆。

## 5.4 现代园林塑山技法

园林塑山,或人工塑山,是指在传统灰塑山石和假山的基础上采用混凝土、玻璃钢、有机树脂等现代材料和石灰、砖、水泥等非石材料经人工塑造的假山。塑山与塑石可节省采石、运石工序,造型不受石材限制,体量可大可小。塑山具有施工期短和见效快的优点;缺点在于混凝土硬化后表面有细小的裂纹,表面皴纹的变化不如自然山石丰富,与石材相比,使用期限较短。塑山包括塑山和塑石两类。园林塑山在岭南园林中出现较早,如岭南四大名园(佛山梁园和清晖园、番禺余荫山房、东莞可园)中都不乏灰塑假山的身影。经过不断的发展与创新,塑山已作为一种专门的假山工艺在园林中得到广泛运用。

### 5.4.1 人工塑山概述

**1) 人工塑山的特点**

方便:塑山所用的砖、水泥等材料来源广泛,取用方便,可就地采购,无须采石、运石。

灵活:塑山在造型上不受石材大小和形态限制,可完全按照设计意图进行造型。

省时:塑山的施工期短,见效快。

逼真:好的塑山无论是在色彩上还是在质感上都能取得逼真的石山效果。

当然,由于塑山所用的材料毕竟不是自然山石,因而在神韵上还是不及石质假山,而且使用期限较短,需要经常维护。

**2) 人工塑山的分类**

人工塑山根据结构骨架材料的不同,可分为砖石结构骨架塑山,即以砖石作为塑山的结构骨架,适用于小型塑山及塑石;钢筋铁丝网结构骨架塑山,即以钢材、铁丝网作为塑山的结构骨架,适用于大型假山。

### 5.4.2 塑山与塑石过程

**1) 基架设置**

根据山形、体量和其他条件选择基架结构,如砖石基架、钢筋铁丝网基架、混凝土基架或三者结合基架。坐落在地面的塑山要进行相应的地基处理,坐落在室内的塑山要根据楼板的结构和荷载条件进行结构计算,包括地梁和钢梁、柱及支撑设计等。基架多以内接的几何形体为桁架,作为整个山体的支撑体系,并在此基础上进行山体外形的塑造。施工中应在主基架的基础上加密支撑体系的框架密度,使框架的外形尽可能接近设计的山体形状。凡用钢筋混凝土基架的,都应涂防锈漆两遍。

**2) 铺设铁丝网**

铁丝网在塑山中主要起成形及挂泥的作用。砖石骨架一般不设铁丝网,但形体宽大者也需铺设;钢骨架必须铺设铁丝网。铁丝网要选择易于挂泥的材料。铺设之前,先做分块钢架附在形体简单的钢骨架上并焊牢,变几何形体为凹凸的自然外形,其上再挂铁丝网。铁丝网根据设计造型用木槌及其他工具成形。

**3) 打底及造型**

塑山骨架完成后,若为砖石骨架,一般以 M7.5 混合砂浆打底,并在其上进行山石皴纹造型;若为钢骨架,则应先抹白水泥麻刀灰两遍,再堆抹 C20 混凝土,然后于其上进行山石皴纹造型。

**4) 抹面及上色**

人工塑山逼真效果的营造,关键在于石面抹面层的材料、颜色和施工工艺水平。要仿真,就要尽可能采用相同的颜色,并通过精心的抹面和石面皴纹、棱角的塑造,使石面具有逼真的质感,才能达到以假乱真的效果。塑山骨架基本成形后,用 1∶2.5 或1∶2 水泥砂浆对山石皴纹找平,再用石色水泥浆进行面层抹灰,最后修饰成形。

### 5.4.3 GRC 假山造景

GRC 是玻璃纤维增强水泥(glass fiber reinforced cement)的英文缩写,它是将抗碱玻璃纤维加入低碱水泥砂浆中硬化后产生的高强度的复合物。随着现代科技的发展,20 世纪 80 年代在国际上出现了用 GRC 造的假山。使用机械化生产制造的假山石元件,具有重量轻、强度高、抗老化、耐水湿,易于工厂化生产,施工方法简便、快捷,成本低等特点,是目前理想的人造山石材料。用新工艺制造的山石质感和皴纹都很逼真,它为假山艺术创作提供了更广阔的空间和更可靠的物质保证,为假山技艺开创了一条新路,使其达到“虽由人作,宛自天开”的艺术境界。

GRC 假山元件的制作主要有两种方法:一为席状层积式手工生产法,二为喷吹式机械生产法。现就喷吹式工艺作如下简要介绍。

**1) 模具制作**

根据生产“石材”的种类、模具使用的次数和野外工作条件等选择制模的材料。常用的模具材料可分为软模和硬模。软模有橡胶模、聚氨酯模、硅模等,硬模有铜模、铝模、GRC 模、FRP 模、石膏模等。制模时应以选择天然岩石皴纹好的部位和便于复制操作为条件,脱制模具。

**2) GRC 假山石块的制作**

将低碱水泥与一定规格的抗碱玻璃纤维以二维乱向的方式同时均匀、分散地喷射于模具中,凝固成形。在喷射时应随喷射随压实,并在适当的位置预埋铁件。

**3) GRC 的组装**

用 GRC“石块”元件按设计图进行假山的组装。焊接牢固,修饰、做缝,使其浑然一体。

4）表面处理

表面处理主要是使“石块”表面具有憎水性，产生防水效果，并具有真石的润泽感。GRC 假山生产工艺流程如图 5-18 所示。

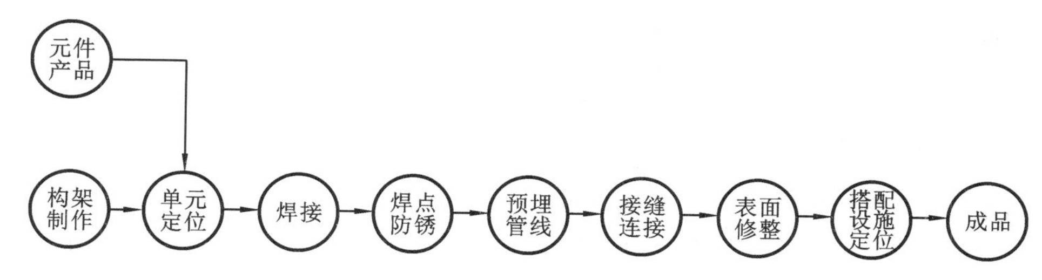


图 5-18 GRC 假山生产工艺流程

## 5.4.4 FRP 材料塑山

继 GRC 塑山材料后，还出现了一种新型的塑山材料 FRP(fiber reinforced plastics)—— 纤维强化树脂，是用不饱和树脂及纤维结合而成的一种复合材料。该种材料具有刚度好、质轻、耐用、价廉、造型逼真等特点，同时可预制分割，方便运输，特别适合用于大型的、异地安装的塑山工程。FRP 首次用于香港海洋公园集古村石窟工程中，即取得很好的效果，博得一致好评。

FRP 塑山施工程序为泥模制作 → 翻制石膏 → 玻璃钢制作 → 模件运输 → 基础和钢框架制作安装 → 玻璃钢预制件拼装 → 修补、打磨 → 油漆 → 成品。

1）泥模制作

按设计要求足样制作泥模，应放在一定比例(多用 1∶15 ～ 1∶20) 的小样基础上制作。泥模制作应在临时搭设的大棚(规格可采用 50 m × 20 m × 10 m) 内进行，制作时要避免泥模脱落或冻裂。因此，温度过低时要注意保温，并在泥模上加盖塑料薄膜。

2）翻制石膏

采用分割翻制，主要是考虑翻模和运输的方便。分块的大小和数量根据塑山的体量来确定，其大小以人工能搬动为好。每块要按一定的顺序标注记号。

3）玻璃钢制作

玻璃钢原料采用 191 号不饱和聚酯及固化体系，一层纤维表面毯和五层玻璃布，以聚乙烯醇水溶液为脱模剂。要求玻璃钢表面硬度大于 34，厚度 4 mm，并在玻璃钢背面粘配 ϕ8 的钢筋。制作时注意预埋铁件以供安装固定之用。

4）基础和钢框架制作安装

基础用钢筋混凝土，基础厚大于 80 cm，双层双向 ϕ18 配筋，用 C20 预拌混凝土。框架柱梁可用槽钢焊接，柱网尺寸 1 m ×（1.5 ～ 2） m。必须确保整个框架的刚度与稳定性。框架和基础用高强度螺栓固定。

5）玻璃钢预制件拼装

根据预制件大小及塑山高度，先绘出分层安装剖面图和立面分块图，要求每升高 1 ～ 2 m 就绘一幅分层水平剖面图，并标注每一块预制件四个角的坐标位置与编号,对变化特殊之处要增加控制点。然后按顺序由下往上逐层拼装,做好临时固定。全部拼装完毕后,由钢框架深处的角钢悬挑固定。

**6) 修补、打磨、油漆**

拼装完毕后,接缝处用同类玻璃钢补缝、修饰、打磨,使之浑然一体。最后用水清洗,罩以土黄色玻璃钢油漆即成。

### 5.4.5 CFRC 塑石

CFRC 是碳纤维增强混凝土(carbon fiber reinforced concrete)的英文缩写。20 世纪 70 年代,英国首先制作了聚丙烯腈基(PAN)碳素纤维增强水泥基材料的板材,并应用于建筑,开创了 CFRC 研究和应用的先例。

在所有元素中,碳元素在构成不同结构的能力方面似乎是独一无二的,这使碳纤维具有极高的强度,高阻燃,耐高温,具有非常高的拉伸模量,与金属接触电阻低,具有良好的电磁屏蔽效应,故能制成智能材料,在航空、航天、电子、机械、化工、医学器材、体育娱乐用品等领域中广泛应用。

CFRC 人工岩是把碳纤维搅拌在水泥中,制成碳纤维增强混凝土,并用于造景工程。与 GRC 人工岩相比较,CFRC 人工岩的抗盐侵蚀、抗水性、抗光照能力等均明显更优,并具有抗高温、抗冻融干湿变化等优点。其强度保持性好,是耐久性优异的水泥基材料,适合用于河流、港湾等各种自然环境的护岸、护坡。由于其具有电磁屏蔽功能和可塑性,因此可用于隐蔽工程等,并适用于园林假山造景、彩色路石、浮雕、广告牌等各种景观的再创造。

# 6 园林施工图

图纸是园林设计师的语言，园林工程方案设计及施工图设计都是通过图纸表达的，因此图纸的质量直接影响到园林的设计和施工。为了统一图纸的表达方式，做到图面规范、表达清晰，符合设计和施工的要求，住房和城乡建设部颁布了一系列制图标准，例如《总图制图标准》(GB/T 50103—2010)、《建筑制图标准》(GB/T 50104—2010)、《建筑结构制图标准》(GB/T 50105—2010)、《建筑给水排水制图标准》(GB/T 50106—2010)等。园林施工图基本都是按照上述各种规范及通用图例来表达的。

园林施工图的内容包括园林工程中所涉及的各专业施工图，一般分为总体规划设计施工图和园林建筑及园林小品施工图两大部分。具体内容包括规划设计说明、总平面图、竖向设计图、放线图、绿化布置图、管线布置图，以及亭、廊、水榭、园桥、假山、水池等园林建筑及小品施工图。下面将园林施工图的主要内容分为总体规划设计施工图和园林建筑及园林小品施工图两大部分加以介绍。

## 6.1 总体规划设计施工图

总体规划设计施工图包括规划设计说明、总平面图、竖向设计图、放线图、绿化布置图、管线布置图等，有时还包括场地的四至图及纵向或横向剖面图等内容。下面对最常见及最实用的几种类型的总图分别加以介绍。

### 6.1.1 总平面图

总平面图根据所设计的园林工程规模大小，选用适当的比例，常用比例有1∶500、1∶300、1∶250或1∶200，特殊情况下也会采用1∶1 000、1∶750或其他比例。常用图纸规格一般有A0(1 189 mm×841 mm)、A1(841 mm×594 mm)和A2(594 mm×420 mm)，必要时还可以采用加长图纸。在园林施工图中，总平面图要能够表达出以下主要内容。

1) 用地红线及周边环境

用地红线应是经有关部门批准使用的规划设计用地范围的边线，要求准确，不能模棱两可。在总平面图中，用地红线多以粗点画线明确表示，并加文字说明。用地红线之外应有一定范围的周边环境，如建筑物、道路或水体等，以准确反映出规划设计的外部环境。

2) 图中所涉及范围的道路、广场及其他铺装平台

在总平面图中要准确表示出道路(特别是外围道路)和桥涵的宽度、走向，以及各广场及铺装平台的大小、形状和铺装地面的图案等内容，如因比例关系无法准确

表达,可适当采用示意图的形式,以便与其他道路等部分加以区别。

3）各类建筑及其周围环境

总平面图中所显示的建筑物均以屋顶平面表示,还应标明建筑物的层数。有时图中还会出现保留建筑、拟拆除建筑或改建建筑等不同类型的建筑,需用不同图例区别对待,有利于在图纸上把设计内容更加完整地反映出来。

4）水体、假山、花架、景墙及其他园林小品

水体包括江、河、湖泊、溪流等多种形式,在总平面图中均需要准确表达其大小和形状、驳岸形式、水中岛屿等内容。假山的图面表达表现出其所处位置及基本的平面形状即可。而对于花架、景墙等园林小品,除了准确表达出其所处位置及平面形状,还要表达出它们与周围的广场、道路、绿化等的关系。

5）绿化布置

总平面图中必须清楚表示出绿化范围及整体绿化情况。根据图纸比例的不同,绿化的表达方式也不一样。一般可通过不同大小及形状的图例及其组合,表现出乔木、灌木及地被三个层次的绿化布置情况。

6）图纸名称、图纸比例、指北针、各部分名称等常规内容

这些常规内容的表达在总平面图中必不可少。指北针可通过风玫瑰图表达,但应注意风玫瑰图有一定的区域性。图纸比例一般直接标注较为直观,但需要放大或缩小时,以比例尺表达为宜。名称标注也是总平面图中不可缺少的内容,包括各种道路(特别是外围道路)、广场、主要出入口、水体、建筑物等的名称。另外,还应标出各广场、主要道路交叉点和其他重要位置的标高,以及其他相应内容。有时在地形复杂的图中还会出现等高线,一般在总图中只标设计等高线。

总之,不同园林规划设计项目的总平面图所要表达的内容和所需图纸比例有所不同。例如,在比例较小的总平面图中,部分内容不能清晰完整地表达出来,这时就需要通过加注说明或运用图例等手段来表达设计内容。不管用哪种方式及表达方法,总平面图的表达都力求简洁、清晰,不需要表示出过多过细的设计内容,以免画蛇添足,影响图面表达。

总平面图实例如图 6-1 所示。

### 6.1.2 竖向设计图

竖向设计是指在一块场地上进行垂直于水平面方向的布置和处理。园林施工图中的竖向设计是指园林中各景点、各种设施及地貌等在高程上如何变化及协调的设计。竖向设计的内容包括地形设计,园路、广场及其他铺装场地、园林建筑和小品、植物种植在高程上的布局,排水设计,管线综合布置等内容。在竖向设计图中应表达的内容主要有以下几方面。

1）各高程控制点的标高

竖向设计图中所表示的高程可以是绝对高程,也可以是相对高程。如果是相对高程,必须清楚地注明±0.000 的所在位置,以及在图中±0.000所代表的相对高程。

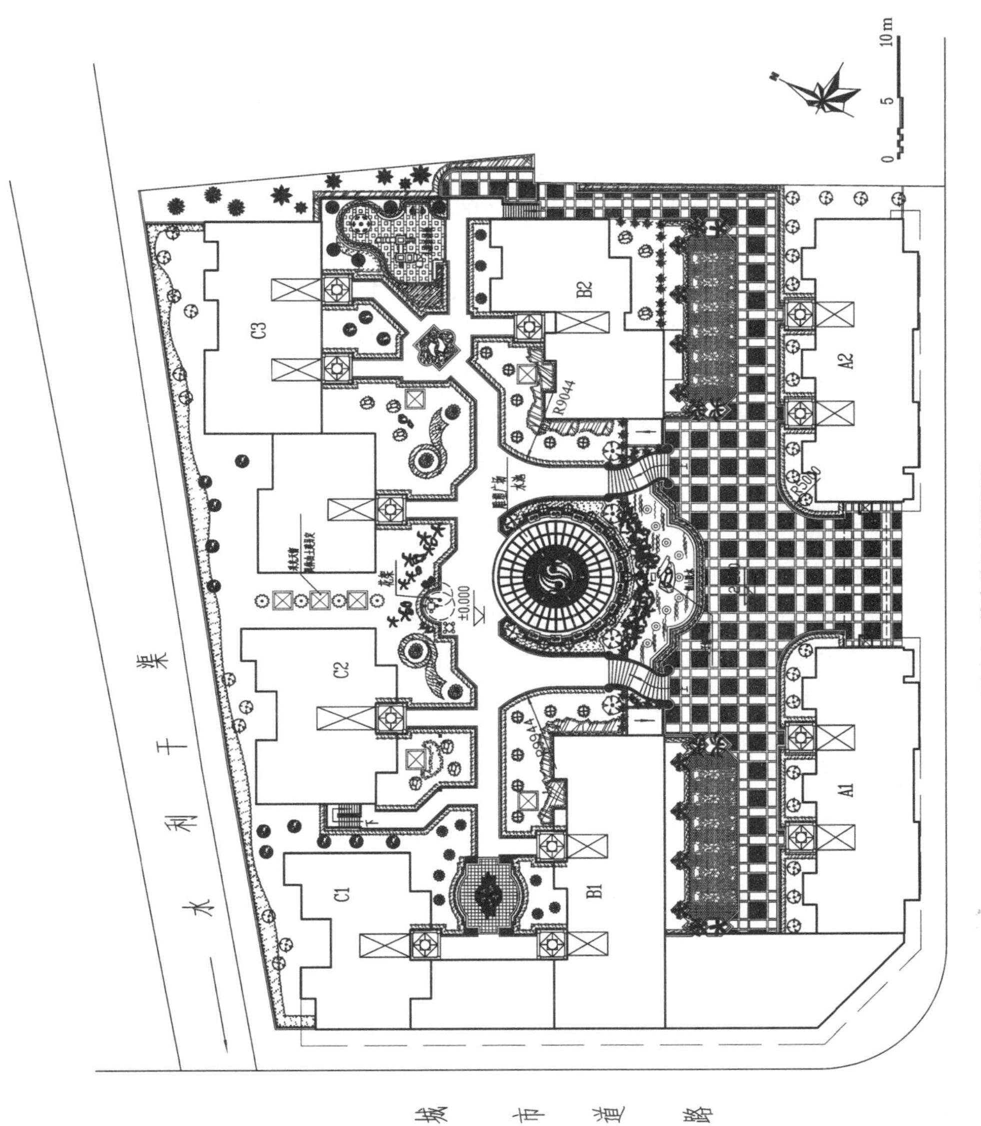


图6-1 某商住区总平面图

2) 各道路中心线交叉点及广场的标高

此处所指的道路及广场包括用地红线四周及红线内的主要道路,以及各铺装广场、休息平台等处的标高。对于主要道路或坡道,还必须标明各标高点之间的坡度及方向。

3) 各建筑物及建筑小品所处位置的标高

此项包括总体设计中的各类建筑物,如餐厅、茶室亭、廊等建筑及景墙、雕塑等各类小品所在地台的标高,方便定位及施工。

4) 用地范围内的各种地形、山石及水体的标高

一般来讲,各类地形都可以通过等高线来表示,图中相邻两条等高线的高差称为等高距。等高距的大小可根据图纸比例的大小而定,以清楚明了为宜。竖向设计图中假山的标高只标出各部分的控制标高即可。水体的竖向设计包括驳岸、水面、水底标高,以及进、出水口和溢水口等的位置与相应标高。

除了以上各项标高,竖向设计图还包括图纸名称、图纸比例、指北针等常规内容。

竖向设计图实例如图 6-2 所示。

### 6.1.3 放线图

在园林施工中,为了便于将图纸上的设计内容准确地在现场定位,完整地表现出设计师的设计意图,我们通常要借助放线图。放线图是为施工服务的,因此,放线图的表达方式必须与园林施工的工艺及程序相适应。放线图中的内容表达是否清楚、准确,关系到园林施工能否顺利进行及园林设计是否能够完整地实现。放线图主要表明各设计因素之间的平面关系和准确位置,一般主要包括以下内容。

1) 用地红线

用地红线的各角点均有准确的坐标,放线图中应将这些点的坐标标注出来,便于施工定位。

2) 设计范围内需要保留或利用的原有建筑物、构筑物、树木、地下管线等

这些既有物体在施工现场具有标志性的作用,可以作为其他施工项目的放线参考点。

3) 道路、广场、建筑物、水体、山石、各类园林小品、绿化及地形等高线等

这些属于总平面图中的内容,放线图中的道路需标明道路中心线、宽度及转弯半径,并注意道路中心线交叉点的平面及高程的准确性。

4) 放线基点及其与所放线物体间的距离、角度等

放线图中必须标明放线基点及其与所放线物体间的距离、角度等内容,方便定位。根据复杂程度的不同,定位方法也不同。对于较规则或简单的物体,可采用直接标注法,即以地形图上的坐标线或现有建筑物的屋角、墙面,或以构筑物、道路等为基点或基线,标明各点至基点或基线的水平、垂直距离或夹角。园林中的水体、山石及绿化,多是不规则形的自由曲线,因此常采用网格放线法。网格的尺寸根据设计图的比例及设计内容的复杂程度而定,一般可选择 2 m×2 m、5 m×5 m 或 10 m×

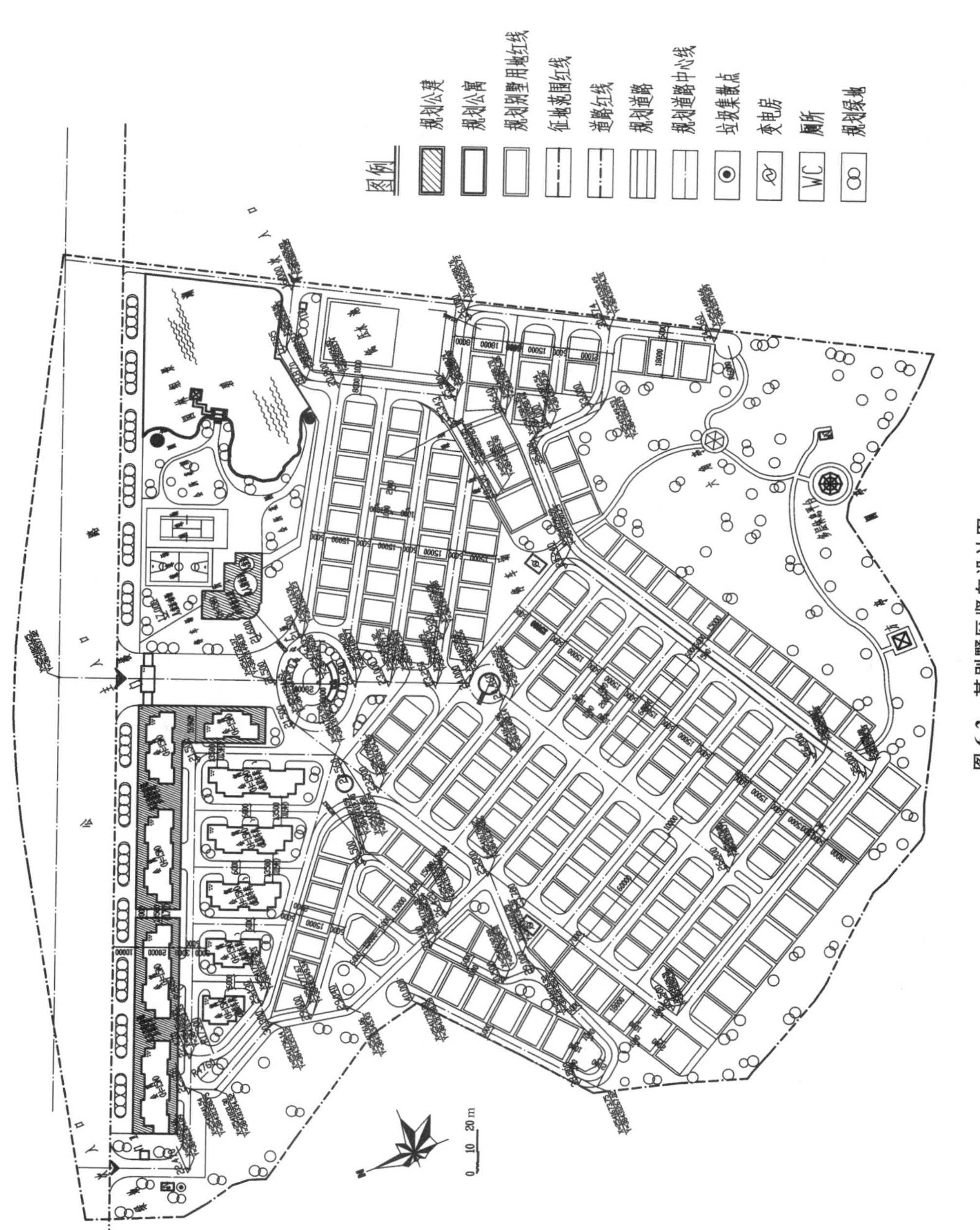


图 6-2 某别墅区竖向设计图

10 m 等，从基点、基线开始向四周延伸，形成坐标网，必要时还需从基点 0、0′开始，水平及垂直方向分别标注为 1，2，3…及 1′，2′，3′…(或 A、B、C…及 A′、B′、C′…)作为施工放线的依据。

放线图实例如图 6-3 所示。

### 6.1.4 绿化布置图

绿化布置图主要反映用地范围内所有的绿化设计情况，所采用的图纸比例通常与总平面图相同。在绿化布置图中，绿化表达一般分为乔木、灌木和地被植物三个层次，在比例适中或绿化布置较为简单，能够完整表达的情况下，所有植物可以在同一张绿化布置图上表达出来；如果图纸比例偏小或绿化布置较为复杂，则需将乔木、灌木和地被植物分别表达。有时用地范围过大，表达有困难，还需要对绿化总图中的各部分进行分区表达。在绿化布置图中需采用不同的图例，并标注植物名称。名称标注以直接引注为好，清晰直观。此外，苗木表也是绿化布置图中不可缺少的内容。苗木表中应表达出设计图中所用植物苗木的名称、规格、数量，以及需要说明的内容，便于备料及施工。乔木的规格可用胸径及冠幅来表示，灌木或地被植物的规格通常用冠幅×高度表示，也可以用“袋”或“盆”等表示。

绿化布置图实例如图 6-4 所示。

### 6.1.5 管线布置图

园林施工中常见的管线包括给排水管线和电气管线，有时还有通信、电缆、煤气或其他管线。在管线施工图中，不论是哪种管线，都要在图中标明场地外市政总管的进、出位置及所采用管道的规格，并与用地范围内设计的管线相连接。给排水施工图包括给水和排水两部分。其中，给水施工图包括设计范围内的造景、绿化、生活、卫生和消防等多种用水系统的供水设计；排水施工图包括雨水和污水系统的排水设计。各管线施工图中均需注明每段管线的长度、管径、高程及接头处理，同时还要注明给排水管井或其他管井的具体位置、大小和坐标等内容。

管线布置图实例如图 6-5 和图 6-6 所示。

应该注意的是，以上所提的园林总体规划设计施工图的各项内容并不是一成不变的，对于不同的园林施工项目，图纸的种类、数量及图中所表达的内容可以根据工程的实际情况、复杂程度及不同的设计要求灵活变通。

## 6.2 园林建筑及园林小品施工图

在园林施工图中，仅有总体规划设计施工图中所表达的内容，还不能完整地体现出各种设计意图，必须借助更加详细的设计图纸，将总体设计图中的各个部分加以深化，以满足园林施工的要求。一般来讲，设计意图都要通过各种单体设计图来体现，包括园林建筑及园林小品等部分，下面分别加以介绍。

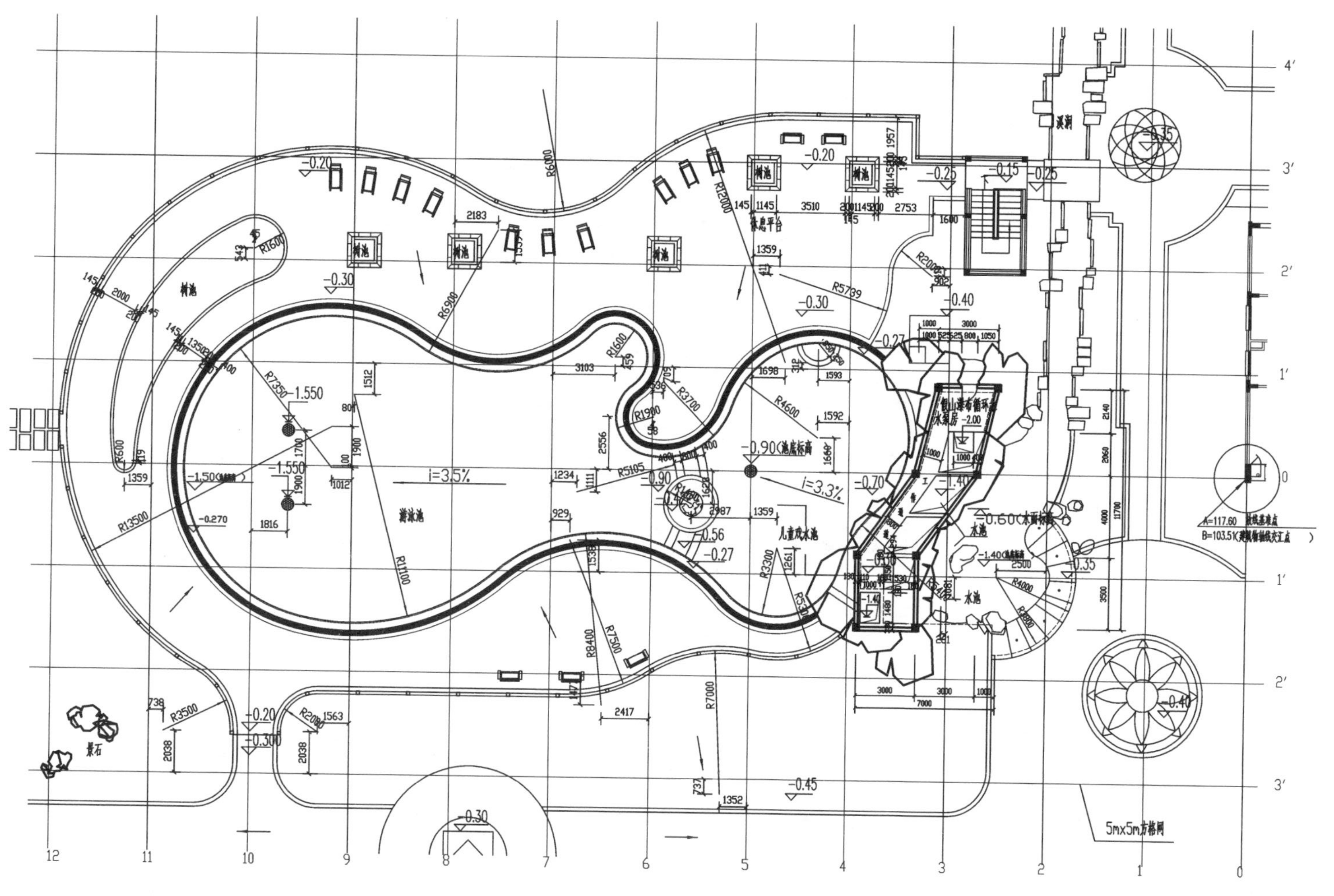
游泳池
i=3.5%
i=3.3%
儿童戏水池
休息平台
树池
景石
水池
5mx5m方格网
-0.90池底标高
A=117.60 放线基准点
B=103.5K(建筑轴线交汇点)

图 6-3 某景区放线图

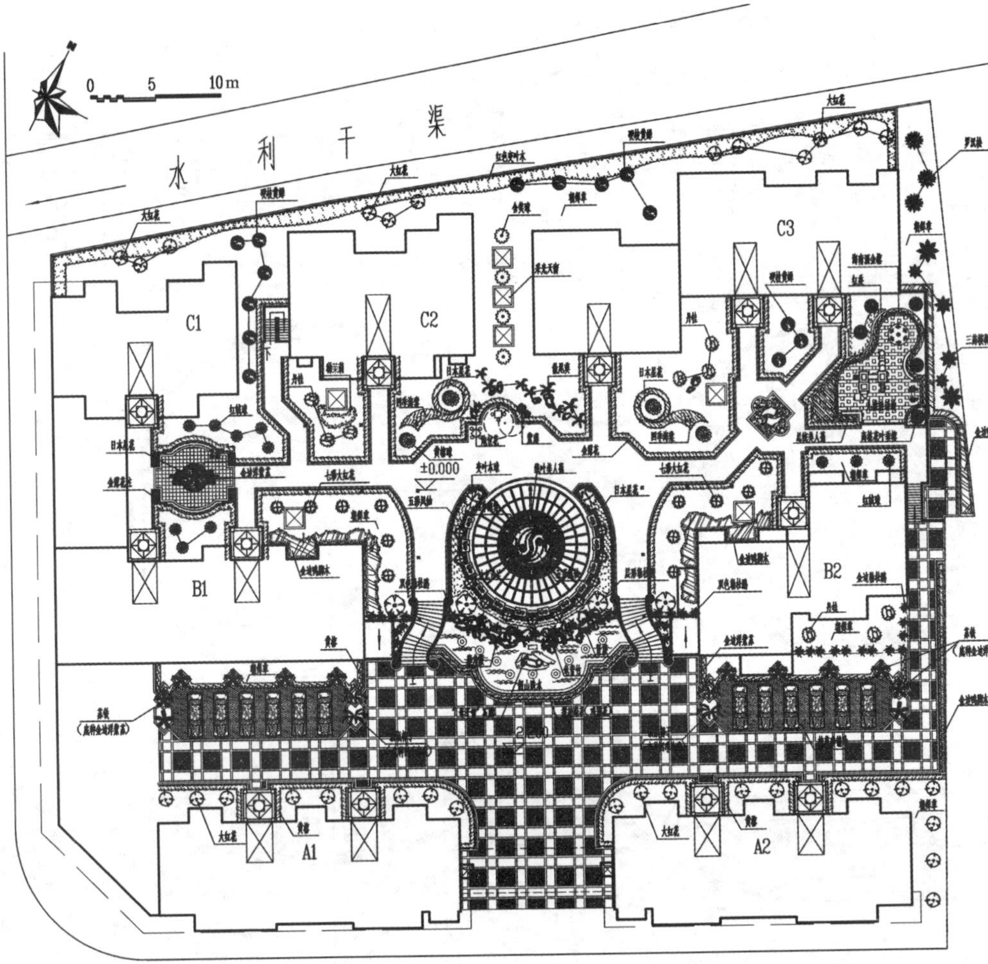

苗木表

| 序号 | 苗木名称 | 规　格 | 数 量 | 备 注 |
|---|---|---|---|---|
| 1 | 酒瓶椰子 | 地径41~45cm 净干高2.1~2.5m | 4株 | |
| 2 | 丹桂 | 冠1.2m 自然高1.8m | 9株 | |
| 3 | 罗汉松 | 高2.3~2.6m(塔形) | 3株 | |
| 4 | 三药槟榔 | 自然高2.1~2.5m，6枝以上 | 6株 | |
| 5 | 苏铁 | 底缸　冠1.5~1.8m | 15株 | |
| 6 | 七彩大红花 | 底缸　冠1.0m　高1.0m | 12株 | |
| 7 | 大红花 | 底缸　冠1.0m　高1.0m | 32株 | |
| 8 | 双色勒杜鹃 | 油盆　冠0.8m 高0.8m | 25盆 | |
| 9 | 金边勒杜鹃 | 油盆　冠0.8m 高0.8m | 12盆 | |
| 10 | 层形勒杜鹃 | 大底缸 | 4株 | 5层 |
| 11 | 硬枝黄蝉 | 底缸　冠1.0m　高1.0m | 14株 | |
| 12 | 散尾葵 | 自然高2.1~2.5m，3枝以上 | 8株 | |
| 13 | 红绒球 | 底缸　冠1.0m　高1.0m | 11株 | |
| 14 | 含笑球 | 底缸　冠1.0m　高1.0m | 4株 | |
| 15 | 高桩花叶垂榕 | 净干　高0.8m　冠0.8m | 5株 | |
| 16 | 红色变叶木 | 七斤袋　高30~35cm | $152m^2$ | |
| 17 | 红色变叶木球 | 高0.8m　冠0.8m | 23株 | |
| 18 | 金露花 | 五斤袋　高25~30cm | $222m^2$ | 16袋/$m^2$ |
| 19 | 金露花柱 | 60cm×120cm×60cm | 4株 | |
| 20 | 海南洒金榕 | 五斤袋　高25~30cm | $12m^2$ | 16袋/$m^2$ |
| 21 | 五彩凤仙 | 五斤袋　高25~30cm | $54m^2$ | 16袋/$m^2$ |
| 22 | 黄榕球 | 冠1.2m　高1.2m | 4株 | |
| 23 | 黄榕 | 五斤袋　高25~30cm | $100m^2$ | 16袋/$m^2$ |
| 24 | 金边洋紫苏 | 五斤袋　高25~30cm | $38m^2$ | 16袋/$m^2$ |
| 25 | 四季海棠 | 三斤袋　高20~25cm | $67m^2$ | 25袋/$m^2$ |
| 26 | 金边龙舌兰 | 油盆　ϕ80~90cm | 2盆 | |
| 27 | 总统美人蕉 | 五斤盆　高35cm 冠30cm | $10m^2$ | 12盆/$m^2$ |
| 28 | 线叶美人蕉 | 五斤盆　高35cm 冠30cm | $6m^2$ | 12盆/$m^2$ |
| 29 | 炮仗花 | 七斤盆　长3.1~3.5m | 4盆 | |
| 30 | 紫藤 | 七斤盆　长3.1~3.5m | 4盆 | |
| 31 | 红桑 | 五斤袋　高40~45cm | $9m^2$ | 12盆/$m^2$ |
| 32 | 希茉莉 | 五斤袋　高40~45cm | $7m^2$ | 12盆/$m^2$ |
| 33 | 日本星花 | 五斤袋　高35cm 冠30cm | $45m^2$ | 16盆/$m^2$ |
| 34 | 金边鸭脚木 | 七斤盆　高45cm 冠36cm | $110m^2$ | 9盆/$m^2$ |
| 35 | 龟背竹 | 七斤盆　4枝以上 | 8株 | |
| 36 | 肾蕨 | 七斤袋 | 50袋 | 石穴散植 |
| 37 | 莳花(鸡冠花) | 五斤盆 | 230盆 | 16盆/$m^2$ |
| 38 | 麋角蕨 | 垂挂长度 0.6~1.2m | 9株 | 石穴散植 |
| 39 | 睡莲 | 油盆　ϕ80~90cm | 6盆 | 盆栽 |
| 40 | 朝鲜草 | 件装式 30×30cm | 按实计 | $m^2$ |
| 41 | 太湖石 | t | 3.5t | |
| 合计 | | | | |

图 6-4　某商住区绿化布置图

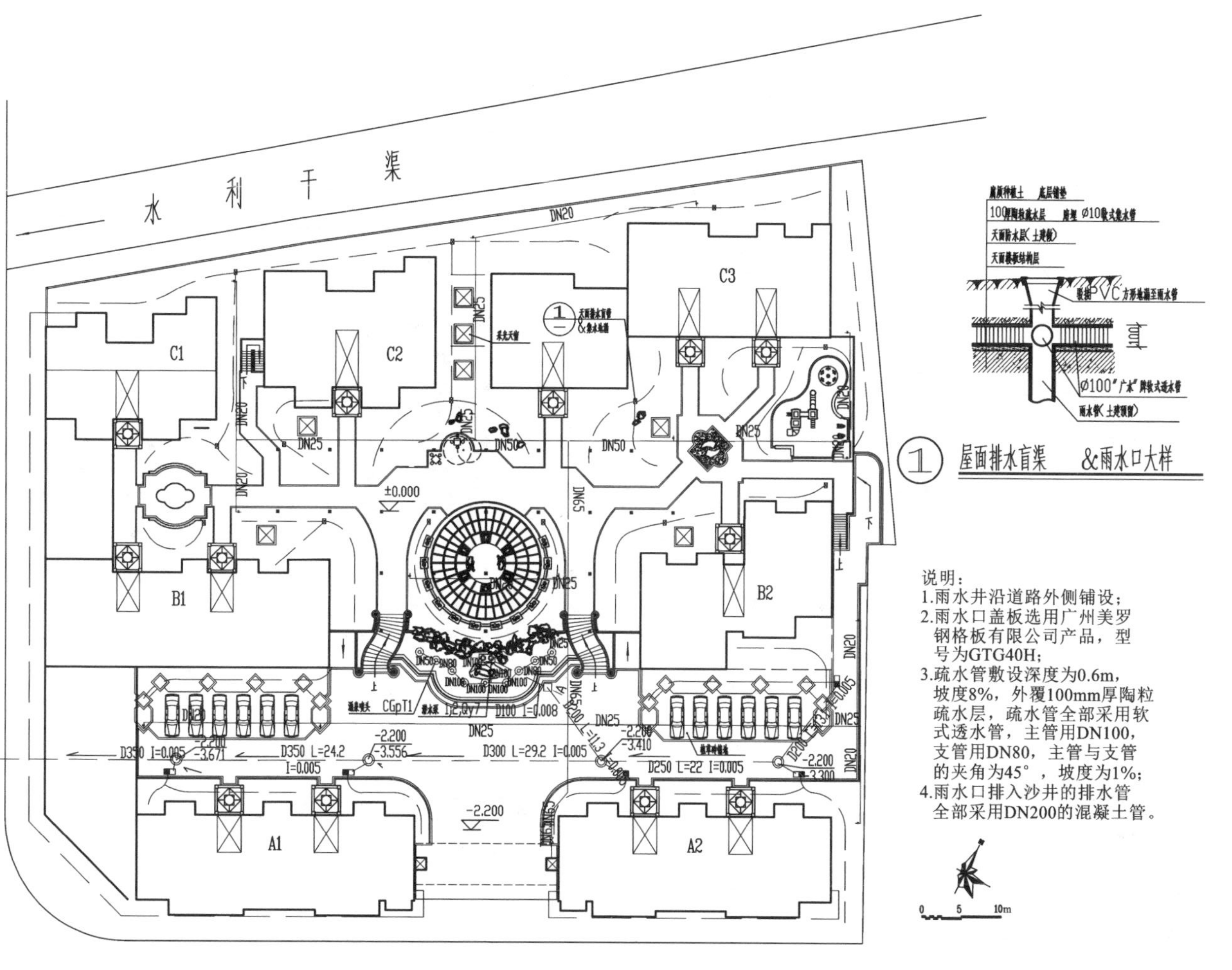


图 6-5 某商住区给排水布置图

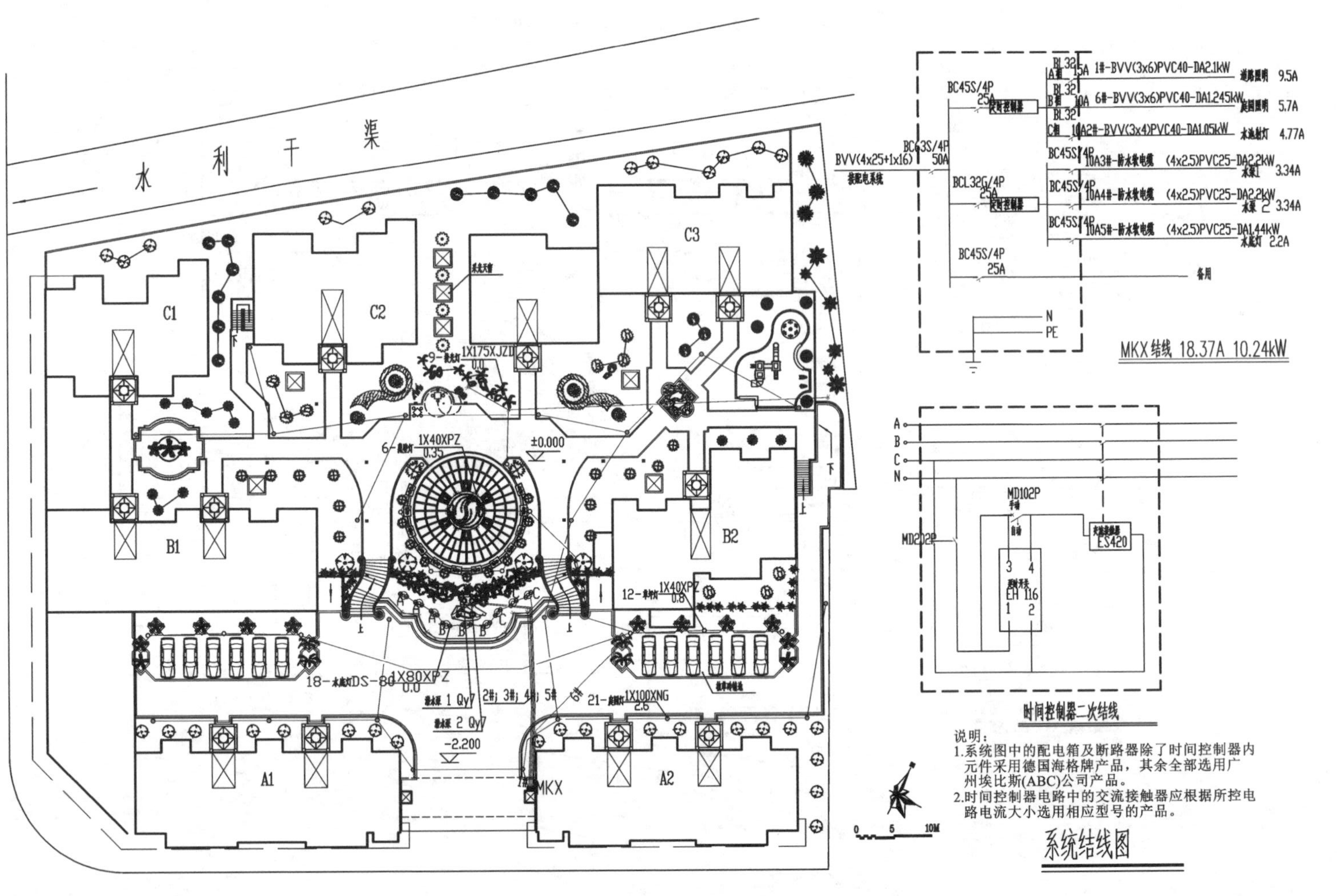


图 6-6 某商住区电气布置图

### 6.2.1 园林建筑

园林建筑是园林设计的重要内容，是园林四大要素之一。园林建筑作为一定范围甚至全园的视觉中心和趣味中心，不仅可以满足使用功能需求，在园林造景上也能起到重要作用。一般来讲，园林建筑可分为厅、堂、楼、阁、轩、馆、斋、室、榭、舫、亭、廊、牌楼、塔和台等。不同的园林建筑，其功能、体量和造型均有所不同，有时在不同的环境下，根据设计意图的不同，各类园林建筑的功能及外形可灵活变化。在以上提到的各类园林建筑中，亭、廊和水榭是用途最广泛，也是最受欢迎的。

**1）亭**

根据平面形状的不同，亭可以分为圆亭、方亭、六角亭和八角亭；根据屋顶形式的不同，亭可以分为攒尖亭、卷棚亭和歇山亭；根据檐口形式的不同，亭可以分为单檐亭和重檐亭；根据使用性质的不同，亭可以分为路亭、桥亭、碑亭和休息亭；根据材料种类的不同，亭可以分为木亭、石亭、竹亭和钢筋混凝土亭；等等。不同的亭，其构造及建造方法也不一样。例如，传统的亭，一般有伞法、大梁法和抹、搭角梁法等做法，每一种做法又有各自不同的适用范围，不能一概而论，也不能照搬照抄。对于现代的亭，风格和结构形式可以灵活多样，千变万化。但不论哪种形式，在设计中都要认真研究亭所处位置及周边环境，力求在形式和体量等方面既为环境增色，又能与环境协调。下面仅以常见的攒尖方亭为例，介绍亭的施工图应该表达的内容及应注意的问题，如图 6-7 所示。

**2）廊**

根据平面形状的不同，廊可以分为直廊、曲廊和回廊；根据结构形式的不同，廊可以分为双面空廊、单面空廊（半廊）、复廊和双层廊；根据廊顶形式的不同，廊可以分为平顶廊、坡顶廊和卷棚顶廊；根据使用性质的不同，廊可以分为桥廊、水廊和爬山廊；根据结构种类的不同，廊可以分为木结构廊、竹结构廊和钢筋混凝土廊；等等。在进行廊的设计时，要注意分析功能需求及所处环境，以便确定适当的廊宽、平面形状及建筑形式，并控制好体量。下面以常见的直廊为例，介绍廊的施工图应该表达的内容及应注意的问题，如图 6-8 所示。

**3）水榭**

水榭是园林建筑中“榭”的一种，一般为临水平台，部分伸入水中，平台四周围以低矮的栏杆，平台上为主体建筑，平面多为长方形，临水一侧特别开敞，单层或双层居多。屋顶常用卷棚、歇山式，檐角低平，榭中常有挂落、座椅、美人靠、门窗、栏杆等装饰。在处理水榭与水面的关系时，整个水榭尽可能突出池岸，形成三面或四面临水的环境，如建筑物不能突出水面时可以宽敞的平台作为过渡。水榭应尽可能贴近水面，在造型上与水面、池岸相结合，并要处理好水榭与周围环境的关系，在体量、风格、形式等方面协调统一。水榭的施工图实例如图 6-9 所示。

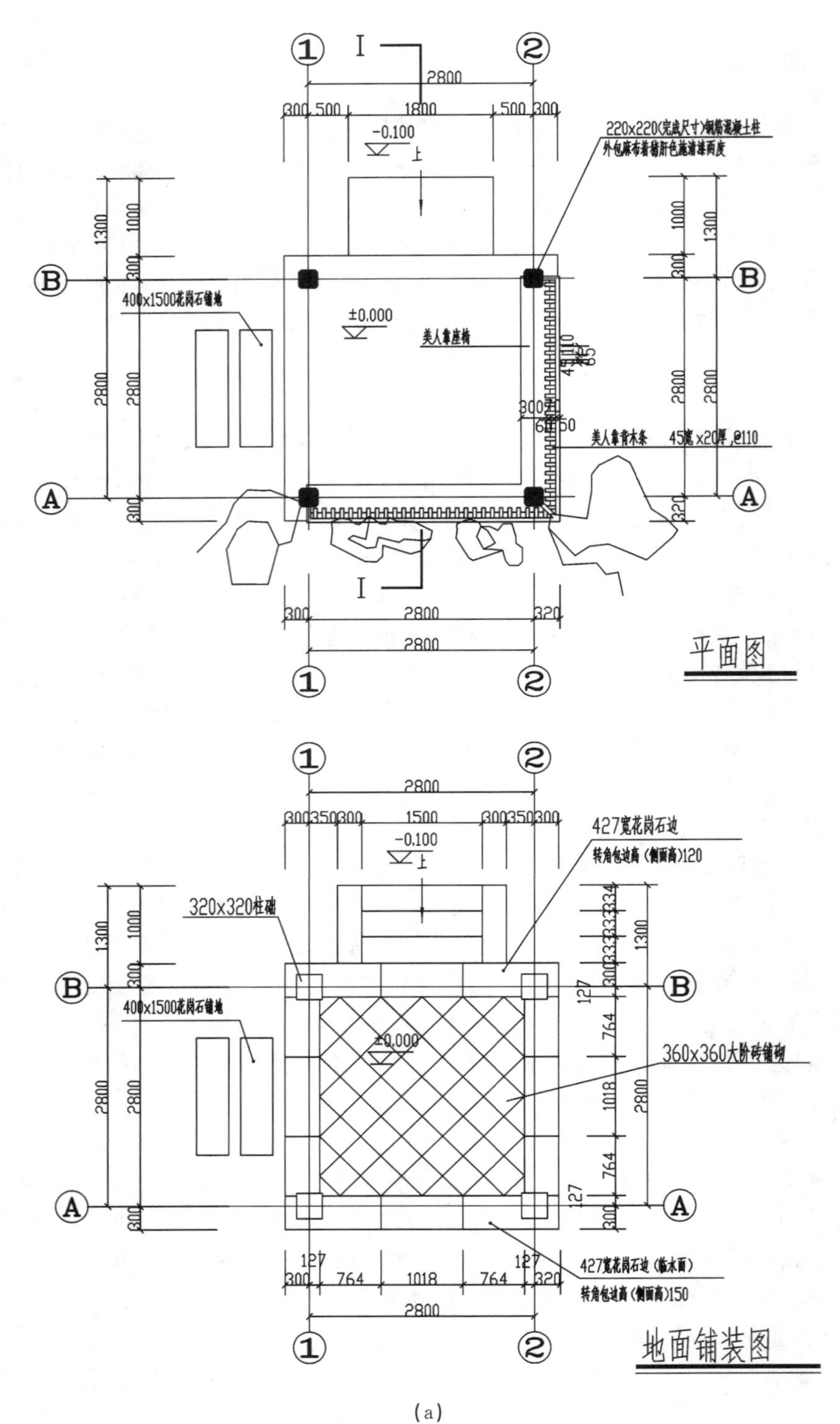


(a)

图 6-7　攒尖方亭施工图

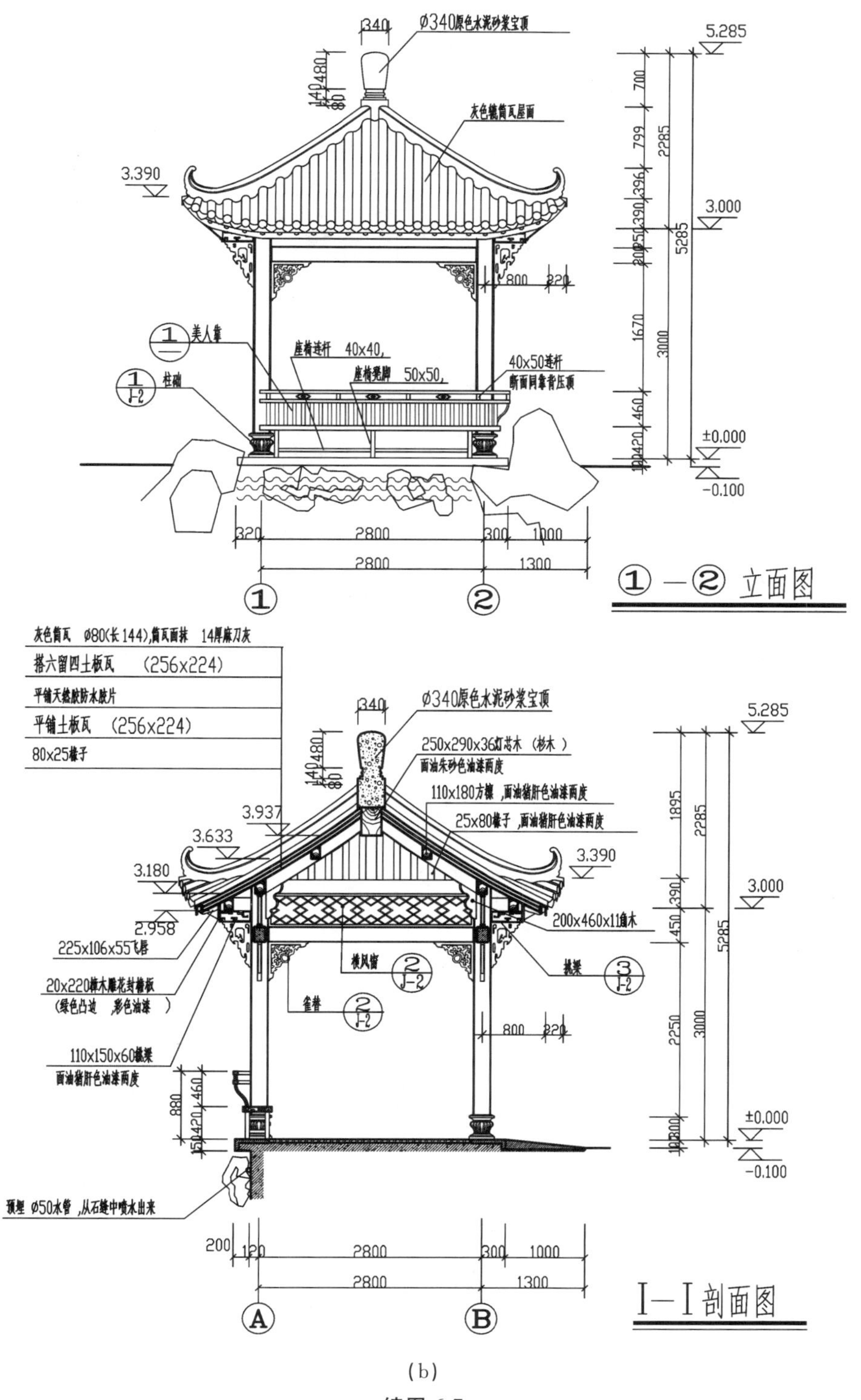
Ø340原色水泥砂浆宝顶
灰色蝴筒瓦屋面
5.285
3.390
3.000
±0.000
−0.100
美人靠
柱础
座椅连杆 40x40,
座椅凳脚 50x50,
40x50连杆
断面同靠背压顶
①—② 立面图
灰色筒瓦 Ø80(长144),筒瓦面抹 14厚麻刀灰
搭六留四土板瓦 (256x224)
平铺天然胶防水胶片
平铺土板瓦 (256x224)
80x25椽子
250x290x36灯芯木（杉木）
面油朱砂色油漆两度
110x180方檩，面油猪肝色油漆两度
25x80椽子，面油猪肝色油漆两度
3.937
3.633
3.180
2.958
20x220樟木雕花封檐板
横风窗
雀替
预埋 Ø50水管，从石缝中喷水出来
Ⅰ—Ⅰ剖面图

(b)

**续图 6-7**

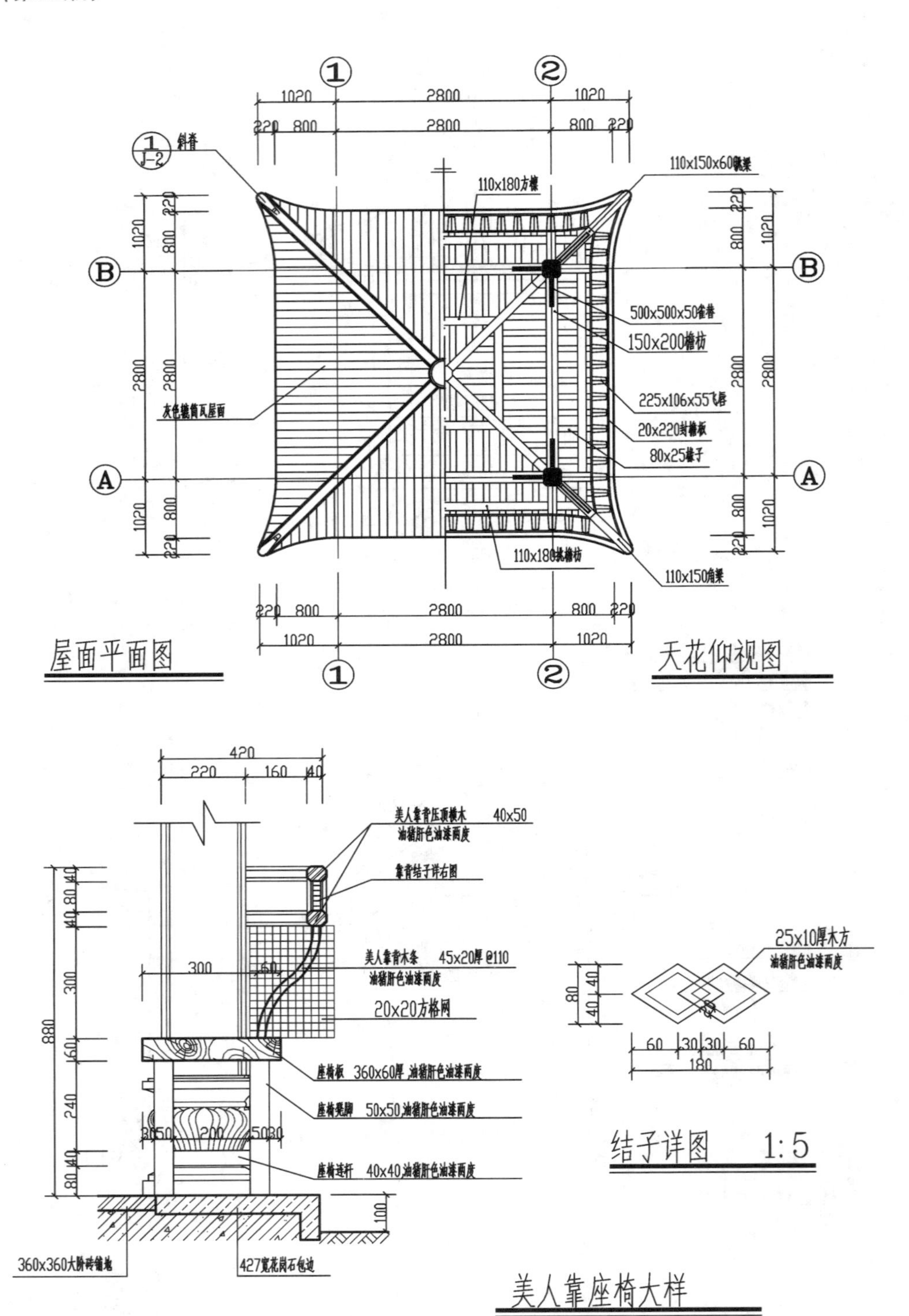

屋面平面图
天花仰视图
斜脊
110x180方檩
110x150x60瓜梁
500x500x50雀替
150x200檐枋
225x106x55飞椽
20x220封檐板
80x25椽子
灰色蝴筒瓦屋面
110x180挑檐枋
110x150角梁
美人靠背压顶横木 40x50
油猪肝色油漆两度
靠背结子详右图
美人靠背木条 45x20厚 @110
油猪肝色油漆两度
20x20方格网
座椅板 360x60厚 油猪肝色油漆两度
座椅凳脚 50x50油猪肝色油漆两度
座椅连杆 40x40油猪肝色油漆两度
360x360大阶砖铺地
427宽花岗石包边
美人靠座椅大样
25x10厚木方
油猪肝色油漆两度
结子详图 1:5


(c)

续图 6-7

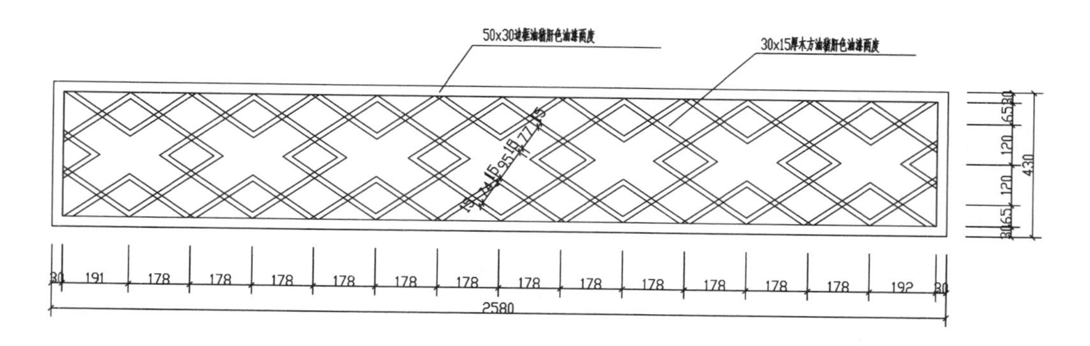
50x30边框油猪肝色油漆两度
30x15厚木方油猪肝色油漆两度
430
120
120
30
191
178
192
2580
横风窗大样

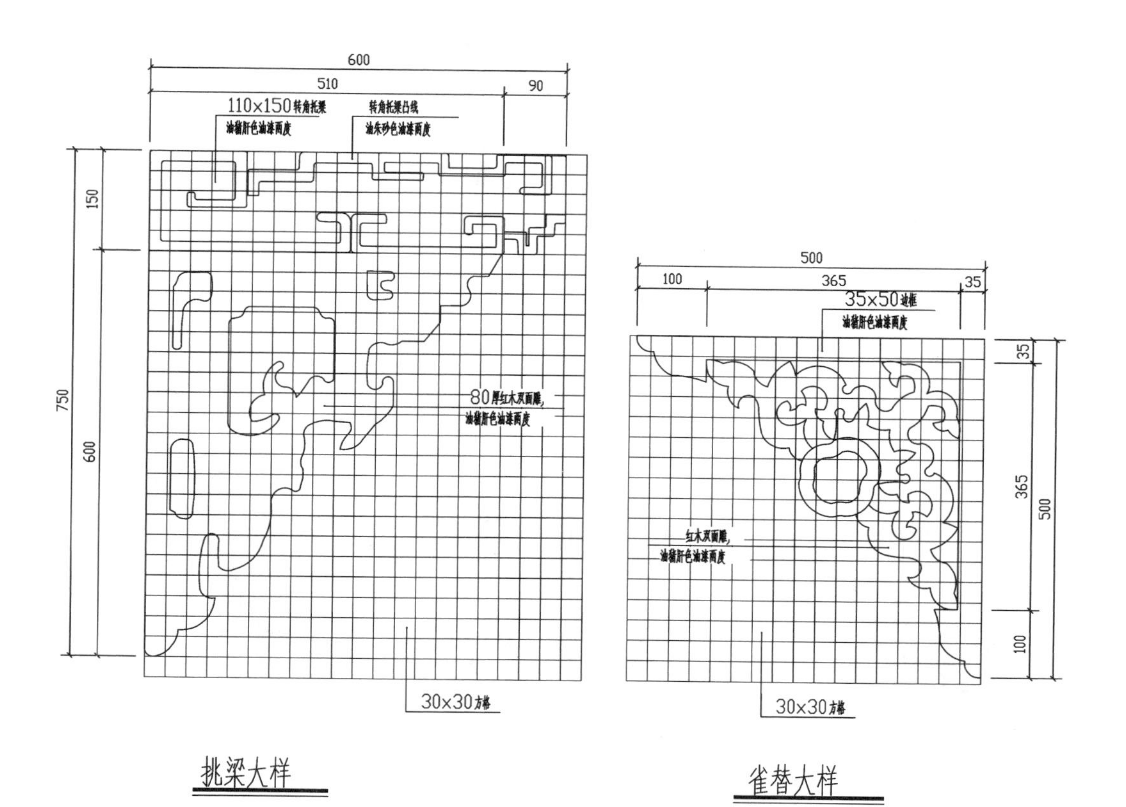
600
510
90
110×150转角托梁
油猪肝色油漆两度
转角托梁凸线
油朱砂色油漆两度
750
150
600
80厚红木双面雕,
油猪肝色油漆两度
30x30方格
挑梁大样
500
100
365
35
35×50边框
油猪肝色油漆两度
红木双面雕,
油猪肝色油漆两度
30x30方格
雀替大样

(d)

**续图 6-7**

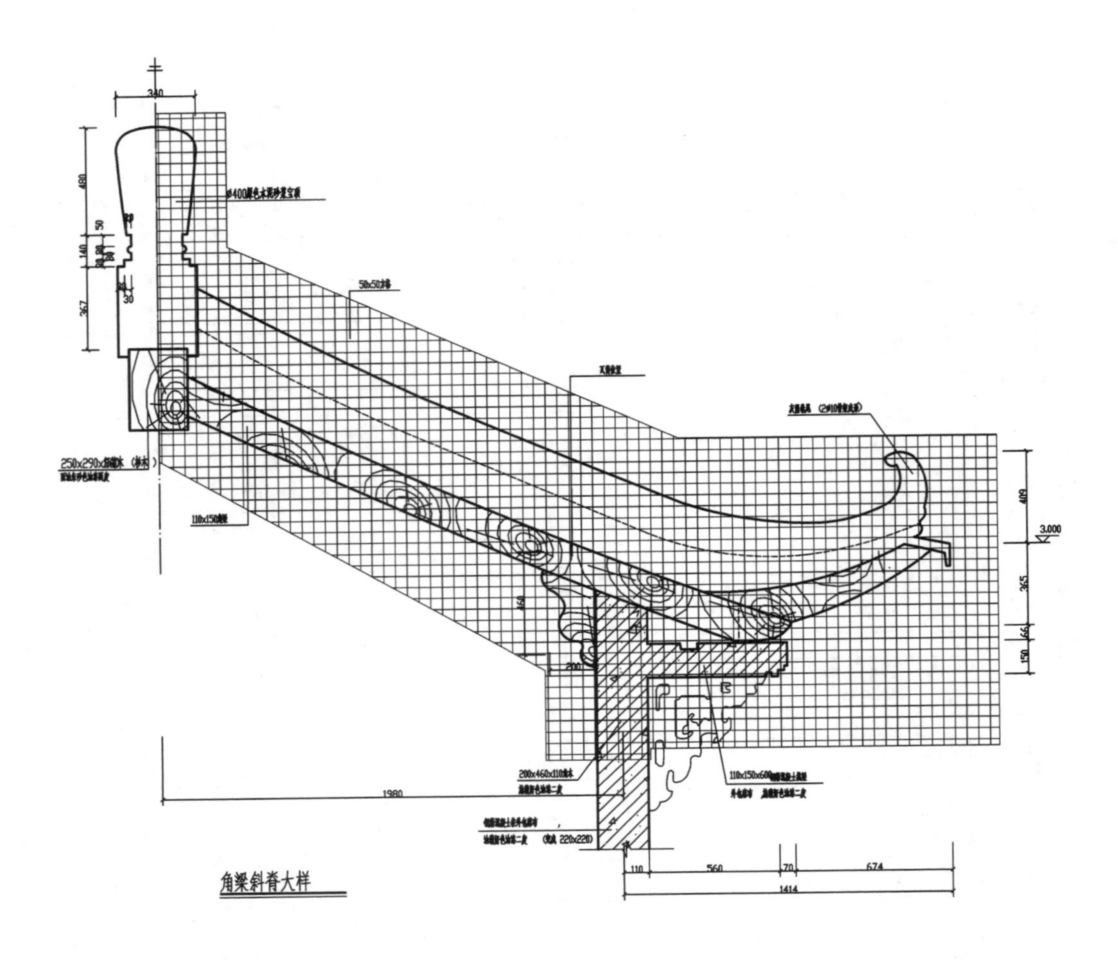
角梁斜脊大样

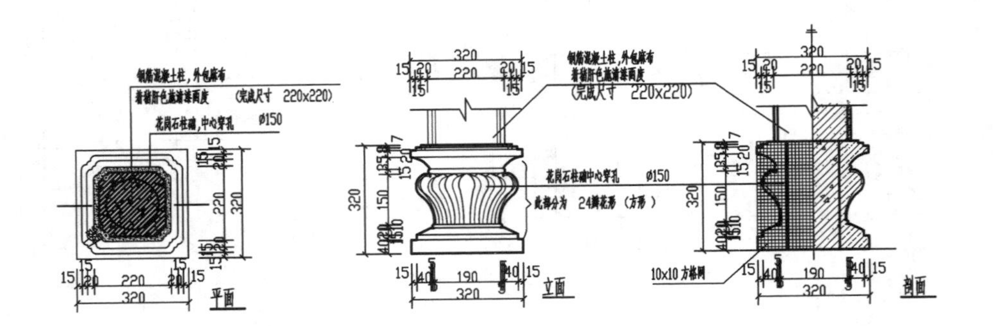
钢筋混凝土柱，外包麻布
着朝防色施涂漆两度　(完成尺寸　220x220)
花岗石柱础，中心穿孔　Ø150
花岗石柱础中心穿孔　Ø150
平面
立面
剖面
10x10 方格网
柱础大样

(e)

续图 6-7

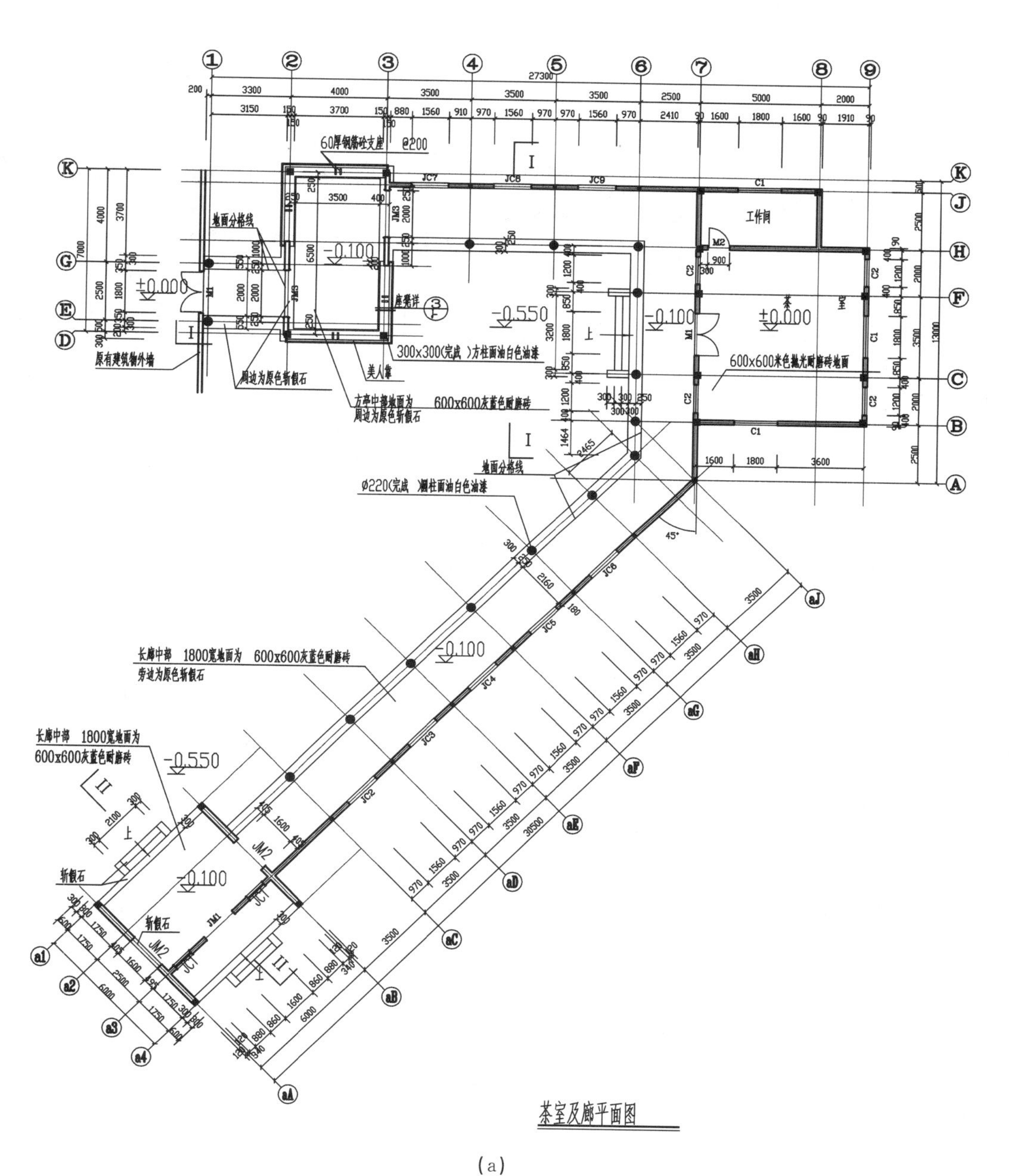
茶室及廊平面图
60厚钢筋砼支座
地面分格线
原有建筑物外墙
周边为原色斩假石
方亭中部地面为 600x600灰蓝色耐磨砖
周边为原色斩假石
美人靠
300x300(完成)方柱面油白色油漆
工作间
600x600米色抛光耐磨砖地面
Ø220(完成)圆柱面油白色油漆
长廊中部 1800宽地面为 600x600灰蓝色耐磨砖
旁边为原色斩假石
斩假石

(a)

**图 6-8 廊施工图**

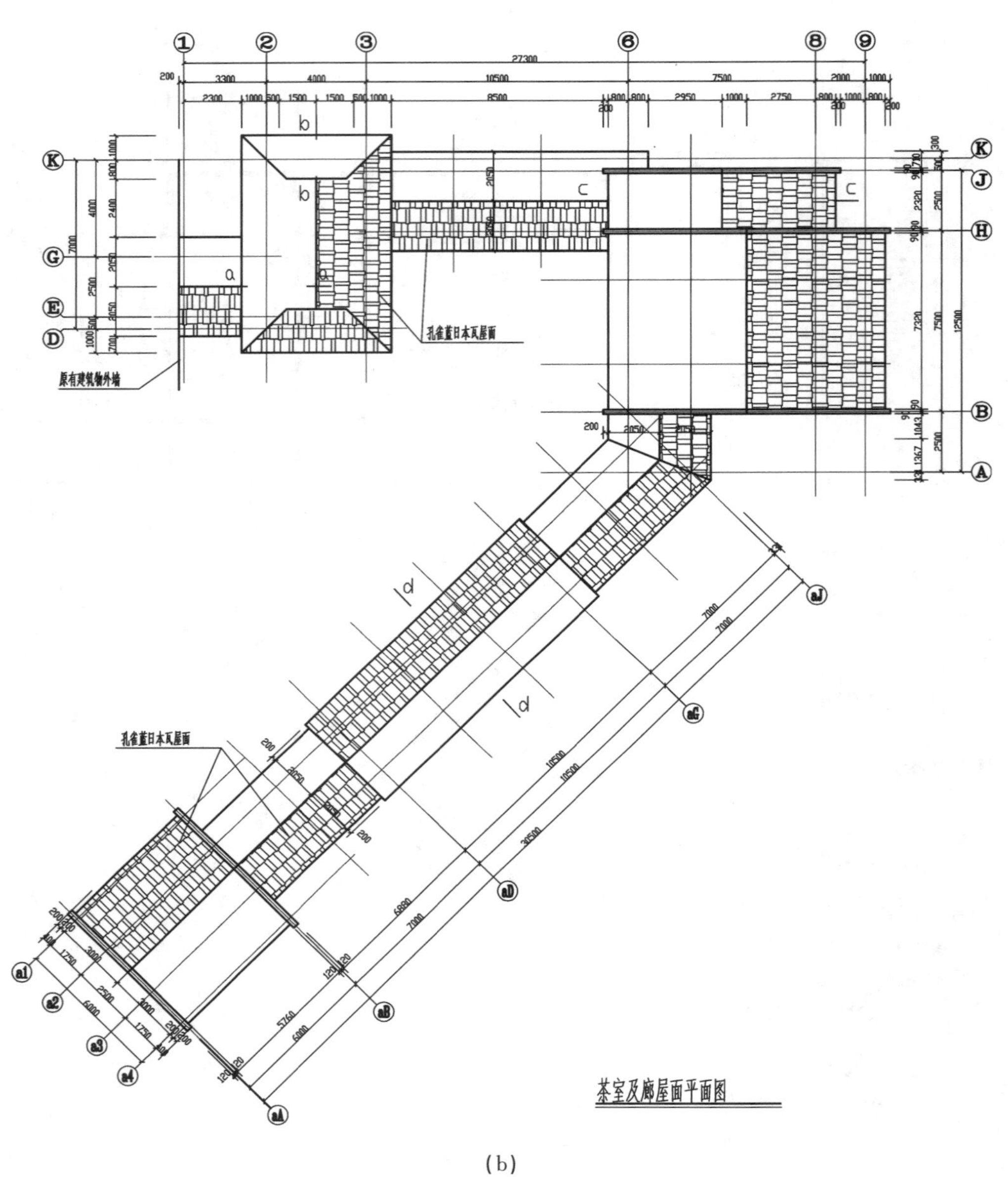


(b)

续图 6-8

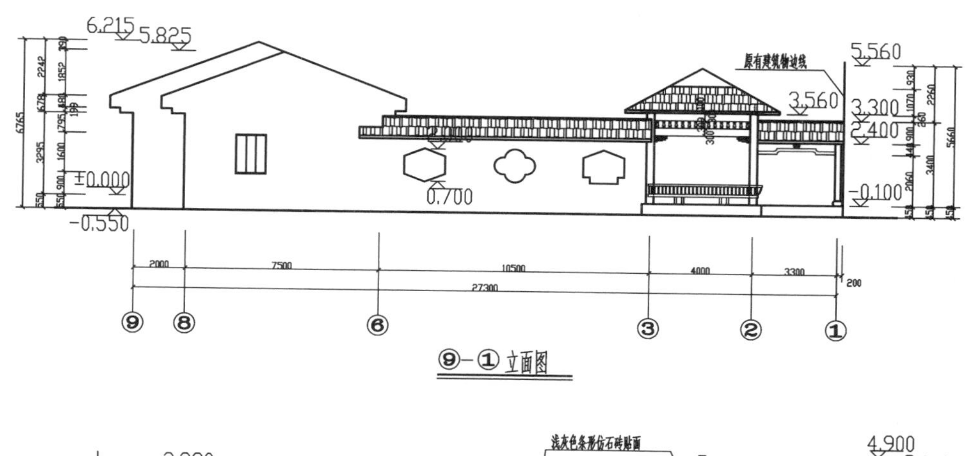
原有建筑物边线
⑨—① 立面图

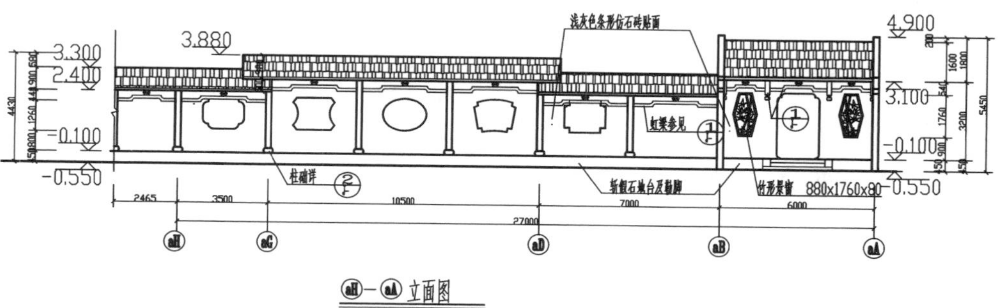
浅灰色条形仿石砖贴面
虹梁参见
柱础详
斩假石地台及勒脚
竹形景窗 880x1760x80
aH—aA 立面图

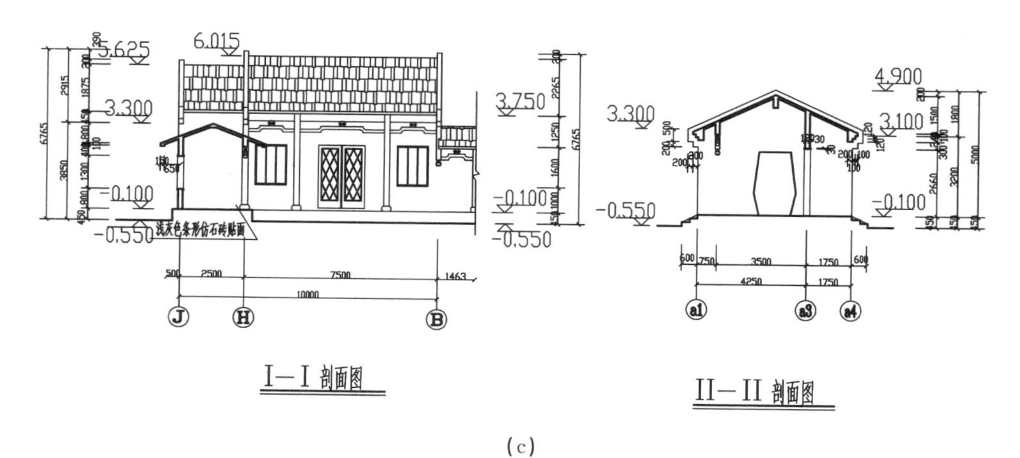
浅灰色条形仿石砖贴面
I—I 剖面图
II—II 剖面图

(c)

续图 6-8

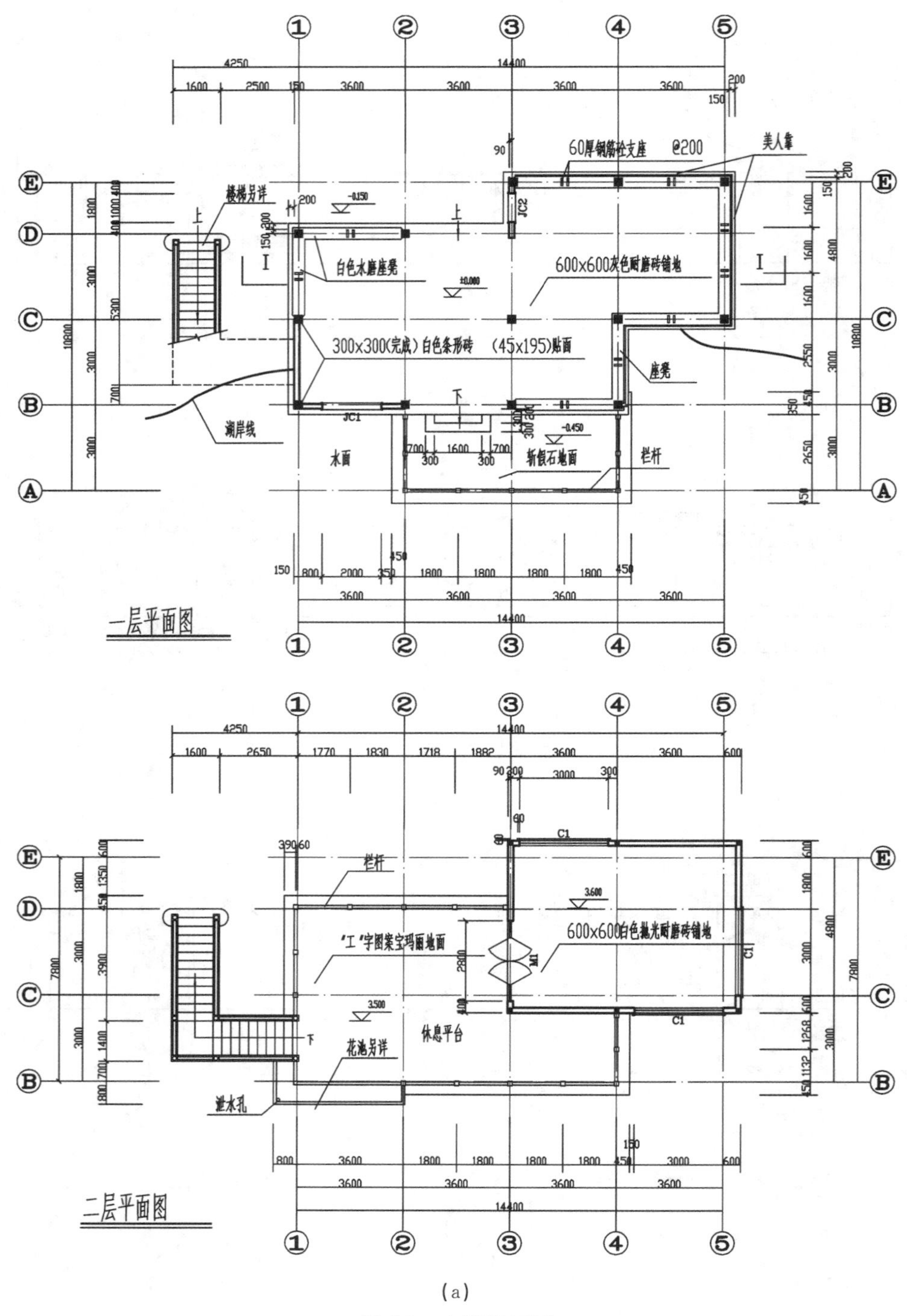
一层平面图
楼梯另详
白色水磨座凳
600x600灰色耐磨砖铺地
300x300(完成)白色条形砖 (45x195)贴面
美人靠
座凳
湖岸线
水面
斩假石地面
栏杆
二层平面图
"工"字图案宝瑙面地面
600x600白色抛光耐磨砖铺地
休息平台
花池另详
泄水孔

(a)

图 6-9　水榭施工图

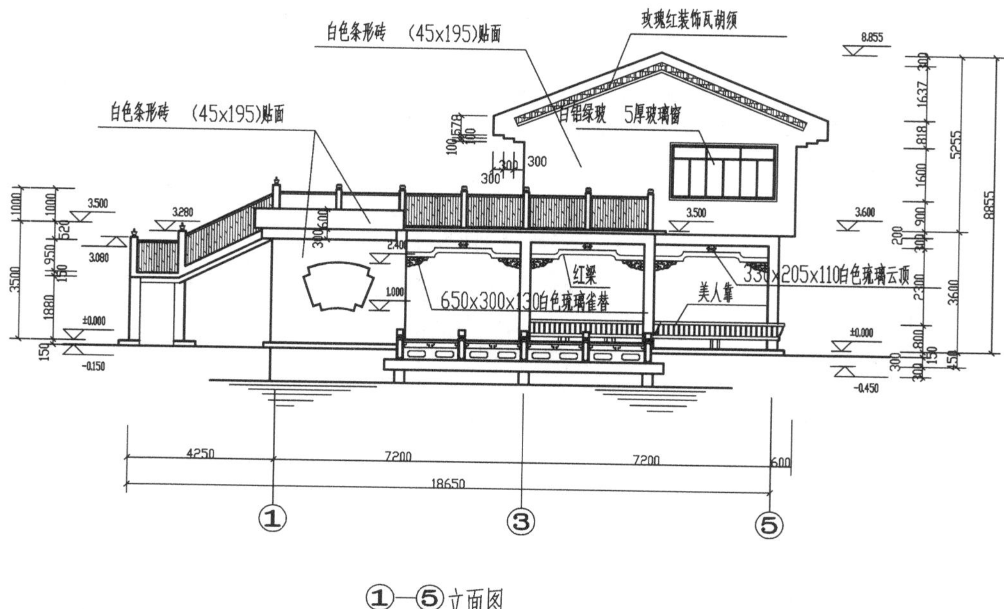


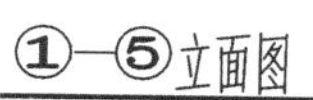
①—⑤立面图

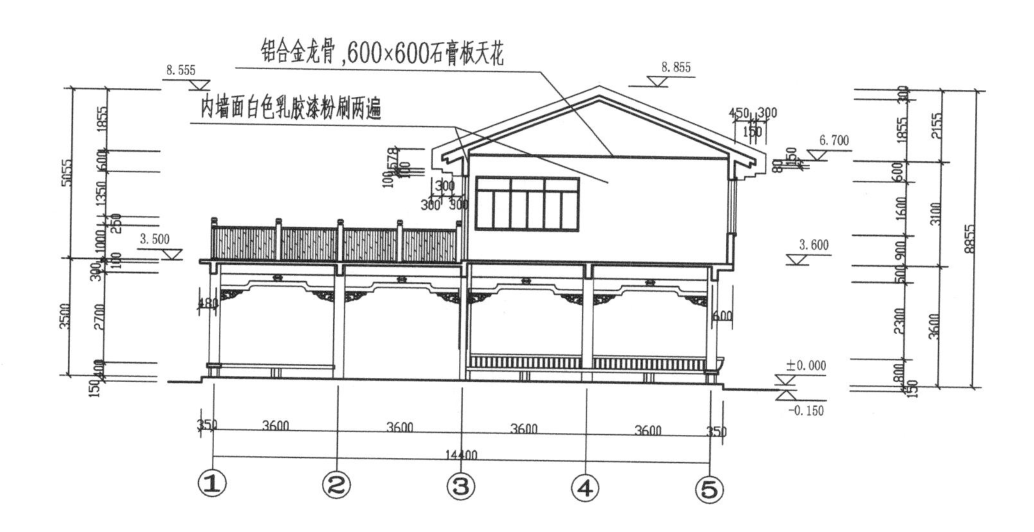


I-I剖面图

(b)

**续图 6-9**

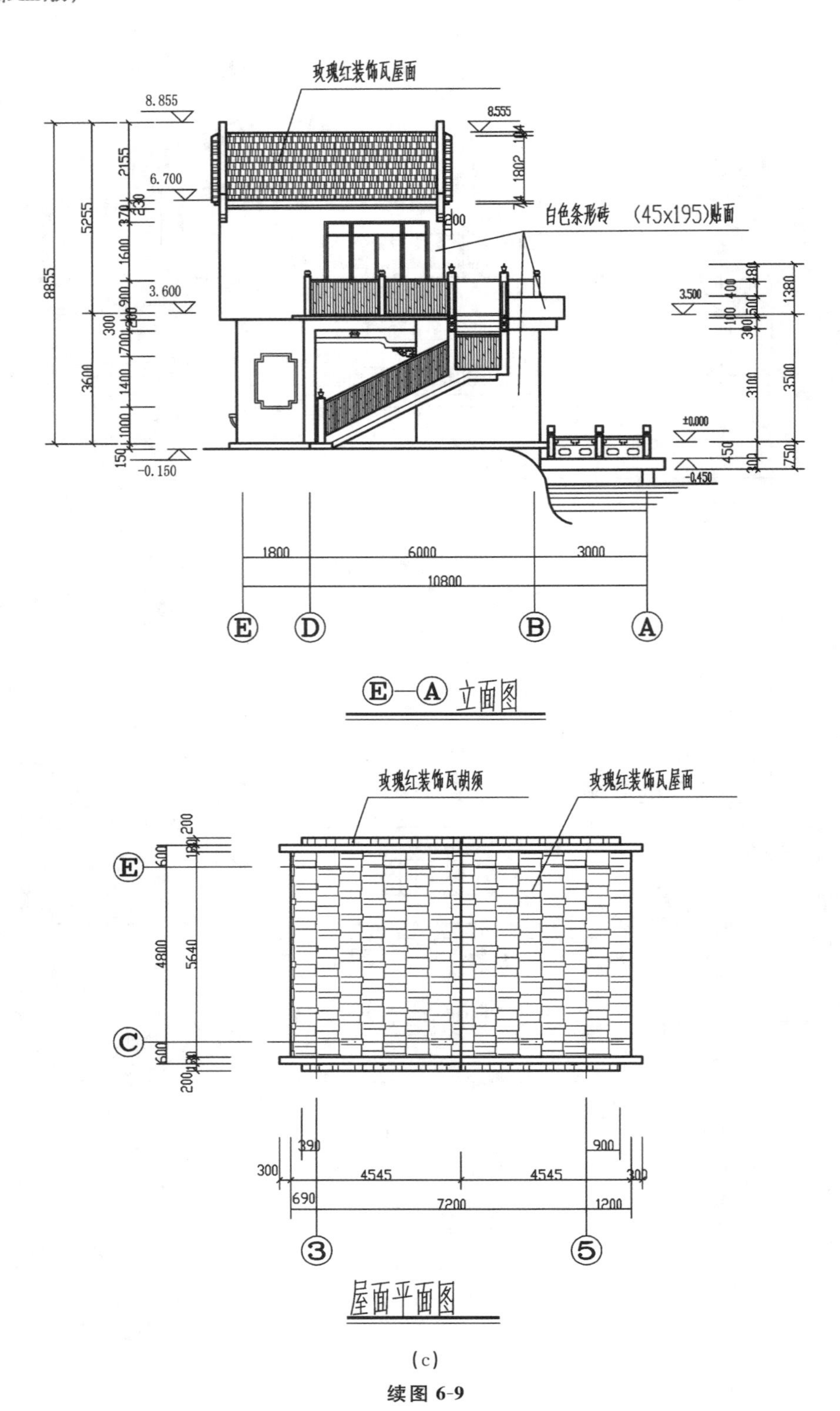

玫瑰红装饰瓦屋面
8.855
8.555
6.700
白色条形砖 (45x195)贴面
3.600
3.500
±0.000
-0.150
-0.450
8855
5255
3600
2155
1600
1400
1000
1802
1380
3500
3100
750
1800
6000
3000
10800
E
D
B
A
E—A 立面图
玫瑰红装饰瓦胡须
玫瑰红装饰瓦屋面
E
C
4800
5640
600
200
390
900
300
4545
4545
690
7200
1200
3
5
屋面平面图


(c)

续图 6-9

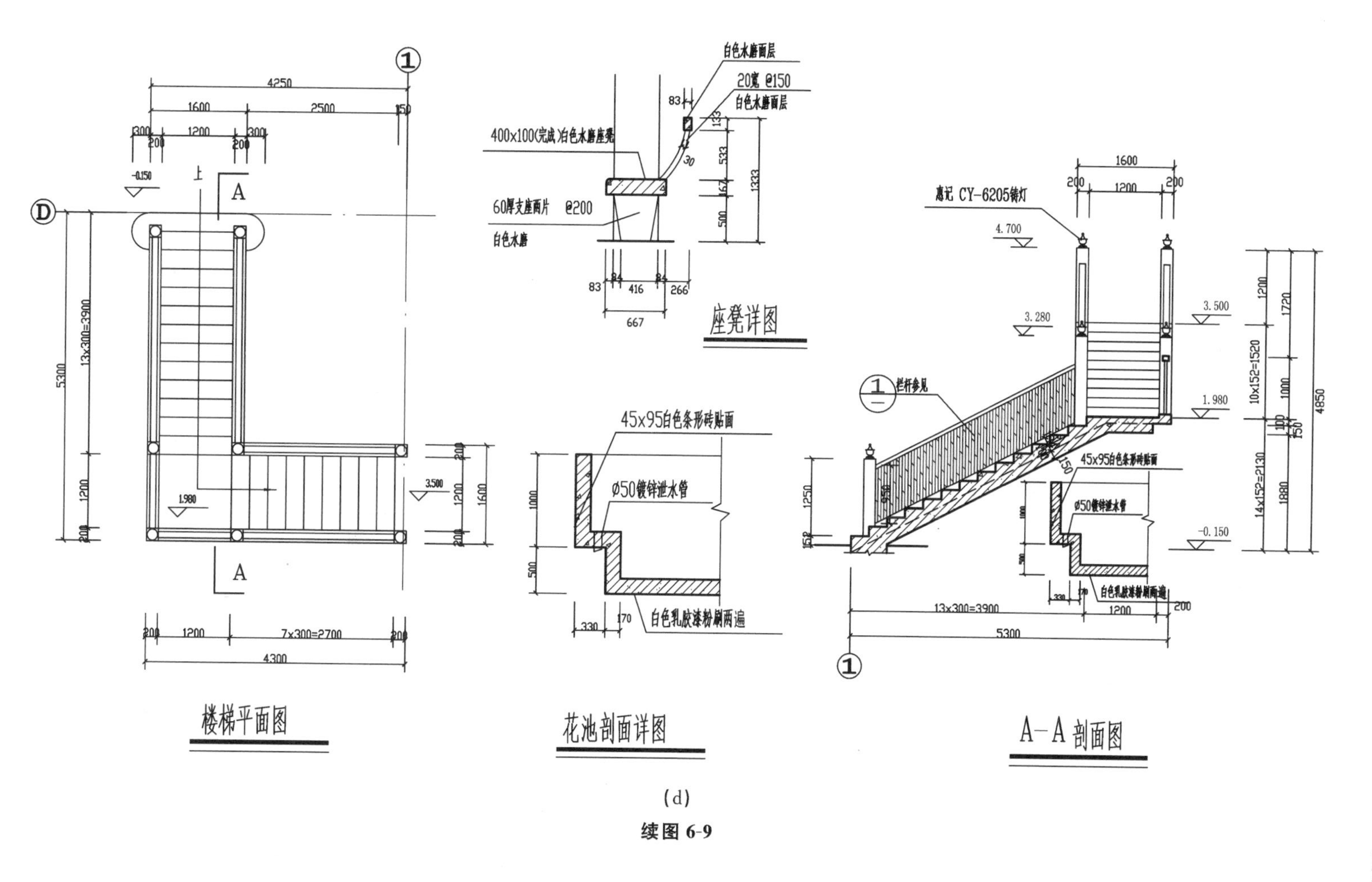
楼梯平面图
座凳详图
400x100(完成)白色水磨座凳
60厚支座面片 @200
白色水磨
白色水磨面层
20宽 @150
白色水磨面层
花池剖面详图
45x95白色条形砖贴面
ø50镀锌泄水管
白色乳胶漆粉刷两遍
A-A 剖面图
惠记 CY-6205铸灯
栏杆参见

(d)

续图 6-9

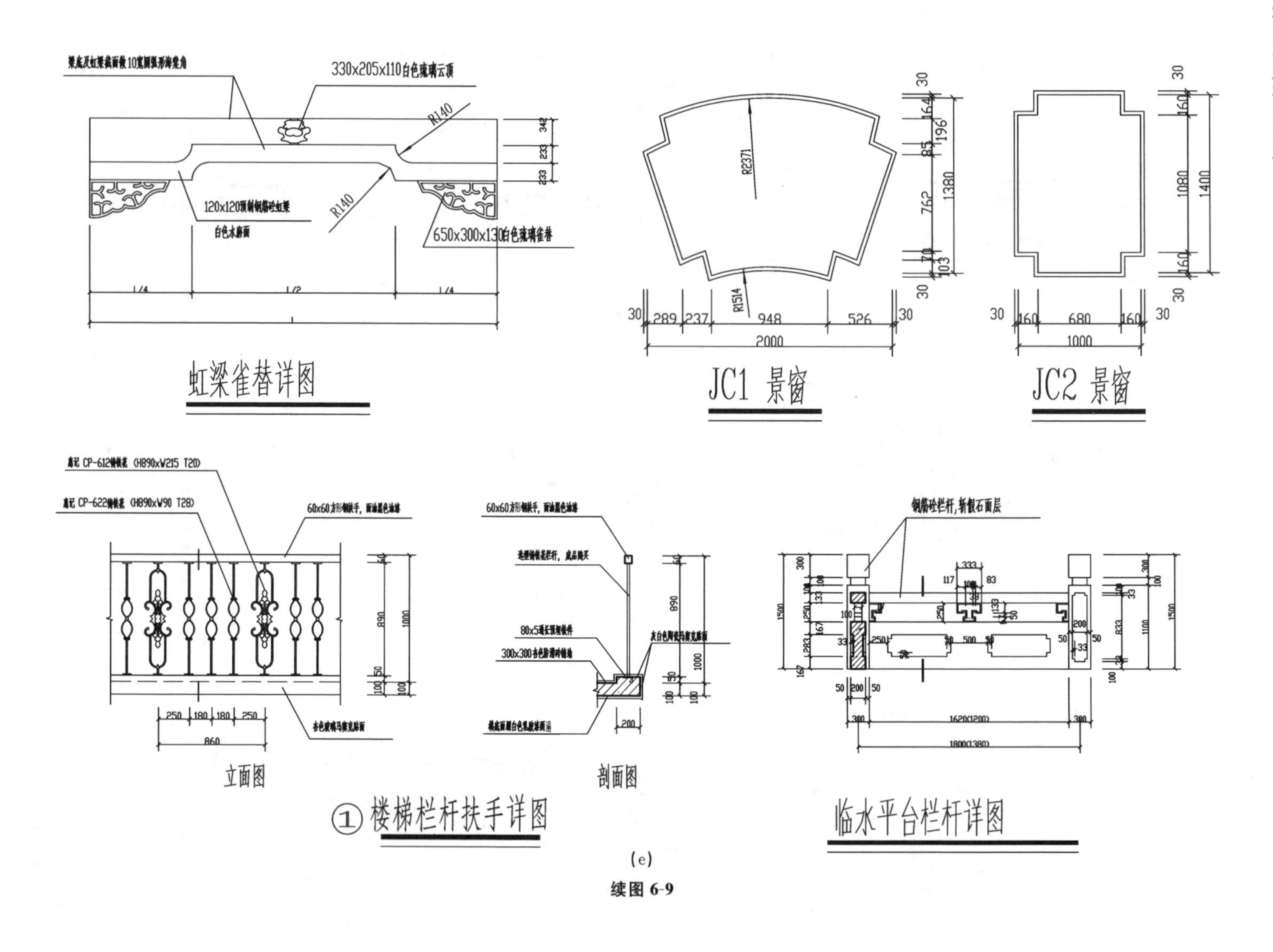
330x205x110白色琉璃云顶
R140
R140
650x300x130白色琉璃雀替
虹梁雀替详图
R2371
R1514
JC1 景窗
JC2 景窗
钢筋砼栏杆,斩假石面层
立面图
剖面图
① 楼梯栏杆扶手详图
临水平台栏杆详图

(e)

续图 6-9

应该注意的是,园林建筑并不一定是单一的亭、廊、水榭或其他建筑,很多时候是两种或多种形式的园林建筑的组合,形成一组功能多样、造型丰富的园林建筑群。这类施工图的表达要完整地反映出建筑群的整体平面、立面和剖面,以及各个细部的详细设计,以便于施工。

### 6.2.2 园林小品

在园林中,除园林建筑外,园林小品也运用广泛。作为被观赏的对象,园林小品运用小品的装饰性,从塑造空间的角度出发,提高园林的观赏价值,丰富园林景观。园林小品种类繁多,包括花架、景墙、园路、铺装广场、水池、园桥、汀步、园林雕塑、园凳、园桌、花坛、假山、置石及其他园林小品。下面仅介绍在园林中几种最常见的园林小品施工图的表达方法。

**1）花架**

花架是园林中最常见的小品之一,一般是作为消夏纳凉所用的种植攀缘植物的棚架,往往与其他园林建筑及小品相结合,形成一组丰富的园林景观,作为休息空间时具有亭、廊的部分功能。花架形式多样,有梁架式,半边列柱、半边墙垣式,单排柱式和组合式等,在布局方式上有附建式和独立式两种。在设计中要注意保持花架自身统一的比例和尺度,并与环境协调。特别是现代风格的花架,形式多样,材料丰富,装饰性更强,为园林设计师提供了更加自由的设计空间。

花架的施工图实例如图 6-10 所示。

**2）景墙**

园林中的景墙一般指围墙和照壁,除具有交通功能外,还具有分隔和联系空间的作用,使园林空间产生渗透和流动,以达到园内有园、景外有景、变化有致的意境,是园林空间构图的一种重要手段。在景墙上开设门窗洞口,能形成各种虚实和明暗的对比,产生丰富多彩的变化,或在墙边衬以植物,墙上题诗绘画,栩栩如生。园林景墙也有多种质感:白粉墙朴实典雅,光影效果生动;清水砖墙朴实自然;石墙材料丰富,有自然灵活的毛石墙、错落有致的块石墙和圆润别致的卵石墙等。此外,目前市场上还有其他多种贴面材料可供选择,如文化石、仿古面砖、花岗石等。

在景墙中开设门窗洞口是园林中常用的手法。窗洞及门洞既可取景,又能使空间相互渗透和流动。门窗形式一般可分为直线型、曲线型和混合型几种。直线型包括方形、长方形、八角形等,曲线型有圆形、月洞形、汉瓶形、葫芦形、梅花形、如意门窗等,混合型则是直线型和曲线型的组合。与空窗相比,花窗自身有景,玲珑剔透,能扩展封闭的空间,具有含蓄的造园效果。花窗的材料也有多种,不同的材料反映了不同的风格,扁钢或扁铁窗花富丽精巧,砖瓦空花朴实雅致,混凝土空花浑厚含蓄等。窗花也有花鸟鱼虫、民间传说、历史人物等多种内容。

景墙的施工图实例如图 6-11 所示。

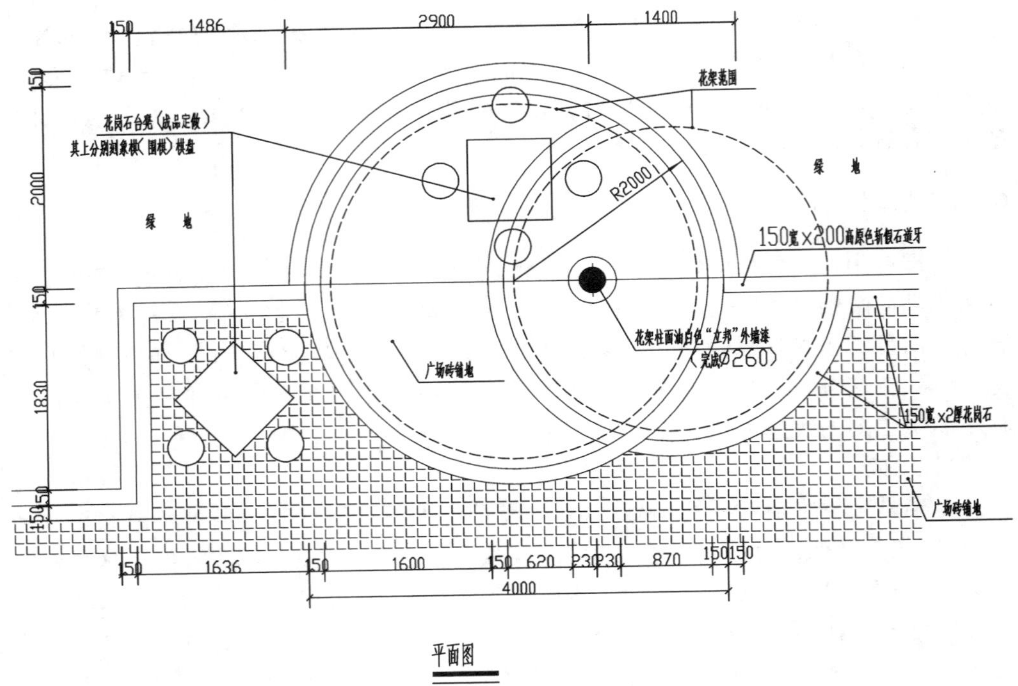
花岗石台凳（成品定做）
其上分别刻象棋（围棋）棋盘
绿地
花架范围
R2000
150宽x200高原色斩假石道牙
花架柱面油白色"立邦"外墙漆
（完成Ø260）
广场砖铺地
150宽x2厚花岗石
平面图

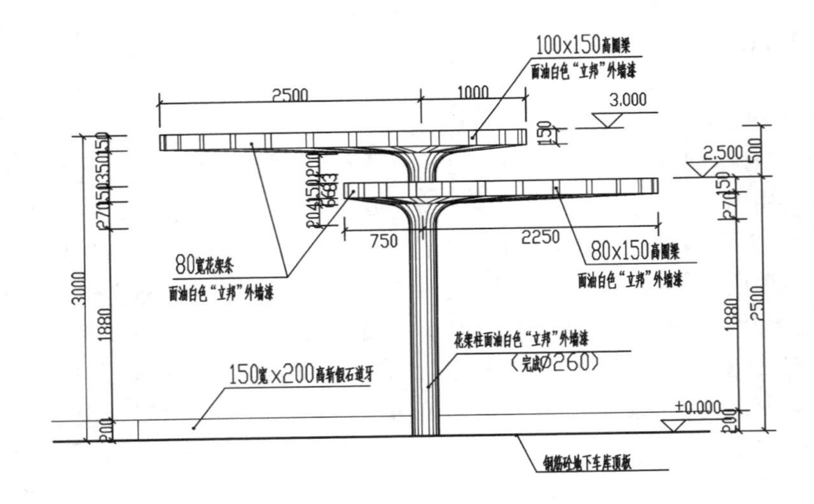
100x150高圆梁
面油白色"立邦"外墙漆
3.000
2.500
80宽花架条
面油白色"立邦"外墙漆
80x150高圆梁
面油白色"立邦"外墙漆
花架柱面油白色"立邦"外墙漆
（完成Ø260）
150宽x200高斩假石道牙
±0.000
钢筋砼地下车库顶板
立面图

(a)

图 6-10　花架施工图

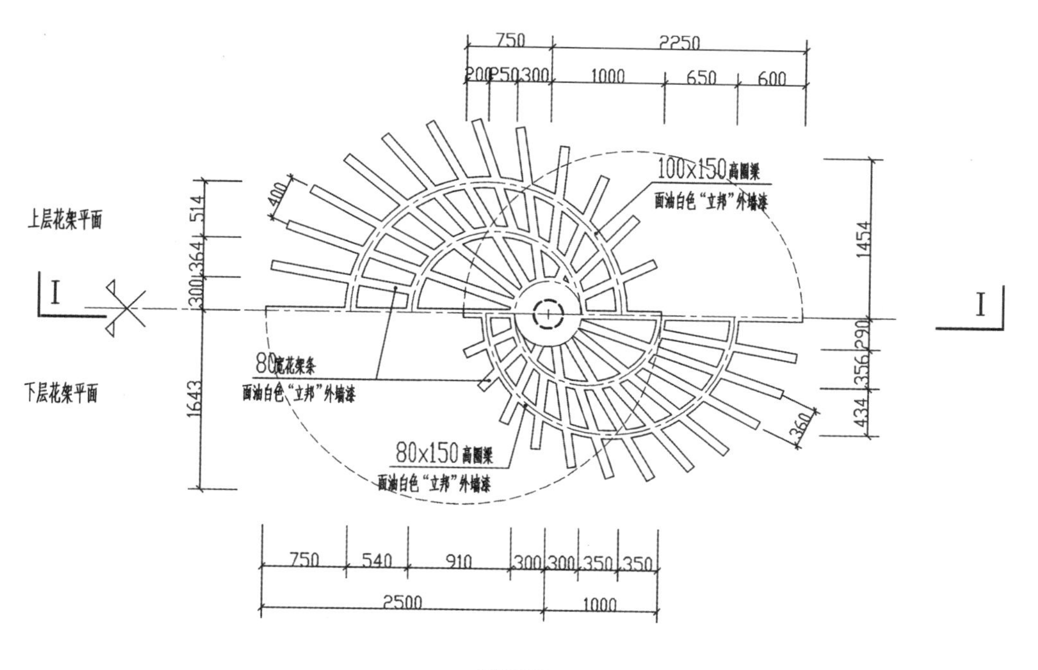


顶视平面图

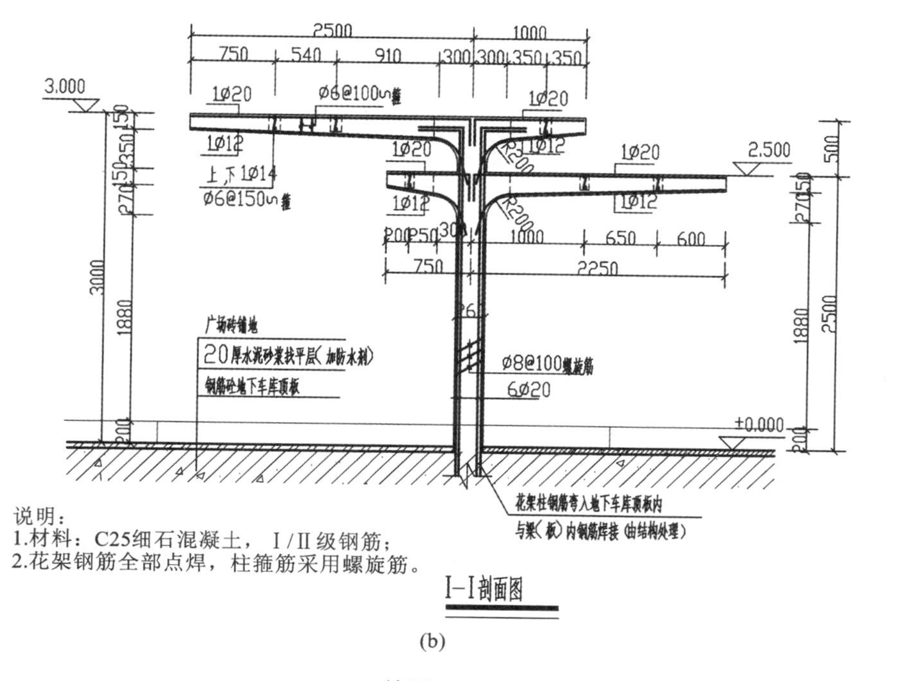


说明：
1.材料：C25细石混凝土，Ⅰ/Ⅱ级钢筋；
2.花架钢筋全部点焊，柱箍筋采用螺旋筋。

Ⅰ-Ⅰ剖面图

(b)

续图 6-10

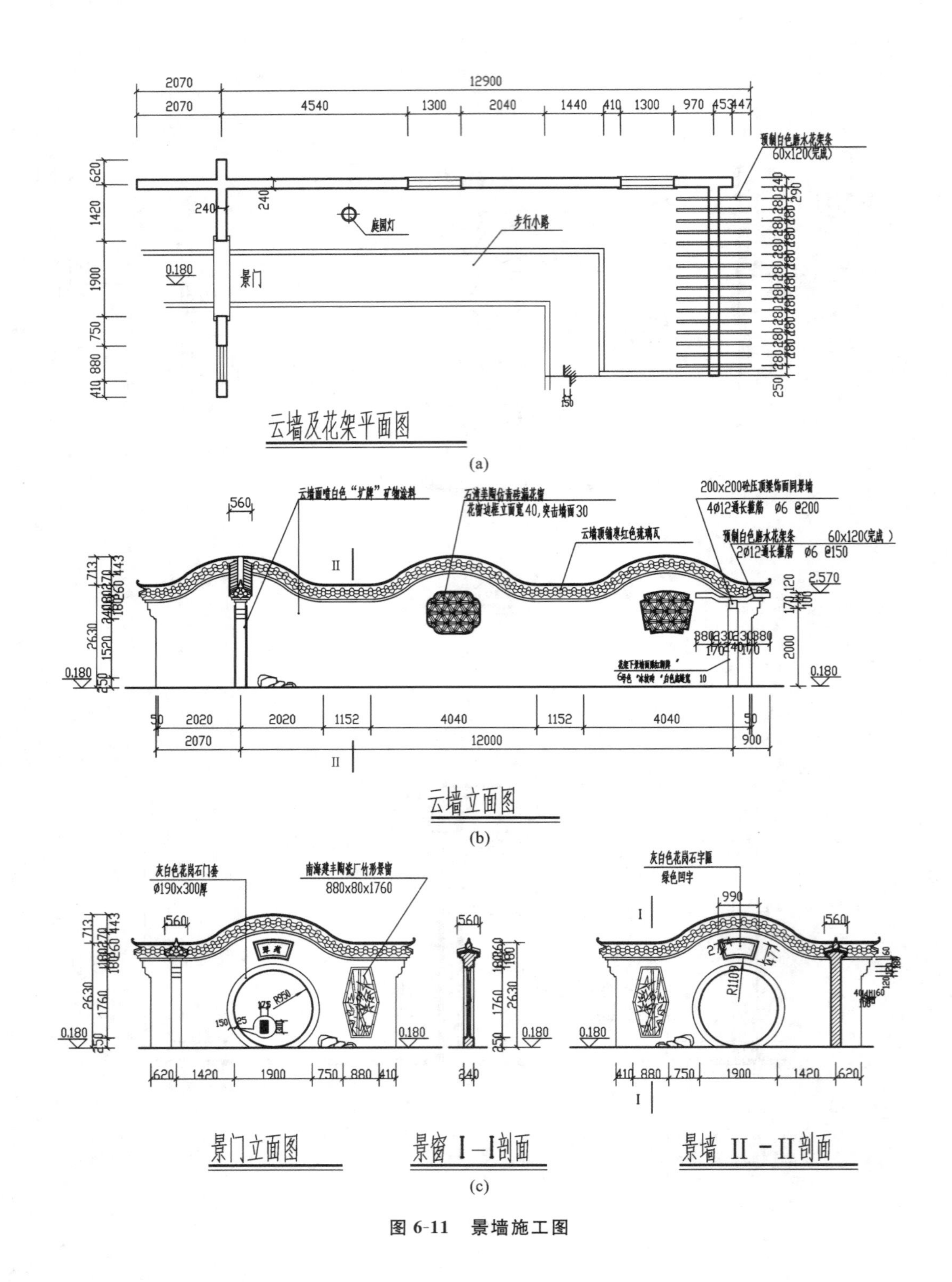


图 6-11 景墙施工图

**3）水池**

一般来讲，大型水景如江、河等的驳岸或护坡，多因防洪需要建设水利工程。在园林里最常用的水体是湖泊、溪涧或水池。湖泊和溪涧多是自然式的，水池既有规则式的，也有自然式的。下面以水池为例，说明园林水池的施工图要表达的内容。

水池的施工图设计包括平面、立面、剖面设计及管线设计几项内容。水池平面设计图上需标注池顶、池底、进水口、溢水口、泄水口的标高，以及喷头、种植池的位置等。水池立面设计要注意水池顶离地不宜过高，根据是否坐人等要求设计池边外观，并尽可能反映出喷水形式。水池剖面设计尤为重要，要先根据水池大小及使用要求决定池壁的结构材料，确定是砖砌池壁还是钢筋混凝土池壁。不管哪种材料，均要求经济合理。其中，砖砌池壁只适用于水深不大且面积较小的场合。钢筋混凝土池壁水池自重轻、防渗性能好，应用广泛。不管哪种池壁，防水处理至关重要，北方地区还要注意防冻。水池的防水处理一般有防水混凝土、防水砂浆、油毡卷材防水层等做法；防冻处理有多种方法，可以在池壁外增设防冻沟或在水池外侧填入排水性能好的轻骨料，防止积水。另外，在水池的剖面设计中，还要表达出管线设计的内容。水池的管线设计包括阀门井、进水管、补充水管、溢水管、泄水管、泄水坑等内容，其中每个部分都有各自的要求，必须清楚明确地表示出来，以便于施工。

在水池设计中，喷泉设计对于水池的形式、布局及造景有明显的作用。不同的水源及喷泉形式，给排水方式各不相同。有条件的地方可直接用高位天然水源供水；小型喷泉可直接用自来水供水，或设水泵加压；大型喷泉则要通过水泵房或潜水泵循环供水。对于喷泉，在进水管上接上不同的喷嘴可产生不同的喷水方式，有单射形、水幕形、编织形、旋转形、半球形、蒲公英形等。为保证喷泉的正常供水，达到设计效果，在喷泉管道设计时多采用环形十字供水，喷水管不能急剧变化以保持射流稳定，用阀门或整流圈调节各组射流，易于控制及检修。在寒冷地区还应注意管道应有一定坡度，易于排净管内积水。

水池的施工图实例如图 6-12 所示。

**4）园桥及汀步**

园桥又分为单跨平桥、平拱桥、平曲桥、拱券桥几种。从材料上看，园林小桥有天然石板、钢筋混凝土板、木板等。单跨平桥多以天然石块架于小溪之上，不设栏杆，只在两端置景石隐喻桥头，简朴雅致，给人轻快的感觉；平曲桥多用于较宽阔且水流平缓的水面上，可做两折、三折、多折平桥，避免单调，也可衬以栏杆、座凳、灯饰等构件，增加情趣；拱券桥多以小巧取胜，造型简洁，栏杆低矮，多用石材、木材、竹材等材料建造，也有用钢筋混凝土材料仿制的。汀步宜用于浅水河滩、平静水池、山林溪涧等地段，多用天然石块、混凝土块、木块、各种水泥砖、植草砖等建造。应当注意的是，不管哪种形式的园桥和汀步，都要注意其本身及所在区域的水深应符合相关规范的安全要求。

园桥的施工图实例如图 6-13 所示。

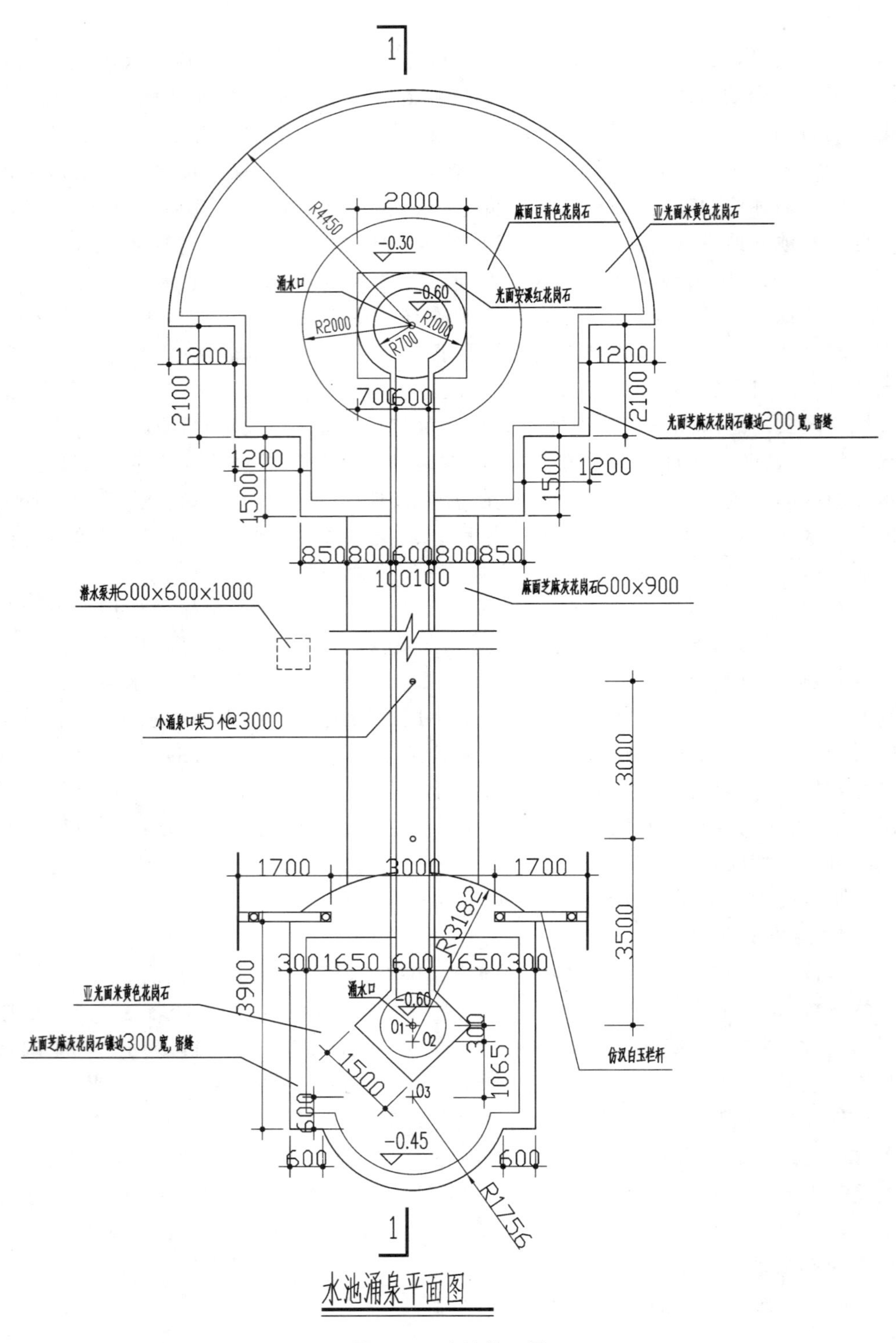
1
R4450
2000
麻面豆青色花岗石
亚光面米黄色花岗石
-0.30
涌水口
-0.60
光面安溪红花岗石
R2000
R1000
R700
1200
2100
700
600
光面芝麻灰花岗石镶边200宽，密缝
1200
1500
850
800
600
800
850
100
100
麻面芝麻灰花岗石600×900
潜水泵井600×600×1000
小涌泉口共5个@3000
3000
1700
3000
1700
R3182
3500
300
1650
600
1650
300
3900
亚光面米黄色花岗石
涌水口
-0.60
光面芝麻灰花岗石镶边300宽，密缝
O1
O2
300
1065
仿汉白玉栏杆
1500
O3
600
-0.45
600
600
R1756
1
水池涌泉平面图

图 6-12　水池施工图

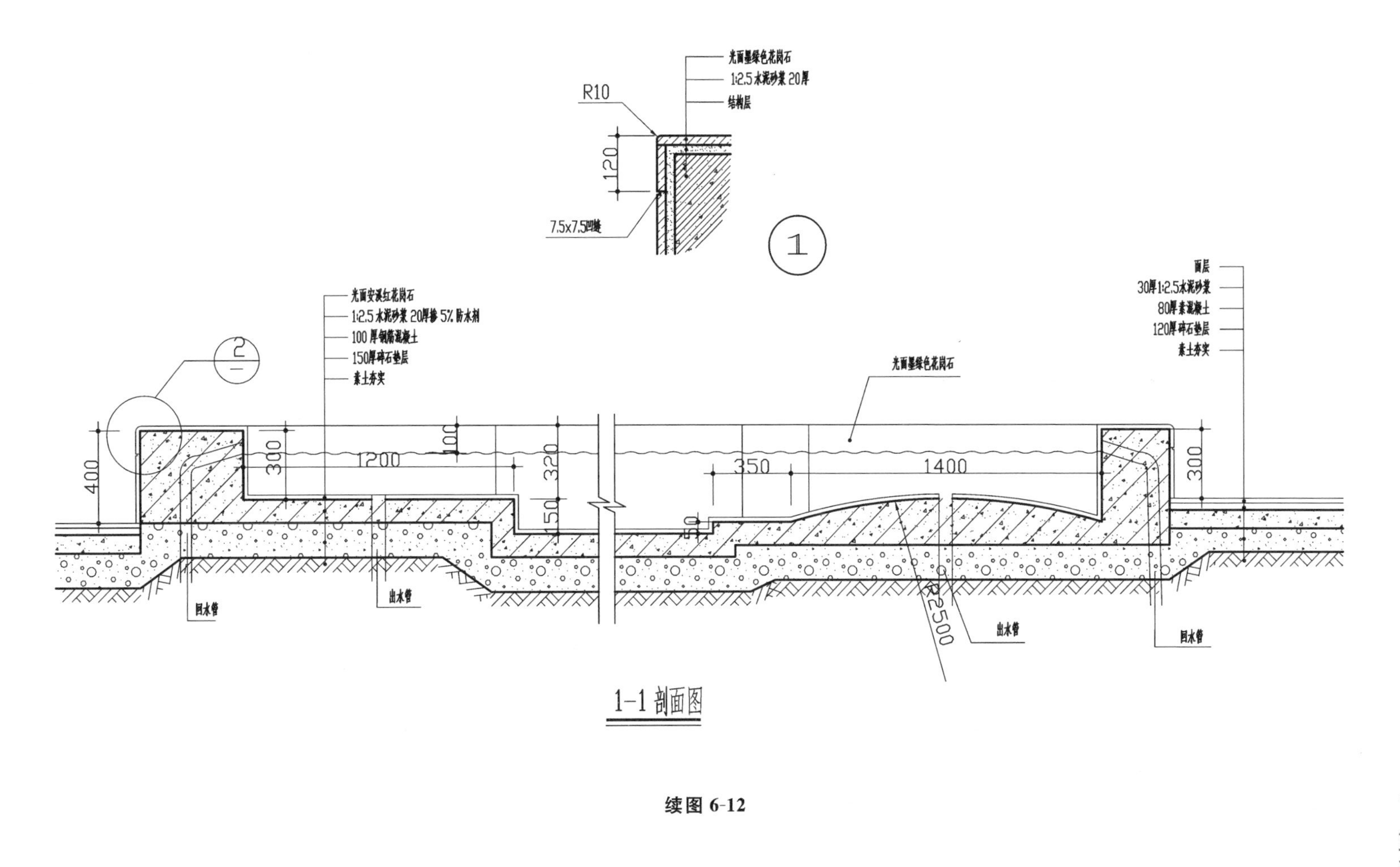
光面墨绿色花岗石
1:2.5 水泥砂浆 20厚
结构层
R10
120
7.5x7.5凹缝
1
面层
30厚1:2.5水泥砂浆
80厚素混凝土
120厚碎石垫层
素土夯实
光面安溪红花岗石
1:2.5 水泥砂浆 20厚掺 5% 防水剂
100 厚钢筋混凝土
150厚碎石垫层
素土夯实
2
光面墨绿色花岗石
400
300
1200
100
320
150
50
350
1400
300
R2500
回水管
出水管
出水管
回水管
1-1 剖面图

续图 6-12

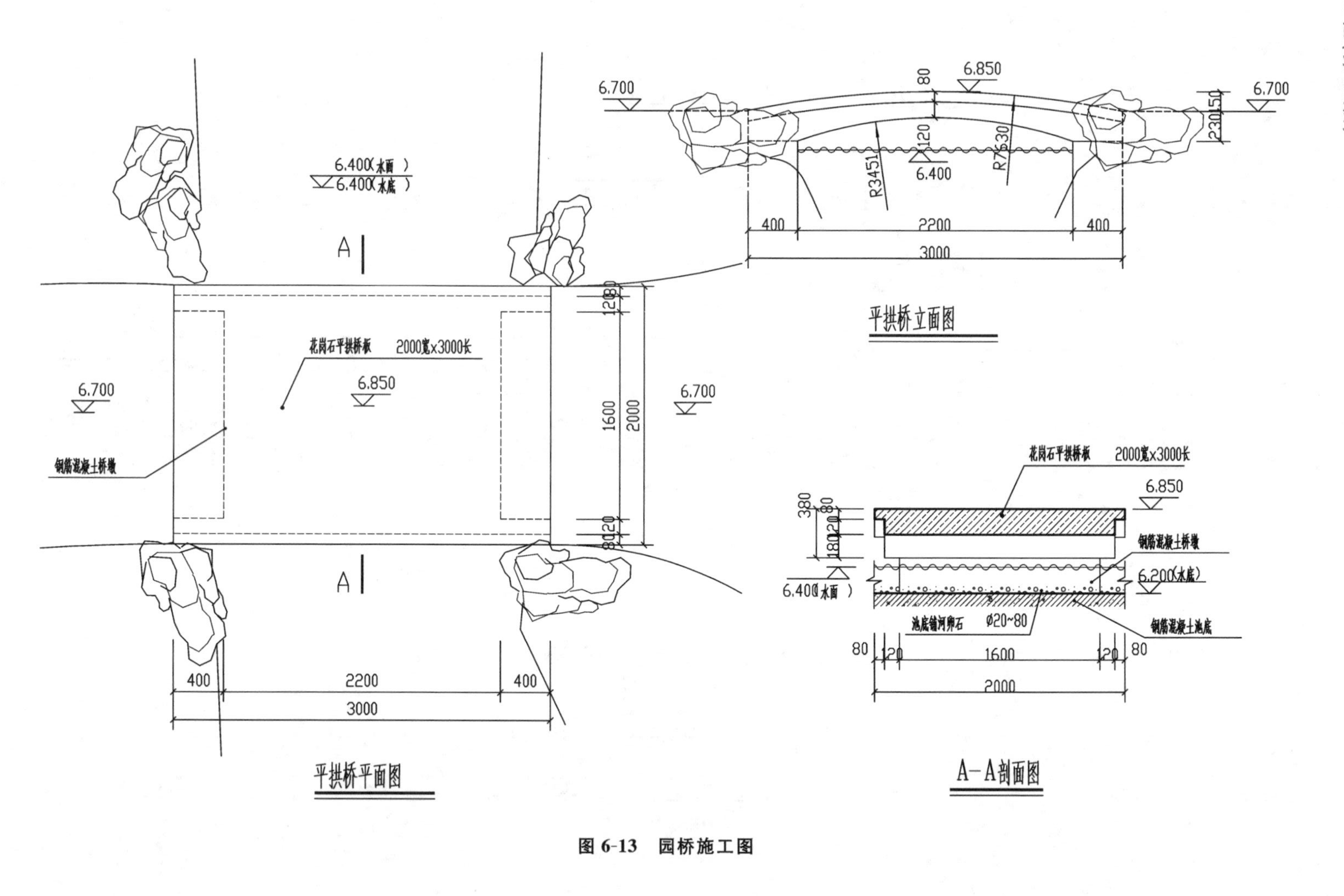
6.400(水面)
6.400(水底)
A
花岗石平拱桥板 2000宽x3000长
6.850
6.700
钢筋混凝土桥墩
1600
2000
400
2200
3000
平拱桥平面图
80
R3451
R7630
120
6.400
230
150
平拱桥立面图
380
180
6.200(水底)
池底铺河卵石 Ø20~80
钢筋混凝土池底
A—A剖面图

图 6-13　园桥施工图

**5）假山**

在园林中，假山有多种功能，应用广泛。假山可以作为自然山水园的主景和地形骨架，作为园林划分空间和组织空间的手段，作为点缀园林空间和陪衬建筑、植物的手段，以及作为室内外自然的家具或器设等。假山的结构从下而上分为立基、拉底、中层及收顶四个层次。立基指假山的基础，根据假山的种类、材料、规模及所在位置的地基情况等因素，可以选用桩基础、灰土基础、混凝土基础等。拉底指假山的底部做法，拉底要遵循统筹向背、曲折错落、断续相间、紧连互咬和垫平安稳等原则。中层指假山的中间部分，也是整个假山的中心部分，设计施工时要注意接石压茬、偏侧错安、仄立避"闸"、等分平衡等做法。收顶指假山的顶部工艺，是完成假山的最后阶段。

假山造型复杂，因此在保证美观的同时要注意结构设施，确保安全。具体地讲，必须做好平稳设施和填充设施。此外，还要注意山石之间勾缝和胶结的工艺，保证每个构件都能牢固接合，形成一个统一整体。有时为了丰富假山的观赏性和趣味性，在假山造型时还会设计一些山洞或配以山石水景，在具体施工时就要特别注意山石水景的防水处理，避免渗漏。

值得一提的是岭南地区园林塑石山的做法。岭南塑石山根据不同功能及景观要求，可以塑造出各种不同风格的假山石，形象生动，外形逼真，再衬以植物，仿若天成，真假难辨，对造园起到了举足轻重的作用。在具体做法上，岭南塑石山一般包括设置基架、铺设钢丝网、挂水泥砂浆以成石脉与皴纹和上色等几个步骤。塑石山可结合山洞造景，也可用于泵房、电房等设备用房的外观装饰，做到功能与美观的完美结合。

假山的施工图实例如图 6-14 所示。

## 6.3 园林施工图实例

本节以广州市某居住小区园林规划设计为例，介绍园林施工图各类图纸的表达方法，如图 6-15 至图 6-26 所示。

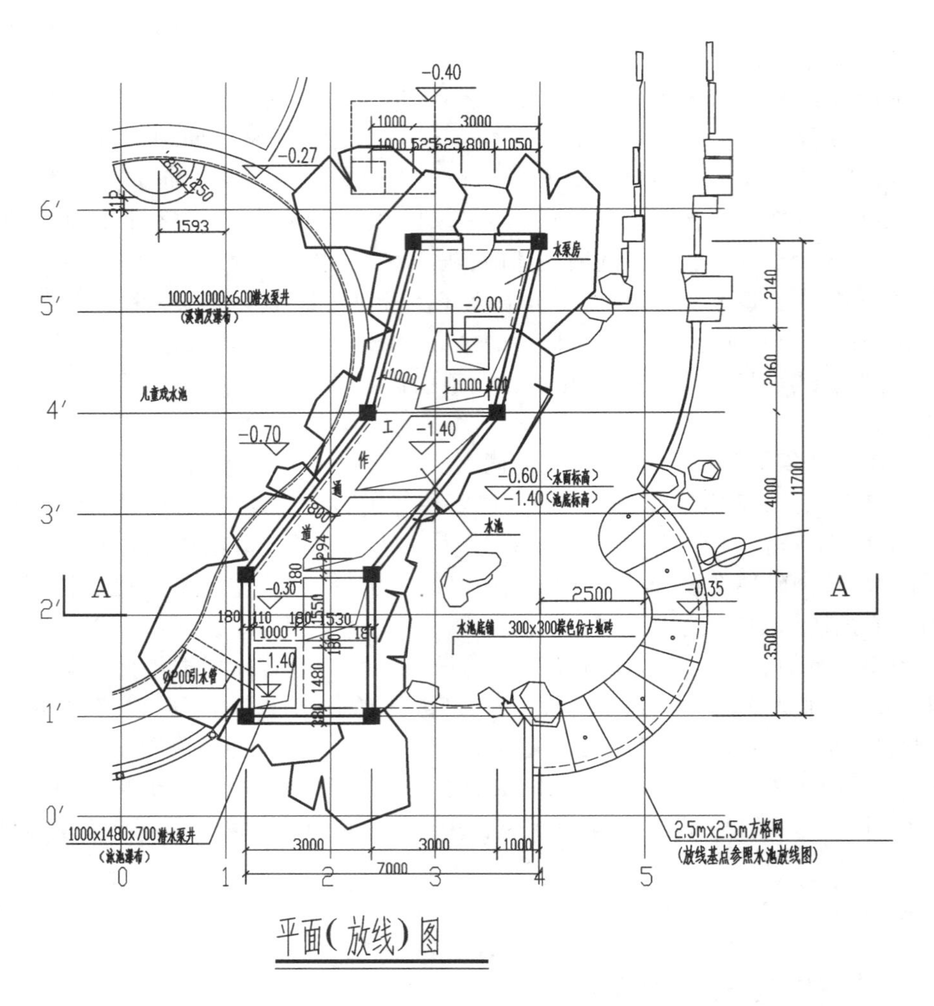
-0.40
1000
3000
-0.27
1593
6′
5′
4′
3′
2′
1′
0′
水泵房
1000x1000x600潜水泵井
-2.00
儿童戏水池
-0.70
-1.40
工
作
道
-0.60（水面标高）
-1.40（池底标高）
水池
A
A
-0.30
2500
-0.35
水池底铺 300x300棕色仿古地砖
φ200引水管
2140
2060
4000
11700
3500
1000x1480x700潜水泵井
3000
3000
1000
7000
2.5m×2.5m方格网
(放线基点参照水池放线图)
0
1
2
3
4
5
平面(放线)图

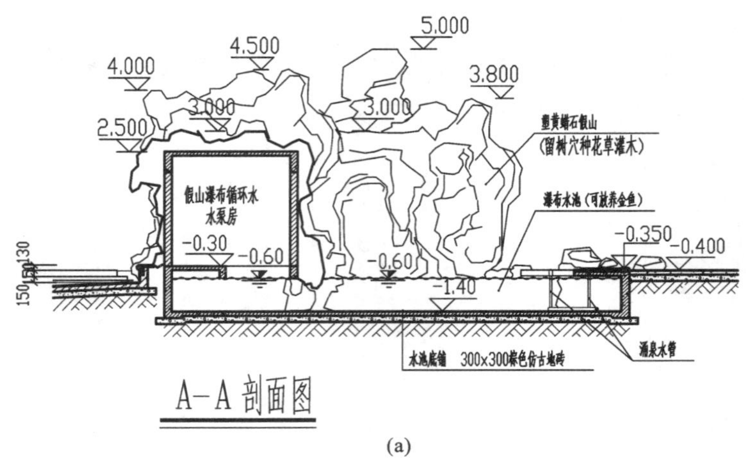
5.000
4.500
4.000
3.800
3.000
3.000
2.500
黄蜡石假山
(留树穴种花草灌木)
假山瀑布循环水
水泵房
瀑布水池（可放养金鱼）
-0.30
-0.60
-0.60
-1.40
-0.350
-0.400
涌泉水管
水池底铺 300x300棕色仿古地砖
A—A 剖面图

(a)

**图 6-14 假山施工图**

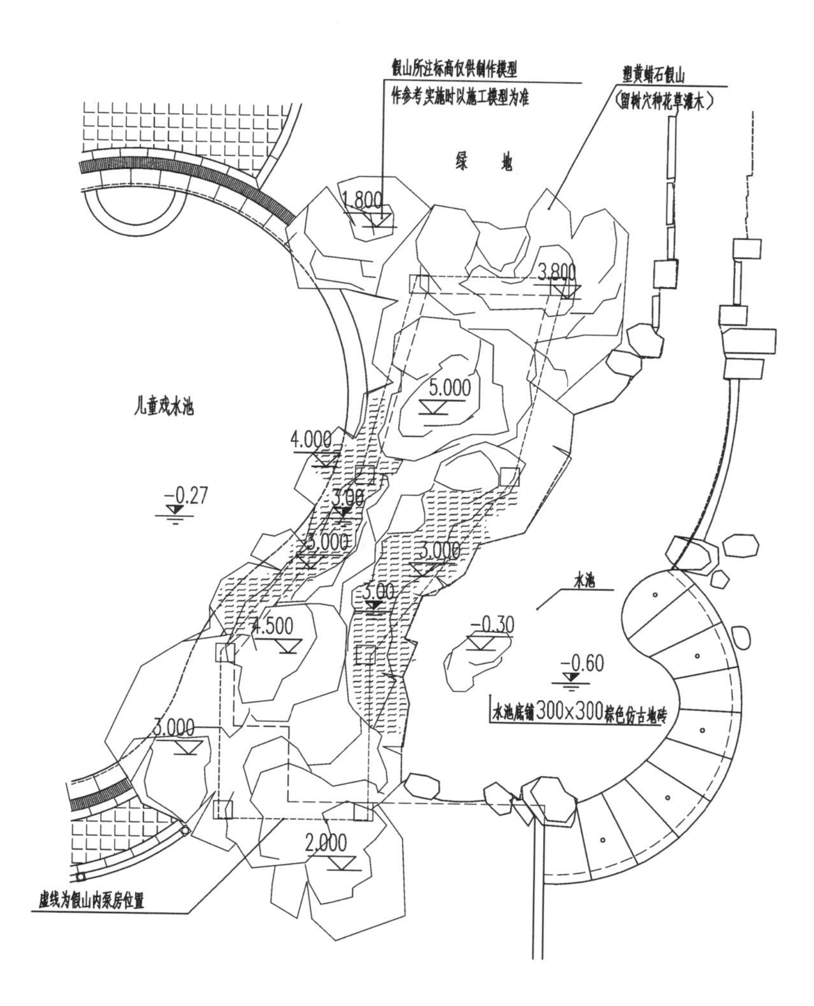


顶视平面图

设计说明：

1.泵房内墙用1∶1∶6水泥石灰砂浆打底15 mm厚，纸筋灰罩面3 mm厚，面刷白色乳胶漆两遍；

2.泵房门为隔声铁门800 mm宽、2 000 mm高；

3.泳池光纤维灯光控制系统设于假山泵房内；

4.本项目所用饰面建材面砖须经设计人员看板定色；

5.本设计图中未特别说明的，按有关施工规范及地区常规做法处理，并及时与设计人员联系。

(b)

续图 6-14

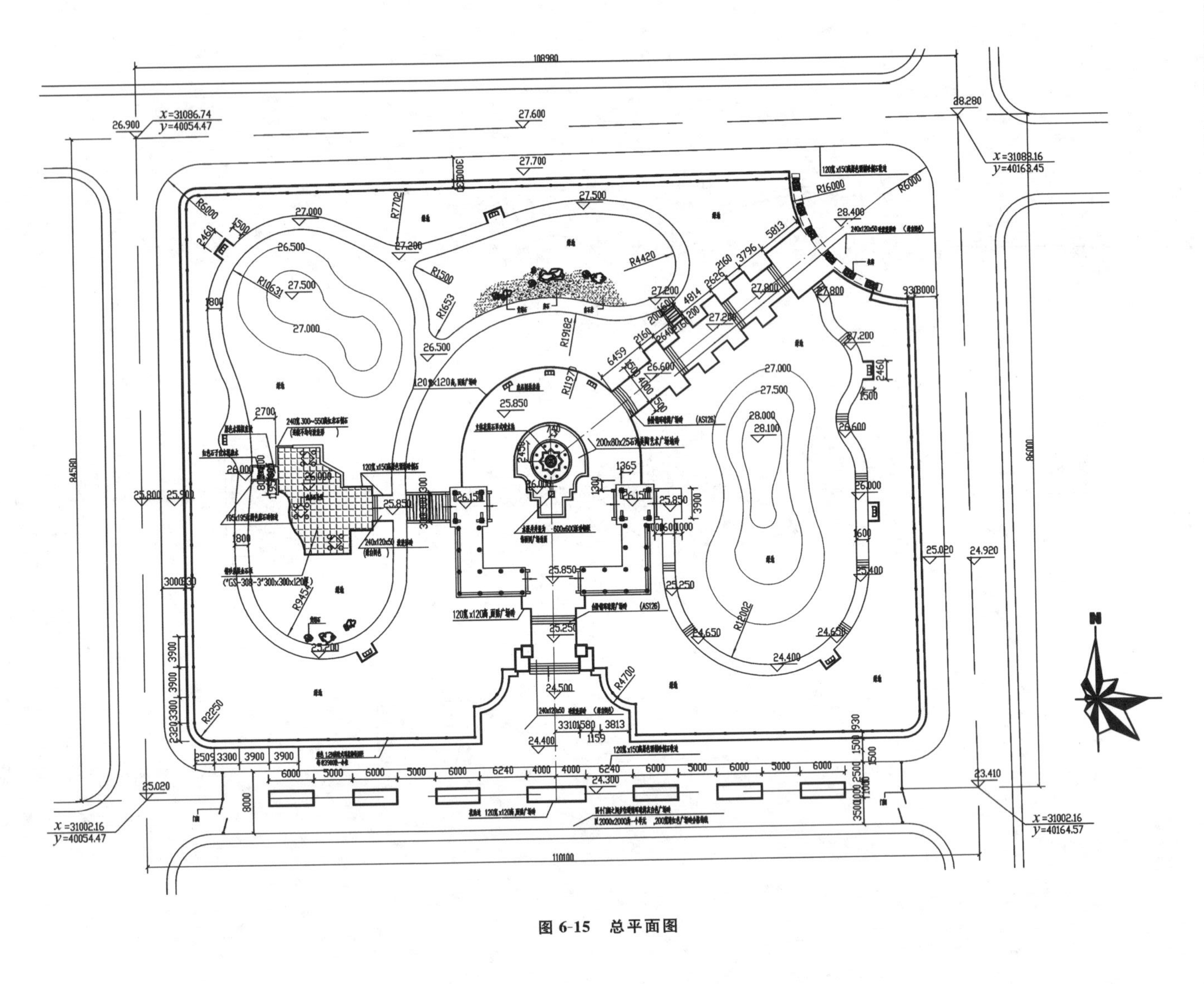

图 6-15　总平面图

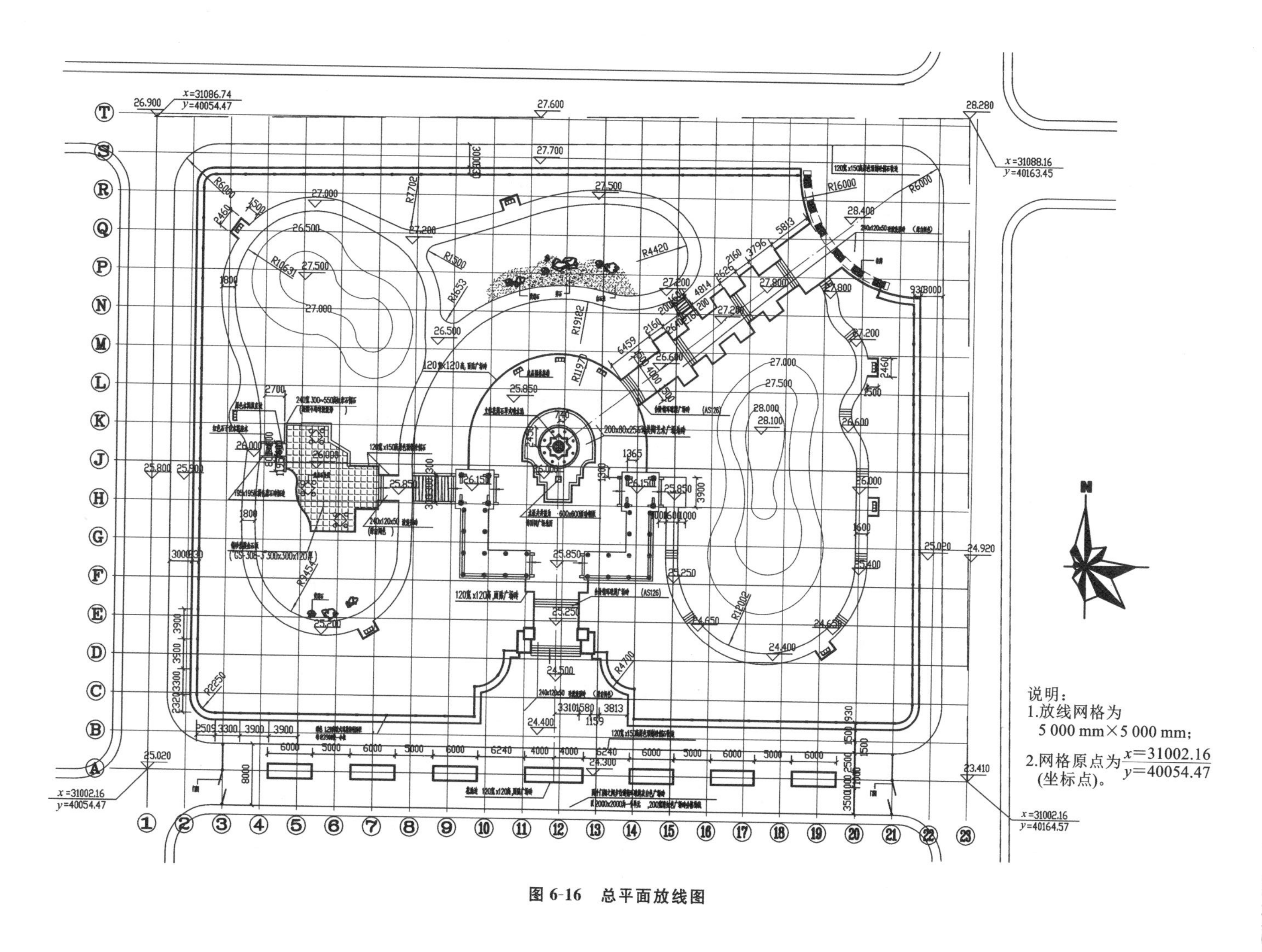
说明：
1.放线网格为5 000 mm×5 000 mm；
2.网格原点为$\frac{x=31002.16}{y=40054.47}$（坐标点）。
N

图 6-16 总平面放线图

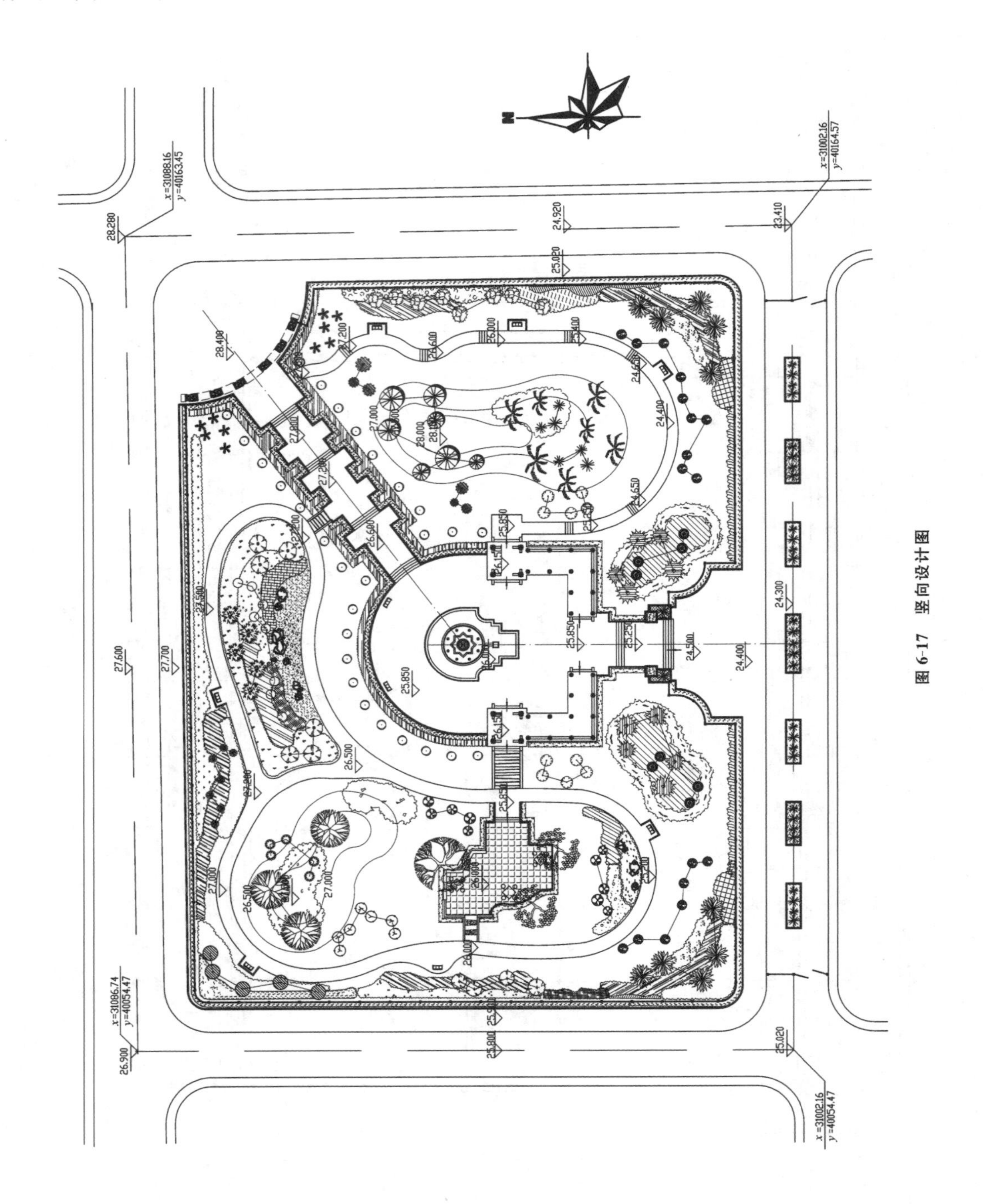
28.280
24.920
23.410
25.020
27.600
27.700
26.900
25.800
24.300
24.500
24.400
25.850

图 6-17 竖向设计图

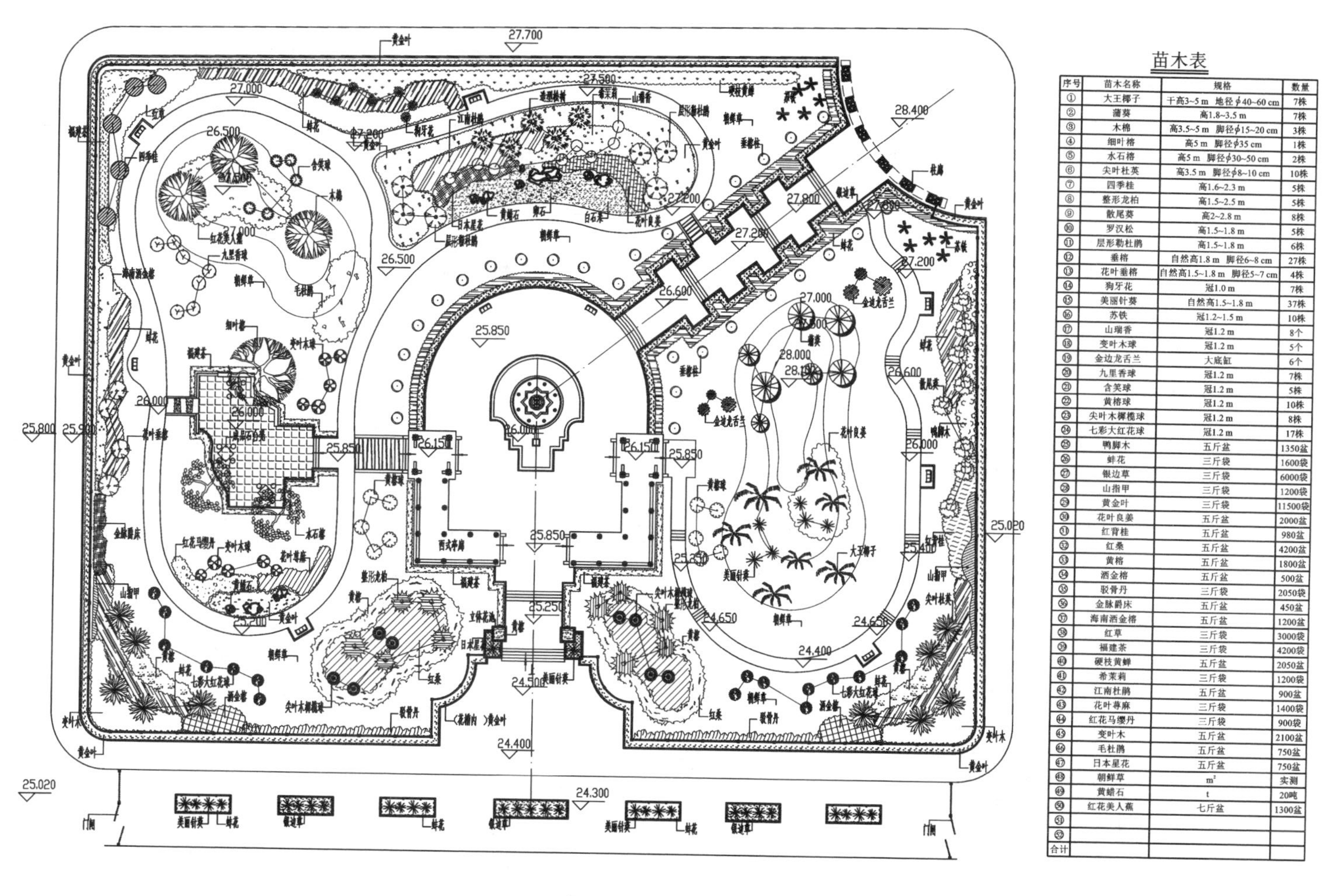


苗木表

| 序号 | 苗木名称 | 规格 | 数量 |
|---|---|---|---|
| ① | 大王椰子 | 干高3~5 m 地径φ40~60 cm | 7株 |
| ② | 蒲葵 | 高1.8~3.5 m | 7株 |
| ③ | 木棉 | 高3.5~5 m 脚径φ15~20 cm | 3株 |
| ④ | 细叶榕 | 高5 m 脚径φ35 cm | 1株 |
| ⑤ | 水石榕 | 高5 m 脚径φ30~50 cm | 2株 |
| ⑥ | 尖叶杜英 | 高3.5 m 脚径φ8~10 cm | 10株 |
| ⑦ | 四季桂 | 高1.6~2.3 m | 5株 |
| ⑧ | 整形龙柏 | 高1.5~2.5 m | 5株 |
| ⑨ | 散尾葵 | 高2~2.8 m | 8株 |
| ⑩ | 罗汉松 | 高1.5~1.8 m | 5株 |
| ⑪ | 层形勒杜鹃 | 高1.5~1.8 m | 6株 |
| ⑫ | 垂榕 | 自然高1.8 m 脚径6~8 cm | 27株 |
| ⑬ | 花叶垂榕 | 自然高1.5~1.8 m 脚径5~7 cm | 4株 |
| ⑭ | 狗牙花 | 冠1.0 m | 7株 |
| ⑮ | 美丽针葵 | 自然高1.5~1.8 m | 37株 |
| ⑯ | 苏铁 | 冠1.2~1.5 m | 10株 |
| ⑰ | 山瑞香 | 冠1.2 m | 8个 |
| ⑱ | 变叶木球 | 冠1.2 m | 5个 |
| ⑲ | 金边龙舌兰 | 大底缸 | 6个 |
| ⑳ | 九里香球 | 冠1.2 m | 7株 |
| ㉑ | 含笑球 | 冠1.2 m | 5株 |
| ㉒ | 黄榕球 | 冠1.2 m | 10株 |
| ㉓ | 尖叶木樨榄球 | 冠1.2 m | 8株 |
| ㉔ | 七彩大红花球 | 冠1.2 m | 17株 |
| ㉕ | 鸭脚木 | 五斤盆 | 1350盆 |
| ㉖ | 蚌花 | 三斤袋 | 1600袋 |
| ㉗ | 银边草 | 三斤袋 | 6000袋 |
| ㉘ | 山指甲 | 三斤袋 | 1200袋 |
| ㉙ | 黄金叶 | 三斤袋 | 11500袋 |
| ㉚ | 花叶良姜 | 五斤盆 | 2000盆 |
| ㉛ | 红背桂 | 五斤盆 | 980盆 |
| ㉜ | 红桑 | 五斤盆 | 4200盆 |
| ㉝ | 黄榕 | 五斤盆 | 1800盆 |
| ㉞ | 洒金榕 | 五斤盆 | 500盆 |
| ㉟ | 驳骨丹 | 三斤袋 | 2050袋 |
| ㊱ | 金脉爵床 | 五斤盆 | 450盆 |
| ㊲ | 海南洒金榕 | 五斤盆 | 1200盆 |
| ㊳ | 红草 | 三斤袋 | 3000袋 |
| ㊴ | 福建茶 | 三斤袋 | 4200袋 |
| ㊵ | 硬枝黄蝉 | 五斤盆 | 2050盆 |
| ㊶ | 希茉莉 | 三斤袋 | 1200袋 |
| ㊷ | 江南杜鹃 | 五斤盆 | 900盆 |
| ㊸ | 花叶荨麻 | 三斤袋 | 1400袋 |
| ㊹ | 红花马缨丹 | 三斤袋 | 900袋 |
| ㊺ | 变叶木 | 五斤盆 | 2100盆 |
| ㊻ | 毛杜鹃 | 五斤盆 | 750盆 |
| ㊼ | 日本星花 | 五斤盆 | 750盆 |
| ㊽ | 朝鲜草 | $m^2$ | 实测 |
| ㊾ | 黄蜡石 | t | 20吨 |
| ㊿ | 红花美人蕉 | 七斤盆 | 1300盆 |
| 51 | | | |
| 52 | | | |
| 合计 | | | |

图 6-18 绿化布置图

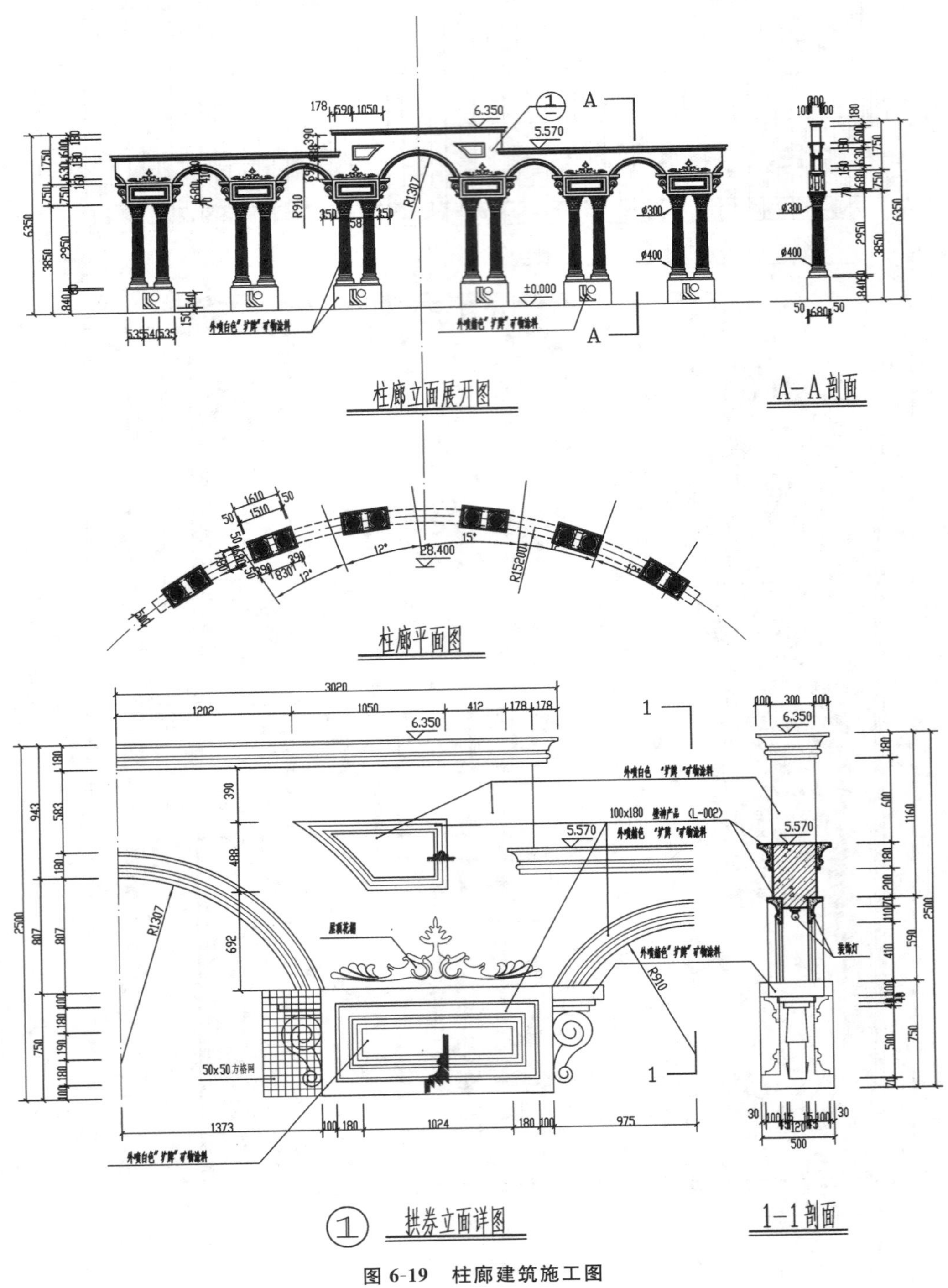


图 6-19 柱廊建筑施工图

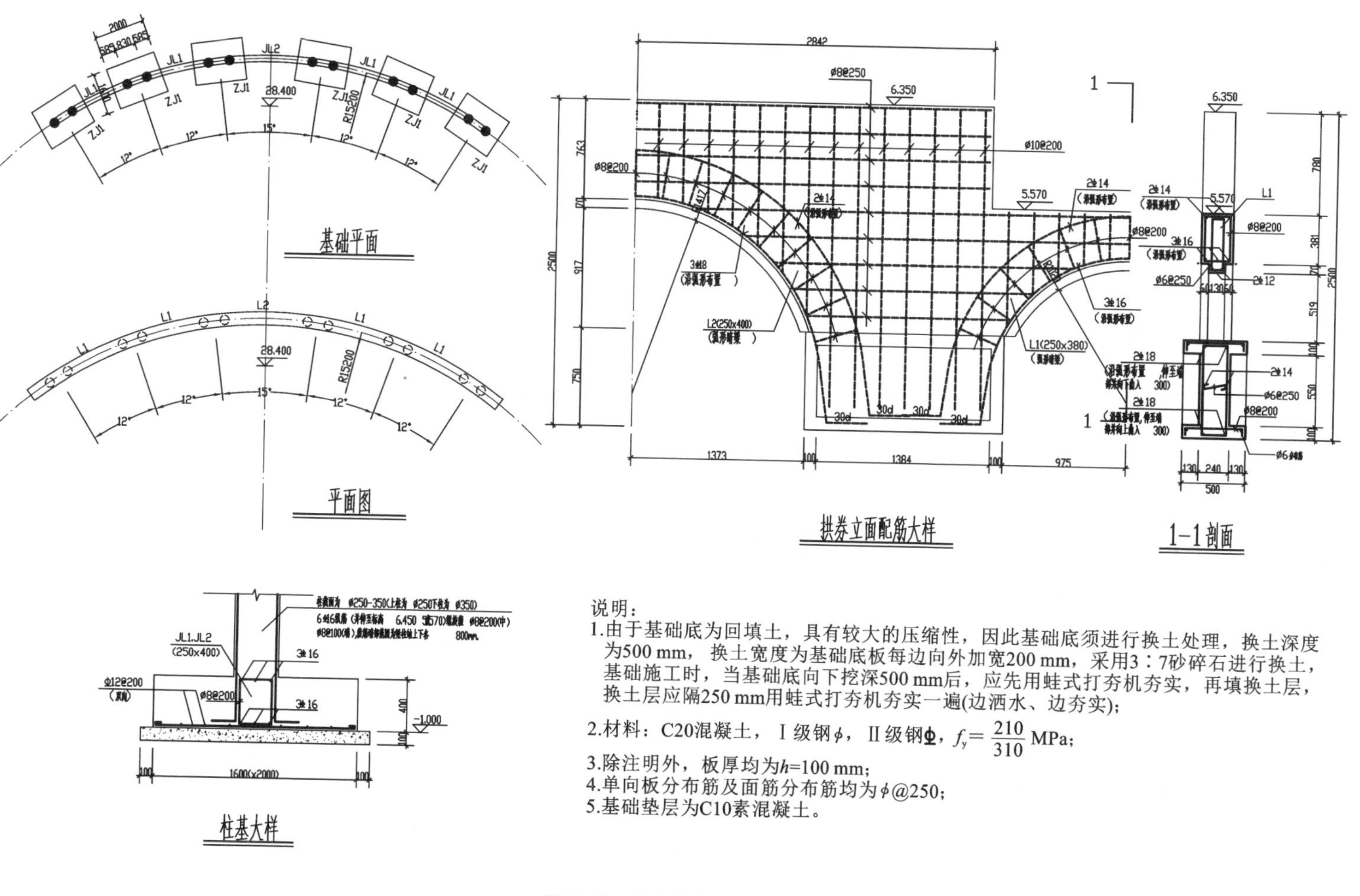


说明：

1.由于基础底为回填土，具有较大的压缩性，因此基础底须进行换土处理，换土深度为500 mm，换土宽度为基础底板每边向外加宽200 mm，采用3∶7砂碎石进行换土，基础施工时，当基础底向下挖深500 mm后，应先用蛙式打夯机夯实，再填换土层，换土层应隔250 mm用蛙式打夯机夯实一遍(边洒水、边夯实)；

2.材料：C20混凝土，Ⅰ级钢$\phi$，Ⅱ级钢$\Phi$，$f_y = \dfrac{210}{310}$ MPa；

3.除注明外，板厚均为$h$=100 mm；

4.单向板分布筋及面筋分布筋均为$\phi$@250；

5.基础垫层为C10素混凝土。

图 6-20 柱廊结构施工图

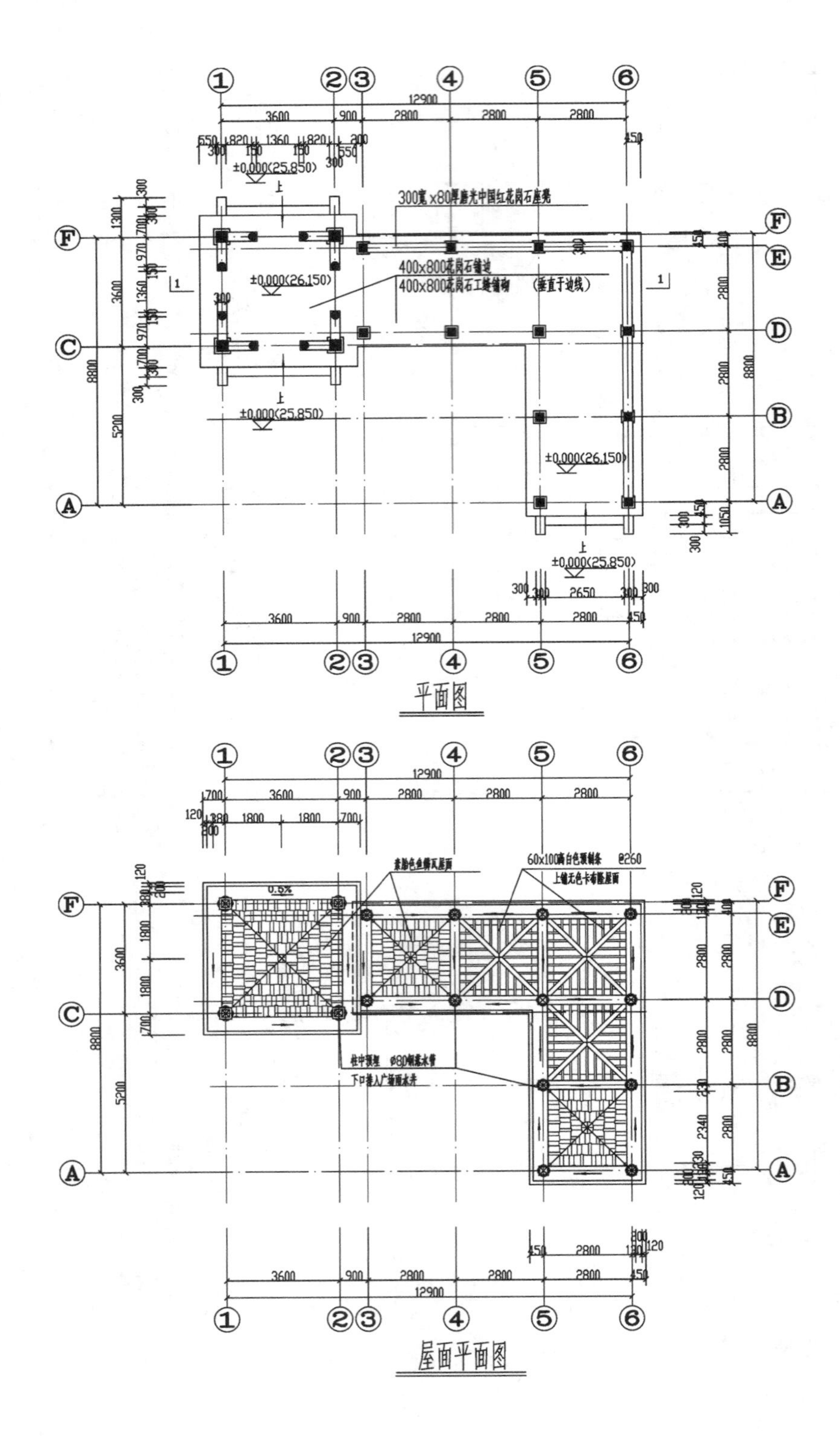


图 6-21　亭廊建筑施工图

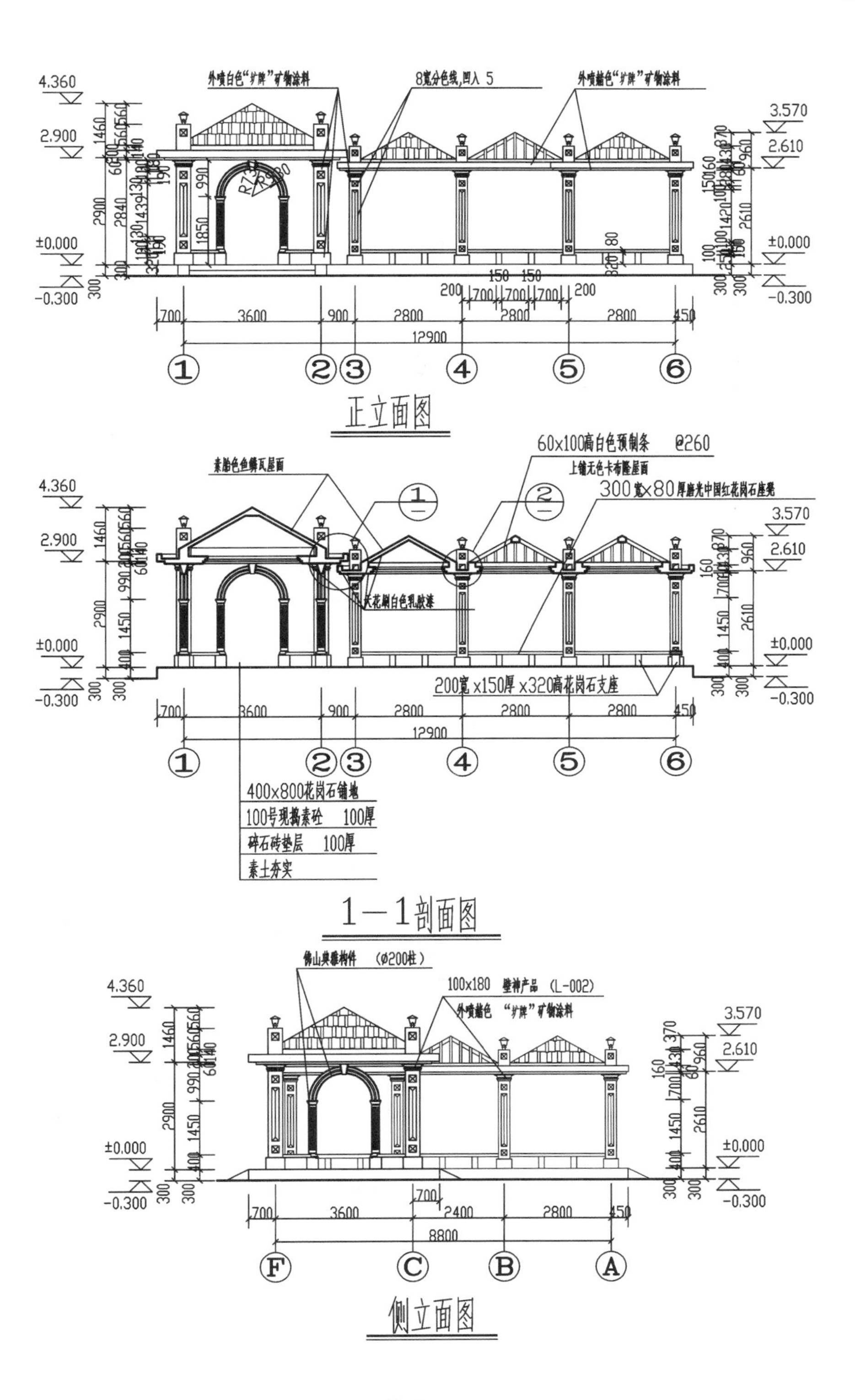
外喷白色"扩阵"矿物涂料
8宽分色线,凹入 5
外喷白色"扩阵"矿物涂料
正立面图
素胎色鱼鳞瓦屋面
60x100高白色预制条 @260
上铺无色卡布隆屋面
300宽x80厚磨光中国红花岗石座凳
天花刷白色乳胶漆
200宽x150厚x320高花岗石支座
400x800花岗石铺地
100号现捣素砼 100厚
碎石砖垫层 100厚
素土夯实
1—1剖面图
佛山类雕构件 (Ø200柱)
100x180 壁神产品 (L-002)
外喷白色 "扩阵" 矿物涂料
侧立面图

续图 6-21

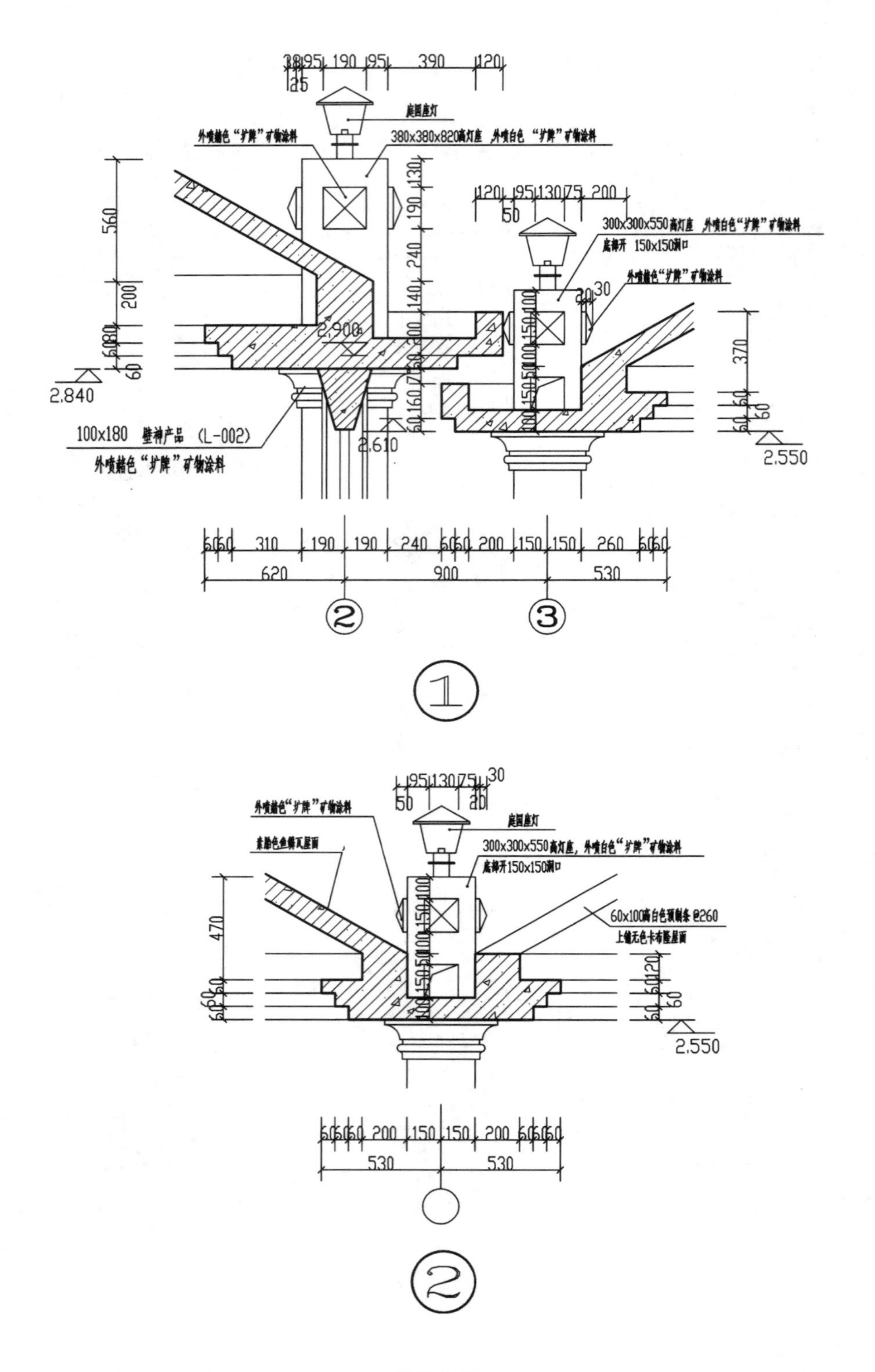
庭园座灯
外喷赭色“护牌”矿物涂料
380x380x820高灯座 外喷白色 “护牌”矿物涂料
300x300x550高灯座 外喷白色“护牌”矿物涂料
底部开 150x150洞口
外喷赭色“护牌”矿物涂料
2.900
2.840
2.610
2.550
100x180 壁神产品 (L-002)
外喷赭色“护牌”矿物涂料
620
900
530
②
③
①
外喷赭色“护牌”矿物涂料
素胎色鱼鳞瓦屋面
庭园座灯
300x300x550高灯座, 外喷白色“护牌”矿物涂料
底部开150x150洞口
60x100高白色预制条 @260
上铺无色卡布隆屋面
2.550
530
530
②

续图 6-21

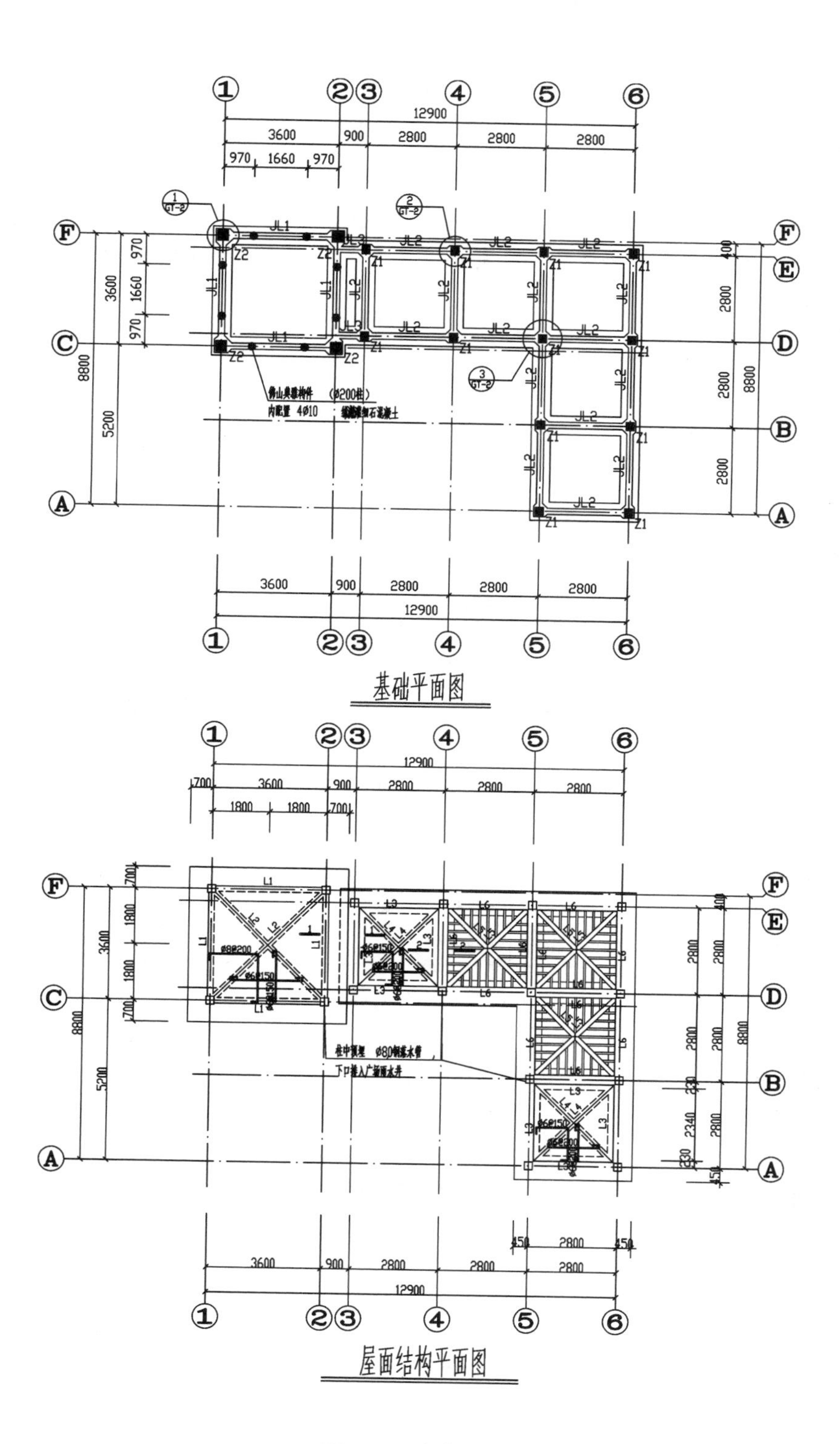


图 6-22　亭廊结构施工图

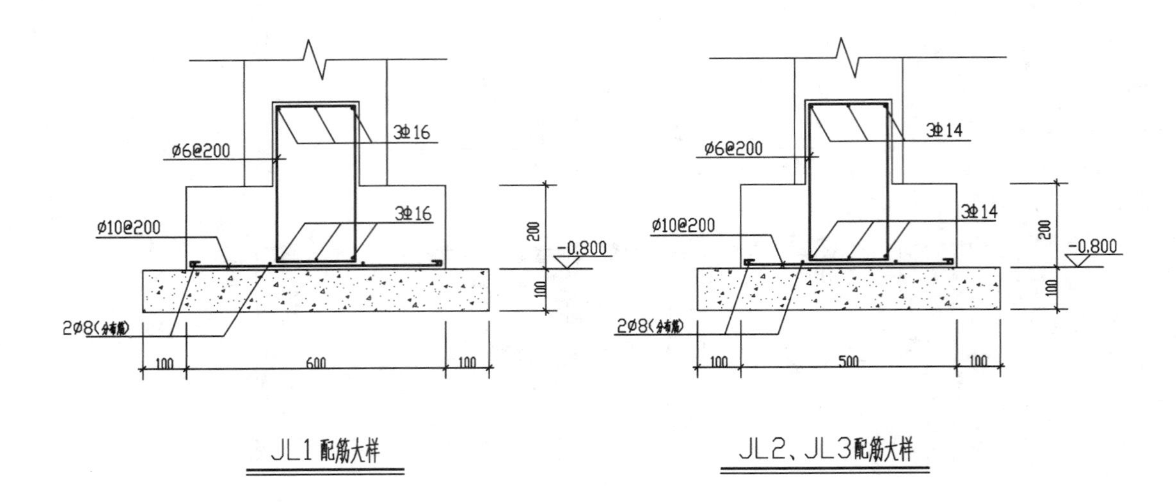


JL1 配筋大样　　　　JL2、JL3配筋大样

梁表:

| 梁编号 | 跨度 | 截面 ($b \times h$) | 低直筋 | 面筋 | 箍筋 | 梁面标高 | 说　明 |
|---|---|---|---|---|---|---|---|
| JL1 | 3600 | 200x400 | 3Φ16 | 3Φ16 | Ø8@200 | −0.400 | 面筋驳接在支座,底筋驳接在跨中,驳接长度为45$d$ |
| JL2 | 2800 | 200x400 | 3Φ14 | 3Φ14 | Ø6@200 | −0.400 | 面筋驳接在支座,底筋驳接在跨中,驳接长度为45$d$ |
| JL3 | 900 | 200x400 | 3Φ14 | 3Φ14 | Ø6@200 | −0.400 | 面筋驳接在支座,底筋驳接在跨中,驳接长度为45$d$ |
| L1 | 3600 | 200x400 | 2Φ16 | 2Φ16 | Ø8@200 | 3.240 | |
| L2 | 5091 | 200x400 | 3Φ16 | 3Φ16 | Ø8@200 | 折线梁 | |
| L3 | 2800 | 200x300 | 2Φ16 | 2Φ16 | Ø6@200 | 2.850 | 面筋驳接在跨中,底筋驳接在支座 |
| L4 | 3960 | 200x300 | 2Φ18 | 2Φ18 | Ø8@200 | 折线梁 | |
| L5 | 3960 | 150x150 | 2Φ14 | 2Φ14 | Ø6@200 | 折线梁 | |
| L6 | 2800 | 200x300 | 2Φ14 | 2Φ14 | Ø6@200 | 2.850 | 面筋驳接在跨中,底筋驳接在支座 |

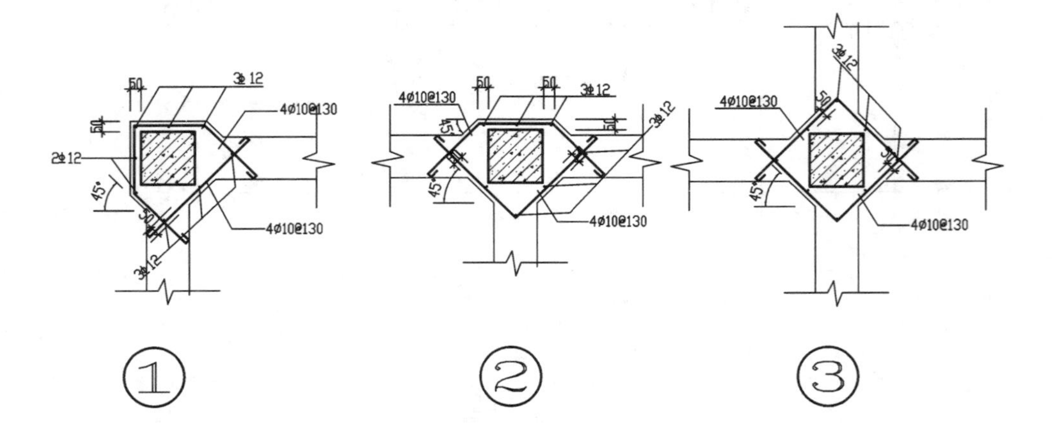


①　　②　　③

续图 6-22

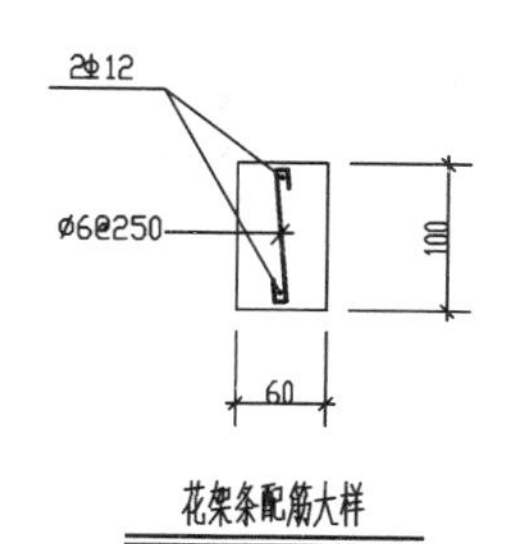

花架条配筋大样

说明：

1.由于基础底为回填土，具有较大的压缩性，因此，基础底须进行换土处理，换土深度为500 mm，换土宽度为基础底板每边向外加宽200 mm，采用3∶7砂碎石进行换土，基础施工时，当基础底向下挖深500 mm后，应先用蛙式打夯机夯实，再填换土层，换土层应隔250 mm用蛙式打夯机夯实一遍(边洒水、边夯实)；

2.材料：C20混凝土，Ⅰ级钢φ，Ⅱ级钢Φ，$f_y=\dfrac{210}{310}$ MPa；

3.除注明外，板厚均为$h=100$ mm；

4.单向板分布筋及面筋分布筋均为φ6@250；

5.基础垫层为C10素混凝土；

6.所有端跨梁底面筋均应入柱(或入梁)45$d$；

7.柱截面及配筋如下：

Z1：截面250×250，纵筋4Φ16，箍筋φ6@200(中)，φ6@100(端)，

Z2：截面330×330，纵筋4Φ16，箍筋φ6@200(中)，φ6@100(端)，

(箍筋端部范围为梁柱节点上下各800 mm)。

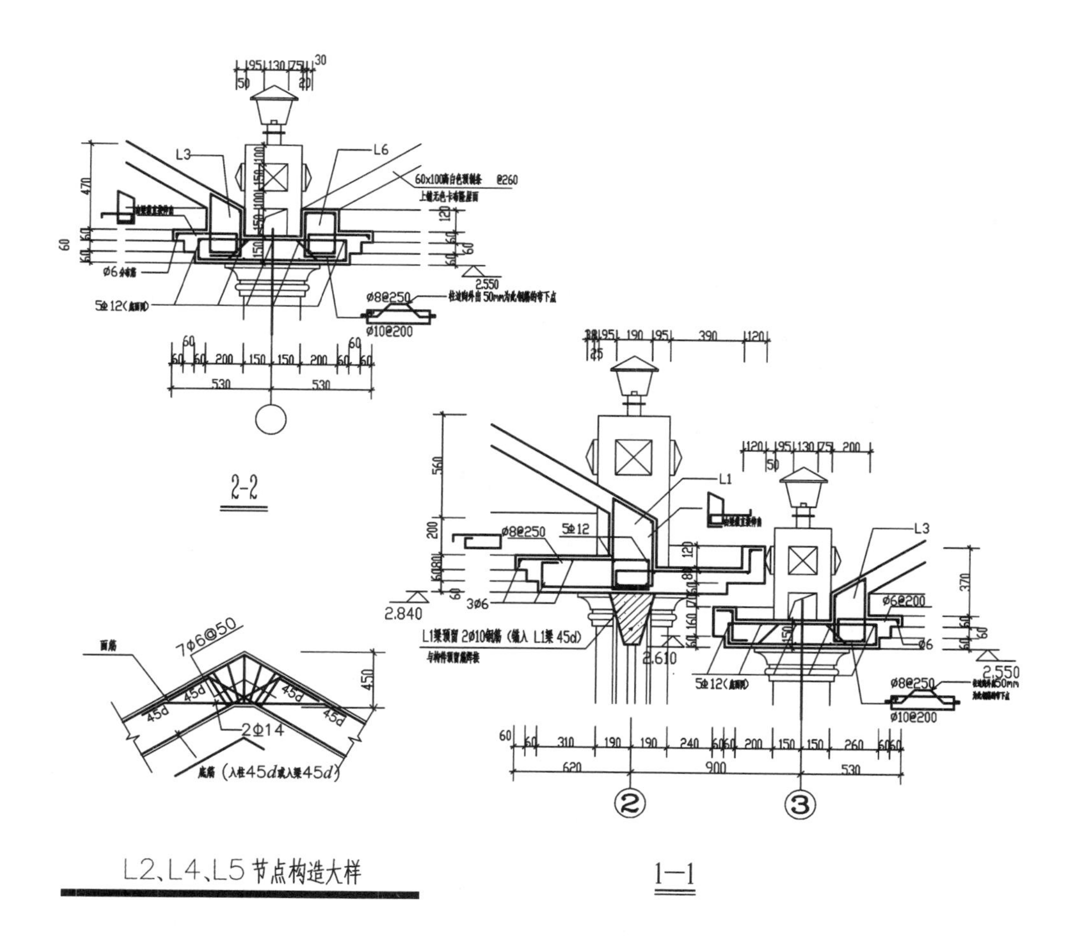

2-2

L2、L4、L5节点构造大样

1—1

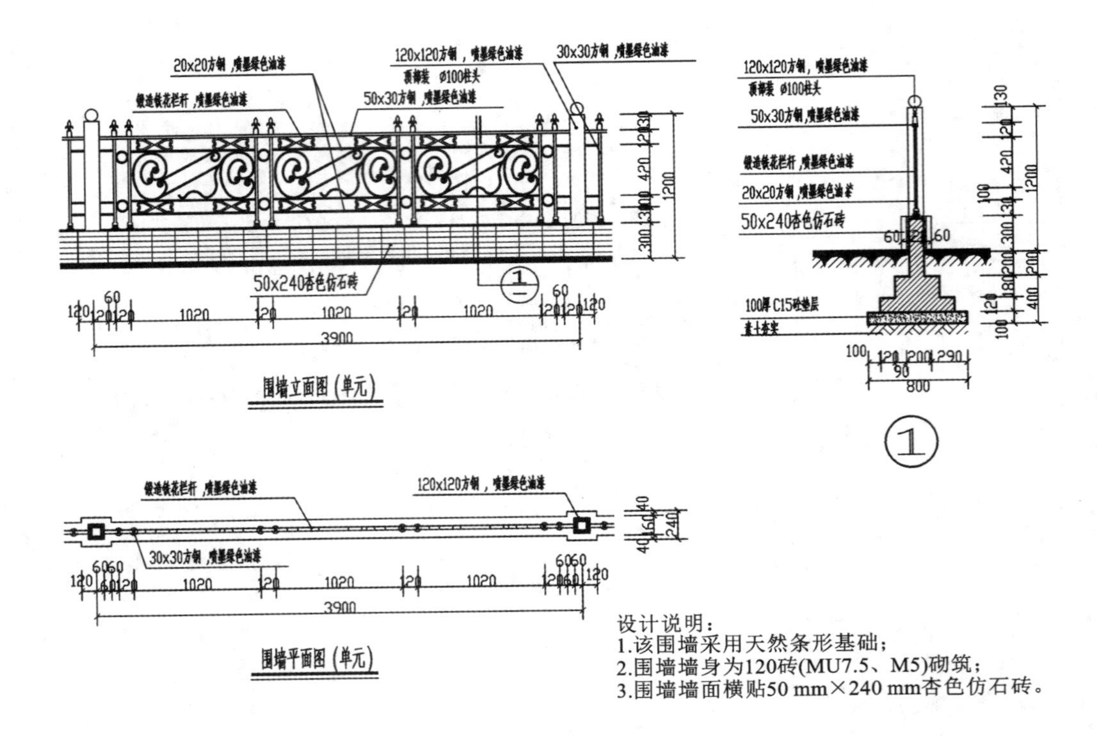


设计说明：
1.该围墙采用天然条形基础；
2.围墙墙身为120砖(MU7.5、M5)砌筑；
3.围墙墙面横贴50 mm×240 mm杏色仿石砖。

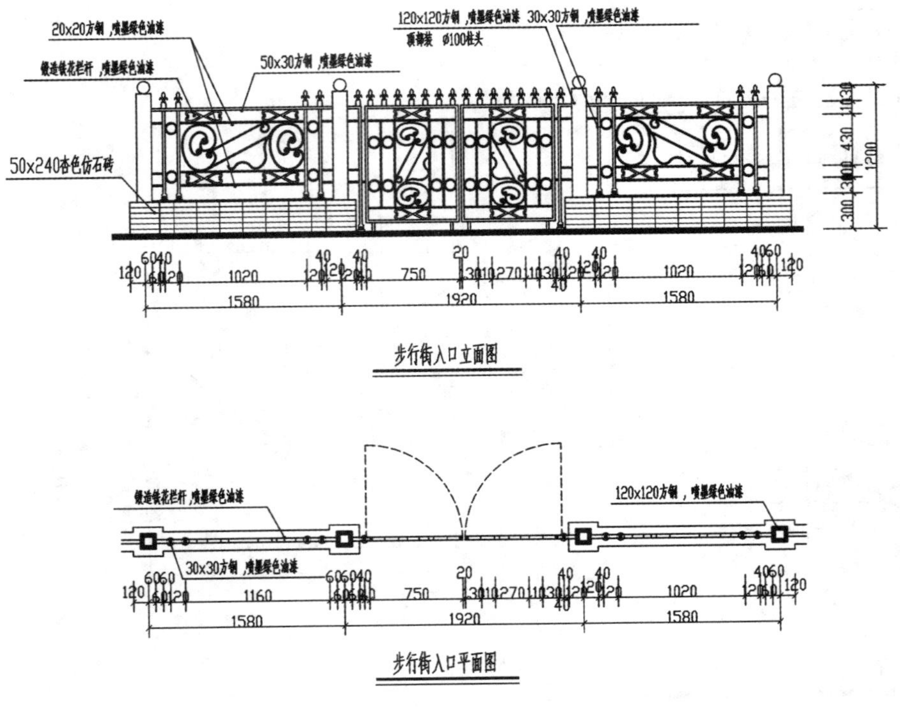


图 6-23　围墙施工图

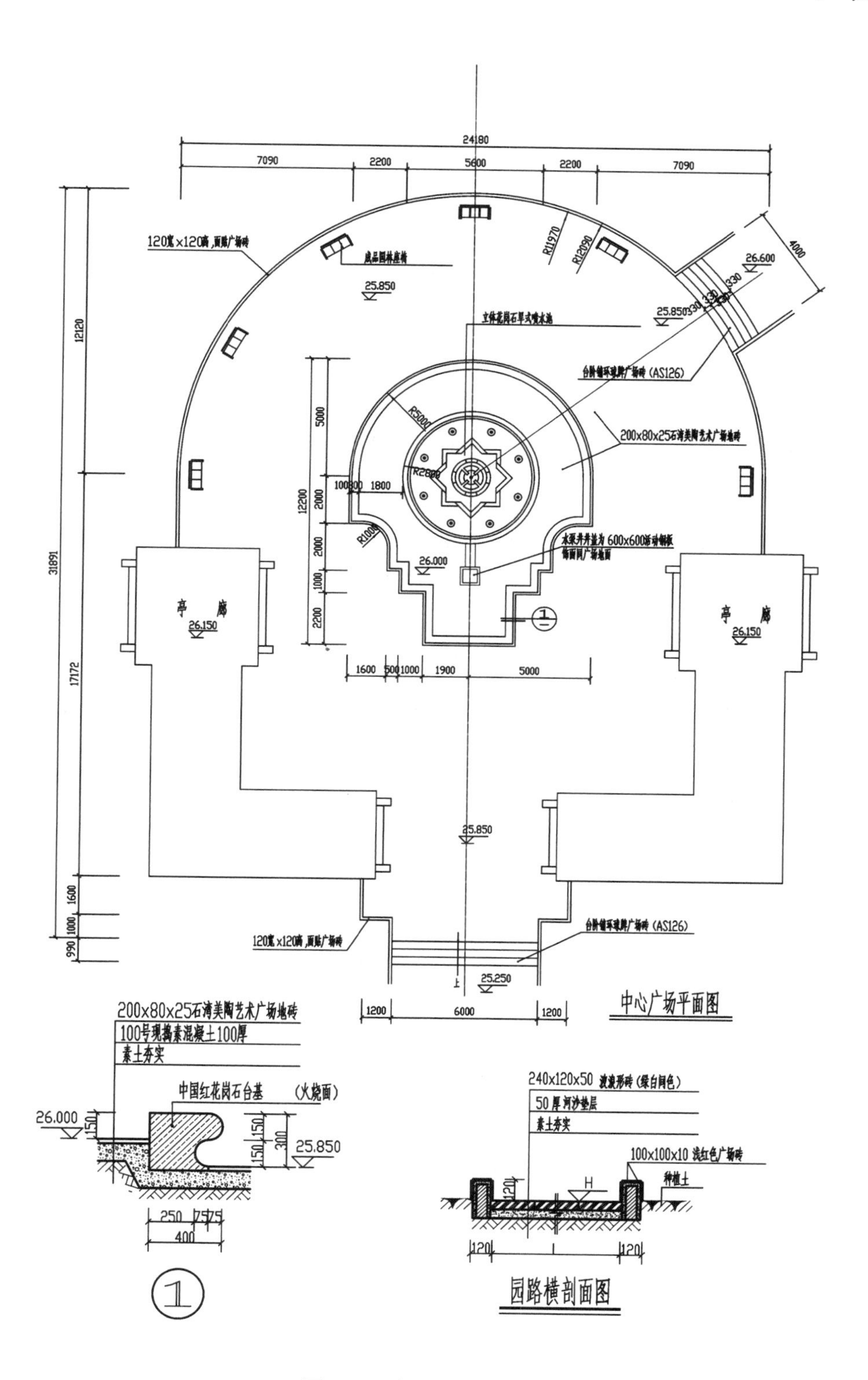


图 6-24 中心广场施工图

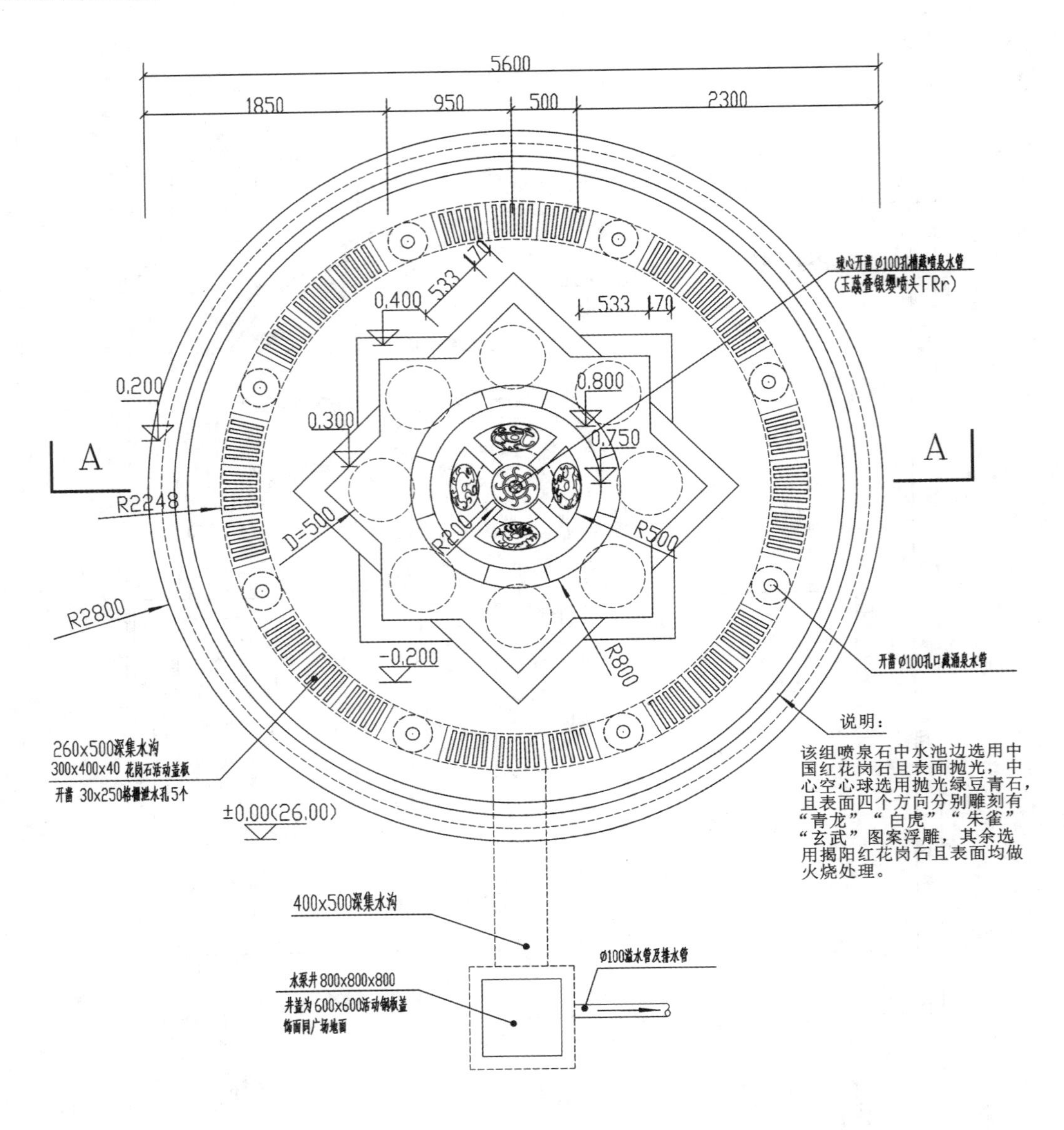


中心广场旱式喷泉平面图

续图 6-24

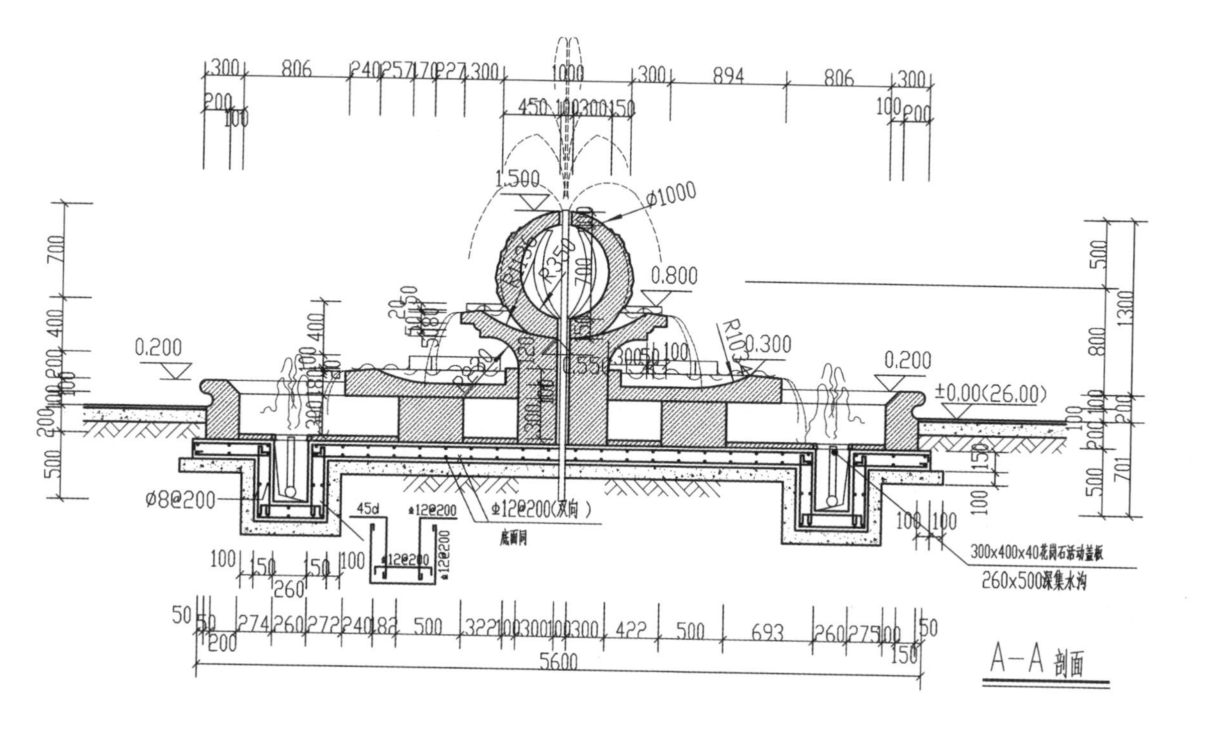


说明：

1.由于基础底为回填土，具有较大的压缩性，因此基础须进行碾压处理，先挖土650 mm深，用12 t压路机纵横碾压20遍以上，然后在经碾压的土上填3∶7砂碎石换土层，填至水池底板垫层标高(砂碎石层厚度大于500 mm)，换土层应隔250 mm用蛙式打夯机夯实一遍(边洒水、边夯实)，最后捣实水池底板垫层、结构层；

2.材料：C20混凝土，Ⅰ级钢φ，Ⅱ级钢Φ，$f_y=\frac{210}{310}$ MPa；

3.基础垫层为C10素泥凝土。

**续图 6-24**

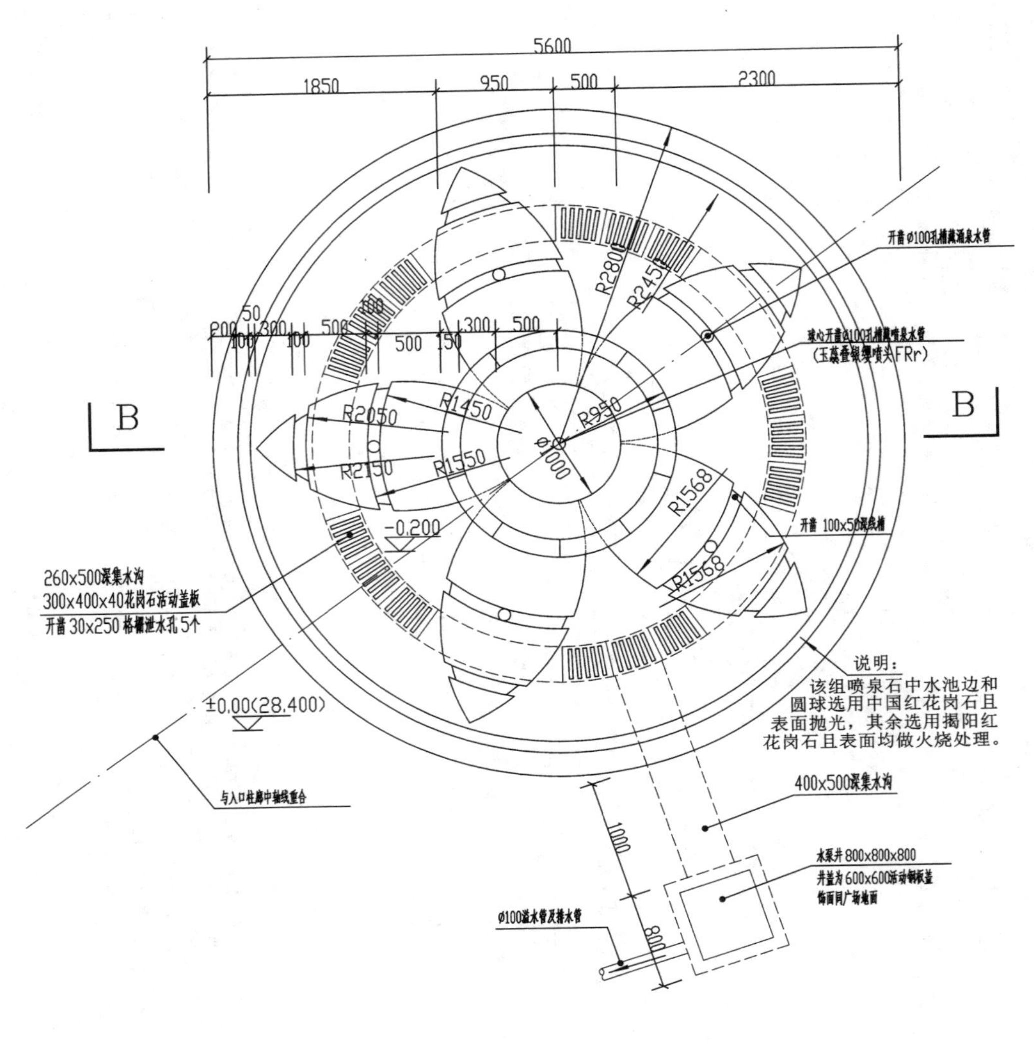


**图 6-25　北入口水池施工图**

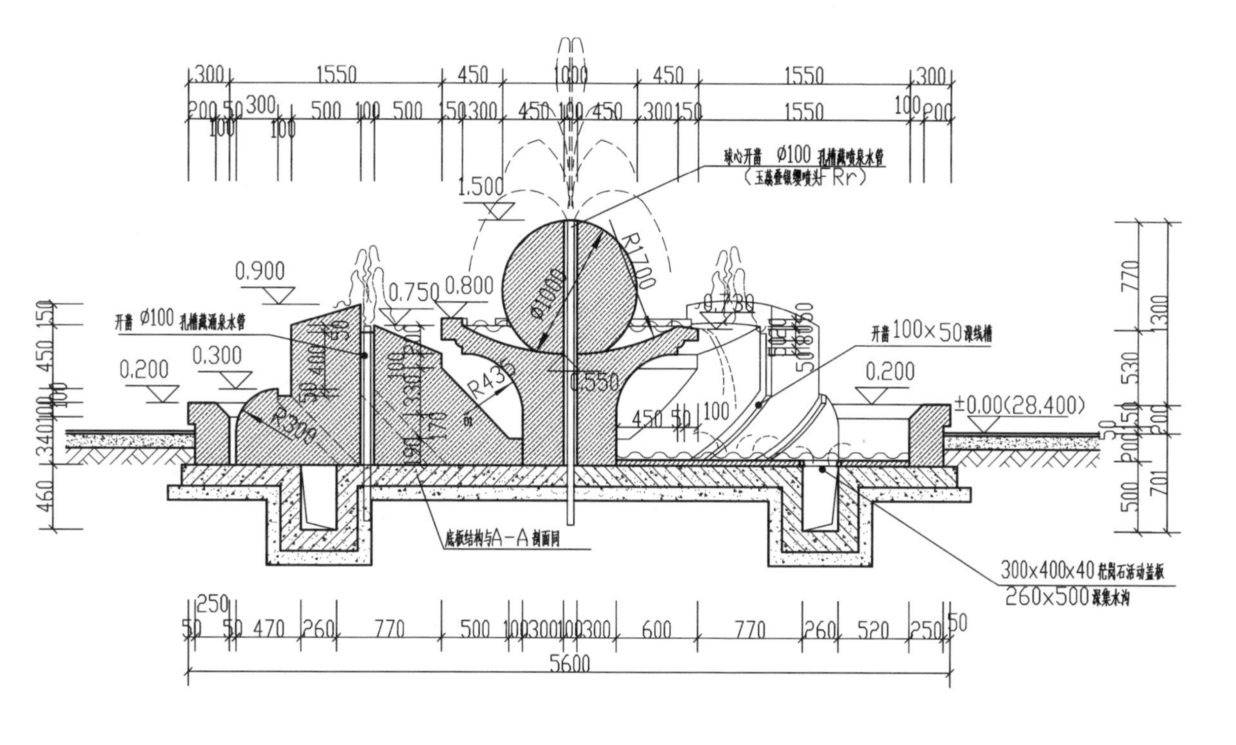


说明：

1.由于基础底为回填土，具有较大的压缩性，因此基础须进行碾压处理，先挖土 650 mm深，用12 t压路机纵横碾压20遍以上，然后在经碾压的土上填3∶7砂碎石换土层，填至水池底板垫层标高(砂碎石层厚度大于500 mm)，换土层应隔250 mm用蛙式打夯机夯实一遍(边洒水、边夯实)，最后捣实水池底板垫层、结构层；

2.材料：C20混凝土，Ⅰ级钢ϕ，Ⅱ级钢$\Phi$，$f_y=\frac{210}{310}$ MPa；

3.基础垫层为C10素泥凝土。

续图 6-25

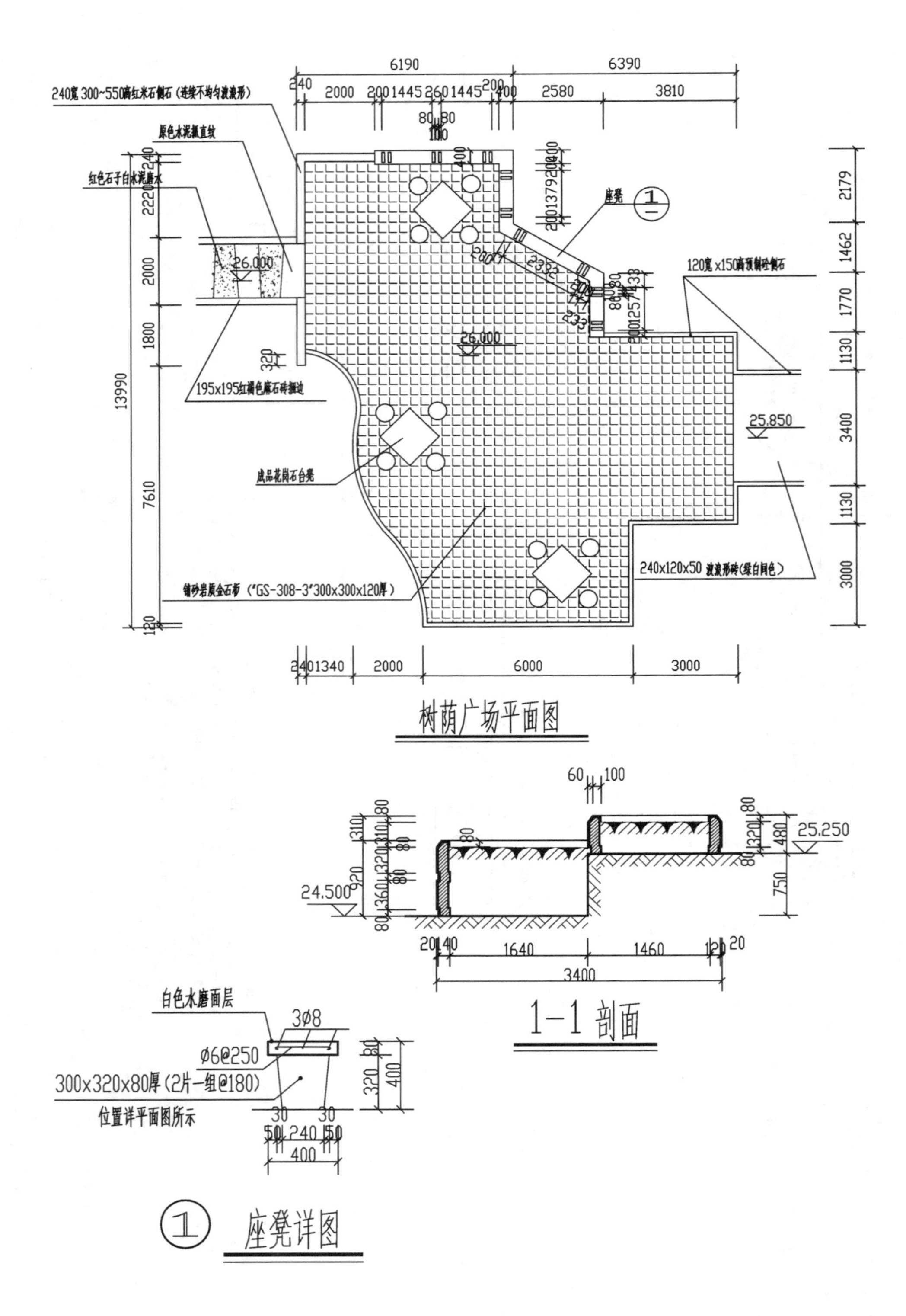


图 6-26 树荫广场施工图

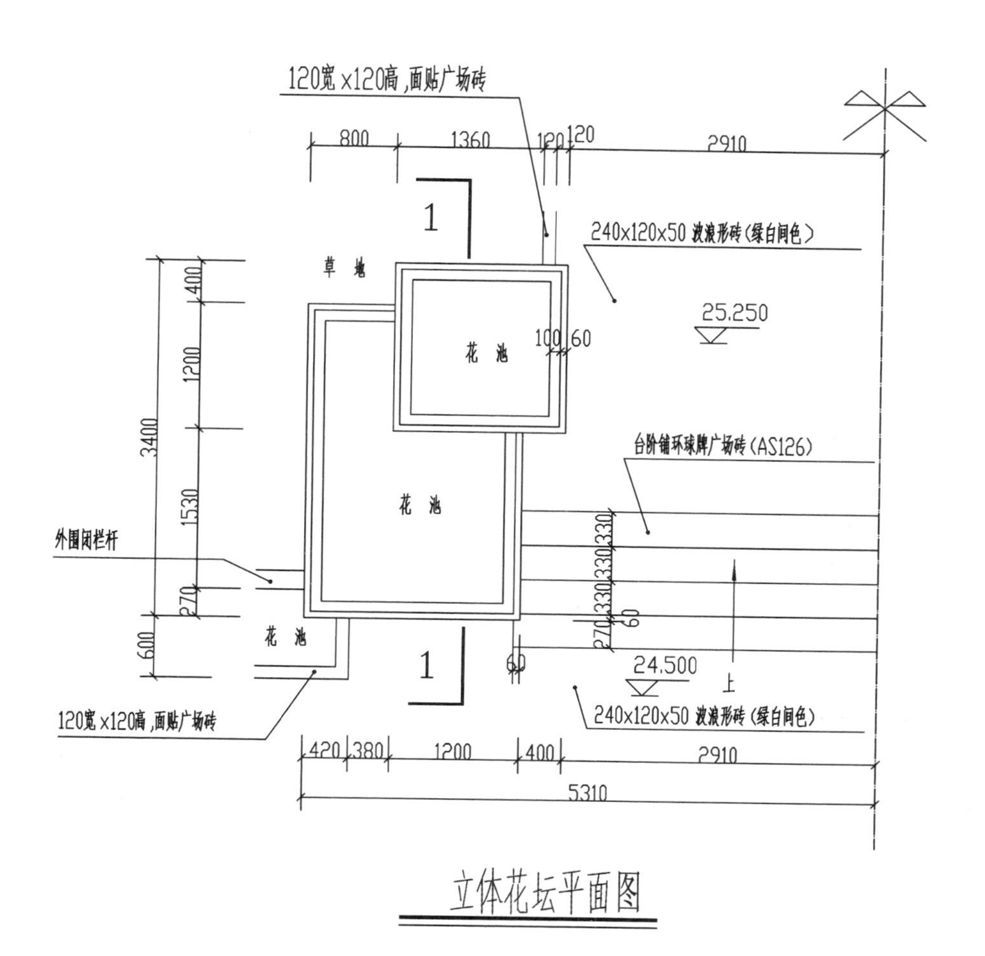
120宽x120高,面贴广场砖
800
1360
120
120
2910
1
240x120x50 波浪形砖(绿白间色)
草 地
花 池
100
60
25.250
3400
400
1200
1530
270
600
花 池
台阶铺环球牌广场砖(AS126)
外围闭栏杆
330
330
330
60
270
60
花 池
1
24.500
上
120宽x120高,面贴广场砖
240x120x50 波浪形砖(绿白间色)
420
380
1200
400
2910
5310
立体花坛平面图

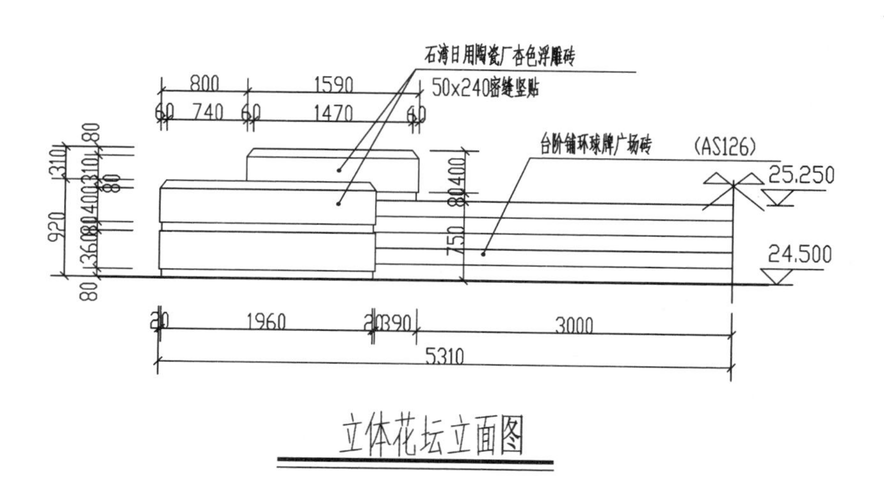
石湾日用陶瓷厂杏色浮雕砖
50x240密缝竖贴
800
1590
60
740
60
1470
60
台阶铺环球牌广场砖
(AS126)
25.250
24.500
920
80
310
310
80
400
80
360
80
400
80
750
20
1960
20
390
3000
5310
立体花坛立面图

续图 6-26

# 7 种 植 工 程

## 7.1 概述

植物种植是造景的重要手段之一，种植工程是园林工程中最基本、最重要的工程之一。在种植工程当中，植物种类繁多，习性差异较大，大部分设计场地立地条件较差。为了保证植物存活，使它们健康茁壮成长，达到预期设计效果，种植时就必须遵循一定的规律和操作规程。种植工程一般分为栽植和养护管理两个部分。栽植属短期施工工程，养护管理属长期、周期性工程。栽植工程一般分为栽植前准备工作、定点放线、苗木的装运、苗木的假植、苗木的栽植。

### 7.1.1 影响植物成活的因素

**1）植株水分状况**

一株健康成长的植物，其根系应与土壤紧密结合，而且地下部分和地上部分的生理代谢也应处于平衡状态。在移植中，根系与土壤的紧密结合被破坏，大部分吸收根留在土中。这样一来，地上和地下两个部分的生理代谢平衡状态就被破坏。所以，必须使移植的树木在新的环境建立新的平衡。

恢复植株水分代谢平衡，是移植成活的关键。移植后，根部不能及时、充分地吸收水分，而茎和叶水分蒸腾很大，这样就会导致水的收支不平衡。气孔和树干皮孔蒸腾是水分散失最主要的途径。气孔蒸腾量可达全部蒸腾量的80%～90%。根部吸水主要靠须根顶部的根毛来实现，根须发达、根毛多的根吸收能力就强。所以，植物在移植前应多次进行断根处理，促进移植部分的须根发达，使根在移植时可以尽可能多带土，以便保证植物成活。

为减少植株水分散失，可以采用以下两种方法。

① 对地上部的枝叶进行修剪，减少枝叶量，这样可以减少水分和营养物质的消耗，使供给与消费相互平衡，苗木移植就容易成活。

② 对地上部分不修剪或少量修剪，进行遮阴，可以保持地上部的水分和营养物质尽量少蒸腾和消耗，提高成活率。

植株年龄对成活率也有一定的影响。树龄小的苗木，挖掘方便，营养生长旺盛，再生力强，在移植中损伤的根和修剪后的枝条可很快恢复生长，比较容易成活。但是，幼龄苗木植株矮小，容易受到外界的损伤，在绿化初期无法达到绿化效果。

一般来说，植株年龄越大越不易成活。壮龄树营养生长已经缓慢甚至日渐衰退，更不容易成活。树龄大的苗木，规格大，挖掘困难，对施工技术要求高，不易操作，增加了施工的造价。但是，此类苗木树体高大，移植后可以很快达到想要的景观效果。

城市的环境条件比较复杂，实践经验证明，除了那些有特殊要求的绿化工程，设计中宜多选用树龄小的苗木，不宜使用过多的壮龄树木。

**2）移植时间**

苗木的移植期，是指移植苗木中栽植苗木的时间。在专业绿化工程和各项建设工程的附属绿化工程中，移植应与建筑工程同时规划、同时施工。如做不到同时施工，最迟不得超过各项建筑工程交付后第一个种植季。

根的再生能力依靠消耗树干和树冠下部枝叶中的储存物质，移植时间最好是储存物质多的时期，因此移植的最佳时间是苗木休眠期。在北方，春季是最好的种植季节，有时也可在秋末种植。秋末种植时，北京、天津、河北中部等地，一般以 11 月初至 11 月中旬为宜。此时，气温急剧降低但土壤温度下降缓慢，土壤温度仍能供根系生长，地上部叶片大部分已脱落，水分蒸腾量下降，有利于植株成活。常绿树种也可在生长期移植。实际上在技术发达的今天，苗木可以在任何时间进行移植，只要条件许可，无时间限制。

（1）春季

春季是我国大部分地区的主要栽植季节。北方地区春季干旱，移植苗成活率在很大程度上取决于苗木体内的水分平衡。北方地区早春土壤解冻后立即进行移植最为适宜。早春移植，树液刚刚开始流动，枝芽尚未萌发，蒸腾作用很弱，土壤湿度很好。根系生长所需温度较低，土温能满足根系生长的要求，所以早春移植苗木成活率高。春季移植的具体时间，还应根据树种发芽的早晚来安排。一般来讲，发芽早者先移；落叶先移，常绿后移；木本先移，宿根草本后移；大苗先移，小苗后移。

（2）夏季

植物种植也可在夏季进行。在南方，一般是在梅雨季节；在北方，一般是在雨季。多雨连阴天气，空气湿度大，树木体内水分散失少，有利于成活。雨季栽植，一般都要带土球，并且土球要尽可能大，包装封护严密，保证根系不裸露于空气之中。苗木地上部分可进行适当修剪，喷水雾保持树冠湿润，还需要遮阴防晒。

（3）秋季

秋季气温逐渐下降，蒸腾量较低，土壤水分状况稳定。从苗木生理来说，秋季苗木贮藏了丰富的营养，多数树木根系生长处于一个小高峰时期。移植一般是在地上部分停止生长、叶柄形成离层开始脱落或大部分叶片脱落时开始。这时根系尚未停止活动，移植后有利于根系伤口恢复。

（4）冬季

建筑工程完工后，人们急于改善周围生活、工作环境，苗圃工作需要冬季施工和移植苗木。深秋及初冬，从树枝落叶到气温不低于－15 ℃的这段时间里，树木虽处于休眠状态，但地下根系尚未完全停止活动，此时移植有利于损伤根系的愈合，成活率较高。尤其在北方寒冷地区,易于形成坚固的土球。冬季移植需用石材切割机来切开苗木周围冻土球,冻土球切成正方体。若深处不冻,需稍放一夜,让其冻成一块,即可搬运移植。冬季移植便于装卸和运输,节约包装材料,但要注意防寒保护。

**3)温度**

植物的自然分布和气温有密切的关系。不同的地区,就应选用能适应该区域条件的树种,并且栽植当日平均温度等于或略低于树木生物学最低温度时,栽植成活率高。

**4)光照**

一般光合作用速度随光照强度增加而增加。光线强的情况下,光合作用强,植物生命特征表现强;反之,光合作用减弱,植物生命特征表现弱。故阴天或遮光的条件,对提高种植成活率有利。

植物的同化作用,是光反应。除二氧化碳和水以外,还需要波长为 490 nm 左右的绿色光和波长为 770 nm 左右的红色光,如表 7-1 所示。

**表 7-1 光的波长对植物的影响**

| 光线 | 波长/nm | 对植物的作用 |
|---|---|---|
| 紫外线 | 400 以下 | 对许多合成过程有重要作用,过度则有害 |
| 紫～蓝色光 | 400～490 | 有折光性,光在形态形成上起作用 |
| 绿～红色光 | 490～760 | 光合作用 |
| 红外线 | 760 以上 | 一般起提高温度的作用 |

**5)土壤**

土壤是植物生长的基础,它是通过其中的水分、养分、空气和温度等因素来影响植物生长的。适宜植物生长的最佳土壤:矿物质 45%,有机质 5%,空气 20%,水 30%(以上为体积比)。矿物质是由大小不同的土壤颗粒组成的,如表 7-2 所示。

**表 7-2 土质类型重量百分比**

| 种别 | 黏土/(%) | 砂黏土/(%) | 砂/(%) |
|---|---|---|---|
| 树木 | 15 | 15 | 70 |
| 草类 | 10 | 10 | 80 |

土壤中的土粒并非一一单独存在,而是集合在一起,呈块状。适宜植物生长的团粒直径为 1～5 mm,小于 0.01 mm 的孔隙,根毛不能侵入。团粒结构土壤最适宜植物生长。

土壤水分和土壤的物理组成有密切的关系,对植物生长有很大影响。根据土粒和水分的结合力,土壤中的水分可分为吸附水、毛细水、重力水三种。其中,毛细水可供植物利用。当土壤不能提供根系所需的水分,植物就会枯萎;达到永久枯萎点时，植物便会死亡。枯萎之前，必须开始浇水。不同土质永久枯萎点的含水率如表7-3所示。掌握土壤含水率，便于及时补水。

**表 7-3 永久枯萎点的含水率**

| 轻质土质 | 含水率/(%) | 重质土质 | 含水率/(%) |
| --- | --- | --- | --- |
| 砂土 | 0.88～0.11 | 砂土 | 9.9～12.4 |
| 壤土 | 2.7～3.6 | 壤土 | 13.0～16.5 |
| 砂黏土 | 5.6～6.9 | 砂黏土 | — |

地下水位对深层土壤的湿度影响很大，影响到植物根系的生长和功能的发挥。草本类植物的地下水位必须在 60 cm 以下，最理想的地下水位在 100 cm，树木则要求深一些。在水分多的湿地里，则要设置排水设施，使地下水位下降到要求值。

植物在生长过程中所必需的元素有 16 种之多，其中碳、氧、氢来自二氧化碳和水，其余的都是从土壤中吸收的。一般来说，养分的需要程度和光线的需要程度是相反的。当阳光充足时，光合作用可以充分进行，养分较少也无妨碍；养分充足、阳光接近最小限度时，也可维持光合作用。土壤养分充足对于植株的成活、种植后植物的生长发育有很大影响。

树木可分为深根性和浅根性两种。深根性树木需有深厚的土壤，大乔木比小乔木、灌木需要更多的根土，栽植地要有较大的有效深度(见表 7-4)。

**表 7-4 植物生长所必需的最小土层厚度**

| 种别 | 植物生存的最小土层厚度/cm | 植物培育的最小土层厚度/cm |
| --- | --- | --- |
| 草类、地被 | 15 | 30 |
| 小灌木 | 30 | 45 |
| 大灌木 | 45 | 60 |
| 浅根性乔木 | 60 | 90 |
| 深根性乔木 | 90 | 150 |

一般的表土，有机质的分解物随同雨水一起慢慢渗入下层矿物质土壤中，土色带呈黑色，肥沃、松软、孔隙多，这样的表土适宜树木的生长发育。在进行地形改造时，应尽可能保存原有表土，栽植时予以有效利用。此外，有些土壤不适宜植物的生长，如重黏土、砂砾土、强酸性土、酸碱土、工矿生产污染土、城市建筑垃圾等，需要对土壤进行改良。常用的改良方法有工程措施，如排灌、洗盐、清淤、清筛、筑池等；栽培技术措施，如深耕、施肥、压砂、客土、修台等；生物措施，如采用抗性强的植物、绿肥植物、养殖微生物等。

**6）移植的次数和密度**

培育大规格苗木要经过多年多次移植，而每次移植的密度又与总移植次数紧密相关。若移植密度越高,移植次数就越多。反之,移植密度低,移植次数就少。苗木移植的次数与密度还与树种的生长速度有关。生长快的移植密度小,移植次数少;生长慢的移植密度大,移植次数多。

### 7.1.2 种植技术措施

**1）统计种类、规格、数量、质量和名称**

将准备出圃的苗木种类、规格、数量和质量分别调查统计并制表,核对出圃苗木的树种或栽培变种的中文植物名称与拉丁学名,做到名实相符。

出圃苗木应满足生长健壮、枝叶繁茂、冠形完整、色泽正常、根系发达、无病虫害、无机械损伤、无冻害等基本质量要求。

**2）出圃移植培育**

苗木出圃前应经过移植培育,五年生以下的至少有一次移植培育,五年生以上的移植培育应在两次以上。

野生苗和异地引种驯化苗,定植前应在苗圃养护培育一至数年,适应当地环境,生长发育正常后才能出苗。

**3）植物检疫**

出圃苗木应经过植物检疫。省、自治区、直辖市之间的苗木调运,应经法定植物检疫主管部门检验,签发检疫合格证书后,方可出圃。具体检疫要求按国家有关规定执行。

## 7.2 乔灌木栽植工程

### 7.2.1 栽植前施工现场的准备工作

**1）相关资料及组织方案**

在城市环境中,栽植规划很大程度上取决于当地的小气候、土壤、排水、光照、灌溉等生态因子。

施工前,施工人员应向设计单位和工程甲方了解有关材料,根据施工图纸和设计说明了解设计主题、绿化目的,以及工程完成后所要达到的景观效果。根据这些资料,确定工程项目内容、任务量、工程期限、工程投资及设计概(预)算、设计意图,了解施工地段的状况、定点放线的依据、工程材料来源及运输情况,必要时应进行现场调研。根据工程投资及设计概(预)算,选择合适的苗木;根据施工期限,安排每种苗木的栽植完成日期。掌握树木的品种、规格、定植时间、历年养护管理情况、目前生长情况、发枝能力、病虫害情况、根部生长情况等。

准备工作完成后,应编制施工计划,制订出在规定的工期内费用最低的安全施工的条件和方法,优质、高效、低成本、安全地完成施工任务。同时,技术人员还应了解施工地段的地上、地下情况,向有关部门咨询,以免施工时发生事故。

项目比较复杂的绿化工程，最理想的施工程序：征收土地→拆迁→整理地形→安装给排水管线→修建园林建筑→铺设道路、广场→铺栽草坪→布置花坛。如有需用吊车的大树移植任务，则应在铺设道路、广场以前，将大树栽好，以免移植过程中损伤路面。多数情况下，不可能完全按照上述程序施工，但必须注意，施工时前后工程项目不应互相影响。

**2）勘查现场**

施工前，设计单位应向施工单位进行设计交底，施工人员应按设计图进行现场核对。有不符之处时，应提交相关文件，由设计单位做设计变更。了解施工概况之后，施工人员还必须赴现场，做细致的现场勘查工作，并了解以下情况。

（1）了解种植地建筑物现状

施工前，应调查施工现场的地上与地下情况，向有关部门了解地上物的处理要求及地下管线分布情况，以免施工时发生事故。检查建筑施工与种植施工之间是否有矛盾，各种管道、架空电线对植物是否有影响。对于地上物需了解房屋、树木、农田设施、市政设施等情况以及拆迁手续的办理与实施情况；考虑如何安排施工期间必需的生活设施，如食堂、宿舍、厕所等。

园林树木若位于道路交叉口，在有各种地上、地下管线和建筑物、构筑物的情况下，树木之间应保持的最小间距，可参照表7-5至表7-8的规定执行。

**表7-5 园林行道树与道路交叉口的间距**

| 序 号 | 种 类 | 树木与各类设施间距/m |
|---|---|---|
| 1 | 道路急转弯时，弯内距树 | 50 |
| 2 | 公路交叉口各边距树 | 30 |
| 3 | 公路与铁路交叉口距树 | 50 |
| 4 | 道路与高压线交叉线距树 | 15 |
| 5 | 桥梁两侧距树 | 8 |

**表7-6 地上各种杆线与树木的最小间距**

| 种 类 | 电线与树的水平间距/m | 电线与树的垂直间距/m |
|---|---|---|
| 10 kVA以下 | 1.5 | 1.5 |
| 20 kVA以下 | 2.5～3 | 2.3 |
| 35～110 kVA | 4 | 4 |
| 154～220 kVA | 5 | 5 |
| 330 kVA | 6 | 6 |
| 电信明线 | 2 | 2 |
| 电信架空线 | 0.5 | 0.5 |

表 7-7 地下管线外缘至树木根茎中心的最小距离

| 名　称 | 距乔木根茎中心最小距离/m | 距灌木根茎中心最小距离/m |
| --- | --- | --- |
| 电力电缆 | 1 | 1 |
| 电信电缆(直埋) | 1 | 1 |
| 电信电缆(管道) | 1.5 | 1 |
| 给水管道 | 1.5 | 1 |
| 雨水管道 | 1.5 | 1 |
| 污水管道 | 1.5 | 1 |

表 7-8 各种设施与树木尖的最小水平距离

| 名　称 | 最小水平距离/m | |
| --- | --- | --- |
| | 至乔木中心 | 至灌木中心 |
| 一般电力杆柱 | 2 | 1 |
| 电线杆柱 | 2 | 1 |
| 路灯、园灯杆柱 | 2 | 1 |
| 高压电力杆 | 5 | 2 |
| 无轨电车 | 2.5～3 | 1 |
| 铁路边道中心线 | 8 | 4 |
| 排水沟外缘 | 1～1.5 | 1 |
| 邮筒、路牌、车站牌 | 1～1.2 | 1～1.2 |
| 消防龙头 | 1.5 | 2 |
| 测量水准点 | 2 | 2 |

(2) 了解种植地土质

了解施工现场的土质情况,栽植场地的土壤由专业技术部门进行理化性质测定与分析后,如有不适宜植物生长的土壤,需在栽植前完成土壤改良工作。

土层厚度至少要达到树木、草坪生长所需要的最低限度。一般应大于根长或土球高度的1/3,否则不能施工。

栽植地段土层结构差,对建筑垃圾、旧建筑地基、道路路基、三合土、生活垃圾等均需要彻底清理,深挖至见到原土后,再回填栽植土。

园林植物对土壤的酸碱度适应能力不同,大部分植物适宜在微酸或微碱性土壤里生长,一般pH值以6.7～7.5为宜。过酸或过碱均需根据植物的适应性,对土壤进行改良。酸性土壤可添加石灰及有机肥料,碱性土壤可施用硫酸亚铁、硫黄粉、腐殖酸肥料等,逐步降低土壤的酸碱度,或采取局部换土法。

黏性重的土壤,通常采用抽槽换土或客土掺砂、增施腐熟有机肥的办法。施肥时,务必使腐熟的有机肥料与土壤搅拌均匀，其上再铺约 10 cm 厚的园土,方可种植。

在地势低洼、积水较重或地下水位较高地段,应按照水的流向铺置排水设施,并适当填土以提高树穴标高。尤其是雪松、广玉兰、梅花等不耐水湿的树种要填土抬高种植,以利排水和根系伸展。

**3）清理障碍物**

清理障碍物是开工前必要的准备工作,其中拆迁是清理施工现场的第一步。拆迁主要是将施工现场内对施工有碍的一切障碍物,如堆放的杂物、违章建筑、坟堆、砖石块等,清除干净。对这些障碍物的处理应在现场踏勘的基础上逐项落实,根据有关部门对这些地上物的处理要求,办理各种手续。凡能自行拆除的限期拆除,无力清理的,施工单位应安排力量进行统一清理。对现有房屋的拆除要结合设计要求,如不妨碍施工,可物尽其用,保留一部分作为施工时的工棚或仓库,待施工后期进行拆除。

对现有树木的处理要持慎重态度,凡能结合绿化设计予以保留的尽可能保留。对于病虫害严重的、衰老的树木,应连根拔除。对建筑工程遗留下的灰槽、灰渣、砂石及建筑垃圾等应全部清除。土壤贫瘠的地方,应换入肥沃土壤,以利于植物生长。

一般城市街道绿化的地形要比公园的简单些,主要是应与四周道路、广场的标高合理衔接,使行道树带内排水畅通。如果是采用机械整理地形,还必须了解地下管线情况,以免机械施工时损伤管线。

**4）地形整理**

地形整理是指栽植地段的划分和地形的营造。有地形要求的地段,应按设计图纸规定的范围和高程进行整理。根据设计图纸要求,整理出一定的地形起伏。注意排水畅通,与周围排水趋向一致,其余地段应在清理杂草后进行整平。整理工作一般应在栽植前 3 个月以上的时期内进行,可与清除地上障碍物相结合。

① 对坡角 8°以下的平缓耕地或半荒地,应根据植物种植必需的最小土层厚度要求进行整地。通常翻耕 30～50 cm 深度,以利蓄水。视土壤情况,合理施肥以改变土壤肥性。平地整地要有一定倾斜度,以利排出过多的雨水。

② 对工程场地宜先清除杂物、垃圾,随后换土。种植地的土壤如含有建筑废土及其他有害成分,如强酸性土、强碱土、盐碱土、重黏土、砂土等,均应根据设计规定,采用客土或一定的技术措施对土壤进行改良。

③ 对低湿地区,应先挖排水沟降低地下水位,防止反碱。通常在种植前一年,每隔 20 m 左右就挖出一条深 1.5～2 m 的排水沟,并将挖起来的表土翻至一侧,培成垅台,经过一个生长季节,土壤受雨水的冲洗后,盐碱含量减少,杂草腐烂,土质疏松,不干不湿,即可在垅台上种树。

④ 新堆土山的整地,应经过一个雨季使其自然沉降,才能进行整地植树。

⑤ 对荒地整地,应先清理地面,刨出枯树根,搬出可以移动的障碍物。在坡度较

平缓、土层较厚的情况下,可以采用水平带状整地。

地面凹凸高差在±30 cm以内的土地,可选用人工平整的方法,就地挖填找平。高差超过±30 cm的地块,每10 cm增加人工费35%,不足10 cm的按10 cm计算。人工整理绿化用地包括挖、运、填、压四方面内容。绿地整理前,必须在施工场地范围内做一些准备工作,进行现场的清理,以便后后续工作的正常开展。

地形整理完毕以后,为了给植物创造良好的生长基地,必须在种植植物的范围内,对土壤进行整理。农田菜地的土质较好,侵入体不多的只需要加以平整,不需要换土。如果在建筑遗址、工程废物、矿渣炉灰地修建绿地,需要清除渣土,换上好土。对于树木定植位置上的土壤改良,待定点刨坑后再行处理。

**5) 移植前苗木和土壤的准备**

掌握树木的品种、规格、定植时间、历年养护管理情况、目前生长情况、发枝能力、病虫害情况和根部生长情况等。

必须掌握下列树木生长和种植地环境资料。

① 掌握树木生长与建筑物、架空线以及树木之间的间距情况。

② 种植地的土质、地下水位、地下管线等环境条件;必须具备施工、起吊、运输的条件。

③ 对土壤含水量、pH值、理化性状进行分析。土壤湿度高,可在根系范围外开沟排水、晾土。情况严重的可在四角挖1 m以上深洞,抽排渗出来的地下水。对含杂质、受污染的土必须更换种植土。

要选择通气、透水性好,有保水保肥能力,土内水、肥、气、热状况协调的土壤。经多年实践,用泥砂拌黄土(配合比以3∶1为佳)作为移栽后的定植用土比较好。这种土有三大好处:一是与树根有“亲和力”,在栽培大树时,根部与土壤往往有无法压实的空隙,经雨水的侵蚀,泥砂拌黄土易与树根贴实;二是通气性好,能提高地温,促进根系的萌芽;三是排水性能好。雨季能迅速排出多余的积水,免遭水淹而造成根部死亡,且旱季浇水能迅速吸收、扩散。

在挖掘过程中要有选择地保留一部分根际原土,以利于树木萌根。树木移栽半个月前,要对穴土进行杀菌、除虫处理。常用的方法是:50%托布津或50%多菌灵粉剂拌土杀菌,或50%面威颗粒剂拌土杀虫(以上药剂拌土的比例为1/1 000)。

### 7.2.2 定点放线

准备工作和组织工作应做到周全细致,否则,场地过大或施工地点分散时,容易造成窝工甚至返工。施工放线同地形测量一样,必须遵循“由整体到局部,先控制后碎部”的原则。建立施工范围内的控制测量网,放线前要进行现场勘查,了解放线区域的地形,考察设计图纸与现场的差异,确定放线方法。

放线时要把种植点放得准确,首先要选择好定点放线的依据,确定好基准点或基准线、特征线。同时要了解测定标高的依据,如果需要把某些地物点作为控制点,应检查这些点在图纸上的位置与实际位置是否相符。如果不相符,应对图纸位置进行修整。如果不具备这些条件，则须和设计单位研究，确定一些固定的地上物，作为定点放线的依据。测定的控制点应立木桩作为标记。

施工放线的方法多种多样，可根据具体情况灵活采用。放线时要考虑先后顺序，以免人为踩坏已放好的线。现介绍几种常用的放线方法。

**1）规则式绿地、有连续或重复图案绿地的放线**

① 规则式绿地，如道路两侧成行列栽植的树木，要求栽植位置准确，株行距相等。一般是按设计断面定点。在已有道路旁定点，以路牙为依据，然后用皮尺、钢卷尺或测绳定出行位，再按设计定株距，每隔10株于株距中间钉一木桩，作为行位控制标记和确定树穴位置的依据，然后用白灰点标出单株位置。规则式栽植的苗木必须排列整齐。行道树被门面或障碍物影响时，株距可以在1 m范围内调整。行道树和各种构筑物、地上杆线、地下管道间横向距离要符合相关规定要求。

道路绿化与市政、交通、沿途单位、居民等关系密切，植树位置的确定，除和规定设计部门配合协商外，在定点后还应请设计人员验点。

② 有些绿地图案是连续和重复布置的，为保证图案的准确性、连续性，可用较厚的纸板或围帐布、大帆布等（不用时可卷起来便于携带运输），按设计图剪好图案模型，线条处留5 cm左右宽度，便于撒灰线，放完一段再放一段，这样，可以连续地撒放出来。

③ 图案整齐、线条规则的小块模纹绿地，其图案线条应准确无误，放线时要求极为严格。可用较粗的铁丝、铅丝，按设计图案的式样编好图案轮廓模型，图案较大时可分为几节组装。检查无误后，在绿地上轻轻压出清楚的线条痕迹轮廓。

④ 地形较为开阔平坦，视线良好的大面积绿地，一般设计图上已画好方格线，按照比例放大到地面上即可。图案复杂的模纹图案，图案关键点应用木桩标记。模纹线要用铁锹、木棍划出线痕然后再撒上灰线。因面积较大，放线一般需较长时间。放线时最好钉好木桩或划出痕迹，撒灰踏实，以防雨水将灰线冲刷掉。

**2）自然式栽植的放线方法**

自然式树木种植方式，不外乎两种：一种为单株的孤植树，多在设计图案上有单株的位置；另一种是群植，图上只标出范围而未确定植株位置的丛植、片林等，其定点放线方法如下。

（1）直角坐标放线法

直角坐标放线法适合于基线与辅线是直角关系的场地。根据植物配置的疏密度，先按一定的比例在设计图及现场分别打好方格，在图上用尺子量出树木在某方格的纵横坐标尺寸，再按此位置用皮尺标示在现场相应的方格内。

在面积较大的植树绿化工地上，可以在图纸上以一定的边长画出方格网（如5 m、10 m、15 m等长度），把方格网按比例测设到施工现场，再在每个方格内按照图纸上的相对位置，用绳尺定点。

（2）仪器测放法

仪器测放法适用于范围较大、测量基点准确的绿地。可以利用经纬仪或平板仪放线。用经纬仪或平板仪,依据地上原有基点或建筑物、道路将树组或孤植树依照设计图上的位置依次定出每株的位置。

当主要种植区的内角不是直角时,可以利用经纬仪进行种植区边界的放线。用经纬仪放线需用皮尺、钢尺或测绳进行距离丈量。平板仪放线也叫图解法放线,须注意在放线时随时检查图板的方向,以免图板的方向发生变化,出现误差过大的情况。

(3) 交会法

交会法是以建筑物的两个固定位置为依据,栽植点与该两点的距离相交会,定出植株位置,以白灰点表示。交会法适用于范围较小,现场内建筑物或其他标记与设计图相符的绿地。

(4) 目测法

对于设计图上无固定点的绿化种植,如灌木丛、树组等可用上述方法测出树组的栽植范围,每株树木的位置和排列,可根据设计要求在所定范围内用目测法定点。定点时应注意植株的生态要求,并注意自然美观。定好点后,多采取用白灰打点或打桩的方法,标明树种、栽植数量(灌木丛、树组)、穴径等。

为了保证施工质量,使栽植的树种、规格与设计一致,在定点放线的同时,应在白灰点处钉木桩,标明编号、树种和挖穴规格。

### 7.2.3 起苗

**1) 选苗**

起苗前,要进行选苗。除了满足设计提出的对规格和树形的要求,还要注意选择生长健壮、无病虫害、无机械损伤、树形端正和根系发达的苗木。作行道树的苗木分枝点不应低于 2.5 m。尽管选用树种苗木是规划和设计人员的工作,但是,在施工过程中,也必须根据各个树种不同的特性而采取不同的技术措施,才能保证移植成功。例如,杨树、柳树、榆树、银杏树、椴树、蔷薇、泡桐、臭椿、黄栌等,都具有很强的再生能力和发根能力,移植比较容易成活,包装、运输比较方便,此类树木的栽植措施可以适当简单一些,一般都用裸根移植。各种常绿树木以及木兰类、山毛榉、白桦、长山核桃及某些桉树等,则必须带土球移植,而且必须保证土球完整,才能移植成活。苗木选定后,要挂牌或者在根基部位画出明显标记,避免挖错。

**2) 起苗前的准备工作**

担任绿化施工的单位,在工程开始之前,必须做好绿化工程的一切准备工作。

① 了解施工材料的来源渠道,其中最重要的是树苗的出圃地点、时间、质量、规格要求。

② 了解有关部门的机械、运输车辆的供应情况。

**3) 起苗方法**

(1) 裸根苗木

裸根苗木起苗法适用于在休眠状态的落叶乔灌木和藤本植物。此法操作简便,节省人力、运输及包装材料。但由于易损伤须根，起苗后至栽植前，根部裸露，容易失水干燥，根系恢复需时较长。

对于大树，应先在树的周围挖环形沟或者方形沟，如图 7-1 所示。挖沟处应在原来的断根切口以外，使挖掘后的根部土球直径大于切根范围。挖沟的宽度应能容下工人进入沟中工作，一般在 70 cm 以上。挖沟的同时，为了避免树木意外倒下，要用木杆从四周将树干支撑起来。当土沟挖到预定的深度时，再把断根切口以外的外层土剥掉，剪去断根、破根，使土球基本成形。然后，挖空土球底部泥土，切断树木底根。这时，就可以对土球进行包扎了。

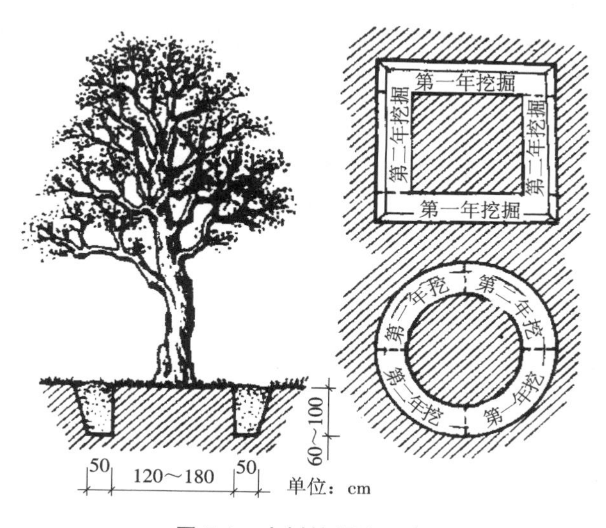


图 7-1 大树挖掘法示意

(2) 带土球苗木

在一定根系范围内，将苗木带土起出，沿根系范围切成球状，用蒲包、草绳或其他软材料包装，称为“带土球起苗”。土球范围内须根未受损伤，带有“姥姥”土，移植过程中水分不易损失，对恢复生长有利。但操作较困难，费工，要耗用包装材料；土球笨重，增加运输负担。一般不采用带土球移植。但是，对于常绿树、竹类和生长季节移植的落叶树，不得不采用此法。

直径 1 m 以内的土球，可用草绳密集缠绕包扎。根据包扎方式的不同，土球的草绳包可分为橘子包、井字包、五角包三种形式。无论扎成什么形式，都要扎紧包严，不让土球在搬运过程中松散。直径大于 1 m 的土球，因泥土的自重，用草绳包扎不能保证不松散，这时要采用箱板式包装方法。用箱板包装的土球应挖成倒置的梯形，上宽下窄。包装用的箱板要准备 4 块，每一块都是倒梯形，厚 3～5 cm，表面用 3 根木条钉上加固。梯形箱板的尺寸应略小于土球的尺寸。包装时，将 4 块箱板分别贴在土球 4 个侧面，再用钢索与紧固螺杆从箱板外围紧紧地拴住，上下拴 2～3 道钢索。另外，还要用较粗的钢索在土球上拴牢，作为起吊钢索，供吊运大树使用。

带土球苗木起苗的施工实例如图 7-2、图 7-3 所示。

图 7-2 大苗(大树)土球绑扎

图 7-3 机械起苗

**4) 注意事项**

① 苗木的适宜起苗时期,按不同树种的适宜移植时期确定。

② 起苗前,土壤过于干旱时,应在挖掘前 3～5 d 浇足水。

③ 裸根苗木根系幅度应为其地径的 6～8 倍。

④ 带土球苗木土球直径应为其地径的 6～8 倍,土球厚度应为土球直径的 2/3 以上。

⑤ 苗木挖掘后应立即修剪根系,根茎达 2.0 cm 以上的应进行药物处理,适度修剪地上部分枝叶。

⑥ 裸根苗木起出后,应防止日晒,并进行保湿处理。

## 7.2.4 苗木的装运

**1) 包装**

落叶乔灌木在起出后、装车前应进行粗略修剪,便于装车运输和减少树木水分的蒸发。

包装前应先对根系进行处理。一般是先用泥浆或水凝胶等吸水保水物质蘸根,减少根系失水,然后再包装。泥浆一般是用黏度比较大的土壤,加水调成糊状。水凝胶是由吸水性极强的高分子树脂加水稀释而成的。

包装要在背风庇荫处进行,有条件时可在室内、棚内进行。包装材料可用麻袋、蒲包、稻草包、塑料薄膜、牛皮纸袋、塑膜纸袋等。无论是包裹根系,还是全苗包装,包裹后要将封口扎紧,减少水分蒸发,防止包装材料脱落。将同一品种相同等级的存放在一起,挂上标签,便于管理和销售。

① 土球直径在 50 cm 以下的,采用穴外打包法。先将一个大小合适的蒲包浸湿摆在穴边,双手抱住土球,轻放于蒲包中,然后用湿草绳以树干为起点纵向捆绕,将包装捆紧。

② 土质松散以及规格较大的土球,应在穴内打包。方法是将两个大小合适的湿蒲包,从一边剪开直至蒲包底部中心,用其一兜底,另一盖顶,两个蒲包接合处,捆几道草绳使蒲包固定,然后按规定捆纵向草绳。

③ 草绳捆扎法。

a. 橘子式。先将草绳一头系在树干上，稍倾斜经土球底沿绕过对面，向上约于球面一半处经树干折回，顺同一方向按一定间距缠绕至满球。然后再绕第二遍，与第一遍肩沿处的草绳整齐相压，至满球后系牢。再于内腰绳的稍下部捆十几道腰绳，而后将内外腰绳呈锯齿状穿连绑紧。最后在计划将树推倒的方向，沿土球外沿挖一道弧形沟，将树轻轻推倒，这样树干不会因碰到穴沿而损伤。如为壤土和砂土，还需用蒲包垫于土球底部，并用草绳将其与土球沿纵向绳拴连系牢，如图 7-4 所示。

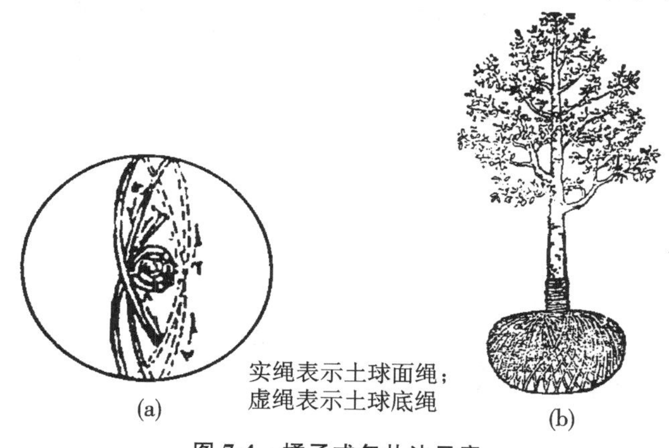


**图 7-4　橘子式包扎法示意**

(a) 包扎顺序；(b) 扎好后的土球

b. 井字式。先将草绳一端系在腰箍上，然后按图 7-5(a)所示数字顺序，由 1 拉到 2，绕过土球的下面拉至 3，经 4 绕过土球下拉至 5，再经 6 绕过土球下面拉至 7，经 8 与 1 挨紧平行拉扎。按如此顺序包扎满 6～7 道井字为止，扎成如图 7-5(b)所示的状态。

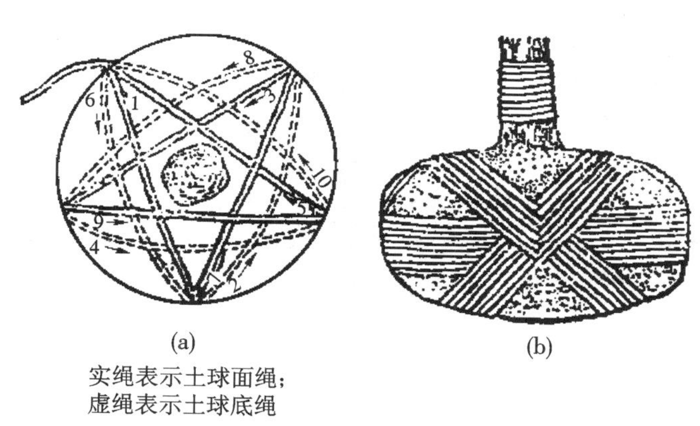


**图 7-5　井字式包扎法示意**

(a) 包扎顺序；(b) 扎好后的土球

c. 五角式。先将草绳的一端系在腰箍上，然后按图 7-6(a)所示的数字顺序包扎，先由 1 拉到 2，绕过土球底，经 3 过土球面到 4，绕过土球经 5 拉过土球面到 6，绕过土球底，由 7 过土球面到 8，绕过土球底，由 9 过土球面到 10，绕过土球底回到 1。按如此顺序挨紧平扎 6～7 道五角星形，扎成如图 7-6(b)所示的状态。

井字式和五角式适用于黏性土和运距不远的落叶树或 1 t 以下的常绿树，否则宜用橘子式或在橘子式基础上再加井字式和五角式。

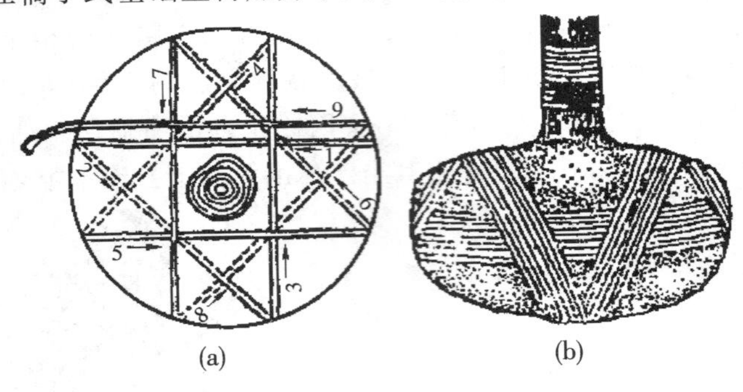


实绳表示土球面绳；
虚绳表示土球底绳

**图 7-6　五角式包扎法示意**

(a) 包扎顺序；(b) 扎好后的土球

**2）运输**

树苗起出后应在最短的时间内运到现场，坚持随起、随运、随种的原则。装苗前要核对树种、规格、质量和数量，凡不符合要求的应予以更换。装卸托运苗木时应重点保护好苗根。长途运输裸根苗，根部要垫湿草蘸泥浆，再行包装。苗木全部装车后还要用绳索绑扎固定，避免摇晃，并用草席等覆盖遮光挡风，避免风干或霉烂。尽量减少苗木的机械损伤。装运高大苗木要水平或倾斜放置，苗根应朝向车前方(见图 7-7)，带土球的苗木其土球小于 30 cm 时可摆放两层，土球较大时应将土球垫稳，一棵一棵排列紧实。装运灌木苗和高度在 1.5 m 以下的带土球苗，可以直立装车，但土球上不得站人或放置重物。苗木装运时凡是与运输工具、绑缚物相接触的部位，均要用草衬垫，避免损伤苗木。苗木装卸时要做到轻拿轻放，并按顺序搬移，不得随意抽拽。裸根苗木也不准整车推卸。带土球苗木在装卸时不准提拉枝干，土球较小时，应抱住土球装卸。若土球过大，要用麻绳夹板做好牵引，在板桥上轻轻滑移或采用吊车装卸，勿使土球摔碎。苗木装卸时，技术负责人要到现场指挥，防止机械吊装碰断杆线等事故发生，同时还要注意人身安全。运输大树要使用车厢较长的汽车，树木上下汽车可使用吊车。大树吊装前，应该用绳子将树冠轻轻缠扎收缩起来，以免运输过程中碰坏枝条。吊装大树应做到轻吊轻放，不损坏树冠。吊上车后应对整个树冠喷一次水，然后再运输到植树现场。

**3）卸车**

卸车时应轻吊轻放，不得损伤苗木和造成散球。起吊带土球的小型苗木时，应用绳网兜土球吊起，不得用绳索缚捆根茎起吊。重量超过1 t的大型土球，应在土球外部套钢丝绳起吊。

图 7-7 装车运输

### 7.2.5 苗木假植

苗木如不能及时种植，就必须进行假植。假植地点要选择靠近种植地点、排水良好、温度适宜、无强风、无霜害以及取水便利的地方。

**1）裸根苗木的假植**

裸根苗木必须当天种植。裸根苗木自起苗开始，暴露时间不宜超过 8 h。当天不能种植的苗木应进行假植。对裸根苗木，一般采取挖沟假植方式。在地面挖浅沟，沟深 40～60 cm。将裸根苗木一棵棵紧靠着呈 30°角斜栽到沟中，树梢朝西或朝南。如树梢向西，开沟方向为东西向。苗木密集斜栽好以后，在根上分层覆土，层层插实。以后，要经常对枝叶喷水，保持湿润。

**2）带土球苗木的假植**

假植时，可将苗木的树冠捆扎收缩起来，使每一棵树苗都是土球挨土球，树冠靠树冠，密集地挤在一起。然后，在土球层上面盖一层土，填满土球间的缝隙，再对树冠及土球均匀地洒水，使上面湿透，以后仅保持湿润就可以了。或者，把带土球的苗木临时性地栽到一块绿化用土上，土球埋入土中 1/3～1/2，株距则视苗木假植时间长短、土球和树冠的大小而定。一般土球与土球之间相距 15～30 cm 即可。苗木呈行列式栽好后，浇水保持一定湿度即可。

**3）工期较长时苗木的假植**

植树施工期较长，则应对裸根苗妥善假植。事先在不影响施工的地方，挖假植沟，深 30～40 cm，宽 1.5～2 m，长度视需要而定。将苗木分类排码，树冠最好向顺风方向斜放沟中，依次错叠安放一层苗木，根部埋一层土。全部假植完毕以后，仔细检查，一定要将根部埋严实，不得裸露。若土质干燥还应适量灌水，既要保证树根潮湿，土壤又不可过于泥泞，以免影响以后操作。

**4）假植期间的养护管理工作**

① 灌水：培土后应连灌三次透水，以后根据情况经常灌水，原则是既能保证苗木

生长正常,又需控制水量,避免生长过旺。

② 修剪:假植期间修剪,以疏枝为主,严格控制徒长枝,入秋以后则应经常摘心,使枝条充实。

③ 排水防涝:雨季期间应事先挖好排水沟,随时注意排出积水。

④ 病虫害防治:假植期间,苗木长势较弱,抵抗病虫害的能力较差,加之株行距小,通风透光条件差,容易发生病虫害,应及时防治。

⑤ 施肥:为使假植期间的移植苗能正常生长,可以施用少量的氮素速效肥料(硫铵、尿素、碳铵等),尽量采用叶面喷肥。

⑥ 装运栽植:一旦施工现场具备了植树施工条件,则应及时定植,其方法与正常植树相同,应注意抓紧时间,环环紧扣,以利成活。

具体做法是,在栽植前一段时间内,将培土扒开,停止灌水,风干土球表面,使之坚固,以利吊装操作,如筐面筐底已腐烂,可用草绳加固。吊装时在捆吊粗绳的地方加垫木板,以防粗绳入土球过深造成散坨。栽时连筐入坑底,凡能取出的包装物,应尽量取出,及时填土夯实、灌水,酌情施肥,加强养护管理措施。有条件的还应适当遮阴,以利其迅速恢复生长,及早发挥绿化效果。

## 7.2.6 苗木栽植

### 1) 栽植穴的挖掘

(1) 栽植穴的规格

树穴大小、形状、深浅根据树根挖掘范围和土球大小、形状而定。一般来说,树穴规格比根系或土球直径大 60～80 cm,深度加深 20～30 cm,并留 40 cm 宽的操作沟。穴壁应该平滑垂直,底部回填 20～30 cm 深。

树穴必须符合上下大小一致的要求,对含有建筑垃圾,有害物质的场地,必须放大树穴,清除废土,换上种植土,并及时填好回填土。树穴基部必须施基肥。在地势较低处种植不耐水湿的树种时,应采取堆土种植法,堆土高度根据地势而定。堆土范围:最高处面积应小于根的范围(或土球大小)2 倍,并分层夯实。

(2) 挖穴的方法

树穴质量对苗木以后的生长有至关重要的影响,应根据根系或者土球大小、土质情况来确定穴径大小,根据树种、根系的类别,确定树穴的深浅。树穴或沟槽口径应上下一致,以免栽植时根系不能舒展或填土不实。

挖穴的操作方法有手工和机械两种。

① 人工挖穴:以定点标记为圆心,按规定的尺寸先划一圆圈,然后沿边线垂直向下挖掘,穴底平,切忌挖成锅底形。树穴达到规定深度后,还需再向下翻松约 20 cm 深,为根系生长创造条件。栽植裸根苗木的穴底,挖松后最好在中央堆个小土丘,以利树根伸展。挖完后,将定点用的木桩仍放在穴内,以备散苗时进行核对。

② 机械挖穴:挖掘机的种类很多,必须选择规格合适的,操作时轴心一定要对准定点位置,挖至规定深度,整平穴底,必要时可加以人工辅助修整。

(3) 注意事项和要求

① 不管是裸根苗还是带土球苗，所挖树穴都要比自然生长状态下要大，穴底用表土回填。

② 木箱树苗，挖方穴，四周均较木箱大出 80～100 cm，穴深较木箱加深 20～30 cm。种植土和腐殖土置于穴旁待用。

③ 种植时应选好观景方向，并照顾阳面，一般树弯应尽量迎风。扶直树干，使树冠尖端和根在一条垂直线上。

④ 填土一般用种植土加入腐殖土，其比例为 7:3。注意肥土必须充分腐熟，混合均匀。填土时要分层进行，每 30 cm 一层，填后踏实，填满为止。

**2）苗木的栽植**

(1) 修剪

为减少蒸腾，保持树姿平衡，保证树木成活，栽植前应进行适当修剪。修剪时剪口必须平滑，注意留芽位置。根部修剪，剪口也必须平滑。修剪要符合自然树形和按设计要求而定。主干明显的杨树、雪松、水杉等，必须保持主干的直立生长。灌木修剪应保持其自然树形，短截时树冠要保持外低内高，疏枝应保持外密内疏。枯老病虫枝、断枝、断根应剪去，剪口要平滑。

栽植位置要按设计进行。高矮、干茎大小合理搭配，排列整齐，合乎自然要求。保持上下垂直，不得倾斜。树形好的一面朝向主风向。带土球树苗，土球的包装物应该取出。

① 乔木类的修剪。

具有明显主干的高大落叶乔木，应保持原有树形，适当疏枝。对保留的主侧枝应在健壮芽上短截，可剪去枝条的 1/5～1/3。

无明显主干、枝条茂密的落叶乔木，胸径在 10 cm 以上的，可疏枝保持原树形；胸径 5～10 cm 的苗木，可选留主干上的几个侧枝，保持原有树形进行短截。枝条茂密的圆形树冠常绿乔木可适量疏枝，树叶集生树干顶部的苗木可不修剪，具轮生侧枝的常绿乔木用作行道树时，可剪除基部 2～3 层轮生侧枝。

常绿针叶树不宜修剪，只剪除病虫枝、枯死枝、生长衰弱枝、过密的轮生枝和下垂枝。

用作行道树的乔木，定干高度宜大于 3 m，第一分枝点以下枝条全部剪除，分枝点以上枝条酌情疏剪或短截，保持树冠原形。

② 常绿树的修剪。

中小规格的常绿树移栽前一般不剪或轻剪，只剪除病虫枝、枯死枝、生长衰弱枝和下垂枝等。

常绿针叶类树种在移栽前应疏枝、疏侧芽，不得短截和疏顶芽。

高大乔木应在移栽前修剪，疏枝时与树干齐平，不留桩。

③ 灌木的修剪。

灌木一般在移栽后进行修剪，对萌蘖力强的花灌木，常短截修剪，一般保持树冠呈半球形或圆球形。对根蘖萌发力强的灌木,常以疏剪老枝为主,短截为辅。疏枝修剪应掌握外密内疏的原则,以利通风透光。注意,丁香树只能疏不能截。灌木疏枝应从根际处与地平面齐平,短截枝条应选在叶芽上方0.3～0.5 cm处,剪口应稍微倾斜向背芽的一面。

④ 苗木根系的修剪。

裸根苗木移栽前应剪掉腐烂根、细长根、劈裂损伤根,截口要平滑,以利愈合。

(2) 常见树种苗木的修剪

① 乔木类。

以疏枝为主、短截为辅的乔木有白蜡树、银杏树、山楂树、广玉兰树、桂花树等。

疏枝、短截并重的乔木有杨树、槐树、栾树、元宝枫、香樟。

以短截为主的乔木有柳树、合欢、悬铃木等。

一般不修剪的乔木有梧桐、臭椿等。

② 灌木类。

以疏枝为主、短截为辅的灌木有黄刺玫、山梅花、太平花、珍珠梅、连翘、玫瑰、小叶女贞等。

以短截为主的灌木有紫荆、月季、蔷薇、白玉兰、木槿。

只疏不截的灌木有丁香。

(3) 定植

① 裸根苗木的定植。

裸根苗木定植通常采用“三埋两踩一提”法。将苗木垂直放入穴中,穴边表土回填,填至一半时,将苗木轻轻上提一下,使根茎部位与地表相平,让根自然向下舒展。用木棒夯实,继续填土,直到比穴边稍高为止,再用力夯实一次。最后用土在穴的外缘做好灌水堰。

② 带土球苗木的定植。

带土球苗木定植前,须先量好穴的深度与土球高度是否一致,如有差别应及时挖深或填上,不可以盲目入穴。土球入穴后应先在土球底部四周垫少量土,将土球固定,注意使树干直立。将包装材料剪开,并尽量取出。随即填入好的表土至穴的一半,用木棍于土球四周夯实,再继续用土填满穴并夯实,注意夯实时不要砸碎土球,如图7-8所示。

③ 非种植季节的定植。

在适宜的季节植树,成活率高,但是由于特殊任务或其他工程影响等客观原因,必须在非适宜季节栽植的,为保证有较高的成活率,按期完成植树工程任务,可采取树木生长期移植技术。落叶乔木在非种植季节种植时,应根据不同情况分别采取以下技术措施。

a. 苗木必须提前进行疏枝、环状断根或在适宜季节起苗后用容器假植等处理。

b. 苗木应进行强修剪,剪除部分侧枝,保留的侧枝也应疏剪或短截,并应保留原树冠的1/3,同时必须加大土球体积。

图 7-8 带土球苗木定植

c. 可摘叶的应摘去部分叶片，但不得伤害幼芽。

d. 夏季可采取搭棚遮阴、树冠喷雾、树干保湿、保持空气湿润等措施，冬季要防风防寒。

e. 干旱地区或干旱季节，种植裸根树木应采取根部喷洒生根激素、增加浇水次数等措施。

（4）栽植后浇水

移栽苗木定植后必须浇足三次水（见图 7-9）。第一次要及时浇透定根水，水量不宜过大，慢灌，渗入土层约 30 cm 深，使泥土充分吸收水分与根系紧密结合。第二次浇水应在定植后 2～3 d 进行，再相隔约 10 d 浇第三次水，这两次浇水的水量要充足，并灌透，以后可根据实际情况酌情浇水。新移植的常绿树除了对根部浇水，还要给树冠和叶片喷水，减少树体蒸腾失水。灌溉水以自来水，井水，无污染的湖水、塘水为宜。为节约用水，经化验后不含有毒物质的工业废水、生活废水也可作为灌溉用水。灌水时，切忌水流量过大，冲毁围堰，如发生土壤下陷，应及时扶正培土。

图 7-9 苗木定植后灌溉

#### 3）修土堰

裸根和带土球树苗，土堰内径与穴堰相同，堰高 20～30 cm。开堰时注意不宜过深，以免挖坏树根或土球。

木箱树木，开双层方堰，内堰边在土台边沿处，外堰边在方穴边沿处，堰高 25 cm 左右。堰应用细土，拍实，不得漏水。

### 7.2.7 栽植后的养护管理工作

#### 1）立支柱

为减少人为和自然因素造成的树木倾斜损伤，需要设立支柱或保护器进行保护。为了防止较大苗木被风吹倒，应立支柱支撑；多风地区更应注意，沿海多台风地区往往需埋水泥预制柱以固定高大乔木。

单支柱是用固定的木棍或竹竿，斜立于树木下风方向，深埋入土 30 cm。支柱与树干之间用草绳隔开，并将两者捆紧。

双支柱是用两根木棍立在树干两侧，垂直钉入土中。支柱顶部捆一横档，先用草绳将树干与横档隔开以防擦伤树皮，然后用绳将树干与横档捆紧。

行道树立支柱，应注意不影响交通，一般不用斜支法，常用双支柱、三脚撑或定型四脚撑，如图 7-10 至图 7-12 所示。

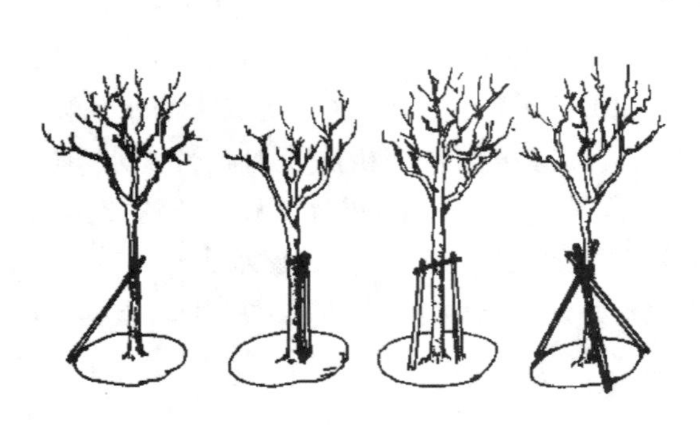

图 7-10 支柱支撑大树

图 7-11 三脚撑实例

图 7-12 定植后加支撑保护

**2）栽植后长期的浇灌管理**

（1）旱季管理

每年6—9月，大部分时间气温在28 ℃以上，且湿度小，是最难管理的时期。如管理不当造成根干缺水、树皮龟裂，会导致树木死亡。这时的管理要特别注意遮阳防晒，可以在树冠外围东西方向搭几字形支架，盖遮阳网。这样能较好地挡住太阳的直射光，避免叶片灼伤。还要注意根部灌水，往预埋的塑料管或竹筒内灌水，此方法可避免浇"半截水"，能一次浇透。有时可在树南面架设三脚架，安装一个高于树苗1 m的喷灌装置，通过树冠喷雾，使树干树叶保持湿润，减少苗木体内有限水分养分的消耗。

没条件时可采用"滴灌法"，即在树旁搭建一个三脚架，上面吊一只储水箱，在桶下部打若干孔，用硅胶将塑料管粘在孔上，另一端用火烧后封死，将管螺旋状绕在树干和树枝上，按需要的方向在管上打孔至滴水，同样可起到湿润树干树枝、减少水分养分消耗的作用。

（2）雨季管理

南方春季雨水多，空气湿度大，这时主要应抗涝。苗木长期被水淹，呼吸受阻，不利于根部伤口愈合，往往造成树木死亡。雨季可用潜水泵逐个抽干穴内水，避免树木被水浸泡。

（3）寒冷季节的管理

寒冷季节要加强苗木的抗寒、保暖措施。一是用草绳包裹，绕干保暖，这样能有效地抵抗低温和寒风的侵害。二是搭建简易的塑料薄膜温室，提高树木的温、湿度。三是选择在一天中温度相对较高的时候浇水或对叶面喷水。

**3）栽植后的施肥管理**

由于树木在移植过程中损伤大，第一年不能施肥，第二年根据树的生长情况施农家肥或对叶面施肥。

**4）扶直封堰**

扶直：浇第一遍水后，应检查树苗是否有倒、歪现象，如有应及时扶直，并用细土将堰内缝隙填严，将苗木固定好。

中耕：水分渗透后，用小锄或铁耙等工具，将土堰内的土表锄松，称"中耕"。中耕可以切断土壤的毛细管，减少水分蒸发，植树后三次浇水时，都应中耕一次。

封堰：浇第三遍水并待水分渗入后，用细土将灌水堰内填平，使封堰土堆稍高于地面。土中如果含有砖石杂质等物，应挑拣出来，以免影响下次开堰。华北、西北等地秋季植树，应在树干基部堆30 cm高的土堆，以保持土壤水分，保护树根，防止风吹摇动，影响树木成活。

**5）其他养护管理**

对受伤枝条和定植前修剪不理想的枝条，应进行复剪；对绿篱进行造型修剪；防治病虫害；进行巡查、围护、看管，防止人为破坏；清理场地，做到工完场净，文明施工。

# 7.3 大树全冠移植

随着社会经济的发展和城市建设水平的不断提高,一些城市建设项目,特别是重点工程,需要尽快体现出绿化美化效果,大树移植应运而生。目前在我国,大树全冠移植已得到广泛应用。新建的公园、小游园、饭店、宾馆以及一些大型重点项目中的绿化工程等,都或多或少地采用移植大树的方法进行绿化美化。经过多年的经验积累,大树移植成活率显著提高,大部分工程都已达到或超过95%的成活率。大树移植成为加速绿化、美化城市的一个重要途径,越来越受到人们的欢迎。

大树是指胸径达15~20 cm,甚至30 cm,高度在4 m以上,处于生长发育旺盛期的大乔木。大树移植条件比较复杂,要求较高。要带球根移植,球根具有一定的规格和重量,常需要专门的机具进行操作。在选择树木的规格及树体大小时,要与建筑物的体量或所留空间的大小相协调。大树由于树龄高、根深、细胞的再生能力弱、冠幅大、枝叶的蒸腾面积大等特点,移植成活相对比较困难。为保证移植后成活,在大树移植时,必须采用一定的科学方法,遵守一定的技术规范。

## 7.3.1 移植前的准备

### 1) 树木的选择

按照绿化工程设计规定的树种、规格及特定的要求(树形姿态、花色、品种),施工人员应到树木栽植地进行选树。移植树应该是生长健壮、无病虫害、树冠丰满、观赏价值高、易抽发新生枝条的壮龄树木。从野外选择时,应选土层深厚或植物群落稀疏地段的树木。了解树木生长的环境、土壤结构及干湿情况,确定植株和所应采取的必要措施。所选植株应便于机械吊装和运输。了解树木的权属关系,办好购树的有关手续。

根据设计规定的树种、规格及特定要求,如树形、姿态、花色等进行选树,一般是选能适应当地自然环境条件的乡土树种,以浅根性和再生能力强,易于移植成活的树种为佳。

大树移植的基本操作与一般树木相似,但大树多数不是出自苗圃,而是零星散生在各处,甚至荒山野地,所处环境条件较为复杂,这导致大树在挖掘、运输、栽植以及栽后养护管理等方面,要比一般幼龄苗木复杂和困难得多。因此,移植大树前,要注意以下几个方面。

(1) 适地适树

选择大树时,应考虑到树木原生长条件,如土壤性质、温度、光照等,与定植地的立地条件相适应。树种不同,其生物学特性也有所不同,移植后的环境条件就应尽量与该树种的生物学特性和环境条件相符。如,在近水的地方,柳树、乌桕等都能生长良好,若移植合欢,则可能会很快死去;又如,背阴的地方移植云杉生长良好,而若移植油松,移植后长势会非常弱。

不同类别的树木，移植难度不同。一般灌木比乔木容易移植；落叶树比常绿树容易移植；扦插繁殖或经多次移植根须发达的树种，比播种未经移植直根性和肉质根类树种容易移植；叶形细小者比叶少而大者容易移植；树龄小的比树龄大的容易移植。野生树木主根发达，长势过旺的，适应能力较差，移植不易成活。

（2）树形

选树时应该选择满足绿化设计要求的树种，树种不同，形态各异，在绿化上的用途不同。行道树，应考虑干直、冠大、分枝点高、有良好的遮阴效果。庭院观赏树中的孤立树应讲究树姿造型。从地面开始分枝的常绿树种，适合作观花灌木的背景。

（3）树龄

选树时一般应选壮龄树木。移植大树需要大量人力、物力，树龄太大，移植后衰老快，经济上不合算。树龄太小，绿化效果差。一般慢生树种，20～30 年生；速生树种，10～20 年生；中生树种，15 年生；果树、花灌木，5～7 年生。按植株大小来说，一般乔木树高在 4 m 以上，胸径 12～25 cm。若在林内选择树木，必须在疏密度不大的林分中，选光线充足处的植株。过密林分中的树木，移植到城市后不易成活，且树形不美观，装饰效果较差。

（4）健康状况

选树时应选择生长正常、没有感染病虫害和未受机械损伤的树木。

（5）操作

选树时还必须考虑移植地点的自然条件和施工条件。移植地的地形应平坦或坡度不大，过陡的山坡，根系分布不规则，不仅操作困难且容易伤根，不易起出完整的土球，因而应选择便于挖掘处的树木，最好使起运工具能到达树旁。

**2）大树的移植时间**

一般来说，挖掘出来的大树如果带有较大的土块，在移植过程中严格执行了操作规程，而且移植后又能注意养护，那么在任何时间都可以进行大树移植。在实际操作中，从生物学角度来看，最佳的大树移植的时间是早春。早春树液开始流动，树枝开始发芽、生长，挖掘过程中损伤的根系特别容易愈合和再生。移植后经过从早春到晚秋的正常生长，树木移植的受伤部分可以复原，为树木顺利越冬创造了有利条件。

在春季树木开始发芽而树叶还没全部长成以前，树木的蒸腾还未达到最旺盛时期，此时带土球移植，缩短土球暴露的时间，栽后加强养护也能确保大树的存活。

盛夏季节，由于树木的蒸腾量非常大，此时移植对大树成活不利，必要时可加大土球的体积，加强修剪、遮阴，尽量减少树木的蒸腾量。必要时对叶片、树干、土球进行补水处理。

在北方的雨季和南方的梅雨期，空气湿度较大，有利于移植，可带土球移植一些针叶树种。

深秋及冬季，从树木开始落叶到气温不低于－15 ℃这段时间，也可进行大树移植。这期间树木虽处于休眠状态，但地下部分尚未完全停止活动，故移植时被切断的根系能在这段时间内愈合，为来年春季发芽生长创造良好的条件。但在严寒的北方，必须对移植的树木进行地面保护，才能达到这一目的。南方地区，尤其在一些气温不太低、湿度较大的地区，一年四季都可移植，落叶树木还可裸根移植。

落叶树木宜冬栽和早春栽，其树木萌芽在2月上旬到3月下旬，如梅树、桃树、槭树、杏树等。对于春季萌芽较迟的树种，如枫杨、苦楝、无患子、合欢、乌桕、重阳木、喜树等，宜于晚春栽，即开始萌动时栽植。对于部分常绿阔叶树，如香樟、广玉兰、枇杷、桂花等，宜晚春栽，可延至清明节前后。萌芽较早的花木，如月季、蔷薇、牡丹等，适宜秋季栽植。

从理论上来讲，只要掌握好移植的时间且措施科学合理，任何树种都能进行移植。常见可移植的常绿乔木有油松、白皮松、雪松、龙柏、侧柏、云杉、冷杉、华山松等。常见可移植的落叶乔木及珍贵观花树木有国槐、栾树、小叶白蜡、元宝枫、银杏、白玉兰等。

我国幅员辽阔，南北气候相差很大，具体的移植时间应视当地的气候条件和所移植的植物种类慎重选择。

### 7.3.2 大树移植前的措施

**1）修剪**

起苗之前应对树冠进行重剪。一些萌芽力强的树种，如悬铃木、国槐、元宝枫等，甚至可以在定出一定的留干高度和主枝后，将其上部全部剪去，称“抹头”。修剪时注意不要造成下部枝干劈裂。

一般来说，修剪要适时适度。修剪强度依树种而异，萌芽力强的、树龄大的、规格大的、叶薄稠密的应多剪；常绿树、萌芽力弱的宜少剪。定植前的修剪根据植物种类采取相应的方法，如剪枝、摘叶、摘心、剥芽、摘花疏果、刈伤、环剥等。需截干的大树，通常在主干2～3 m处选择3～5个主枝，在距主干55～60 cm处锯断，立即用塑料薄膜扎好锯口，以减少水分蒸发和避免雨水侵染伤口。常用的修剪方法如下。

① 剪枝：这是大树修剪的主要内容，剪去病枯枝、徒长枝、交叉枝、过密枝、干扰枝，使冠形匀称。

② 摘叶：对于名贵树种，为了减少蒸腾，可摘去部分树叶，移植后即可萌发出新叶。

③ 摘心：为了促进侧枝生长，控制主枝生长，可摘去顶芽。

④ 摘花疏果：为了减少养分的消耗，移植前适当摘去一部分花、果。

修剪方法及修剪量应根据树木品种、树冠生长情况、移植季节、挖掘方式、运输条件、种植地条件等因素来确定。

落叶树可进行强截，多留生长枝和萌生的强枝，修剪量可达3/5～9/10。

常绿阔叶树，采取收缩树冠的方法，截去外围的枝条，适当疏除冠内不必要的弱枝，多留强的萌生枝，修剪量可达1/3～3/5。

针叶树以疏枝为主，修剪量可达1/5～2/5。

对含有易挥发性芳香油和树脂的针叶树、香樟等，在移植前一周进行修剪。10 cm 以上的大伤口应平滑平整，经消毒并涂保护剂。

大树移植修剪实例，如图 7-13、图 7-14 所示。

图 7-13 大树移植修剪实例(悬铃木)

图 7-14 大树移植修剪实例(绒毛白蜡)

**2）断根**

在适宜季节移植大树，可直接挖苗移栽；在非适宜季节移植大树或移植名贵树种和不适于修剪的树种，移栽前均应断根。断根一般在移植前 2～3 年的春秋季进行，以树干为中心，以胸径的 3～4 倍为半径，沿根茎部划一圆形，将其分成四等份挖沟，分两年进行。第一年先挖相对的两条沟，第二年再挖另外相对的两条沟。沟宽 40～50 cm，深 50～80 cm。挖掘时如遇粗根应用利斧将其砍断，或进行环状剥皮，剥皮宽 1～2 cm，涂抹浓度为 0.001%的生长素(2.4-D 或萘乙酸)，埋入肥土，灌水促发新根。第三年沟中长满了须根，以后挖掘大树时应从沟的外围开挖，尽量保护须根。

5 年内未做过移植或切根处理的大树，必须在移植前 1～2 年进行断根处理。断根应分期交错进行，其范围比挖掘范围小 10 cm 左右。断根可在立春天气刚转暖到萌芽前，或秋季落叶前进行。

**3）定方位扎冠**

根据树冠形态和种植后造景的要求，对树木方位做好标记。

树干、主枝用草绳或草片进行包扎后，在树上拉好缆风绳。

收扎树冠时由上至下依次向内收紧，大枝扎缚处要垫橡皮等软物，不应挫伤树木。

**4）建卡编号**

对已选中的大树做出明显的标记并建卡编号，写明树种高度、干茎分枝点的高度、树形等内容。主要观赏面的地面交通存在的问题及解决的办法，也应注明。统一编号，以便栽植时对号入座。

#### 5）机具准备

挖掘前应准备好所需要的全部工具材料，如吊车和运输车辆等，并指定专人负责。

大树移植所带土球较大，人力装卸十分困难，一般应配备吊车。同时应事先查看运输路线，对低矮的架空线路应采取临时措施，防止事故发生。对需要进行病虫害检疫的树种，应事先办理检疫证明（当地林业部门、检疫部门、园林部门），取得通行证。

### 7.3.3 大树的挖掘

大树移植固然与挖掘、吊运、栽植及日后养护技术有密切关系，但主要取决于所带土球范围内的吸收根。为了保证树木移植后能很好地成活，可在移植前采取一些措施，促进树木须根生长，这样也可为施工提供方便条件。促进吸收根生长的方法有多次移植法、预先断根法和根部环状剥皮法。

#### 1）多次移植法

在专门培养大树的苗圃中多采用多次移植法。速生树种的苗木可以在头几年每隔 1～2 年移植一次，待胸径达 6 cm 以上时，再每隔 3～4 年移植一次。慢生树种待其胸径达 3 cm 以上时，每隔 3～4 年移植一次，长到 6 cm 以上时，每隔 5～8 年移植一次。树苗经过多次移植，大部分的须根都聚生在一定的范围之内，移植时可缩小土球的尺寸和减少对根部的损伤。

#### 2）预先断根法（回根法）

预先断根法适用于一些野生大树或具有较高欣赏价值的树木移植。一般是在移植前 1～3 年的春季或秋季，以树干为中心，以胸径的 2.5～3 倍为半径或以小于移植时的土球直径为半径划一个圆或方形，再在相对的两面向外挖 30～40 cm 宽的沟（其深度视根系分布而定，一般为 50～80 cm），对较粗的根用锋利的锯或剪，齐平内壁切断，然后用沃土（最好是砂壤土或壤土）填平，分层踩实，定期浇水，这样便会在沟中长出许多须根。到第二年的春季或秋季再用同样的方法挖掘另外相对的两面。到第三年时，四周沟中均长满了须根，这时便可从沟的外缘开挖，断根的时间根据当地气候条件而定。

#### 3）根部环状剥皮法

按上面所述的方法挖沟，但不切断大根，而是进行环状剥皮。剥皮宽度为 10～15 cm，这样也能促进须根的生长。这种方法由于大根未断，树身稳固，可不加支柱。

### 7.3.4 大树的包装

#### 1）软材料包装移植法

软材料包装移植法适用于移植胸径 10～15 cm 的大树。

起苗前，根据树木胸径大小确定土球直径和高度。一般情况下，土球直径为树木胸径的 7～10 倍，以保持足够的根系。实施过预先断根的大树，应在断根时挖的土沟以外稍远的地方开挖。挖到土球要求的厚度时(一般约为土球直径的 2/3)，用铁锹修整土球表面，使其上大下小，肩部圆滑，称为“修坨”。然后用预先湿润过的草绳将土球腰部系紧，称为“缠腰绳”。草绳各圈要靠紧，宽度为 20 cm 左右。此后再用蒲包片将土球包严，并用草绳将腰部捆好，以防蒲包片脱落，然后打花箍。将双股草绳的一头拴在树干上，把草绳绕过土球底部，顺序拉紧捆牢。草绳间隔在 8～10 cm，土质不好的，还可以密些。花箍打好后，在土球外面结成网状，再在土球的腰部密捆 10 道左右的草绳，并在腰箍上打成花扣，以免草绳脱落。

**2）木箱包装移植法**

木箱包装移植法适用于移植胸径在 15～30 cm 或更大的树木，可以保证吊装运输安全而不散坨，如图 7-15 所示。

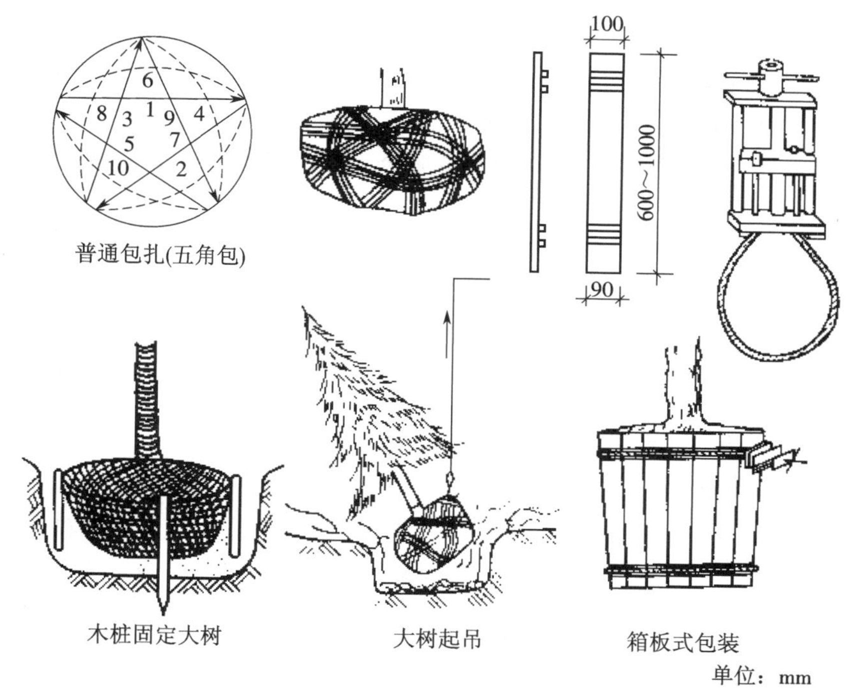


**图 7-15 大树木箱包装和吊运**

(1) 移植前的准备

移植前要准备好包装用的板材，包括箱板、底板和上板。起苗前将树干四周地表的浮土铲除，然后根据树木的大小决定挖掘土台的规格，一般可以树木胸径的 7～10 倍作为土台的规格。土台规格如表 7-9 所示。

**表 7-9 土台规格**

| 树木胸径/cm | 15～18 | 18～24 | 25～27 | 28～30 |
|---|---|---|---|---|
| 土台(木箱)规格/m<br>(上边长×高) | 1.5×0.6 | 1.8×0.7 | 2.0×0.7 | 2.2×0.8 |

(2) 起苗

起苗前,以树干为中心,划出一个正方形(比规定尺寸大 10 cm)。以线为准,在线外开沟挖掘,沟的宽度为 60~80 cm,以容纳一人操作为准。土台四角要比预定的规格大一点,但最大不超过 5 cm。土台要修得平整,侧面中间比两边凸出,以使上完箱板后,箱板能紧贴土台。土台修好后,应立即安装箱板,以免土台坍塌。

(3) 装箱

安装箱板时先将箱板沿土台的四壁放好,箱板中心与树干必须成一条直线,木箱上边低于土台 1 cm,作为吊运时土台下沉的余量。两块箱板的端头在土台的角上要互相错开,可露出一部分土台,再用蒲包片将土包好,两头压在箱板下,然后在木箱的上下套好两道钢丝绳。钢丝绳两头装好紧线器,紧线器位于相对方向上的箱板中央带上,以便收紧时受力均匀。

掏底时先沿箱板下端往下挖 35 cm,然后用小板镐、小平铲挖土台下部,可两侧同时进行。每次掏底宽度应与底板宽度相等,不可过宽,达到规定宽度时上底板。上底板前,量好底板所需要的长度,并在底板的两头钉好铁皮。上底板时,先将板底的一头钉在木箱上,钉好后用木墩顶紧,底板另一头用油压千斤顶顶起与土贴紧,将铁皮钉好后,撤下千斤顶再顶好木墩。两边底板上完后,即可继续向中间掏底。掏中间底时,底面应凸出稍呈弧形,以利收紧底板。上中间底板时,应与上两侧底板相同,底板之间的距离要一致,一般应保持在 10~15 cm,如土质疏松,可适当加密。

底板全部钉好后,即可钉装上板。上板前,土台应满铺一层蒲包片,上板一般为两块到四块,其长度应与箱板上端相等,上板与底板的走向应相互垂直交叉。如需要多次调运,上板应钉成井字形。

**3) 移树机移植法**

国内外已有使用带土球大树移植机的例子。其挖穴掘树部件主要由 4 个匙状铲组成,附于卡车或拖拉机后部。可事先在栽植地点挖好植树穴,然后将栽植土运到掘苗地点,以便起苗后回填。起树前,把有碍操作的干基枝条锯除。松散树冠用草绳捆拢。

起苗操作程序如下。

① 先将移植机停于要掘起的树旁,匙状铲对准树干中心位置。

② 启动开关,使 4 个匙状铲均匀地围住树干中心。

③ 两对匙状铲分别插入地下最深部位。

④ 提起匙状铲,将苗木收放在车身上。

移树机移植法的主要优点如下。

① 生产率高,一般能比人工操作效率提高 5~6 倍,而成本可下降 50%以上,树木径级越大,效果越显著。

② 所移植的树木成活率高,几乎可达 100%。

③ 可适当延长移植的作业季节,不仅春季,而且夏天雨季和秋季移植时成活率也很高,即使冬季在南方也能移植。

④ 能适应城市的复杂土壤条件，在石块、瓦砾较多的地方也能进行。

⑤ 减轻了工人劳动强度，提高了作业的安全性。

目前我国主要发展大、中、小三种类型的移植机。大型机可挖土球直径1.6 m，一般用于移植胸径 16 cm 以下的大树。中型机能挖土球直径 1 m，主要用于移植胸径 10 cm 以下的树木，适用于园林部门、果园、苗圃等处。小型机能挖直径 0.6 m 的土球，移植胸径为 6 cm 左右的大苗，主要用于苗圃、果园、林场、橡胶园等。

1979 年美国大约翰移植机曾在北京进行过大树移植表演。这种移植机的主要工作参数如下。

① 移植树木的最大胸径：25.4 cm。

② 树的最高高度：视交通条件而定。

③ 移植机的装配重量：5 221 kg。

④ 收合运送时高度：407.7 cm。

⑤ 收合运送时宽度：242 cm。

⑥ 土球直径：198.1 cm。

⑦ 土球深度：144.8 cm。

**4）冻土球移植法**

在冻土层较深的北方，土壤冻结期挖掘土球可不必包装，且土球坚固，根系完好，便于运输，有利于成活，是一种节约经费的好方法。

冻土球移植法适用于耐严寒的乡土树种。待气温降至－15～－12 ℃，冻土深达 20 cm 时，开始挖掘。对于下部没有冻结的部分，需停放 2～3 d，待其冻结，再行挖掘；也可泼水，促其冻结。树木挖好后，如不能及时移栽，可填入枯草落叶覆盖，以免日晒融化或寒风侵袭冻坏根系。一般冻土球移植质量较大，运输时需使用吊车装卸，由于冬季枝条较脆，吊装运输过程中要格外注意保护树木不受损伤。

树穴最好于冻结前挖好，可省工省时。栽植时应填入肥土夯实，灌水支撑，为了保墒和防冻，应于树干基部堆土成台。春季解冻后，将填土部位重新夯实，灌水、养护。

### 7.3.5 大树的吊装和运输

大树的吊装和运输工作是大树移植中的重要环节。吊装和运输直接影响到苗木的成活、施工的质量以及树形的美观等。大树吊装常用的方法有起重机吊装与滑车吊装两种。

**1）起重机吊装**

目前，我国吊装大树常用的起重机是汽车起重机，其优点是机动灵活、行动方便、装车简便。

木箱包装吊装时，用两根直径 7.5～10 mm 的钢索将木箱两头围起。钢索放在距木板顶端 20～30 cm 的地方（约为木板长度的 1/5），把 4 个绳头结在一起，挂在起重机的吊钩上，并在吊钩和树干之间系一根绳索，使苗木不致被拉倒。另外，树干上也要系1根或2根绳索,以便在启动时用人力来控制苗木的位置,避免损伤树冠。在树干上束绳索处,必须垫上柔软材料,以免损伤树皮。

吊装软材料包装的或带冻土球的树木时,为了防止钢索损坏包装材料和勒坏土球,最好用粗麻绳。先将双股绳的一头留出1 m多长结扣固定,再将双股绳分开,捆在土球由上向下3/5的位置上绷紧,然后将大绳的两头扣在吊钩上,在绳与土球接触处用木块垫起,轻轻起吊后,再用绳子套在树干下部,也扣在吊钩上即可起吊。

**2）滑车吊装**

在树旁用杉篙搭一木架(杉篙的粗细根据所起运树木的大小而定),把滑车挂在架顶。利用滑车将树木吊起后,立即在穴面上铺上两条50～60 cm宽的木板,其厚度根据汽车和苗木的质量及穴的大小来决定。

苗木装进汽车时,使树冠向着汽车尾部,土球靠近司机室,树干包上柔软材料放在木架或竹架上,用软绳扎紧,土球下垫一块木衬垫,然后用木板将土球夹住或用绳子将土球缚紧于车厢两侧。

通常一辆汽车只装一株苗,在运输前,应先对行车路线进行检查,以免中途遇故障无法通行。行车路线一般都是城市划定的运输路线,应了解其路面宽度、路面质量、横架空线、桥梁及其负荷情况和人流量等。行车过程中押运员应在车厢尾检查运输途中土球绑扎是否松动、树冠是否扫地、左右是否影响其他车辆及行人,同时要手持长竿,不时挑开横架空线,以免发生危险。

### 7.3.6 大树的栽植

在造园过程中对园林植物的栽植程序有很高的要求。一般先栽植居主导地位的主景植物和乔木,然后栽植居次要地位的稍矮灌木,最后栽植地被植物。

**1）挖穴**

树穴规格应比土球规格大些,一般在土球直径的基础上加大40 cm左右,深度加大20 cm左右,土质不好的则应再加大规格,并更换适于树木生长的好土。如果需要施用底肥,事先应准备好优质腐熟有机肥料,并和回填的土壤搅拌均匀,随栽填土施入穴底和土球外围。

**2）栽植**

利用吊车,辅以人工,对树体进行调整,端正位置,确立最佳观赏面和土球深度。树体调整完毕,去掉土球包装物,以利根系恢复、生长。若土球易散裂,也可不去,但应将土球周围草绳划断,露出土球,以利生根。栽完浇水前必须支撑,一般采用竹竿、杉木杆,长度在树高的1/2～2/3,根据树木胸径、冠幅而定。用棕皮、棕丝或草绳缠绕与支撑接触处的树干,保护树皮,支撑下端与土壤接触处必须砸实并用木桩与支撑绑扎牢固。

树木栽植完毕,充分灌水。大土球苗木不宜采用“三埋两踩一提苗”的常规措施,应该边埋土边灌水,使泥土灌满树穴,防止根系“架空”。或用铁管多点插入树穴底部从下到上灌水,以保浇透、浇匀。用树枝或铁棒轻轻插入土球,以检查土球是否松软或浸透;大土球四周在灌水时,最好轻轻插出几个孔(最好保证土球不散),以利于水浸透土球。若一次灌水不足,土球四周泥土形成泥浆,最终附在土球表面,以后灌水时土球更不易浸透。

常绿树木要对叶面喷水。不耐水湿的树种(如雪松、马褂木、枫香等)宜采用浅穴堆土法栽植。这样根系透气性好,有利于根系伤口愈合和新根萌发。大型树木栽植后,为防止歪斜,影响树木的成活率,应设立支架。支架类型多样,有单柱式、双柱式、三柱式、四柱式、三角牵引式等。

树干上的病虫、冻、日灼、修剪造成的伤口应涂以保护剂,如浓度0.01%~0.1%的萘乙酸膏。冬季将树干涂白,防病虫害,延迟树木萌芽,避免日灼伤害。视栽种时间和树种需要,对部分新植树木在冬季要采取防寒措施。

**3)封穴**

待水完全渗透后,将树穴四周堆成中间高四周低的树穴并踏实。用地膜以树基为中心,对树穴进行覆盖。覆盖时应严密,不重不漏,特别是对接缝处,再用土进行覆盖,否则进风后易鼓起,树穴开裂,露风露气,根系容易失水,不易成活。

### 7.3.7 大树栽植后的养护和管理工作

树木栽植后,养护管理工作尤为重要。“三分栽,七分管”。大树移植后的养护和管理主要有以下几点。

**1)树体保湿**

大树移植初期或高温干燥季节,要搭遮阴棚遮阴,以降低棚内温度,减少树体水分蒸发。成行成片、密度较大的区域,宜搭大棚,省材又方便管理。孤植树宜按株搭制。要求全冠遮阴时,遮阴棚上方及四周与树冠保持50 cm左右距离,以保证棚内有一定的空气流动空间,防止树冠日灼危害。遮阴度为70%左右,有一定的散射光,以保证树体光合作用的进行。以后视树木生长情况和季节变化,逐步去掉遮阴物。

树体地上部分(特别是叶面)因蒸腾作用而易失水,必须及时喷水保湿。喷水要求细而均匀,喷及地上各个部位和周围空间,为树体提供湿润的小气候环境。可采用高压水枪喷雾,将供水管安装在树冠上方,根据树冠大小安装一个或若干个细孔喷头。或采取“吊盐水”的方法,即在树枝上挂上若干个装满清水的盐水瓶,运用吊盐水的原理,让瓶内的水慢慢滴在树体上。但喷水不够均匀,水量较难控制,一般用于去冠移植的树体。抽枝发叶后,仍需喷水保湿。

任何形式的移植都会损伤树木的根系,为保证大树体内水分收支平衡,除了用遮阴和喷水的方法保持树体水分,还应对树干进行保湿处理,减少其水分蒸发。树干保湿大致有以下三种方法,在实际操作中要视具体情况再作适当选择。

(1)裹草绑膜

先用草帘或直接用稻草将树干包好,然后用细草绳将其固定在树干上。接着用水管或喷雾器将稻草喷湿,也可先将草帘或稻草浸湿后再包裹。然后用塑料薄膜包于草帘或稻草外,最后将薄膜捆扎在树干上。树穴和树干下部可覆盖地膜保湿。地膜周边用土压好,有利于土壤温度的调节,保证被包裹树干空间内有足够的温度和湿度,省去补充浇水的环节。

(2) 缠绳绑膜

先将树干用粗草绳捆紧,并将草绳浇透水,外绑塑料薄膜保湿。基部地面覆膜压土方法同裹草绑膜方法,保湿调温效果明显,同样有利于成活。

大树移植树体保湿实例,如图 7-16 所示。

(3) 捆草绑膜缠布

裹草绑膜会影响景观效果,可在裹草绑膜完成后,再在主干和大树的外面缠绕一层粗白麻布条。这样既可与环境相协调,防止夏季薄膜内温度太高,也有利于树干的保湿成活。

**图 7-16 悬铃木大树移植树干缠绳保湿**

以上三种大树保湿方法的原理相同,只是在材料选择上有所差别。树干用塑料薄膜封闭,强制性保温保湿,效果比传统的人工喷水养护更稳定、更均匀,能将不良天气对大树的影响和伤害降到最低限度。因此,在"三九"天和"三伏"天,切不可拆卸薄膜,必须经过 1～2 年的生长周期,树木生长稳定后,才可卸下薄膜。上述的树干保湿操作也可在大树种植前进行,这样更为方便。

**2) 土壤**

新移植大树,根系吸水功能弱,对土壤水分需求量较小。一般,只要保持土壤适当湿润即可。土壤含水量过大,反而会影响土壤的透气性能,抑制根系的呼吸,对发根不利,严重的会导致烂根死亡。因此,第一,要严格控制土壤浇水量。移植时第一次浇透水,以后应视天气情况和土壤质地状况而定。同时,要慎防喷水时过多水滴进入根系区域。第二,要防止树穴积水。种植时留下的浇水穴,在第一次浇透水后应填平或略高于周围地面,以防下雨或浇水时积水。地势低洼易积水处,要开排水沟,保证雨天能及时排水。第三,要保持适宜的地下水位高度(一般要求在 1.5 m 以下)。地下水位较高地段,要做网沟排水,汛期水位上涨时,可在根系外围挖深井,用水泵将地下水排至场外,严防淹根。

除在栽植后浇足"定根水"外,还应根据气候情况及时补充水分,尤其是枝叶萌动、生长旺盛的季节。常绿树栽植后,干旱时除浇定根水外,对枝叶也应经常喷水。

树木成活进入正常生长期后,可以追肥。施肥工作应在多日未下雨、土壤干燥,并经松土除草后进行。

保持土壤良好的透气性有利于根系萌发生长。为此,一方面,要做好中耕松土工作,防止土壤板结;另一方面,要经常检查土壤通气设施(通气管或竹笼),发现通气设施堵塞或积水的,要及时处理,经常保持良好的通气性能,移植时没有安装通气设施的,应予以补装。

**3）促发新根**

新芽萌发，是新植大树进行生理活动的标志，是大树成活的希望，更重要的是，树体地上部分的萌发，对根系具有自然而有效的刺激作用，能促进根系的萌发。移植初期，特别是对移植时进行重修剪的树体所萌发的芽要加以保护，让其抽枝发叶，待树体成活后再行修剪整形，促进早发新根。主要应该注意以下几点。

（1）控制水量

新植大树因根系损伤而吸水能力减弱，此时土壤保持湿润即可，水量过大反而不利于大树根系的生根，还会影响到土壤的透气性，不利根系呼吸，严重的还会发生沤根现象。

（2）提高土壤的通气性

及时中耕，防止土壤板结。在移植大树附近设置通气孔，并注意检查，及时清除堵塞物，保持良好的土壤通气性，有利于大树根系的萌发。

（3）保护树木萌发的新芽

新芽萌发是大树进行生理活动的标志。这期间，一般不宜整形修剪，而应任其抽枝发叶，并加强喷水遮阴，及时防治病虫害，等到移植大树完全成活后，再整形修剪。

**4）病虫害的防治**

病虫害防治的方法主要有药物毒杀和生物防治两种，在防治病虫害过程中要掌握病虫的发生规律，综合防治，抓住有利时机用最少的人工和药物取得最佳效果。病虫害一旦在早期未予控制，后期防治会很困难。

**5）树体支撑保护**

新移植大树，抗性减弱，易受自然灾害、病虫害、禽畜危害，必须严加防范。

大规格乔木由于树冠大、重心高，而根系较小，依靠树体自身不能固定，易被风吹倒或发生倾斜，即使树体摇动，也易造成根部晃动，使根部不能生根或露气后使根部腐烂。因此，大树栽植完毕，必须进行支撑。

大树支撑一般用大毛竹竿或杉木杆，视树体规格、高度而定。一般用毛竹竿或杉木杆呈三角形或四角形对称支撑，竹竿底部用短木桩支撑固定，使其不易被风吹动，竹竿与树体支撑部位用麻绳绑牢，树木支撑部位要用棕丝或草绳缠绕保护，不损伤树皮。支撑完毕，用力摇动树体，检查树体是否牢固。

大树移植树体支撑保护实例，如图 7-17 至图 7-19 所示。

图 7-17 树干支撑保护(银杏)

图 7-18 树干支撑保护(皂荚)

图 7-19 树干支撑保护(八棱海棠)

## 附:天津某居住区绿化养护管理月历

**1) 11 月至次年 1 月**

冬季修剪:全面展开对落叶树木的整形修剪作业。大小乔木上的枯枝、伤残枝、病虫枝及妨碍架空线和建筑物的枝杈都要进行修剪。

行道树检查:及时检查行道树绑扎、立桩情况,发现松绑、铅丝嵌皮、摇桩等情况时立即整改。

防治害虫:冬季是消灭园林害虫的有利季节。可在树下疏松的土中挖出刺蛾的虫蛹、虫茧,集中烧毁。1 月中旬的时候,蚧壳虫类开始活动,但这时候它们行动迟缓,可采取刮除树干上的幼虫的方法。在冬季防治害虫,往往有事半功倍的效果。

绿地养护:绿地、花坛等地要注意挑除大型野草;草坪要及时挑草、切边;绿地内要注意防冻浇水。

**2) 2 月**

气温较上月有所回升,树木仍处于休眠状态。养护基本与 1 月份相同。

修剪:继续对大小乔木的枯枝、病枝进行修剪。月底以前,把各种树木修剪完。

防治害虫:以防刺蛾和蚧壳虫为主。

**3）3月**

气温继续上升，中旬以后，树木开始萌芽，下旬有些树木（如山茶）开花。

补植：春季是补植的有利时机。土壤解冻后，应立即抓紧时间补植。补植前做好规划设计，事先挖（刨）好树穴，做到随挖、随运、随种、随浇水。种植灌木时也应做到随挖、随运、随种，并充分浇水，以提高苗木存活率。

春灌：春季干旱多风，蒸发量大，为防止春旱，对绿地等应及时浇水。

施肥：土壤解冻后，对植物施用基肥并灌水。

防治病虫害：本月是防治病虫害的关键时刻。一些苗木出现了煤污病，瓜子黄杨卷叶螟也出现了（喷杀螟松等农药进行防治）。防治刺蛾可以继续采用挖蛹方法。

**4）4月**

气温继续上升，树木均萌芽开花或展叶，开始进入生长旺盛期。

继续植树：4月上旬应抓紧时间种植萌芽晚的树木，对冬季死亡的灌木（杜鹃、红花檵木等）应及时拔除补种，对新种树木要充分浇水。

灌水：继续对养护绿地及时浇水。

施肥：对草坪、灌木结合灌水，追施速效氮肥，或者根据需要进行叶面喷施。

修剪：剪除冬、春季干枯的枝条，可以修剪常绿绿篱。

防治病虫害：蚧壳虫在第二次蜕皮后陆续转移到树皮裂缝内、树洞、树干基部、墙角等处，分泌白色蜡质薄茧化蛹。可以用硬竹扫帚扫除，然后集中深埋或浸泡，或者喷洒杀螟松防治。

天牛开始活动了，可以采用嫁接刀或自制钢丝挑除幼虫，但是伤口要做到越小越好。

其他病虫害的防治工作如下。

绿地养护：注意大型绿地内的杂草及攀缘植物的挑除。对草坪也要进行挑草和切边。

草花：迎“五一”替换冬季草花，注意做好浇水工作。

**5）5月**

气温急剧上升，树木生长迅速。

浇水：树木展叶盛期，需水量很大，应适时浇水。

修剪：修剪残花。行道树进行抹芽修剪。

防治病虫害：继续以捕捉天牛为主。刺蛾第一代孵化，但尚未达到危害程度，根据养护区内的实际情况采取相应措施。由蚧壳虫、蚜虫等引起的煤污病也进入了盛发期（紫薇、泡桐、夹竹桃等）。5月中下旬喷洒10～20倍的松脂合剂和50%三硫磷乳剂1 500～2 000倍液防治病害和虫害（其他可用杀虫素、花保等农药）。

**6）6月**

浇水：植物需水量大，要及时浇水，不能“看天吃饭”。

施肥：结合松土除草、施肥、浇水以达到最好的效果。

修剪：继续对行道树进行抹芽除蘖工作。对绿篱、球类及部分花灌木实施修剪。

排水工作:大雨天气注意低洼处的排水。

防治病虫害:6 月中下旬刺蛾进入孵化盛期,应及时采取措施防治。现基本采用 50%杀螟松乳剂 500～800 倍液喷洒(或用复合 BT 乳剂进行喷施),继续对天牛进行人工捕捉。

做好树木防汛防风工作,对松动、倾斜的树木进行扶正、加固及重新绑扎。

**7) 7—9 月**

气温最高,会出现大风大雨情况。

移植常绿树:雨季期间,水分充足,可以移植针叶树和竹类,但要注意天气变化,一旦碰到高温要及时浇水。

排涝:大雨过后要及时排涝。

施追肥:在下雨前干施氮肥等速效肥。

行道树:进行抹芽修剪,对与电线有矛盾的树枝一律修剪掉,并对树桩逐个检查,发现松垮、不稳应立即扶正绑紧。事先做好劳动力组织、物资材料、工具设备等方面的准备,并随时派人检查,发现险情及时处理。

防治病虫害:继续对天牛及刺蛾进行防治。防治天牛可以采用 50%杀螟松以 1∶50 倍液注射(或园科三号),然后封住洞口,效果很好。

**8) 10—11 月**

植物开始进入休眠期,这时的主要任务是及时清除枯枝落叶,不抗寒植物绑草防寒,保证安全过冬。室外盆栽植物移入室内。

### 7.3.8 导致树木死亡的原因

移栽后总会有些植株因各种各样的原因而死亡。大树移植是一项专业工程,移栽后的成活率高低,与工程中的每一个环节都紧密相关。大树移植后死亡的原因主要有以下几个方面。

**1) 树种、树木选择不适宜**

树种原栽植地和移栽地纬度跨度过大,树种生态适应幅度窄,树木难以适应新栽植环境的温、湿度条件。

长期生活在山坡背阴面的树木,移栽到光照强烈的地区,因光照条件不适应逐渐死亡。

再生能力较低的古树,没有经过复壮和宿根培养而进行移植。

**2) 土壤条件不适宜**

土壤过于黏重,后期浇水不能浇透,或土壤积水导致根系严重缺氧而活力低下甚至根系腐烂。喜酸树木栽植在碱性土壤中,或喜碱树木栽植在酸性土壤中。

**3) 修剪问题**

修剪时间不适宜或修剪过轻、过重。如松树类在割胶期间过重剪枝,会造成伤流使树木死亡。

**4) 栽植技术不适当**

栽植过浅或过深、栽植前放置时间过长、高岗山坡或缺水的地方移栽后浇水不透、树穴上大下小出现悬根、反季节栽植、疏枝遮阴等保活措施不力等，都可能导致移栽树木死亡。

## 7.4 草坪种植工程

草坪是城市绿化的重要组成部分。草本植物在绿化材料中占有独特的位置。一些面积小、有地下设施或因土层薄不能种植树木的地方，均可以种植草本植物。近年来，草坪在我国得到广泛应用。草坪可创造宜人的环境，提供良好的户外活动场地。还有一些特殊场地，如飞机场、足球场、高尔夫球场、网球场等，都需要用草坪进行美化和绿化。

各国现代化城市都非常重视发展草坪和地被植物。土壤裸露的地面，都可以通过铺栽草坪覆盖起来。地面铺上草坪就像盖上一块绿色地毯，茵茵绿草给人以平和、凉爽、亲切、舒适的感觉，对人们的生活环境起到良好的美化作用。草坪和地被植物还有许多其他有益效应，如防止水土流失，避免尘土飞扬，保护环境卫生，吸收有害气体，清除大气污染，减少噪声，调节气温，增加空气相对湿度，缓和阳光辐射，保护视力，等等。随着我国社会主义建设和城市现代化的发展，大力发展草坪成为城市绿化建设中愈来愈重要的组成部分。

### 7.4.1 草坪种植前的准备工作

**1）场地清理**

在有树木的场地上，要全部或者有选择地把树和灌丛移走。影响草坪建植的岩石、碎砖瓦块，以及所有对草坪草生长不利的因素都要清除掉。还要控制草坪建植中和建植后可能与草坪草竞争的杂草。如果种植场地属于荒杂草地，必须先进行除草。可在草坪施工前 20～30 d 施用除草剂。一般可使用两次，间隔 10～15 d。如果是春季进行植草作业，也可在头年秋季或冬季进行全面施药除草，并翻土晒土。还要对木本植物进行清理，包括树木、灌丛、树桩、埋藏的树根，以及裸露的石块、瓦砾等。在 35 cm 以内表层土壤中，不应当有大的石块、瓦块。

**2）翻耕**

土壤疏松、通气良好有利于草坪植物的根系发育，也便于播种或栽草。

草坪植物根系多分布在 20～30 cm 的土层内。翻土深度要求不小于 40 cm，并要打碎石块。翻土的方法：面积小时用旋耕机耕一两次也可达到同样的效果。一般翻耕深度在 10～15 cm；面积大时，可先用机械犁耕，再用圆盘犁耕，最后耙地。对于还有砖、石等杂质的土壤，为了便于施工和管理，应将土深 40 cm 以内的表土全部过筛（筛孔 10 mm×10 mm），以确保栽植土壤疏松。对于受过污染或过酸过碱的土壤，应将 40 cm 厚的表土全部清理，调换好土。

耕作时要注意土壤的含水量，土壤过湿或过干都会破坏土壤的结构。看土壤水分含量是否适于耕作，可用手紧握一小把土，然后用大拇指使之破碎，如果土块易于破碎,则说明适宜耕作。土太干会很难破碎,太湿则会在压力下形成泥条。

**3)整地**

植草前对场地进行平整。场地平整应按地形设计要求进行,有时要有起伏呈山丘状,但都要求能排水,无低洼积水之处。平整后灌水,让土壤沉降,如此可发现是否有积水处需填平。

为了确保整出的地面平滑,使整个地块达到所需的高度,按设计要求,每相隔一定距离设置木桩标记。填充土壤松软的地方,土壤会沉实下降,填土的高度要高出设计高度。用细质土壤充填时,大约要高出15%;用粗质土时可低些。在填土量大的地方,每填30 cm就要镇压,以加速沉实。

为了使地表水顺利排出体育场中心,体育场草坪应设计成中间高、四周低的地形。地表至少要有15 cm厚的覆土。进一步整平地面坪床,同时也可把底肥均匀地施入表层土壤中。在种植面积小、大型设备工作不方便的场地上,常用铁耙人工整地。为了提高效率,也可用人工拖耙耙平。种植面积大时,可用专用机械来完成。与耕作一样,整地也要在适宜的土壤水分范围内进行,以保证良好的效果。

**4)土壤改良**

土壤改良是把改良物质加入土壤中,从而改善土壤理化性质的过程。保水性差、养分贫乏、通气不良等都可以通过土壤改良得到改善。

质地不良的表土,如过于黏重的土壤,要进行改良。可混入40%~60%砂质土或粗砾、煤渣,增加土壤的透水、透气性能。城市建筑多,往往会遇上基建渣土,此时需引进客土,换上山地下层黑土与菜园地的混合土。这种混合土结构合理,保肥透水,pH值适中,杂草种子少,腐殖质多,肥效高,很适合草坪生长。如条件允许,其他普通地表土也要加上一层10~20 cm厚的这种混合土。

大部分草坪草适宜的pH值为6.5~7.0。土壤过酸过碱,一方面会严重影响养分的有效性;另一方面,有些矿质元素含量过高,会对草坪草产生毒害,降低草坪质量。因此,对过酸、过碱的土壤要进行改良。过酸土壤,可通过施用石灰来降低酸度。过碱土壤,可通过加入硫酸镁等来调节。

为了防止杂草滋生,可于植草前18~20 d,在整平的表土上喷洒化学除草剂五氯酚钠。每666.7 $m^2$表土喷洒1~2 kg除草剂。对于原植草地为蔬菜种植地等农用地的,由于地下害虫较多,可在施肥的同时进行土壤消毒。方法是用高锰酸钾水溶液喷洒。农药、化肥对土壤和地下水都会造成污染,要严格控制用量。

**5)施肥**

土壤养分贫乏和pH值不适时,种植前有必要使用底肥和土壤改良剂。施肥量一般应根据土壤测定结果来确定,土壤施用肥料和改良剂后,要通过耙、旋耕等方式,把肥料和改良剂翻入土壤一定深度并混合均匀。

整地时,一般还要对表层土壤少量使用氮肥和磷肥,以促进草坪幼苗的发育。苗期浇水频繁,速效氮肥容易流失。为了避免氮肥在未被充分吸收之前出现流失,一般不把它翻到深层土壤中,同时要对灌水量进行适当控制。一般种植前氮肥施肥量为 50～80 kg/$hm^2$，对较肥沃土壤可适当减少，较瘠薄土壤可适当增加。如有必要，出苗两周后再追施。使用氮肥要十分小心，用量过大会将叶子烧坏，导致幼苗死亡。喷施时要等到叶片干后进行，施后应立即喷水。如果施的是缓效性氮肥，施肥量是速效肥用量的 2～3 倍。

施肥后要对种植地进行整平。整平时，要按照设计标高进行，注意保证有一定的排水坡度，通常为 3%～5%。整平工艺必须规范，场地中不得出现洼坑，以防积水。对于排水要求较高的草坪，如体育活动性草坪（高尔夫球场、足球场等），由于不宜增大排水坡度，可设计地下排水系统。

**6）排水及灌溉系统**

草坪与其他场地一样，需要考虑排出地面水，不能有低凹处，以避免积水。做成水平面也不利于排水，草坪多利用缓坡来排水。在一定面积内修一条缓坡的沟道，最底端可设雨水口接纳排出的地面水，经地下管道排走，或用排水沟直接与湖池相连。理想草坪的表面应是中部稍高，逐渐向四周或边缘倾斜。建筑物四周的草坪应比房基低 5 cm，然后向外倾斜。

地形过于平坦、地下水位过高或聚水过多的场地，均应设置暗管或明沟排水。较完善的排水设置是用暗管组成一个系统与自由水面或排水网相连接。

草坪灌溉系统是草坪建设的重要内容。目前国内外草坪大多采用喷灌。因此，在场地最后整平前，应将喷灌管网埋设完毕。

### 7.4.2　草种的选择

正确地选用草种，对于草坪的栽培管理，尤其是获得优质草坪至关重要，是决定所建草坪质量的关键。草种选择应从生态适应性、利用目的、经济实力，以及栽后管理条件等多方面进行考虑。

选用的草坪草种，必须适应草坪所在地的气候、土壤条件，即适应该地的环境，能正常生长发育。同时，还要能够忍受、抵抗异常的环境，即能在各种自然灾害条件下长期生存下去。不同的地区，选用不同的草种，才能获得理想的效果。北方地区，要求草种能耐寒、抗干旱、绿草期长，通常选用冷季型草种，并采用混播的方式。南方地区，则要求夏季能耐炎热、耐严寒、耐土壤瘠薄，繁殖容易，生长迅速，草形低矮，草色美观，绿草期长。为保证草坪建植的成功，宜优先选用乡土草坪草种。若是异地引进的草种，必须经过长期的栽培观察，确定能够适应当地环境后，方可大力发展。

不同利用目的的草坪，对草种有不同要求。观赏草坪、游憩草坪，以及儿童乐园、小游园和医院供患者户外活动的草坪，一般选用色彩柔和、叶细、低矮、平整、美观、软硬适中、较耐践踏的草种，如细叶结缕草、马尼拉草、匍匐剪股颖等。运动场的草坪，一般选用能耐践踏、耐修剪、有健壮发达的根系、再生能力强、能迅速复苏的草种。江、河、湖、泊的堤岸护坡固土草坪，一般选用耐湿、耐淹、具有一定的耐旱能力、根系发达、铺盖能力强、营养繁殖和种子繁殖均可的草种，如狗牙根。

**1）作为草坪草应满足的条件**

（1）草种选择要以草坪的质量要求和草坪的用途为出发点

用于水土保持和湖泊护岸的草坪，要求草坪草出苗快，根系发达，能快速覆盖地面，以防止水土流失，但对草坪外观质量要求较低，管理粗放。对于运动场草坪，则要求有低修剪、耐践踏和再恢复能力强的特点，由于草地早熟禾具有发达的根茎，耐践踏和再恢复能力强，应为最佳选择。

(2) 要考虑草坪建植地点的微环境

在遮阴情况下，可选用耐阴草种或混合草种。多年生黑麦草、草地早熟禾、狗牙根、日本结缕草不耐阴，高羊茅、匍匐剪股颖、马尼拉结缕草在强光照条件下生长良好，但也具有一定耐阴性。钝叶草、细羊茅则可在树荫下生长。

(3) 管理水平对草坪草种的选择也有很大影响

管理水平包括技术水平、设备条件和经济水平三个方面。许多草坪草在低修剪时需要较高的管理技术，同时也需用较高级的管理设备。例如，匍匐剪股颖和改良狗牙根等草坪草质地细，可形成致密的高档草坪，但养护管理需要滚刀式剪草机、较多的肥料，需要及时灌溉和进行病虫害防治，因而养护费用较高。如选结缕草，养护管理费用会大大降低，这在较缺水的地区尤为明显。

**2) 常用草种介绍**

在冷季型草坪草中，草坪型高羊茅抗热能力较强，从我国东部沿海可向南延伸到上海地区，向北到达黑龙江南部地区即会产生冻害。多年生黑麦草的分布范围比高羊茅要小，其适宜范围包括沈阳到徐州的广大过渡地带。草地早熟禾则分布在徐州以北的广大地区，是冷季型草坪草中抗寒性最强的草种之一。正常情况下，多数紫羊茅类草坪草在北京以南地区难以度过炎热的夏季。暖季型草坪草中，狗牙根适宜在黄河以南的广大地区栽植，但狗牙根草种抗寒性变异较大。结缕草是暖季型草坪草中抗寒性较强的草种，天然结缕草在沈阳广泛分布。野牛草是良好的水土保持用草坪草，同时也具有较强的抗寒性。在冷季型草坪草中，匍匐剪股颖对土壤肥力要求较高，而细羊茅较耐瘠薄；暖季型草坪草中，狗牙根对土壤肥力的要求高于结缕草。常用草坪植物特性如表 7-10 所示。

**表 7-10 常用草坪植物特性一览表**

| 类型 | 种　名 | 拉丁名 | 植物特性 | | | | | | | | |
|---|---|---|---|---|---|---|---|---|---|---|---|
| | | | 喜阳 | 耐阴 | 抗热 | 抗寒 | 耐旱 | 耐潮湿 | 耐瘠薄 | 耐踩 | 恢复力 |
| 暖季型 | 野牛草 | *Buchloe dactyloides* (*Nutt.*) *Engelm.* | ● | ¤ | ● | ◎ | ● | ○ | ● | ◎ | ○ |
| | 结缕草 | *Zoysia japonica Steud.* | ● | ○ | ● | ◎ | ◎ | ● | ○ | ● | ● |
| | 狗牙根 | *Cynodon dactylon* (*L.*) *Pers.* | ● | ¤ | ● | ○ | ● | ◎ | ◎ | ● | ● |
| | 地毯草 | *Axonopus compressus* (*Swartz*) *Beauv.* | ● | ¤ | ● | ¤ | ¤ | ● | ¤ | ◎ | ◎ |
| | 假俭草 | *Eremochloa ophiuroides* (*Munro*) *Hack.* | ● | ¤ | ● | ¤ | ¤ | ● | ○ | ● | ◎ |

续表

| 类型 | 种名 | 拉丁名 | 植物特性 | | | | | | | | |
|---|---|---|---|---|---|---|---|---|---|---|---|
| | | | 喜阳 | 耐阴 | 抗热 | 抗寒 | 耐旱 | 耐潮湿 | 耐瘠薄 | 耐踩 | 恢复力 |
| 冷季型 | 早熟禾 | *Poa annua L.* | ● | ○ | ○ | ● | ○ | ◎ | ¤ | ○ | ◎ |
| | 羊茅(狐茅) | *Festuca arundinacea* | ● | ● | ○ | ● | ◎ | ◎ | ◎ | ◎ | ○ |
| | 剪股颖 | *Agrostis canina Linn.* | ● | ◎ | ◎ | ● | ¤ | ◎ | ◎ | ○ | ◎ |
| | 黑麦草 | *Lolium perenne L.* | ● | ◎ | ¤ | ◎ | ¤ | ◎ | ○ | ○ | ¤ |
| | 苔草 | *Carex tristachya Thunb.* | ◎ | ● | ○ | ● | ○ | ◎ | ○ | ¤ | ○ |

●最强　◎强　○中　¤差

### 7.4.3 草坪的种植

建植草坪的主要方法是播种法和铺设法。选择使用哪种建植方法要根据成本、时间要求、现有草坪建植材料及其生长特性而定。播种法费用最低，但速度较慢。铺设法费用最高，但速度最快。

大部分冷季型草坪草都能用种子播种法建植。暖季型草坪草中，假俭草、地毯草、野牛草和普通狗牙根均可用种子建植法来建植，也可用无性建植法来建植。

(1) 种子选择

播种用的草籽应根据当地气候条件和土壤条件选择优良草种，发芽率高，不含杂质。羊胡子草的草籽，最好用隔年的陈籽，结缕草则必须用新种子。对于国外进口的草种需谨慎选用。播种用的草籽纯度要在90%以上，发芽率在60%以上。

(2) 种子处理

为了提高种子的发芽率，确保草苗健壮，在播种前应对种子进行处理。常用的种子处理方法主要有以下几种。

① 冷水浸种法。冷水浸种前，先用手揉搓种子，也可在筛子里用砂纸揉搓，除去种皮外的蜡质后，放入水中冲洗，然后将湿种子放入蒲包或布袋内，每天冲洗1次，待有20%～30%的种子开始萌芽时即可播种。

② 温汤处理法。将种子放入50 ℃的温水中浸泡，随即用木棒搅拌，待水凉后，再用清水冲洗多次，捞出后，摊开晾干水分，即可播种。

③ 化学药物处理法。对发芽率低的草地早熟禾中的瓦巴斯等草籽，可采用0.2%的硝酸钠溶液浸泡处理1～2 h，然后用清水冲洗多次，晾干后播种。对发芽困难的结缕草草籽，可用0.5%的氢氧化钠溶液浸泡24 h，捞出后再用清水冲洗干净，最后将种子放在阴凉、通风处，待晾干外皮后，即可播种。

④ 层积催芽法。为提高结缕草草籽的发芽率，也可将草籽与湿砂混合后分层堆放于阴凉处催芽，注意调控温度，待草籽裂口后，连同湿砂一道播种。

(3) 播种时间

播种时间主要根据草种与气候条件来确定。播种草籽，自春季至秋季均可进行。冬季不过分寒冷的地区，早秋播种最好。此时土温较高，根部发育好，耐寒力强,有利越冬。如在初夏播种,冷季型草坪草的幼苗常因受热和干旱而不易存活。同时,夏季一年生杂草也会与冷季型草坪草发生激烈竞争。如果播种延误至晚秋,较低的温度会不利于种子的发芽和生长,幼苗越冬时会出现发育不良、缺苗,霜冻和随后的干燥脱水会使幼苗死亡。最理想的情况是,在冬季到来之前,新植草坪已成坪,草坪草的根和匍匐茎纵横交错,这样才具有抵抗霜冻和土壤侵蚀的能力。

在晚秋之前来不及播种时,有时可用休眠播种的方法来建植冷季型草坪草,可在土壤温度稳定在 10 ℃以下时播种。采用这种方法时必须用适当的覆盖物进行保护。

在有树荫的地方建植草坪,由于光线不足,采取休眠播种法和在春季播种建植比秋季效果要好。草坪草可在树叶较小、光照较好的阶段生长。当然在有树遮阴的地方建植草坪,所选择的草坪草品种必须适于弱光照条件,否则生长将受到影响。

在温带地区,暖季型草坪草最好是在春末和初夏播种。主要土壤温度达到适宜发芽的温度时即可进行。在冬季来临之前,草坪已经成坪,具备了较好的抗寒性,利于安全越冬。秋季土壤温度较低,不宜播种暖季型草坪草。晚夏播种虽有利于暖季型草坪草的发芽,但形成完整草坪所需的时间往往不够。播种晚了,草坪草根系发育不完整,植株不成熟,冬季常发生冻害。

(4) 播种量

播种量的多少受多种因素限制,包括草坪草种类及品种、发芽率、环境条件、苗床质量、播后管理水平和种子价格等。一般由两个基本要素决定:生长习性和种子大小。每个草坪草种的生长特性各不相同。匍匐茎型和根茎型草坪草一旦发育良好,其蔓伸能力将强于母体。相对低的播种量也能够达到所要求的草坪密度,成坪速度要比种植丛生型草坪草快得多。草地早熟禾具有较强的根茎生长能力,在草地早熟禾草皮生产中,播种量常低于推荐的正常播种量。

草坪种子播种量越大,见效越快,播后管理越省工。种子有单播和 2 种或 3 种混播的。单播时,一般用量为 10～20 g/m$^2$,应根据草种、种子发芽率等而定。混播则是在依靠基本种子形成草坪之前的一段时间内,混种一些覆盖快的其他种子,例如,85%～90%早熟禾与 15%～10%剪股颖。

(5) 草坪草播种方法

① 撒播法。播种草坪草时要求把种子均匀地撒于坪床上,并把它们混入 6 mm 深的表土中。播种深度取决于种子大小,种子越小,播种越浅。播得过深或过浅都会导致出苗率低。若播得过深,在幼苗进行光合作用和从土壤中吸收营养元素之前,胚胎内储存的营养不能满足幼苗的营养需求而导致死亡。播种过浅,没有充分混合时,种子会被地表径流冲走、被风刮走或发芽后干枯。

② 喷播法。喷播是一种把草坪草种子、覆盖物、肥料等混合后加入液流中进行喷射播种的方法。喷播机上安装有大功率、大出水量的单嘴喷射系统,把预先混合均匀的种子、黏结剂、肥料、保湿剂、染色剂和水的浆状物,通过高压喷到土壤表面。施肥、播种与覆盖一次操作完成,特别适宜陡坡场地,如高速公路、堤坝等大面积草

坪的建植。该方法中，混合材料选择及其配比是保证播种效果的关键，喷播使种子留在表面，不能与土壤混合及滚压，通常需要在上面覆盖植物才能获得满意的效果。天气干旱，土壤水分蒸发太大、太快时，应及时喷水。

③ 铺设法。铺设法就是带土成块移植铺设草坪的方法，此法可带原土块移植，所以成坪很快。除冻土期间外，一年四季均可施工，尤以春、秋两季为好，各草种均可适用。缺点是成本高，草坪容易衰败。

a. 草源地的选择。铺草块的草源地一定要事先准备好。所选的草源地要交通方便，土质良好，容易挖掘运输，并且杂草要少。起草前应加强养护管理，如去净杂草、施肥等。草源地与草坪的面积比例一般不足 1∶1，即 1 $m^2$ 草源地尚不能够铺足 1 $m^2$ 草坪。所以草源地一定要充足，并留有余地。

b. 挖掘草块。在选好的草源地上，事先一次灌足水，待水渗透后便于操作时，人工或用带有圆盘刀的拖拉机，将草源地切成(纵)30 cm×(横)(20～25) cm 的长块状，切口深约 10 cm，然后用平铲起出草块即成。注意，切口一定要上下垂直，左右水平，这样才能保证草块的质量。草块带土厚度为 5～6 cm 或稍薄些。

c. 运输和存放。草块掘好后，可放在 20 cm×100 cm×2 cm(宽×长×厚)的木板上；每块木板上放草块 2～3 层。装车时用木板抬。运至铺草坪现场后，应将草块单层放置并注意遮阳，经常喷水，保持草块潮湿，并应及时铺栽。

④ 密铺法。密铺法是指用成块带土的草皮连续密铺形成草坪的方法。此法具有草坪形成快，容易管理的优点，常用于要求施工工期短，成形快的草坪作业。密铺法作业除冻土期外，不受季节限制。铺草时，先将草皮切成方形草块，按设计标高拉线打桩，沿线铺草。铺草的关键在于草皮间应错缝排列，缝宽 2 cm，缝内填满细土，用木片拍实。最后用碾子滚压，喷水养护，一般 10 d 后形成草坪。

⑤ 间铺法。

a. 点铺法，也称穴植法。种植时，先用花铲挖穴，穴深 6～7 cm，株距 15～20 cm，呈三角形排列，再将草皮撕成小块栽入穴中，用细土填穴，埋平、拍实，并随手搂平地面，最后碾压一遍，及时浇水。此法植草比较均匀，形成草坪迅速，但费工费时。

b. 植生带铺栽法。这是一种人工建植草坪的方法，具有出苗整齐、密度均匀、成坪迅速等优点，特别适合用于斜坡、陡坡的草坪施工。用两层特制的无纺布作为载体，在其中放置优质草种，并施入一定的肥料，经过机械复合、定位后成品。产品规格每卷长 50 cm，宽 1 m，可铺设草坪 50 $m^2$。植生带铺设时，先将铺设地的土壤翻耕整平，将准备好的植生带铺于地上，再在上面覆盖 1～2 cm 厚的过筛细土，用碾子压实，洒水保养，若干天后，无纺布慢慢腐烂，草籽也开始发芽，1～2 个月后即可形成草坪。

c. 枝条匍茎法。枝条和匍匐茎是单株植物或者是含有几个节的植株的一部分，节上可以长出新的植株。插枝条法通常的做法是把枝条种在条沟中，相距 15～30 cm，深 5～7 cm。每根枝条要有 2～4 个节，栽植过程中，要在条沟填土后使一部分枝条露出土壤表面。插入枝条后要立刻滚压和灌溉，以加速草坪草的恢复和生长。也可使用直栽法中的机械来栽植，把枝条成束地送入机器的滑槽内，并且自动种植在条沟中。有时也可直接把枝条放在土壤表面，然后用扁棍把枝条插入土壤中。

插枝法主要用来建植有匍匐茎的暖季型草坪草，也能用于匍匐剪股颖草坪的建植。

匍茎法是把无性繁殖材料均匀地撒在土壤表面，然后再覆土和轻轻滚压的建坪方法。一般在撒匍匐茎之前喷水，使坪床土壤潮而不湿。用人工或机械把打碎的匍匐茎均匀地撒到坪床上，而后覆土，使草坪草匍匐茎部分覆盖，或者用圆盘犁轻轻耙过，使匍匐茎部分插入土壤中。轻轻滚压后立即喷水，保持湿润，直至匍匐茎扎根。

(6) 铺设后的养护和管理

播种后应及时喷水，水点要细密、均匀，从上而下慢慢渗透地面。前两次喷水量不宜太大；喷水后应检查，如发现草籽被冲出，应及时覆土埋平。两遍水后则应加大水量，经常保持土壤潮湿，喷水不可间断。这样，经一个多月时间，就可以形成草坪了。此外，还必须注意围护，防止人为践踏，否则会造成出苗严重不齐。

### 7.4.4 草坪的养护和管理措施

**1) 浇灌**

对刚完成播种或栽植的草坪，灌溉是一项保证成坪的重要措施。灌溉有利于种子和无性繁殖材料的扎根和发芽。水分供应不足往往是造成草坪建植失败的主要原因。随着单株植物的生长，其根系占据更大的土壤空间，枝条变得更加健壮。只要根区土壤持有足够的有效水分，土壤表面不必持续保持湿润。随着灌溉次数的减少，土壤通气状况得到改善，当水分蒸发或排出时，空气进入土壤。生长发育中和成熟的草坪植物根区都需要有较高的氧浓度，以便于呼吸。

水源没有被污染的井水、河水、湖水、水库存水、自来水等，均可用作灌溉水源。国内外目前试用城市中水作为绿地灌溉用水。随着城市中绿地不断增加，用水量将大幅度上升，会给城市供水带来很大的压力。中水不失为一种可靠的水源。

(1) 灌溉方法

① 地面漫灌法。地面漫灌是最简单的方法，其优点是简单易行，缺点是耗水量大，水量不够均匀，坡度大的草坪不能使用。采用这种灌溉方法的草坪表面应相当平整，且具有一定的坡度，理想的坡度是0.5%～1.5%。这样的坡度用水量最经济，但大面积草坪要达到以上要求较为困难，因而有一定的局限性。

② 喷灌法。喷灌是使用喷灌设备使水像雨水一样淋到草坪上。优点是能在地形起伏变化大的地方或斜坡地使用。灌水量容易控制，用水经济，便于自动化作业。主要缺点是建造成本高，但此法仍为目前国内外采用最多的草坪灌溉方法。

③ 地下灌溉法。地下灌溉是指在根系层下面铺设管道，通过毛细管作用为草坪供水。此法可避免土壤紧实，使蒸发量及地面流失量减到最低限度。节省水是此法最突出的优点。然而由于设备投资大，维修困难，因而使用此法灌水的草坪甚少。

（2）灌溉时间

在生长季节，根据不同时期的降水量及不同的草种适时灌水是极为重要的。一般可分为三个时期。

① 返青到雨季前。这一阶段气温高，蒸腾量大，需水量大，是一年中最关键的灌水时期。根据土壤保水性能的强弱及雨季来临的时期可灌水 2～4 次。

② 雨季。这一时期空气湿度大，草的蒸腾量下降，而土壤含水量已提高到足以满足草坪生长需要的水平，基本可以停止灌水。

③ 雨季后至枯黄前。这一时期降水量少，蒸发量较大，而草坪仍处于生命活动较旺盛阶段。与前两个时期相比，这一阶段草坪需水量显著提高，如不能及时灌水，不但影响草坪生长，还会导致草坪提前枯黄，进入休眠期。在这一阶段，可根据情况灌水4～5次。

此外，在返青时灌返青水，在北方封冻前灌封冻水也都是必要的。草种不同，对水分的要求不同，不同地区的降水量也有差异。因而，必须根据天气条件与草坪植物的种类来确定灌水时期。

（3）灌水量

每次灌水的水量应根据土质、生长期、草种等因素来确定。灌水量以湿透根系层，不产生地面径流为原则。如北京地区的野牛草草坪，每次灌水的水量为0.04～0.10 $t/m^2$。

**2）施肥**

草坪施肥是草坪养护管理的重要环节。科学施肥不但能为草坪草生长提供所需的营养物质，还可增强草坪草的抗逆性，延长绿色期，维持草坪应有的功能。

（1）草坪草生长的必需营养元素

草坪草在生长发育过程中必需的营养元素有碳、氢、氧、氮、磷、钾、钙、镁、硫、铁、锰、铜、锌、硼、钼、氯，共 16 种。草坪草的生长对每一种元素的需求量有较大差异，通常按植物对每种元素需求量的多少，将营养元素分为三组，即大量元素、中量元素和微量元素，如表 7-11 所示

**表 7-11　草坪草生长所需要的营养元素**

| 分　类 | 元素名称 | 化学符号 |
| --- | --- | --- |
| 大量元素 | 碳 | C |
| | 氢 | H |
| | 氧 | O |
| | 氮 | N |
| | 磷 | P |
| | 钾 | K |

续表

| 分　　类 | 元素名称 | 化学符号 |
|---|---|---|
| 中量元素 | 钙 | Ca |
| | 镁 | Mg |
| | 硫 | S |
| 微量元素 | 铁 | Fe |
| | 锰 | Mn |
| | 铜 | Cu |
| | 锌 | Zn |
| | 钼 | Mo |
| | 氯 | Cl |
| | 硼 | B |

(2) 施肥量

无论是大量、中量还是微量元素，只有在含量适宜和比例适宜时才能保证草坪草的正常生长发育。根据草坪草的生长发育特性，进行科学的、合理的养分供应，即按需施肥，才能保证草坪各种功能的正常发挥。

(3) 施肥时间

温度和水分状况均适宜草坪草生长的时候是最佳的施肥时间，而当有环境胁迫或病害胁迫时应减少或避免施肥。

对暖季型草坪草来说，在打破春季休眠之后，以晚春和仲夏时节施肥较为合适。第一次施肥可选用速效肥，但夏末秋初施肥要小心，以防止草坪草徒长。对于冷季型草坪草而言，春、秋季施肥较为适宜，仲夏应少施肥或不施肥。晚春施用速效肥应该十分小心，这时速效肥虽促进了草坪草快速生长，但有时会导致草坪草抗性下降而不利于越夏。可改用缓释肥，有助于草坪草经受住夏季高温、高湿的胁迫。

**3) 修剪**

修剪是维持优质草坪的重要作业。修剪的目的，主要是在特定的范围内保持顶端生长，控制不理想的、不耐修剪的生长，维持一个供观赏和游憩的草坪空间。

一般的草坪一年最少修剪 5 次，国外高尔夫球场精细管理的草坪一年中要经过上百次的修剪。修剪的次数与修剪的高度是两个相互关联的因素，修剪时的高度要求越低，修剪次数就越多。修剪一般根据草的剪留高度进行，即当草长到规定剪留高度的 1.5 倍时就可以修剪，最高不得超过剪留高度的 2 倍，修剪时间最好在清晨草叶挺直时进行，便于剪齐。

**4) 杂草的控制方法**

杂草是草坪的大敌，杂草的入侵会严重影响草坪的质量，使草坪失去均匀、整齐的外观。杂草与目的草争水、争阳光，使目的草的生长逐渐衰弱。去除杂草是草坪养护管理中必不可少的一环。

去除杂草的最根本方法是进行合理的水肥管理,促进目的草的生长,增强目的草的竞争能力,并通过多次修剪,抑制杂草的生长。一旦发生杂草侵害,主要靠人工挑除,可用小刀连根挖出。除草剂的使用比较复杂,效果好坏受很多因素影响,使用不当会造成很大的损失。使用前应谨慎做试验和准备,使用的浓度、工具应由专人负责。

**5) 松土通气**

为了防止草坪被践踏和滚压后造成土壤板结,应当经常进行松土通气。松土还可以促进水分渗透,改善根系通气状况,保持土壤中水分和空气的平衡,促进草坪生长。松土宜在春季土壤湿度适宜时进行,在草坪上扎孔打洞。人工松土可用带钉齿的木板、多齿的钢叉等来扎孔,也可采用草坪打孔机进行。一般要求 50 穴/$m^2$,穴间距 0.15 m,穴径 0.015~0.035 m,穴深 0.08 m 左右。

# 参 考 文 献

[1] 土木学会. 道路景观设计[M]. 章俊华,等,译. 北京:中国建筑工业出版社,2006.
[2] 金儒林. 人造水景设计营造与观赏[M]. 北京:中国建筑工业出版社,2006.
[3] 吴为廉. 景观与景园建筑工程规划设计[M]. 北京:中国建筑工业出版社,2005.
[4] 闫宝兴,程炜. 水景工程[M]. 北京:中国建筑工业出版社,2005.
[5] 彭应运. 住宅区环境设计及景观细部构造图集[M]. 北京:中国建材工业出版社,2005.
[6] 陈祺. 园林工程建设现场施工技术[M]. 北京:化学工业出版社,2005.
[7] 蒲亚峰. 园林工程建设技术丛书——园林工程建设施工组织与管理[M]. 北京:化学工业出版社,2005.
[8] 董三孝. 园林工程建设概论[M]. 北京:化学工业出版社,2005.
[9] 毛培琳,朱志红. 中国园林假山[M]. 北京:中国建筑出版社,2004.
[10] 毛培琳,李雷. 水景设计[M]. 北京:中国林业出版社,2004.
[11] 刘卫斌. 园林工程[M]. 北京:中国科学技术出版社,2003.
[12] 赵兵. 园林工程学[M]. 南京:东南大学出版社,2003.
[13] 宋希强. 风景园林绿化规划设计与施工新技术实用手册[M]. 北京:中国环境科学出版社,2002.
[14] 陈科东. 园林工程施工与管理(园林专业)[M]. 北京:高等教育出版社,2002.
[15] 梁伊任,王沛永,张维妮. 园林工程[M]. 修订版. 北京:气象出版社,2001.
[16] 迈克尔·利特尔伍德. 景观细部图集第二册[M]. 蔡军,等,译. 大连:大连理工大学出版社,2001.
[17] 吴为廉. 景园建筑工程规划与设计[M]. 上海:同济大学出版社,2000.
[18] 海伦·纳什,爱门·黑夫. 庭园水景设计与建造(二)[M]. 深圳创福实业有限公司翻译部,译. 北京:北京出版社,1999.
[19] 杜汝俭. 园林建筑设计[M]. 北京:中国建筑工业出版社,1996.
[20] 孟兆祯,毛培琳,黄庆喜,等. 园林工程[M]. 北京:中国林业出版社,1996.
[21] 静天魁. 等高线地形图应用指南[M]. 北京:煤炭工业出版社,1983.
[22] STROM S,NATHAN K,WOIAND J. Site Engineering for Landscape Architects[M]. 4th Edition. New York:John Wiley,2004.
[23] NORMAN K B. Basic Elements of Landscapes Architectural Design[M]. Elsevier New York:Amsterdam Oxford,1983.
[24] 浙江省建设厅城建处,杭州蓝天职业培训学校. 园林施工管理[M]. 北京:中国建筑工业出版社,2005.

[25] 张国栋. 园林绿化工程[M]. 北京:中国建筑工业出版社,2010.
[26] 郑大勇. 园林工程监理员一本通[M]. 武汉:华中科技大学出版社,2008.
[27] 郭丽峰. 园林工程施工便携手册[M]. 北京:中国电力出版社,2006.
[28] 刘卫斌. 园林工程技术[M]. 北京:高等教育出版社,2006.
[29] 陈科东. 园林工程[M]. 北京:高等教育出版社,2006.
[30] 信正. 园林工程施工与管理[M]. 赵力正,译. 北京:中国科学技术出版社,1991.
[31] HOPPER L J. Landscape architectural graphic standards[M]. New York: John Wiley & Sons,Inc. ,2007.
[32] ZIMMERMANN A. Landschaft konstruieren: materialien, techniken, bauelemente[M]. Basel: Birkhaeuser Verlag AG,2009.